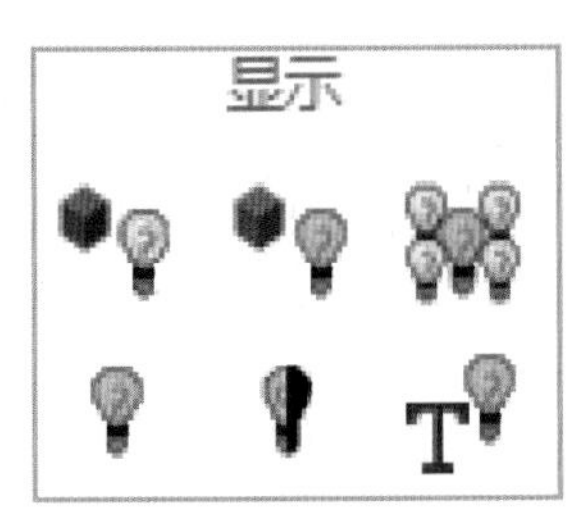

图 3-57

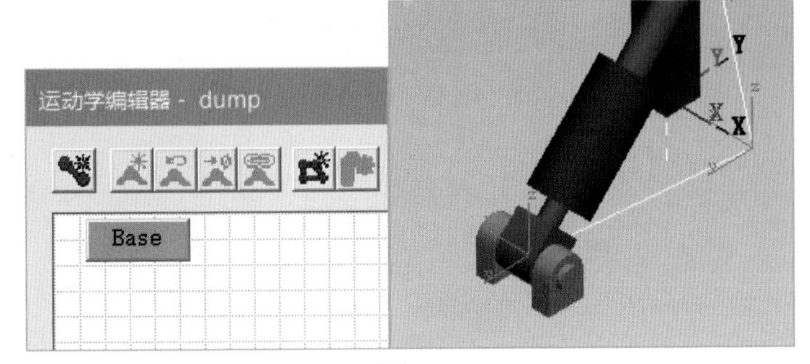

图 6-7

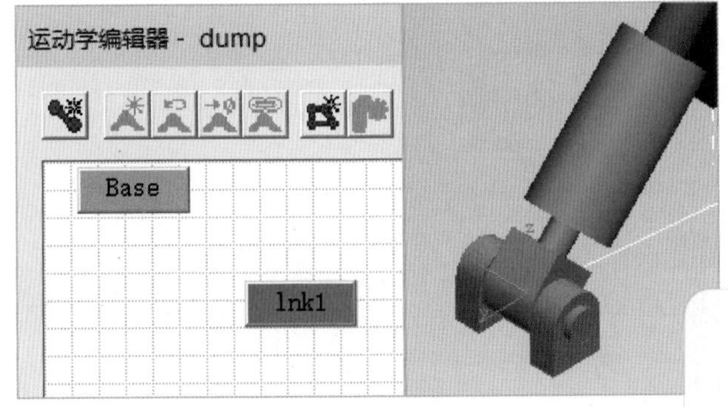

图 6-8

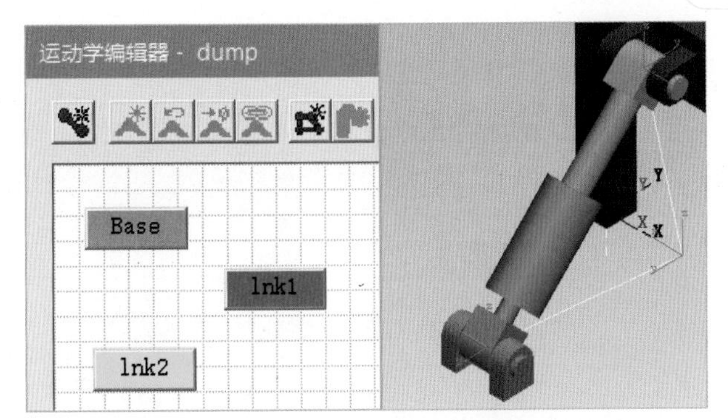

图 6-9

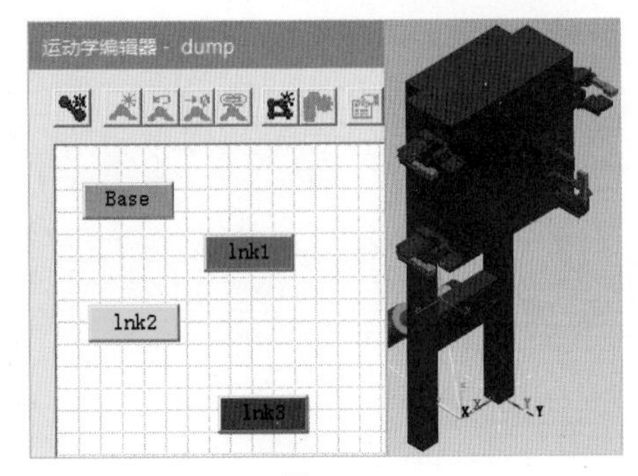

图 6-11

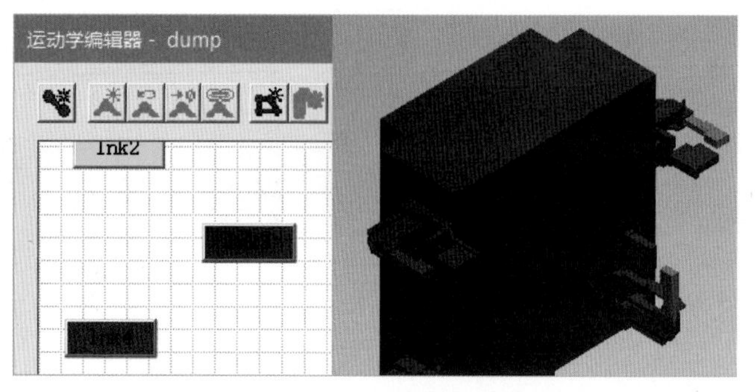

图 6-12

图 6-13

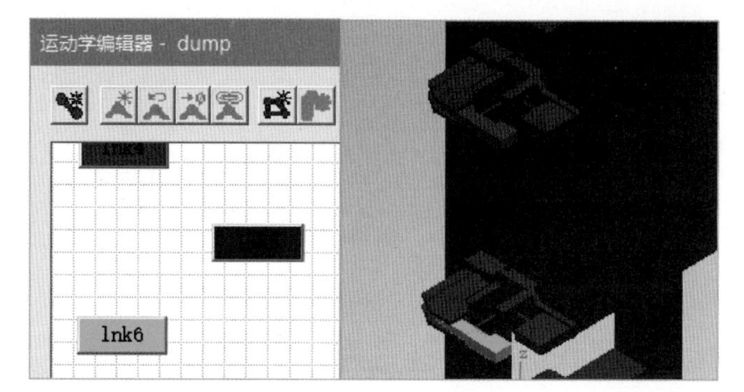

图 6-14

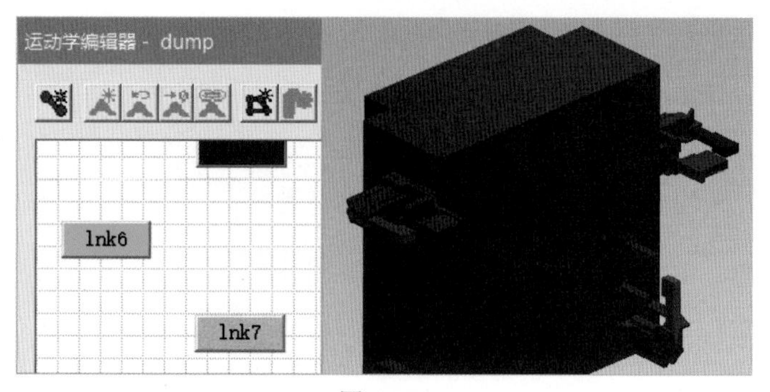

图 6-15

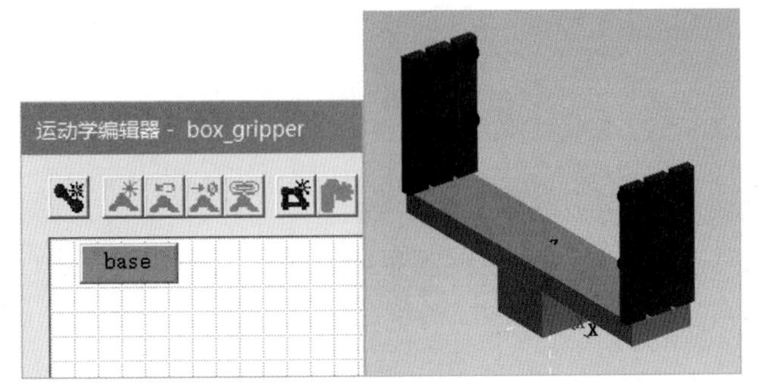

图 6-51

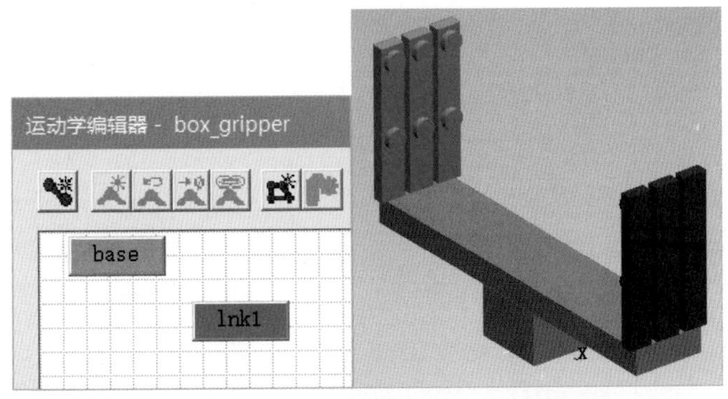

图 6-53

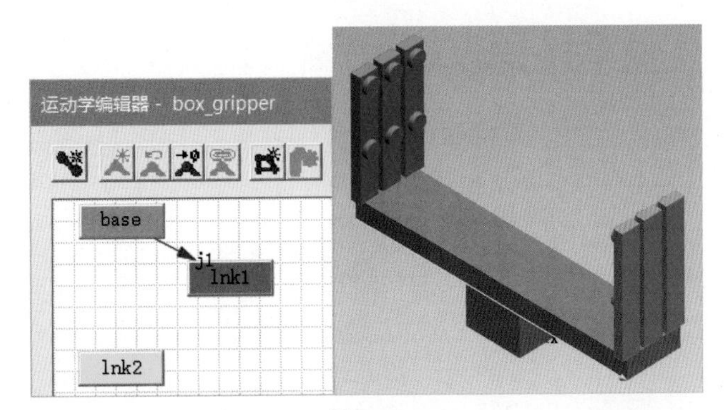

图 6-60

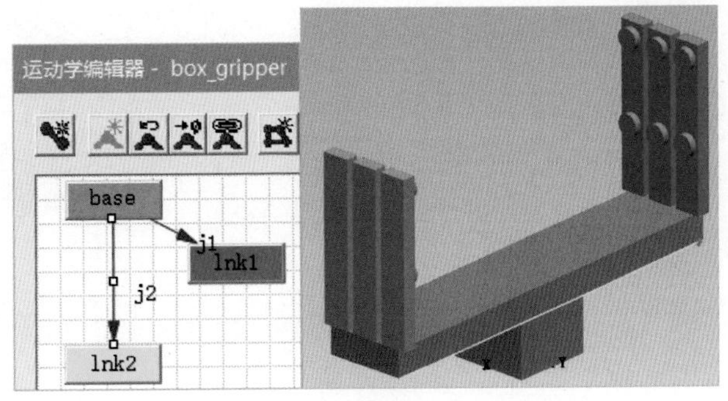

图 6-64

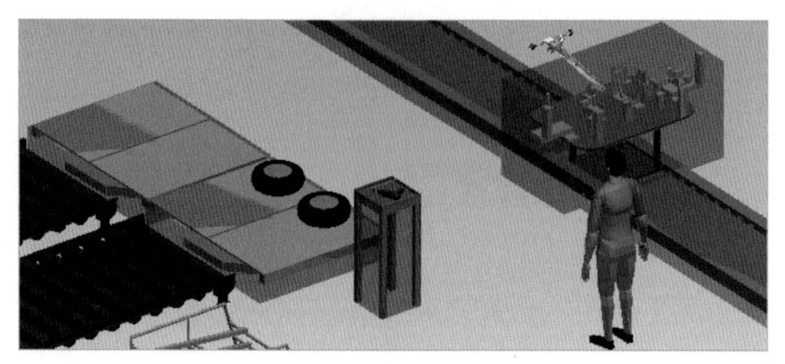

图 7-168

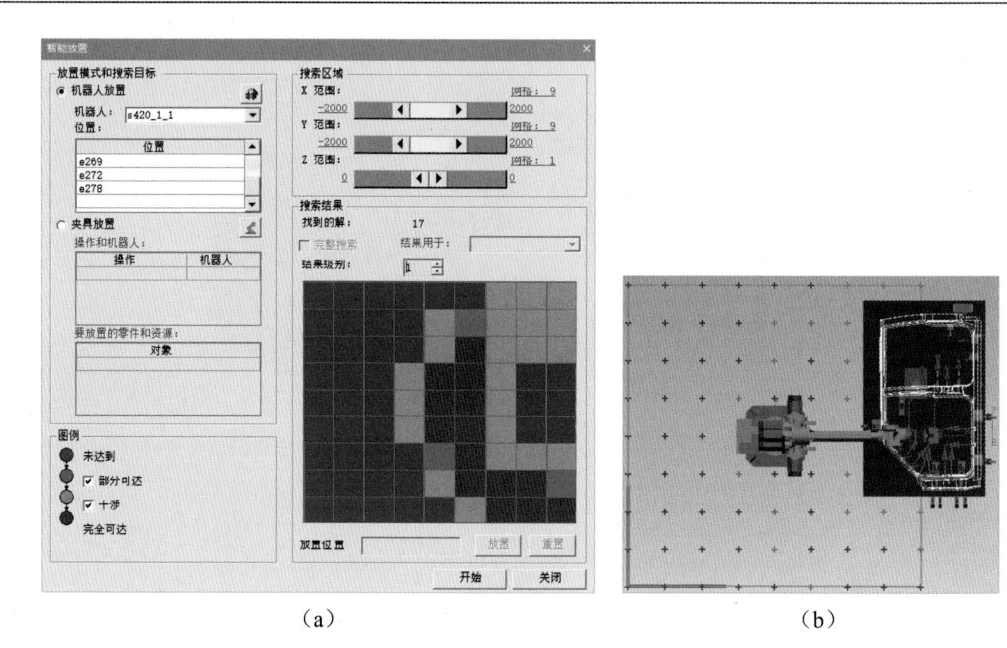

（a）　　　　　　　　　　　　（b）

图 8-64

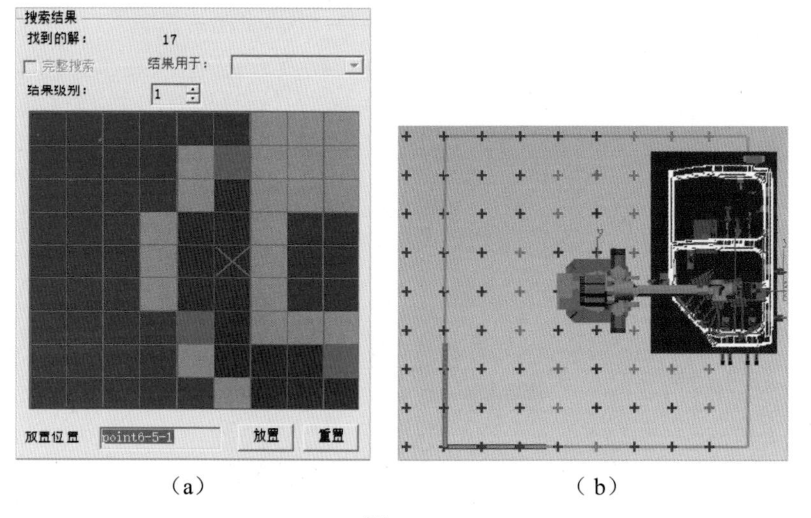

（a）　　　　　　　　　　　　（b）

图 8-65

智能制造解决方案丛书

西门子数字化制造工艺过程仿真

Process Simulate基础应用

高建华 刘永涛 编著

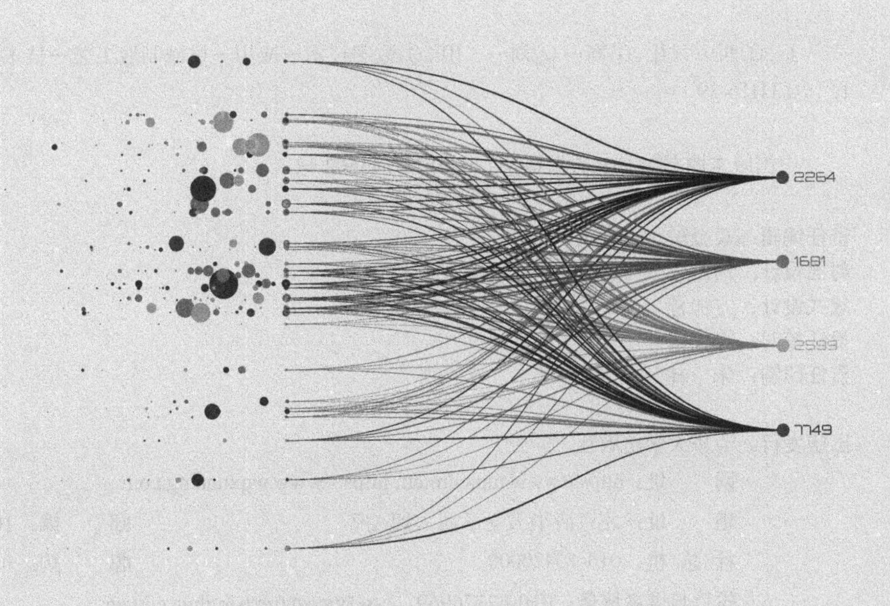

清華大学出版社
北京

内 容 简 介

作为西门子 Process Simulate 软件的基础应用书籍，本书通过实例系统全面地介绍了 Process Simulate 软件各个模块的主要功能和操作方法。在讲述每个主要模块的实例时，还融入了 Process Simulate 软件的特点和操作技巧，帮助读者加深理解。在内容的编写组织上，本书充分考虑了广大读者的学习和接受能力，由浅入深，循序渐进，从而使读者能够迅速上手并收获成功的喜悦。同时，本书可以帮助广大读者从整体上对 Process Simulate 软件形成全面了解，为以后的深入学习和研究打下良好的基础。

本书适用于工程技术培训，也适合广大工程技术人员自学，还可以作为各级院校的教学用书。

图书在版编目（CIP）数据

西门子数字化制造工艺过程仿真 : Process Simulate 基础应用 / 高建华 , 刘永涛编著 . —北京：清华大学出版社，2020.9 (2025.1 重印)

（智能制造解决方案丛书）

ISBN 978-7-302-56144-6

Ⅰ. ①西…　Ⅱ. ①高… ②刘…　Ⅲ. ①数字技术－应用－机械制造工艺－技术培训－教材　Ⅳ. ① TH16-39

中国版本图书馆 CIP 数据核字 (2020) 第 143502 号

责任编辑： 袁金敏　王中英
封面设计： 杨玉兰
版式设计： 方加青
责任校对： 徐俊伟
责任印制： 宋　林

出版发行： 清华大学出版社

网　址：https://www.tup.com.cn, https://www.wqxuetang.com
地　址：北京清华大学学研大厦A座　　邮　编：100084
社 总 机：010-83470000　　邮　购：010-62786544
投稿与读者服务：010-62776969，c-service@tup.tsinghua.edu.cn
质 量 反 馈：010-62772015，zhiliang@tup.tsinghua.edu.cn

印 装 者： 三河市龙大印装有限公司
经　销： 全国新华书店
开　本： 185mm×260mm　　**印　张：** 17.5　　**插　页：** 2　　**字　数：** 395千字
版　次： 2020 年 10 月第 1 版　　**印　次：** 2025 年 1 月第 4 次印刷
定　价： 69.00元

产品编号：088854-01

前　言

西门子公司的 Tecnomatix Process Simulate（简称 Process Simulate）是一款专门对生产工序过程进行仿真的软件系统，主要包括装配工艺仿真、机器人仿真、人因工程仿真、虚拟调试等功能。通过仿真验证，可以提前确认装配顺序是否合理并发现可装配性问题；可以实现多机器人协同工作及路径优化，并检验可能出现的工艺性问题；可以评估人机交互过程中出现的可达性、可视性及舒适度问题；等等。

子曰："工欲善其事，必先利其器。"为了给广大读者提供一本优秀的专业教材和参考书，编者根据社会需求并结合应用经验编著了此书，希望广大读者阅读完本书后，能够快速上手使用 Process Simulate 的相关模块。

本书共分为 9 章，分别是 Tecnomatix 软件简介、Process Simulate 的安装、Process Simulate 入门、Process Simulate 数据导入、Process Simulate 装配仿真、Process Simulate 设备定义、Process Simulate 人因仿真、Process Simulate 机器人仿真、Process Simulate 应用快捷键。本书通过实例详细地介绍了 Process Simulate 软件的主要功能，而且配有案例练习资源和 PPT 课件（请扫描封底的对应二维码获取），以帮助读者更好地学习。本书旨在为各个层次、各个应用领域的用户提供专业指导。

在阅读本书时，读者应尽可能地发挥主观能动性，多练习、多实践，从而获得更多的应用体验和体会。希望本书能起到抛砖引玉的作用，打开读者的思路，也希望读者们能够举一反三、融会贯通。

本书由高建华、刘永涛编著，由西门子资深专家顾问黄恺老师校审。在此对西门子工业软件公司及黄恺老师表示衷心感谢，正是有了你们的支持，这本书才能与读者见面。

由于编者水平有限，书中难免有不当之处，敬请读者批评指正。

最后，祝所有读者在学习过程中一切顺利！

目 录

第1章

Tecnomatix 软件简介

Tecnomatix 是一个集成式的数字化制造解决方案软件，它将工艺规划布局设计、生产工艺过程仿真验证及制造执行与产品设计联系起来，从而实现了规划部门、产品研发部门、生产工程部门和生产车间各部门之间的高度信息共享及并行协同作业。

Tecnomatix 数字化制造解决方案软件能够在三维虚拟环境下进行制造工艺过程设计，仿真验证产品制造工艺的可行性，分析新生产线系统的能力并进行优化，企业在生产线规划阶段就可以发现潜在的问题并加以解决，从而避免时间和资金的浪费。这对企业缩短新产品开发周期、提高产品质量、降低开发和生产成本、降低决策风险都是非常重要的。

作为 Siemens Industry Software 公司提供的数字化制造解决方案 Tecnomatix 软件的一个组件，Process Simulate 软件包括装配仿真、人因仿真、机器人仿真及离线编程等诸多功能，能够实现从工厂布局仿真验证到生产线布局仿真验证，再到单个工位的仿真验证和优化。

Tecnomatix 软件广泛应用于汽车、高科技电子、航空航天、造船、装备制造、食品饮料、物流、机场、港口等行业，拥有数量众多的客户群体。

1.1 Tecnomatix 软件发展历程简介

Tecnomatix 公司原本是以色列的一家公司，成立于 1983 年，从成立之初就致力于帮助企业优化生产制造流程，并在 20 世纪 80 年代中期率先推出了机器人模拟和离线编程的解决方案。20 世纪 90 年代，第一次使生产制造企业实现了从产品设计、验证到制造过程优化的全数字虚拟工作环境，给企业带来了难以估量的经济效益和社会效应，领导了 CAPE（Computer Aided Production Engineering）革命，成为行业的领导者。

2000 年，Tecnomatix 公司推出了协同制造过程管理的数字化制造 eMPower 解决方案。该解决方案包括 eM-Planner（规划、设计、分析和管理）、eM-Plant（工厂、生产线及生产物流过程仿真及优化）、eM-Human（人机工程分析）、eM-Assembler（产品装配规划与分析）等功能模块。

2002 年，Tecnomatix 公司作为公认的数字化工厂解决方案的领导者，开始与美国 UGS 公司合作。并于 2005 年被 UGS 公司正式收购，成为 UGS 公司的数字化制造解决方案软件品牌。

2007 年 5 月，随着 UGS 公司被西门子公司收购，UGS 公司也更名为 Siemens Industry Software 公司。由于西门子公司具有强大的生产制造背景，所以增强了 Tecnomatix 软件与西门子 MES 平台 SIMATIC IT 的集成，将生产制造延伸到了制造车间环节。

2019年，Siemens Industry Software公司的五大解决方案之一就是Tecnomatix软件（其他四个分别是NX、Teamcenter、PLM Components、Velocity Series），目前Tecnomatix软件的最新版本为15.0。Tecnomatix软件为高科技电子、机械、航空航天、国防、汽车等广大行业的用户提供了以下具体解决方案：

- 工艺规划与管理验证。
- 装配规划与验证。
- 机器人与自动化规划验证。
- 人因仿真验证。
- 工厂设计及验证优化。
- 质量管理。

1.2 Tecnomatix 软件的主要解决方案简介

Tecnomatix 软件提供的主要解决方案如下。

- 工艺规划与管理验证：该解决方案主要用于制订零部件的生产工艺流程，如NC编程、流程排序、资源分配等，并对工艺流程进行验证。该解决方案的功能包括创建数字化流程计划、工艺路线和车间文档，制造流程仿真，管理流程、资源、产品和工厂数据，提供NC数据等应用。该解决方案提供了一个规划验证零部件制造流程的虚拟环境，有效缩短了规划时间，提高了设备利用率。
- 装配规划与验证：该解决方案主要用于规划验证产品在装配过程中是否存在错误，是否存在干涉碰撞的情况。该解决方案的功能是把产品、资源和工艺操作紧密结合起来，分析产品装配的顺序和工序流程，验证装配工装夹具的动作，产品装配流程仿真、验证产品装配工艺性，以达到及早发现问题、解决问题的目的。
- 机器人与自动化规划验证：该解决方案主要用于创建机器人和自动化制造系统的共享工作环境，不仅能处理单个机器人和工作平台，也能处理多个机器人协同的情况，还能满足完整生产线和生产区域的仿真及验证要求。
- 人因仿真验证：该解决方案主要用于仿真验证人员完成整个工作操作过程的动作以及遇到的问题。从而可以提早发现工作过程中的可视性及可达性问题、设备的可维护性问题、人体舒适度问题、设备的可装配性问题、工位布局的合理性及优化问题等。
- 工厂设计及验证优化：该解决方案利用虚拟三维技术进行工厂布局设计，对工厂产能、物流进行分析和优化，在工厂正式施工之前，提前发现工厂设计中可能存在的问题和缺陷，避免企业的损失。
- 质量管理：该解决方案将质量规范与制造、设计数据联系起来，从而确定产生误差的关键尺寸、公差和装配工序。

第2章

Process Simulate 的安装

安装 Process Simulate 软件对操作系统、预安装软件和计算机硬件配置都有一定的要求，只有满足这些基本要求，才能顺利完成软件的安装，并保证 Process Simulate 软件运行得稳定顺畅。需要说明的是，因为 Process Simulate 软件是隶属于 Tecnomatix 软件的，所以用户无法单独安装 Process Simulate 软件，而需要在安装 Tecnomatix 软件包时选择安装 Process Simulate 软件。

2.1 操作系统要求

因为不同版本的 Process Simulate 软件对 Windows 操作系统的支持情况不同，所以请读者参照表 2-1 来为自己的 Windows 操作系统选择合适的 Process Simulate 软件版本（表中列出了对应的 Tecnomatix 软件版本），并进行安装，其中的“有限支持”是指开发商既不再基于此操作系统进行开发，也不再提供后续支持，需要对此操作系统进行升级才能获得全面支持。

表 2-1

操作系统	Tecnomatix 13.0	Tecnomatix 13.1	Tecnomatix 14.0，14.0.1，14.0.2，14.1	Tecnomatix 14.1.1，14.1.2，15.0
Windows 7 企业版	支持	支持	支持	支持
Windows 8.1 企业版	有限支持	有限支持	有限支持	有限支持
Windows 10 企业版	不支持	支持	支持	支持
Windows Server 2008 R2 SP1 标准版	不支持	支持	支持	支持
Windows Server 2012 R2 标准版	不支持	支持	支持	支持
Windows Server 2016 标准版	不支持	不支持	不支持	支持

2.2 安装步骤

根据用户需求的不同，Process Simulate 软件的安装分为网络浮动版和单机版两种方式。对于企业级用户而言，通常都会采用网络浮动版的方式进行安装；对于个人用户和广大读者而言，建议采用单机版的方式进行安装。下面就以 Process Simulate V14.1 为例，分步讲解单机版的安装过程。先来看一下计算机预安装环境要求，如下。

- 操作系统：Windows 10 企业版。

- 计算机 CPU：4 核、主频 3.5GHz 或以上。
- 计算机内存：8GB 或以上。
- 计算机显卡：独立显卡，显存 2GB 或以上。
- 浏览器：Microsoft Internet Explorer 11 或更高版本。
- Java SE：Java SE 1.8 或更高版本。

具体安装步骤如下。

01 依次打开 Tecnomatix 14.1\Tecnomatix_14.1_Setups\CD14.1_Tecnomatix 文件夹，可以看到图 2-1 所示的软件安装文件界面。

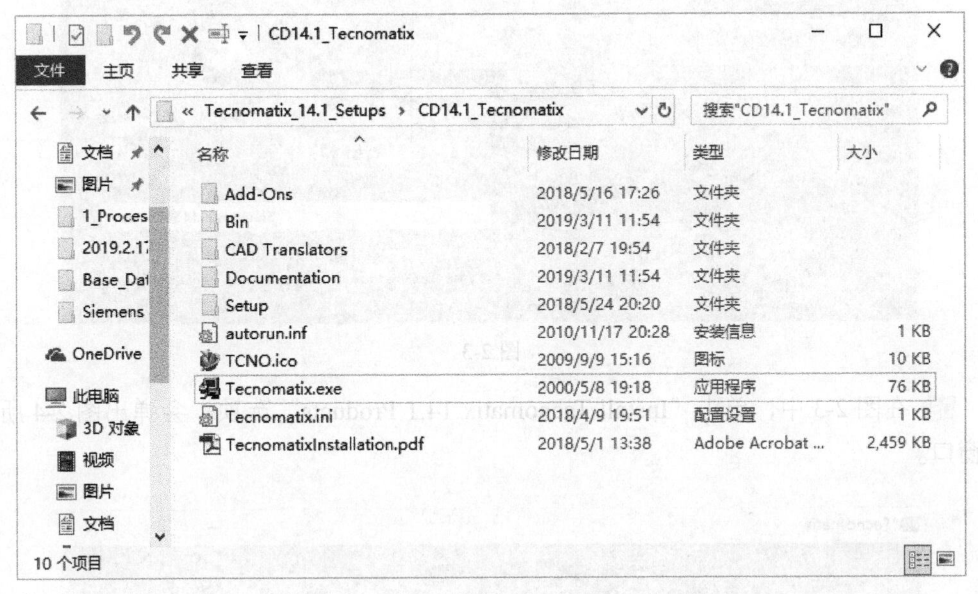

图 2-1

02 如图 2-2 所示，右击“Tecnomatix.exe”安装文件，在弹出的快捷菜单中选择“以管理员身份运行”，会弹出图 2-3 所示的窗口。

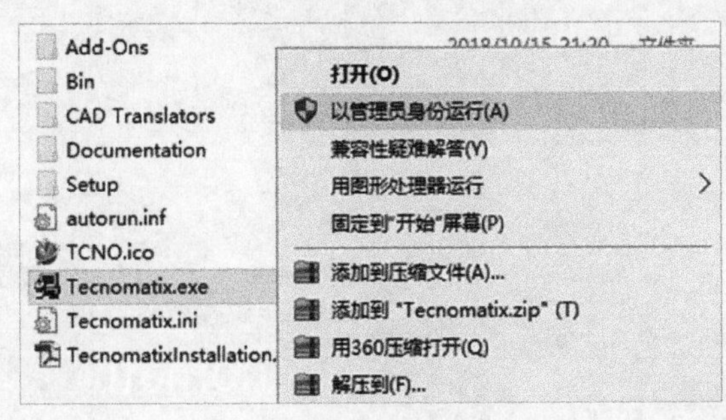

图 2-2

图 2-3

03 在图 2-3 中，单击“Install Tecnomatix 14.1 Products”选项，会弹出图 2-4 所示的窗口。

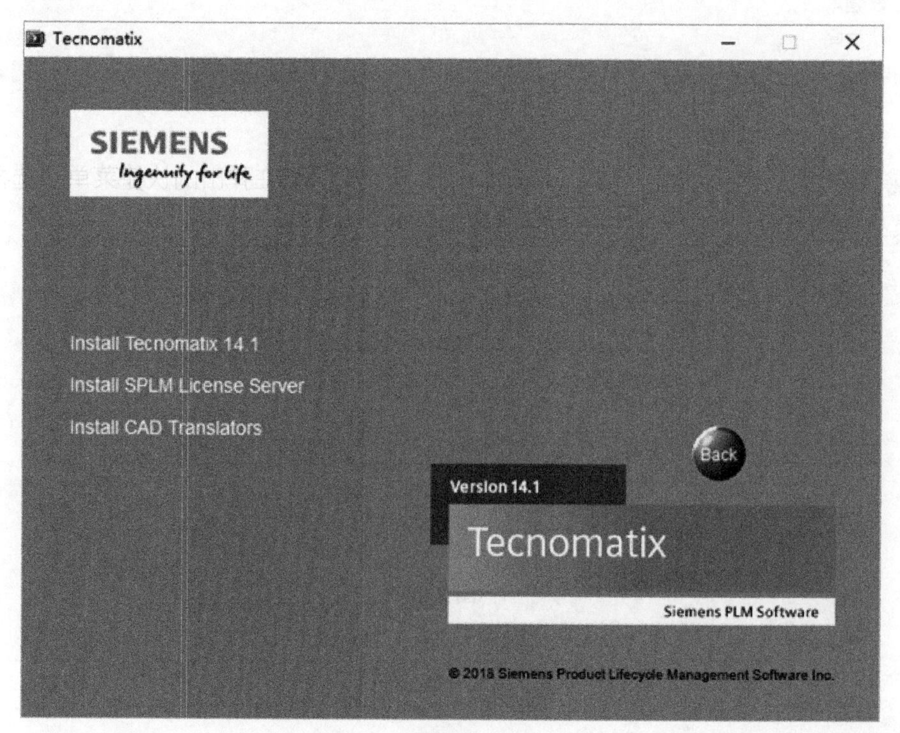

图 2-4

04 在图 2-4 中，单击“Install Tecnomatix 14.1”选项，会弹出图 2-5 所示的窗口。

图 2-5

05 在图 2-5 中，单击“Next”按钮，会弹出图 2-6 所示的窗口。

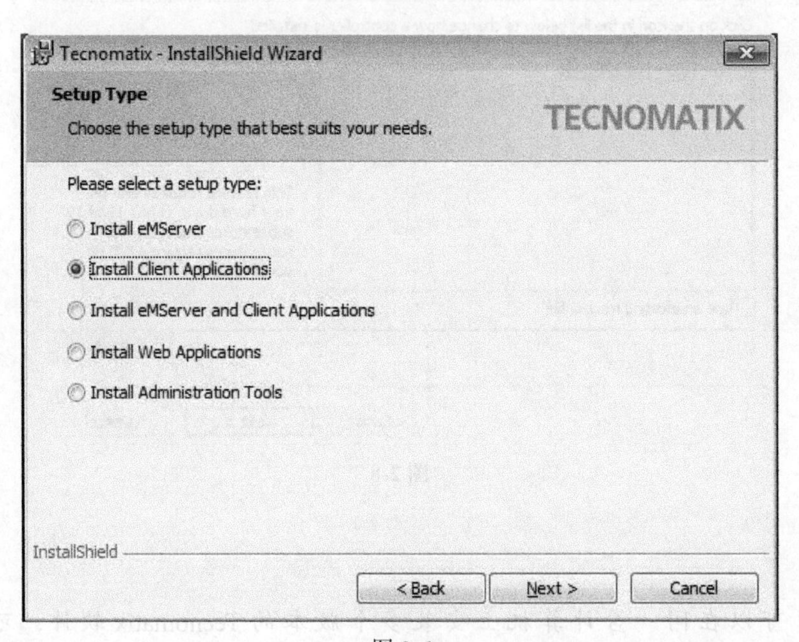

图 2-6

06 在图 2-6 中，选中“Install Client Applications”单选按钮；然后单击“Next”按钮，会弹出图 2-7 所示的窗口。

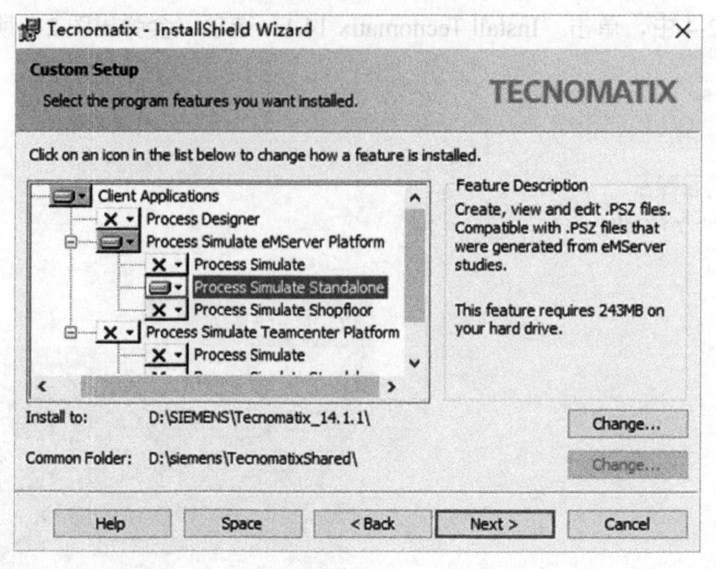

图 2-7

07 在图 2-7 中，仅选择安装“Process Simulate Standalone”项；软件安装路径可以通过单击“Change”按钮进行更改。然后，单击“Next”按钮，会弹出图 2-8 所示的窗口。

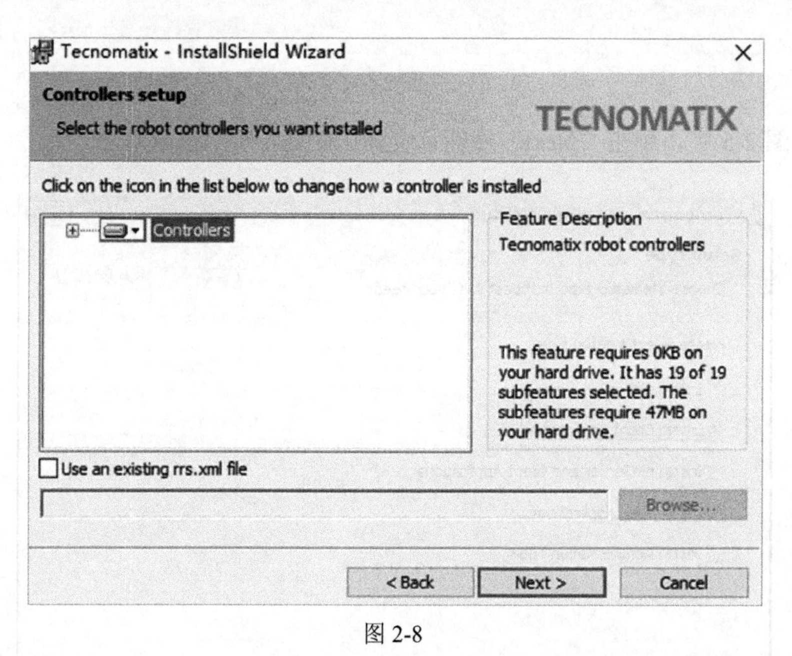

图 2-8

注意

用户可以在同一台计算机上安装多个版本的 Tecnomatix 软件，可以通过“Tecnomatix Version Selector”功能进行版本选择。“Common Folder”文件夹的位置就是“Tecnomatix Version Selector”的安装位置。

08 在图 2-8 中，单击“Controllers”项左侧的“+”，展开“Controllers”项，可以根据实际需要选择机器人控制器类型。然后单击“Next”按钮，会弹出图 2-9 所示的窗口。

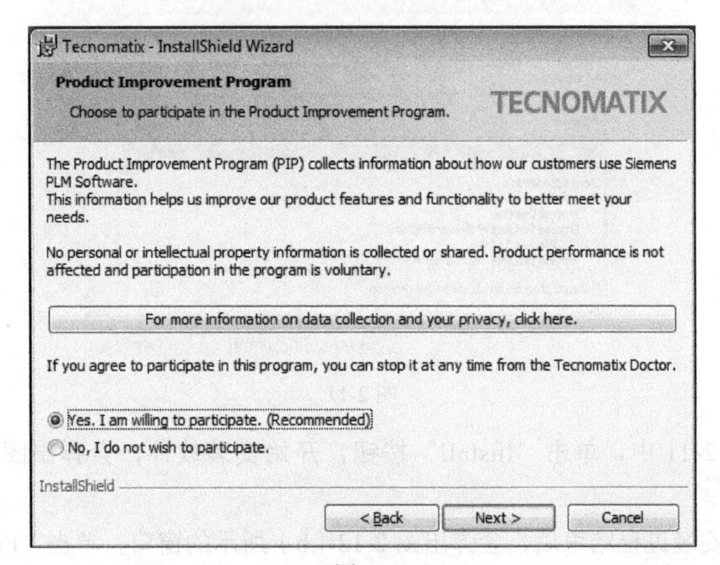

图 2-9

09 在图 2-9 中，单击“Next”按钮，会弹出图 2-10（a）所示的窗口。

10 在图 2-10（a）所示的窗口中，选择“Change”按钮，更改 System Root 的位置，更改结果如图 2-10（b）所示。然后，单击“Next”按钮，会弹出图 2-11 所示的窗口。

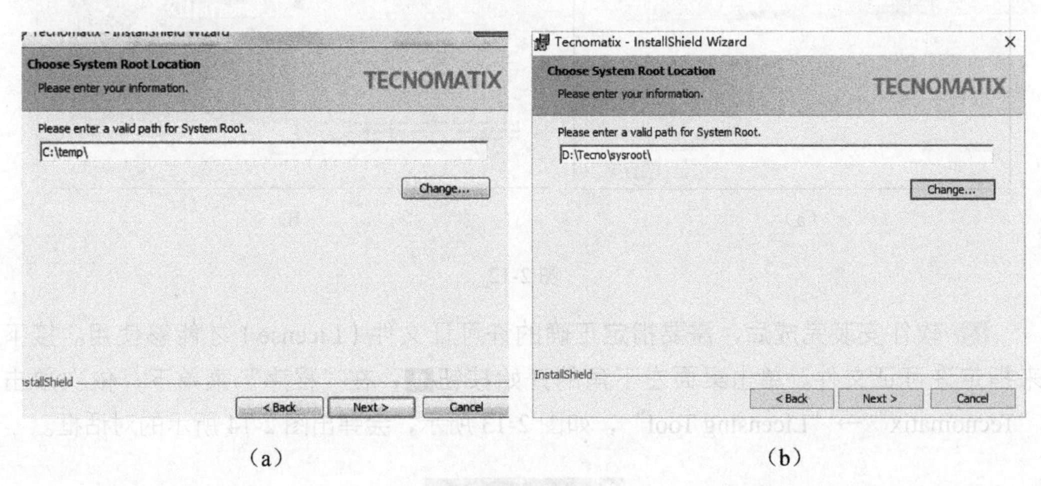

（a）　　　　（b）

图 2-10

注意

System Root 系统根目录文件夹是 Process Simulate 软件默认存放研究数据的位置。

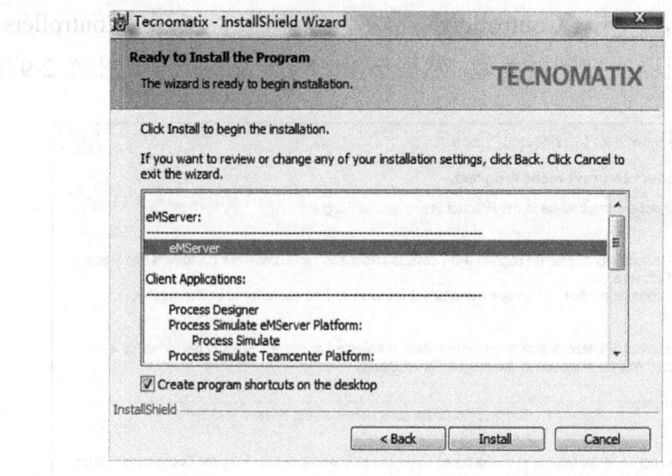

图 2-11

11 在图 2-11 中，单击“Install”按钮，开始安装软件，会弹出图 2-12（a）所示的窗口。

12 软件安装进程结束后，会弹出图 2-12（b）所示的窗口，单击“Finish”按钮，完成软件安装。

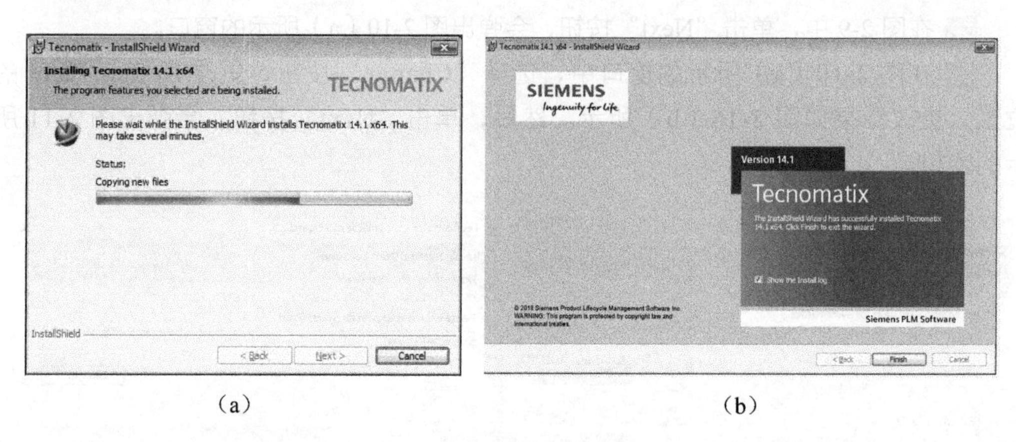

（a）　　　　（b）

图 2-12

13 软件安装完成后，需要指定正确的许可证文件（License）才能够使用。接下来指定许可证文件。单击桌面左下角的开始按钮■，在“程序”菜单下，依次单击“Tecnomatix”→“Licensing Tool”，如图 2-13 所示，会弹出图 2-14 所示的对话框。

图 2-13

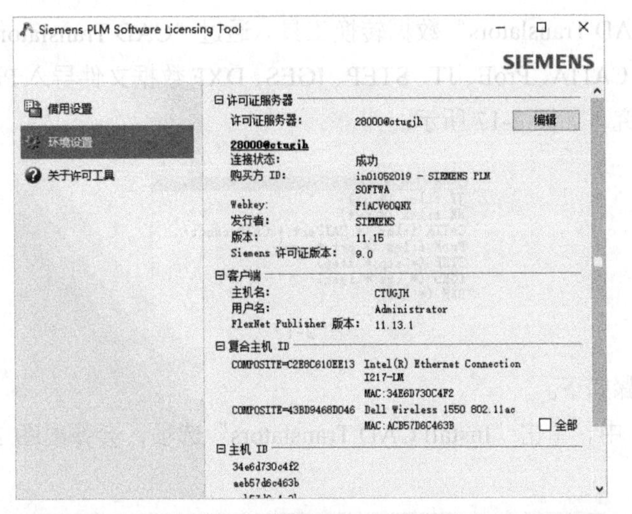

图 2-14

14 在图 2-14 中，选择“环境设置”选项，然后单击“编辑”按钮，会弹出图 2-15 所示的“许可证服务器编辑器”对话框，输入 License 文件所在文件夹路径及 License 文件全名（包括扩展名），最后单击“保存”按钮。

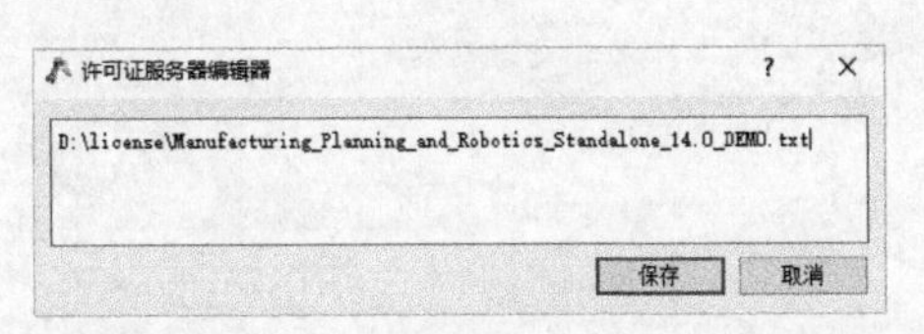

图 2-15

15 Process Simulate V14.1 提供多种语言安装包，包括汉语、法语、德语、葡萄牙语、俄语、西班牙语等。用户可以将 Process Simulate 默认的英语使用界面转换到其他语言界面。

如图 2-16 所示，依次打开 CD14.1_Tecnomatix\Add-Ons\Localization 文件夹，双击“Tecnomatix localization 14.1 x64 Chinese.msi”程序，安装汉语语言包。

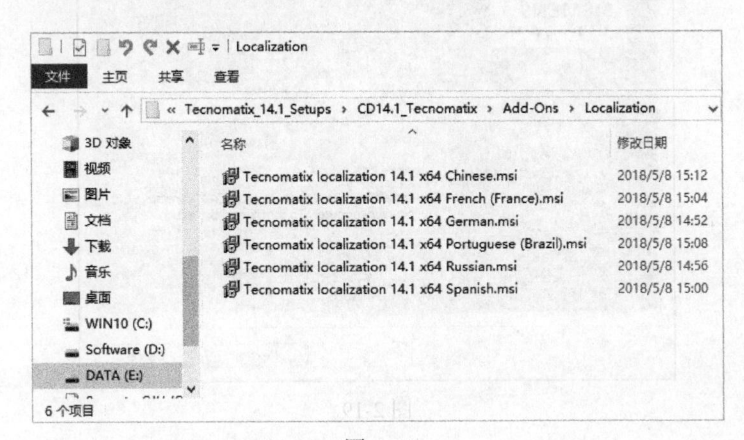

图 2-16

16 安装“CAD Translators”数据转换工具。通过“CAD Translators”数据转换工具，用户可以将NX、CATIA、ProE、JT、STEP、IGES、DXF数据文件导入Process Simulate中，进行仿真验证研究，如图2-17所示。

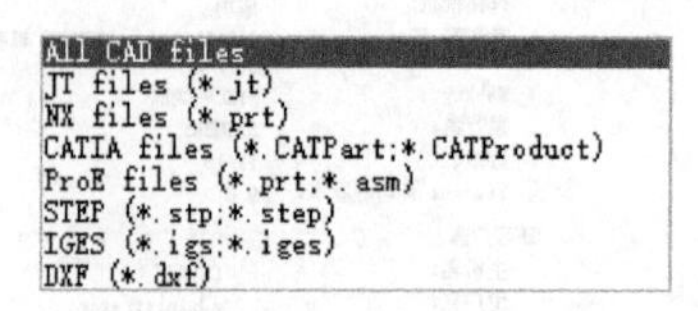

图2-17

具体安装步骤如下。

① 在图2-18中，单击“Install CAD Translators”选项，会弹出图2-19所示的窗口。

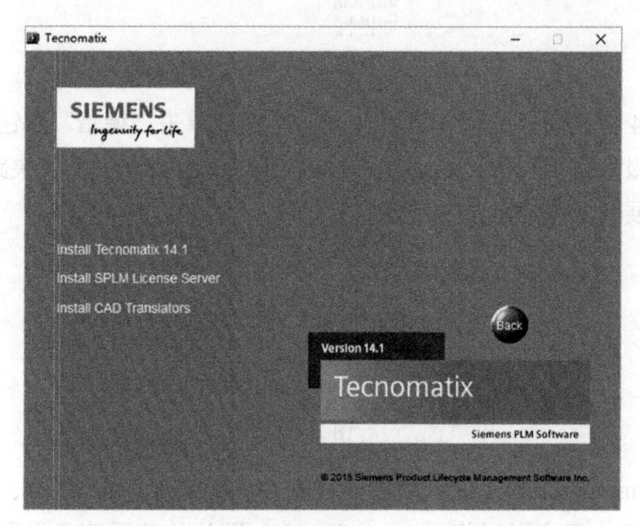

图2-18

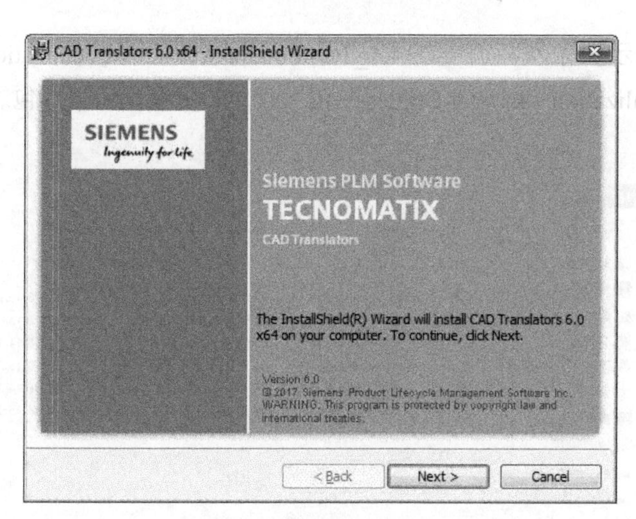

图2-19

② 在图2-19中，单击“Next”按钮，会弹出图2-20所示的窗口。

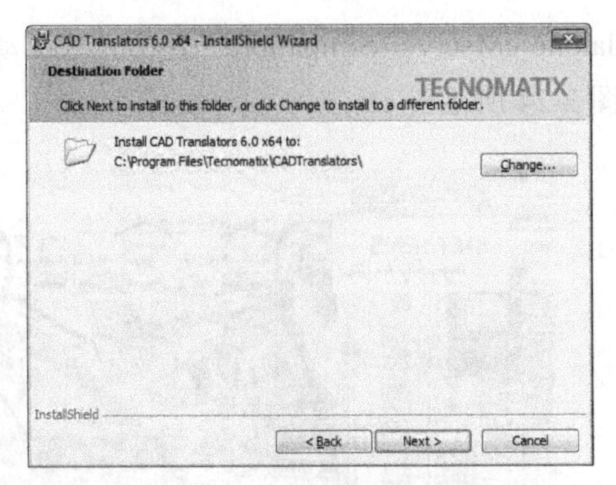

图 2-20

③ 在图 2-20 中，单击“Change”按钮，可以更改“CAD Translators”安装路径。然后，单击“Next”按钮，会弹出图 2-21（a）所示的窗口。

④ 在图 2-21（a）中，单击“Install”按钮，会弹出图 2-21（b）所示的安装进程窗口。安装进程结束后，会弹出图 2-22 所示的窗口。

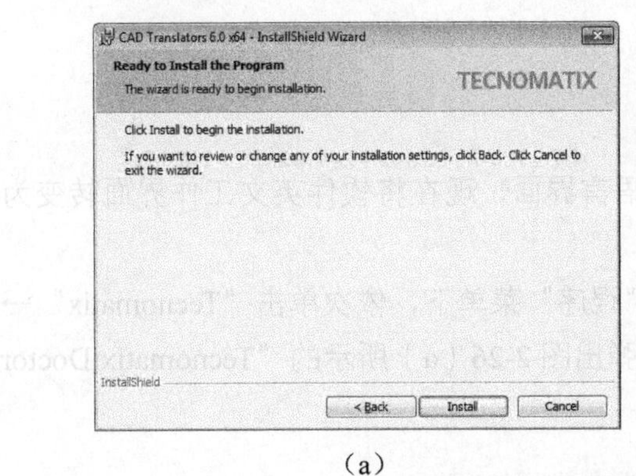

（a）

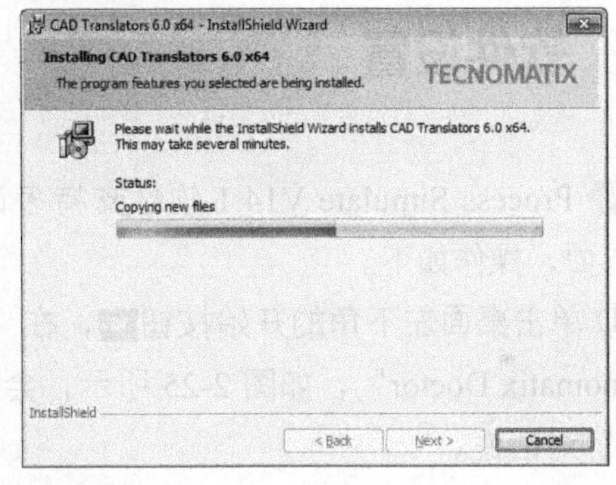

（b）

图 2-21

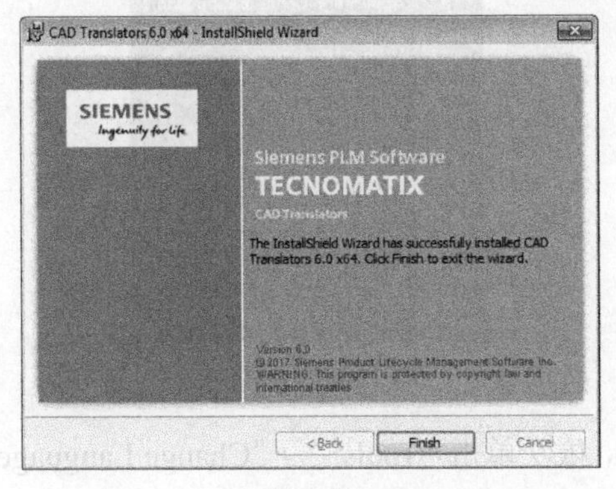

图 2-22

⑤ 在图 2-22 中，单击“Finish”按钮，完成“CAD Translators”的安装。

至此，Process Simulate V14.1 单机版安装完成。如图 2-23 所示，通过双击桌面上的

“Process Simulate Standalone-eMserver compatible”快捷方式启动 Process Simulate V14.1 软件，启动开始界面如图 2-24 所示。

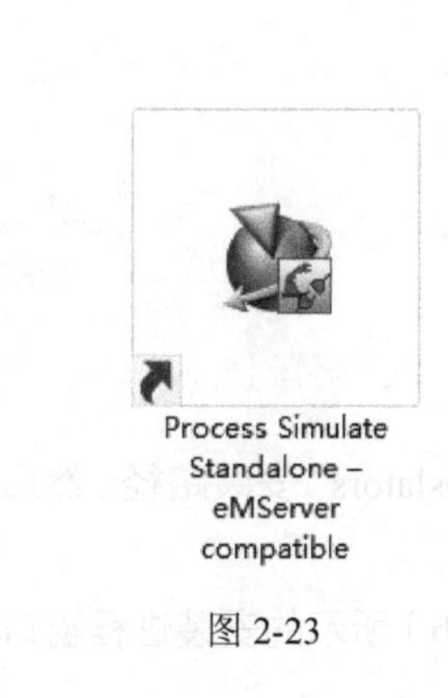

图 2-23

图 2-24

2.3 软件设置

01 Process Simulate V14.1 软件支持多语言界面，现在将软件英文工作界面转变为中文界面，操作如下。

① 单击桌面左下角的开始按钮，在“程序”菜单下，依次单击“Tecnomatix”→“Tecnomatix Doctor”，如图 2-25 所示，会弹出图 2-26（a）所示的“Tecnomatix Doctor 14.1.2”对话框。

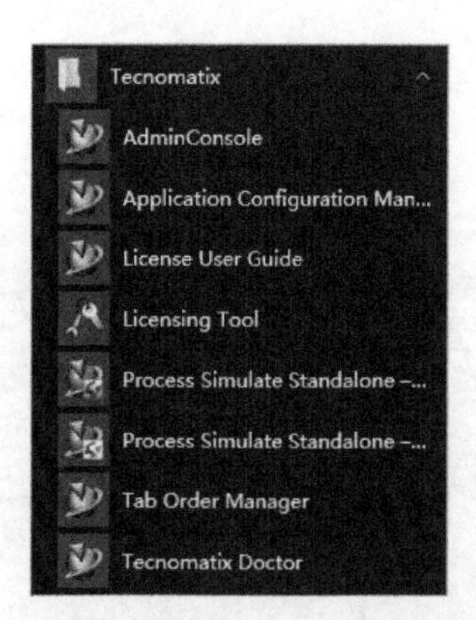

图 2-25

② 在图 2-26（a）中，依次单击“Tools”→“Change Language”，如图 2-26（b）所示，会弹出图 2-27 所示的对话框。

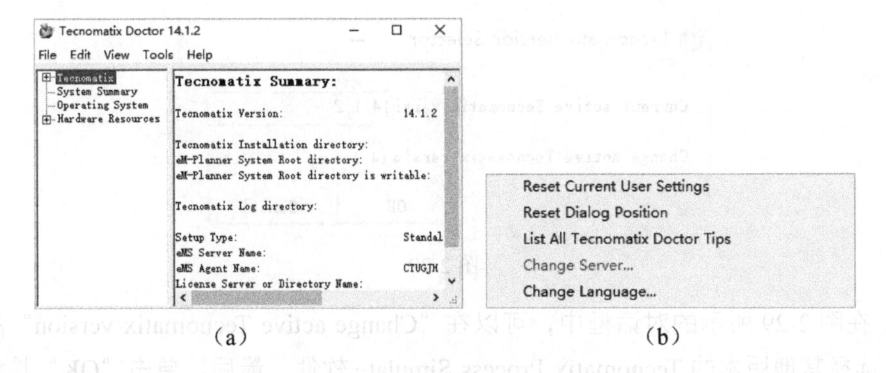

（a） （b）

图 2-26

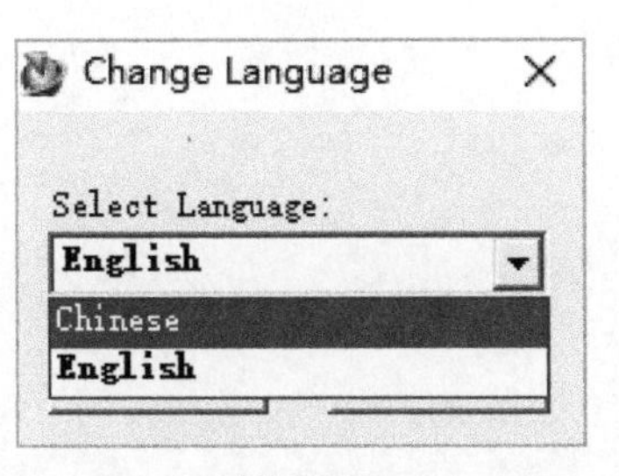

图 2-27

③ 在图 2-27 所示的对话框中，选择“Chinese”选项，最后单击“OK”按钮，完成软件中文界面的设置。

02 用户可以在计算机上安装多个 Tecnomatix Process Simulate 版本，以适应不同项目的工作需求。现在我们就来看一下如何进行软件版本的切换。

① 单击桌面左下角的开始按钮 ，在“程序”菜单下，依次单击“Tecnomatix”→“Tecnomatix Version Selector”，如图 2-28 所示，会弹出图 2-29 所示的“Tecnomatix Version Selector”对话框。

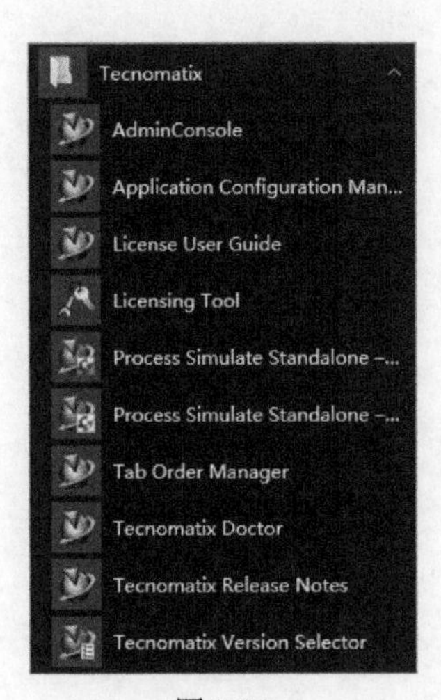

图 2-28

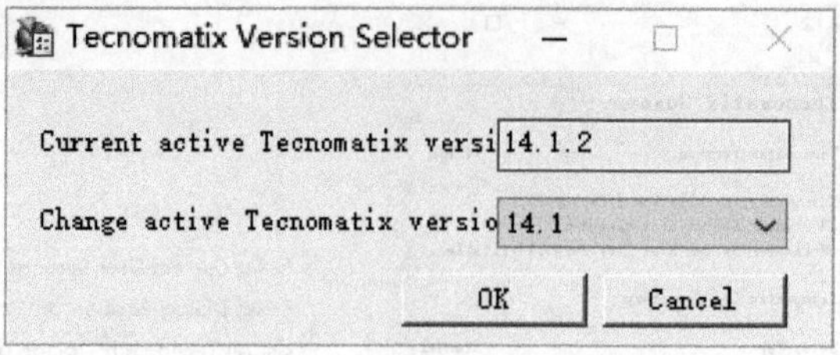

图 2-29

② 在图 2-29 所示的对话框中，可以在“Change active Tecnomatix version”的下拉列表中选择其他版本的 Tecnomatix Process Simulate 软件。最后，单击“OK”按钮，完成使用版本的切换。

第3章

Process Simulate 入门

本章将介绍软件用户界面、软件基本操作、常用命令及基本对象类型等信息，这将有助于我们更快地熟悉 Process Simulate 软件。

3.1 启动软件

软件安装完毕后，可以双击桌面上的快捷方式，或者单击桌面左下角的开始按钮，在“程序”菜单下，依次单击“Tecnomatix”→“Process Simulate Standalone-eMserver compatible”（如图 3-1 所示），来启动 Process Simulate 软件。

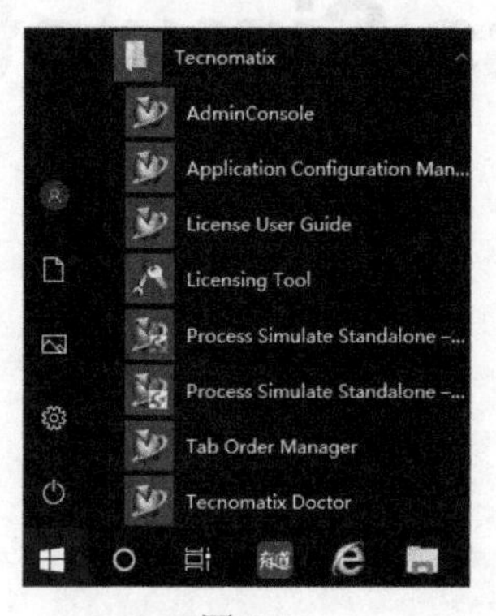

图 3-1

Process Simulate 软件启动后，会出现如图 3-2 所示的“欢迎使用”界面，以及如图 3-3 所示的用户使用界面。

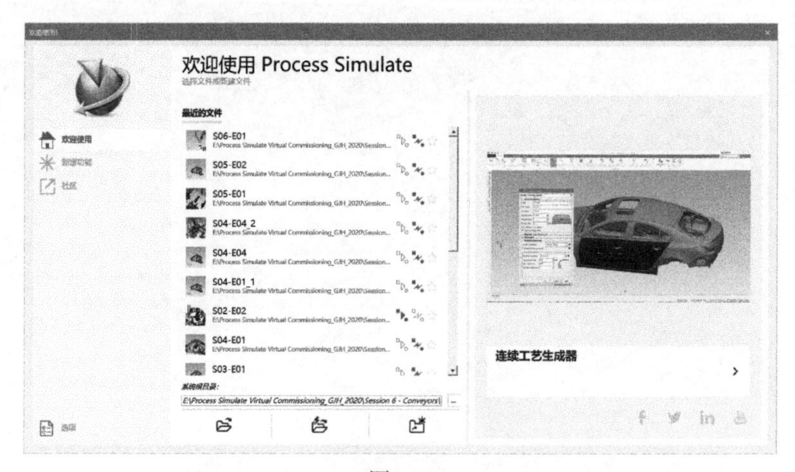

图 3-2

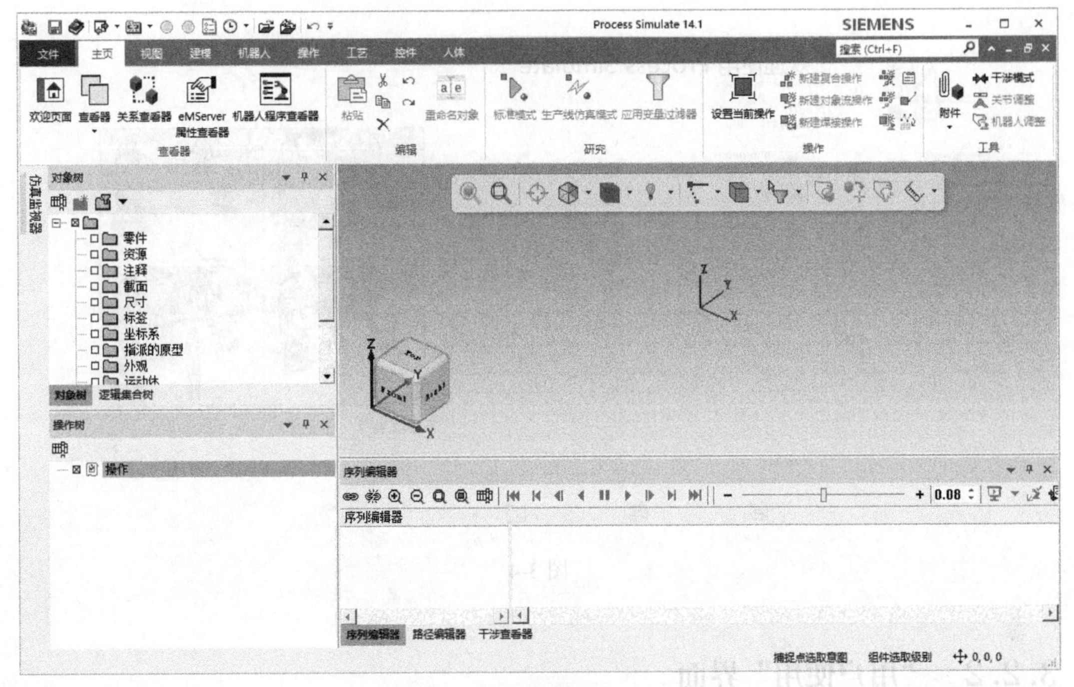

图 3-3

3.2 用户界面

3.2.1 “欢迎使用”界面

Process Simulate 软件的“欢迎使用”界面为用户提供了多种快捷的功能，如图 3-4 所示，用户可以方便地进行以下操作：

- 选择打开一个最近使用的研究文档。
- 新建一个研究文档。
- 以标准模式或生产线仿真模式打开一个研究文档。
- 观看新增功能描述及视频。
- 设置 Process Simulate 选项。
- 进入 Process Simulate 社区进行技术交流。
- 设置研究数据存放的系统根目录。

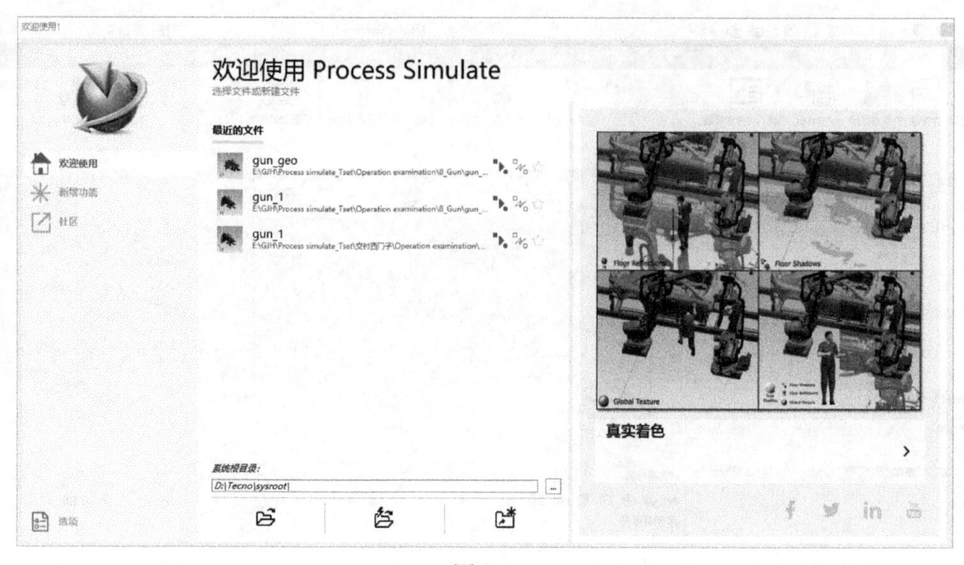

图 3-4

3.2.2 “用户使用”界面

“用户使用”界面是 Process Simulate 软件的主要功能界面，如图 3-5 所示，为了方便介绍，图中给每个功能区分别做了名称标识。

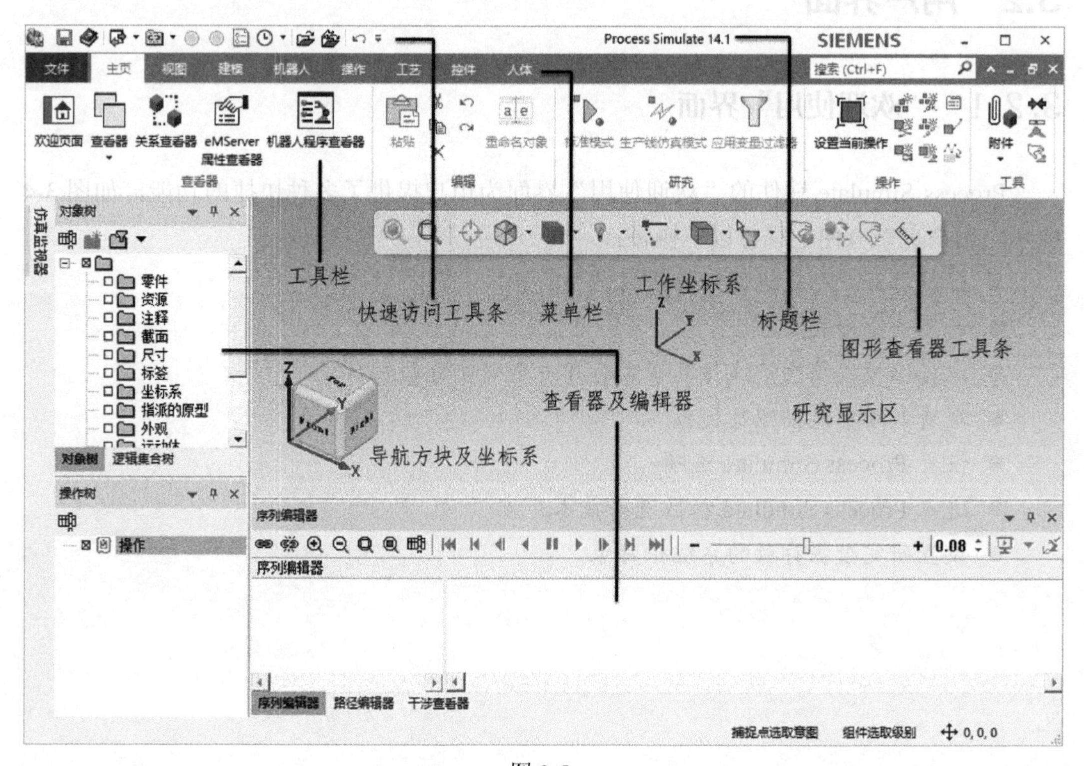

图 3-5

1. 快速访问工具条

“快速访问工具条”用于设置最常用的功能，参见图 3-6。该工具条中显示的按钮能够定制，单击工具条最右侧的下三角按钮，会弹出图 3-7 所示的下拉菜单，单击“更多命令”，会弹出图 3-8 所示的对话框，用户可以将常用的功能定制到“快速访问工具条”中。

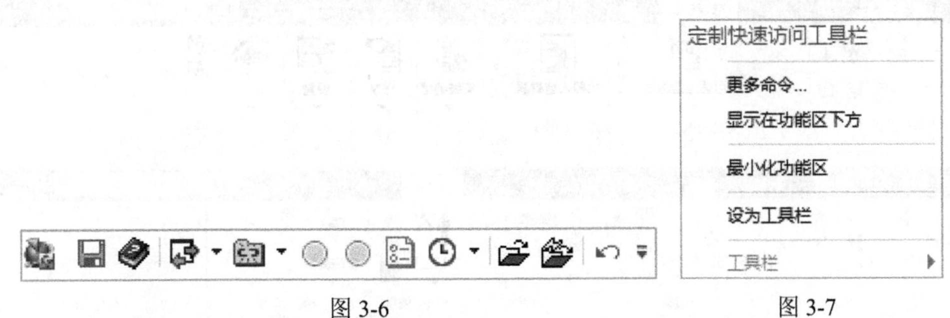

图 3-6　　　　图 3-7

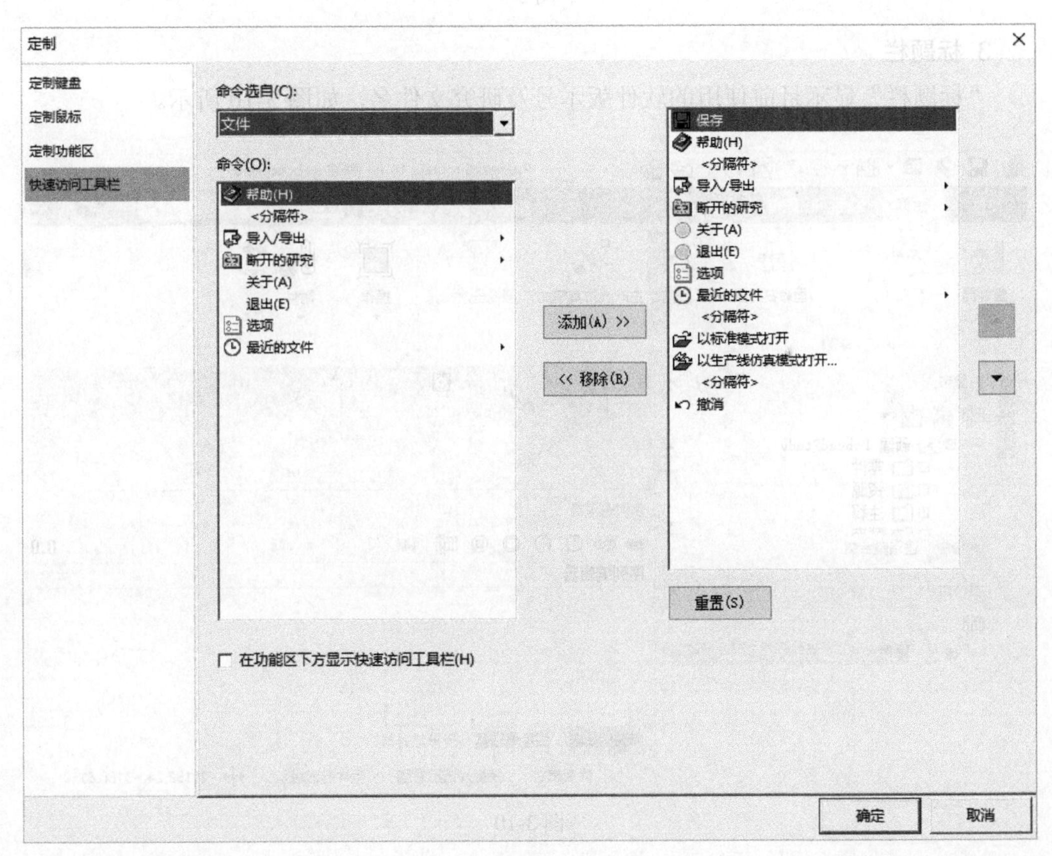

图 3-8

2. 菜单栏

Process Simulate 软件应用环境中包括文件、主页、视图、建模、机器人、操作、工艺、控件、人体共九个菜单项，如图 3-9 所示，不同菜单中包含的工具也不相同，由于篇幅关系，此处不再一一罗列，相关的工具会在后面章节中进行详细介绍。

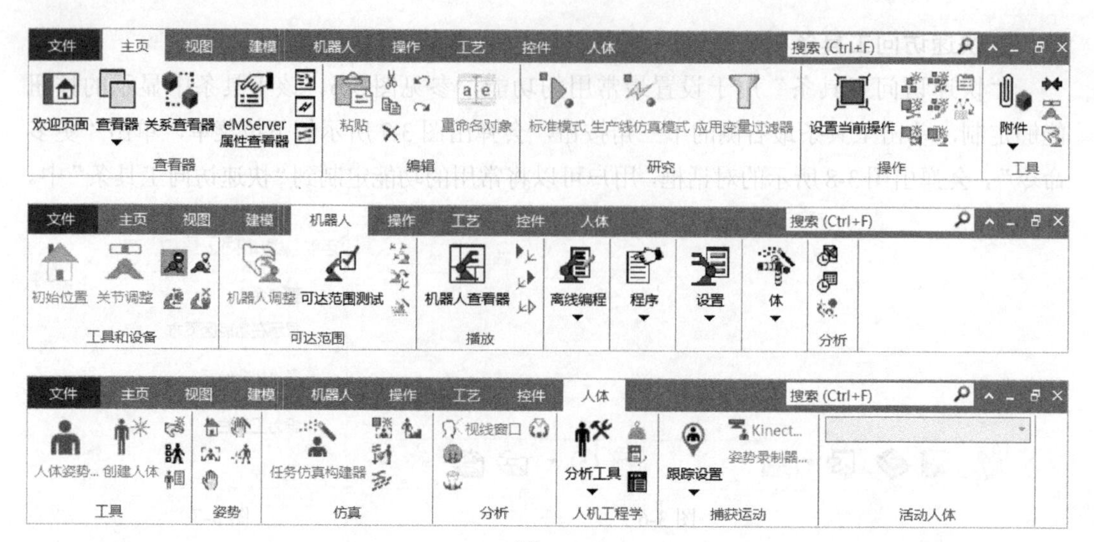

图 3-9

3. 标题栏

“标题栏”显示目前使用的软件版本号及研究文件名，如图 3-10 所示。

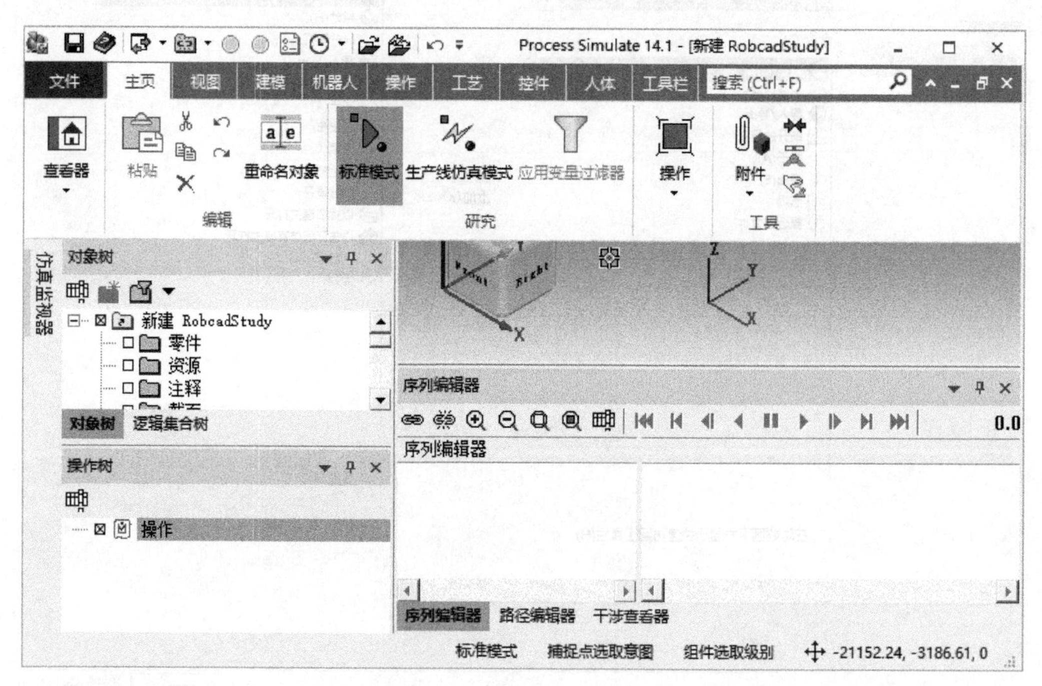

图 3-10

4. 图形查看器工具条

“图形查看器工具条”默认放置于“研究显示区”顶部中间位置。用户可以把该工具条拖曳到“研究显示区”的其他位置。该工具条提供了缩放、快速指定视图方向、着色模式、显示或隐藏、选择点、选取级别、通过过滤类型选择、放置对象、重定位对象、测量等诸多功能，如图 3-11 所示。

图 3-11

如果不想显示该工具条，则可以依次单击“文件”→“选项”→“图形查看器”，在弹出的对话框中取消勾选“显示图形查看器工具栏”复选框即可，如图 3-12 所示。

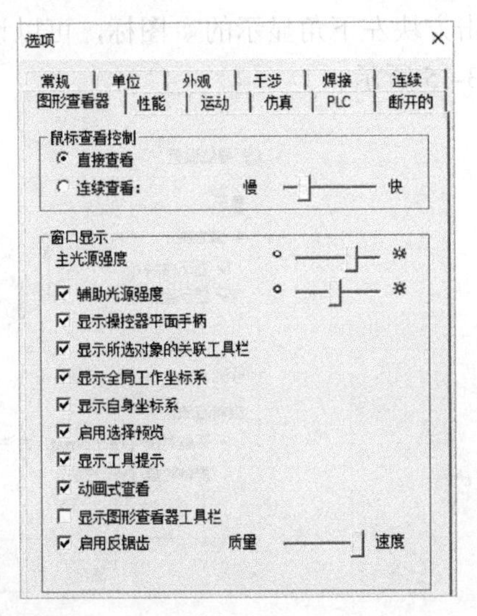

图 3-12

5. 搜索命令和对象（快捷键：Ctrl+F）

搜索命令和对象工具（图 3-5 右上角的放大镜图标）用于快速查询软件应用环境中的命令。输入关键字后，会显示出与关键字有关的所有命令、对象，如图 3-13 所示。

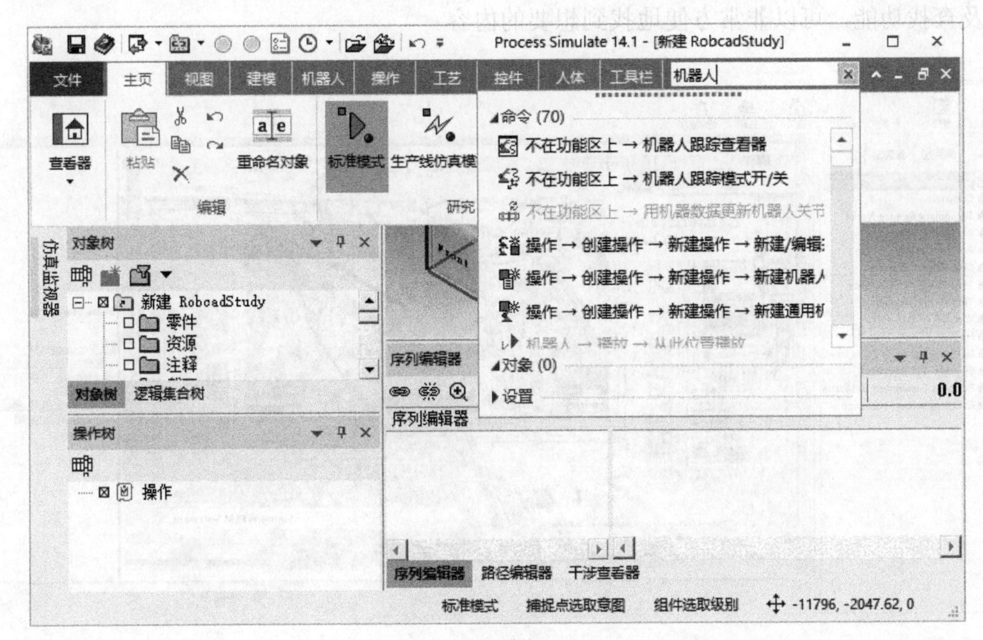

图 3-13

6. 导航方块及坐标系

“导航方块及坐标系”工具如图 3-14 所示，用于快速进行视图操作。选择方块上的“TOP”“Right”“Front”“Left”“Back”“Bottom”面，分别代表将视图转到“俯视”“右视”“前视”“左视”“后视”“仰视”方向。单击方块右下角显示的图标，视图将逆时针旋转。单击图标，视图将顺时针旋转。单击方块左上角显示的图标，视图将返回初始方位。单击方块左下角显示的图标，可以设置导航方块及坐标系的显示状态和旋转方法，如图 3-15 所示。

图 3-14

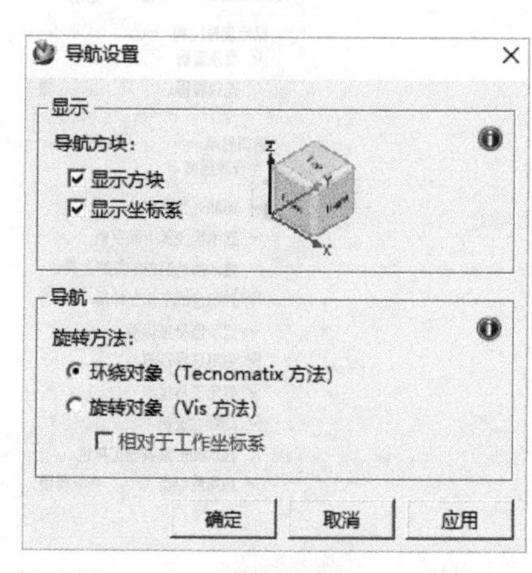

图 3-15

7. 帮助文档（快捷键：F1 键）

“帮助”按钮位于“快速访问工具条”中，按下 F1 键可以快速启动帮助文档，如图 3-16 所示。通过帮助文档可以获悉有关如何使用命令、对话框的帮助信息，使用搜索及查找功能，可以非常方便地找到想要的内容。

图 3-16

帮助文档默认的启动位置位于“Siemens PLM Doc Center”中，需要联网才能打开，这不够方便，可以将启动位置更改到本地。打开“Tecnomatix Doctor”程序，选择“Tools”选项中的“Help Settings”，在“Help Settings”对话框中（如图 3-17 所示）选中“Local File（.chm）”单选按钮，最后单击“OK”按钮即可。

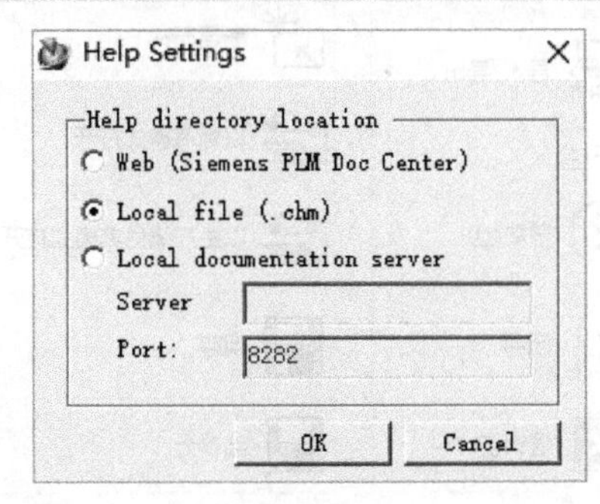

图 3-17

3.3 基本操作

1. 新建研究

如图 3-18 所示，依次单击“文件”→“断开的研究”→“新建研究”，会弹出如图 3-19 所示的“新建研究”对话框，在“研究类型”的下拉框中选择“RobcadStudy”，最后单击“创建”按钮，完成新研究文件的创建。Process Simulate 文件的后缀名是“*.psz”。

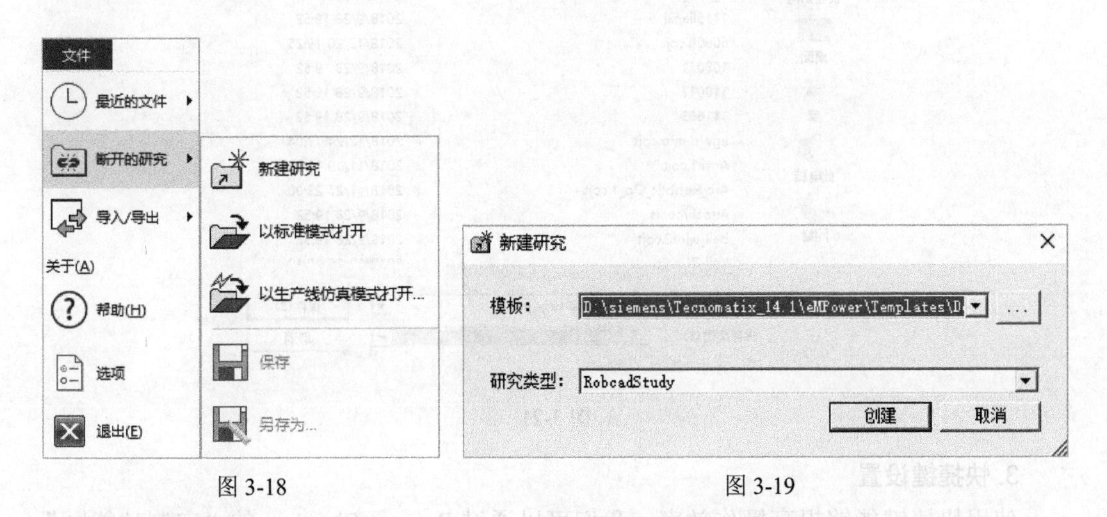

图 3-18　　图 3-19

2. 保存或另存为

如图 3-20 所示，依次单击“文件”→“断开的研究”→“保存”，可以保存研究文档；

依次单击“文件”→“断开的研究”→“另存为”，可以用新名字将研究文档另存为一个新文件。

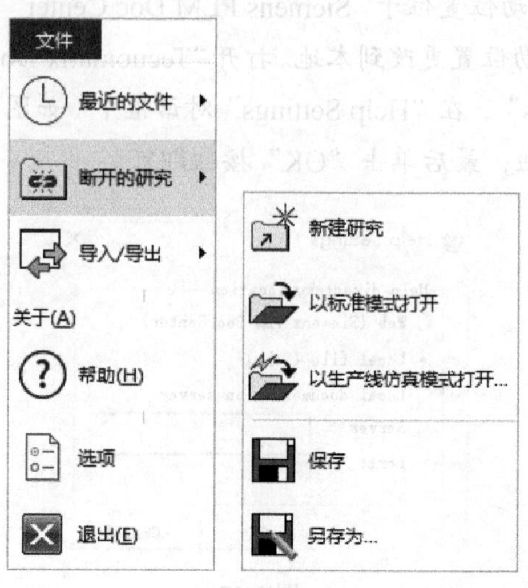

图 3-20

注意

在对新建的研究文件进行“保存”或者“另存为”操作时，默认的存储位置都是系统的根目录，如图 3-21 所示。

图 3-21

3. 快捷键设置

使用快捷键能够提高操作效率，我们可以通过 Process Simulate 的“定制功能区”选项进行“定制键盘”“定制鼠标”的快捷键设置，如图 3-22 所示。

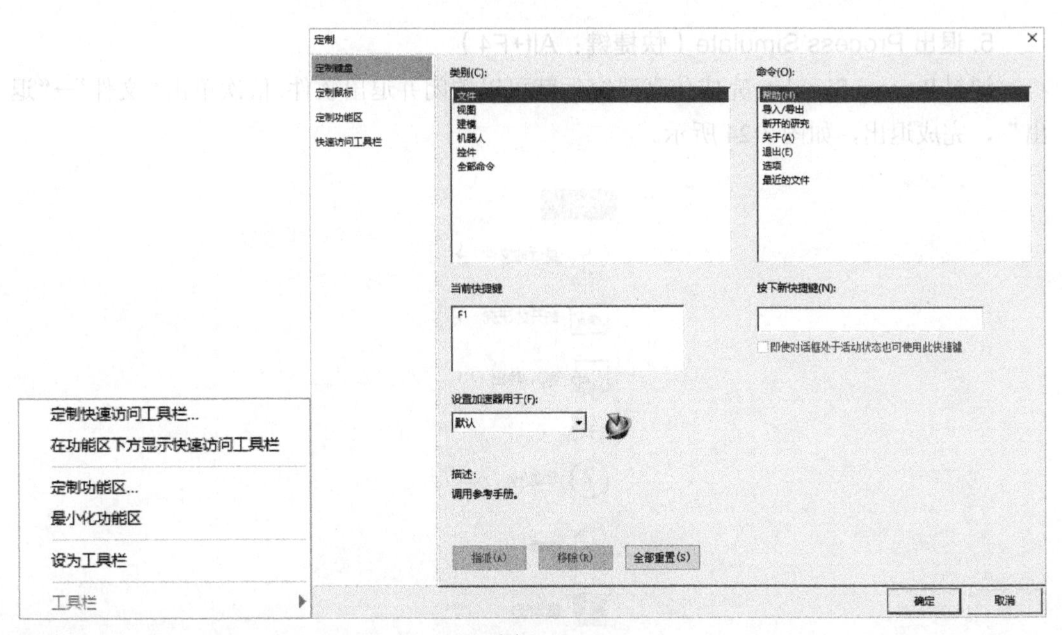

图 3-22

4. 应用程序设置（快捷键：F6 键）

单击“文件”菜单下的“选项”子菜单，在弹出的“选项”对话框中完成应用程序的设置（如图 3-23 所示），可以进行仿真、运动、干涉、焊接等多种选项的设置。

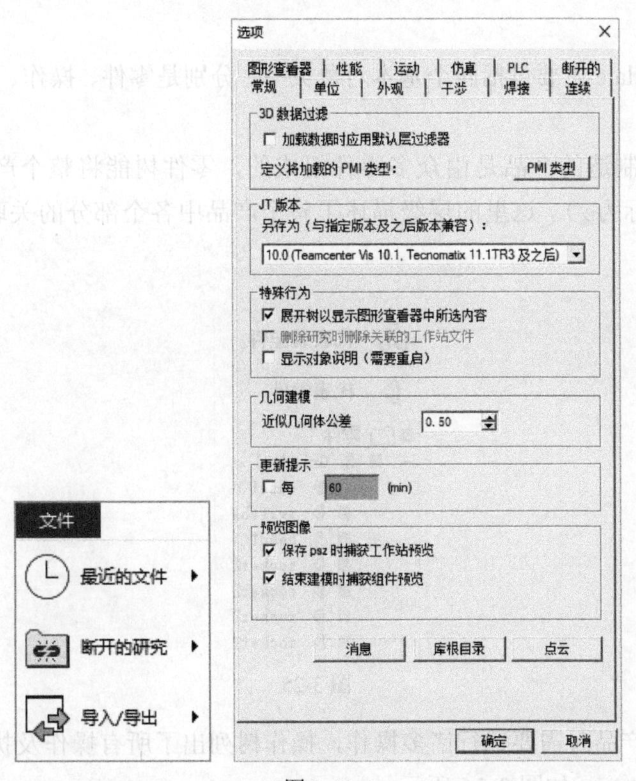

图 3-23

5. 退出 Process Simulate（快捷键：Alt+F4）

通过Process Simulate完成仿真研究后就可以关闭并退出软件。依次单击“文件”→“退出”，完成退出，如图 3-24 所示。

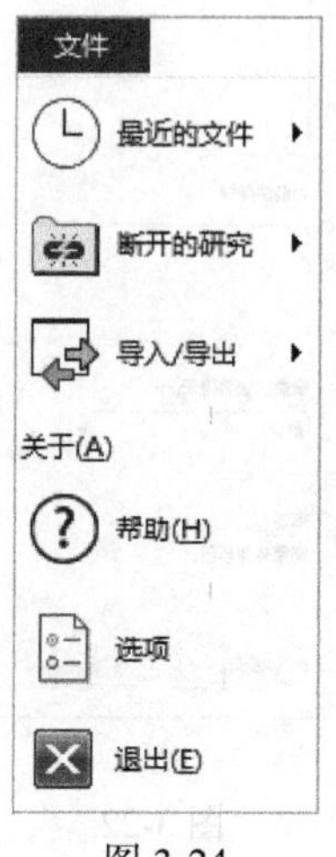

图 3-24

3.4 基本对象类型

Process Simulate 主要包括四个基本对象类型，分别是零件、操作、资源和制造特征，分别介绍如下。

零件：生产制造的产品是由众多零件组成的，零件树能将整个产品的所有零部件分层级列出（图标为），这里的层级描述了整个产品中各个部分的关联关系，如图 3-25 所示。

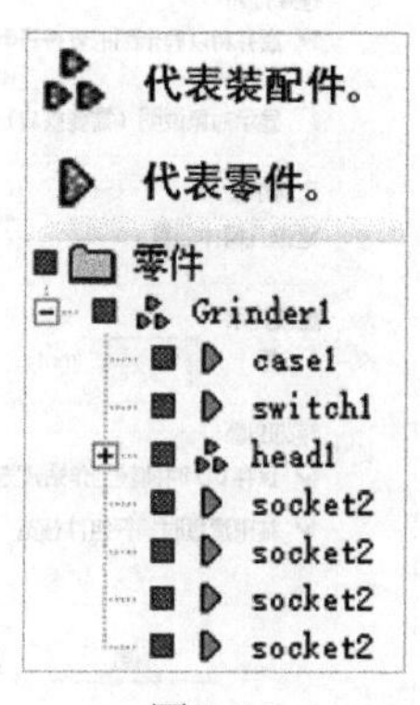

图 3-25

操作：生产产品时需要执行诸多操作，操作树列出了所有操作及执行这些操作的先后顺序（图标为），如图 3-26 所示。

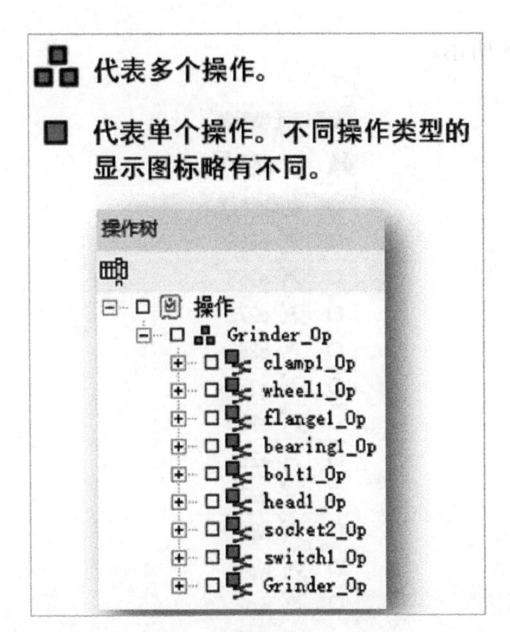

图 3-26

资源：是指生产产品的工厂、车间设施，包括操作工人、生产线、工作站、生产设备、工装夹具等。资源树列出了工人、机器人、加工设备、工装夹具等的顺序和位置（图标为），如图 3-27 所示。

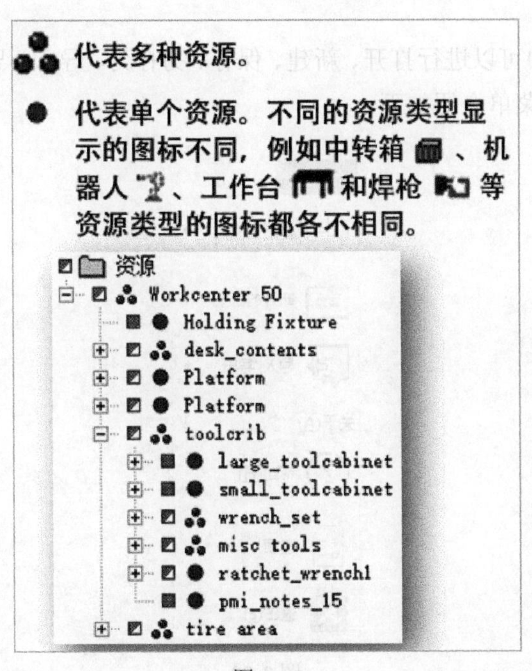

图 3-27

制造特征：用于表示部件之间的特定关系（图标为），例如焊接点、PLP，以及机器人沿着零件的轮廓进行弧焊、喷涂、打磨等操作的路径曲线。这种对象类型通常用于机器人，如图 3-28 所示。

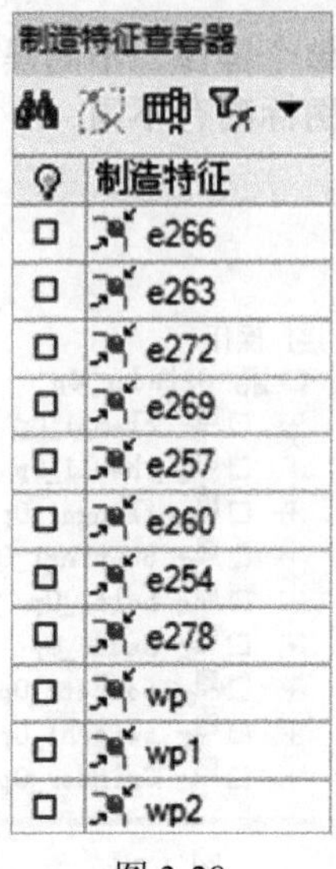

图 3-28

3.5 “文件”菜单下的常用子菜单

在“文件”菜单中可以进行打开、新建、保存、另存为、导入、导出等操作，如图 3-29 所示，其中的部分子菜单介绍如下。

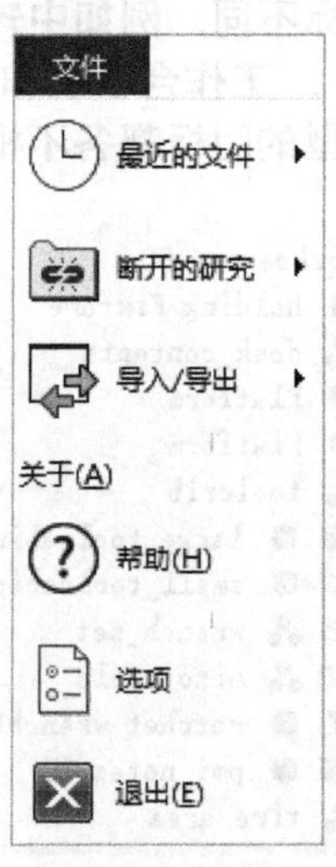

图 3-29

- “最近的文件”子菜单：通过该子菜单可以快速发现并打开最近使用的研究文件，如图 3-30 所示。

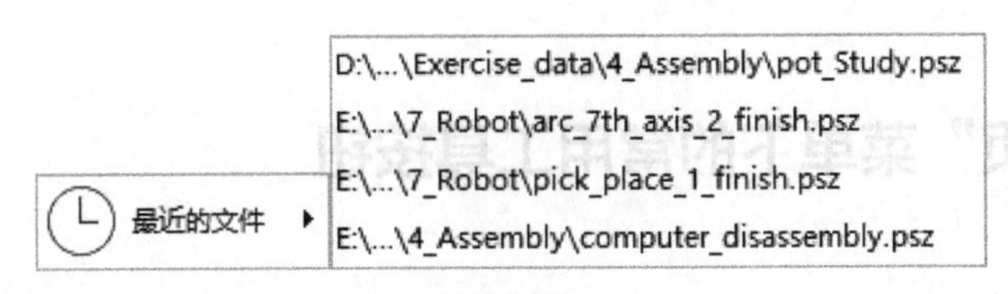

图 3-30

- “断开的研究”子菜单：通过该子菜单可以新建一个研究文件、以标准模式打开研究文件、以生产线仿真模式打开研究文件、保存研究文件，或将研究文件另存为新的文件，如图 3-31 所示。注意，标准模式是基于时间的仿真模式，生产线仿真模式是基于事件的仿真模式。

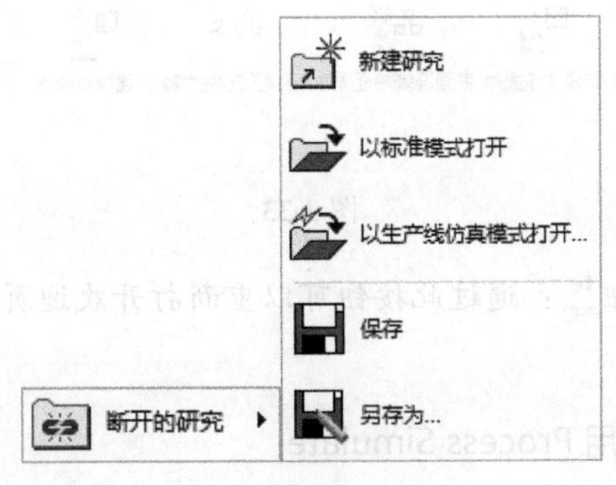

图 3-31

- “导入 / 导出”子菜单：其中“转换并插入 CAD 文件”项是常用项，它可以将 JT、NX、CATIA、ProE、STEP、IGES、DXF 等数据格式的文档转换为 CAD 文档，并作为零部件或者资源插入 Process Simulation 中进行仿真研究，如图 3-32 所示。

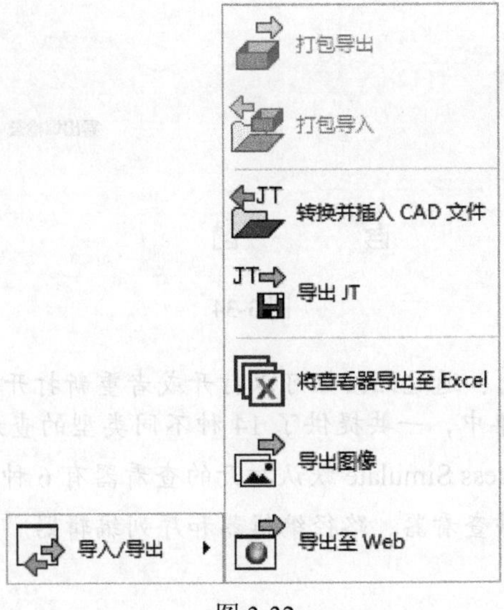

图 3-32

3.6 “主页”菜单下的常用工具按钮

“主页”菜单下的工具按钮如图 3-33 所示，具体介绍如下。

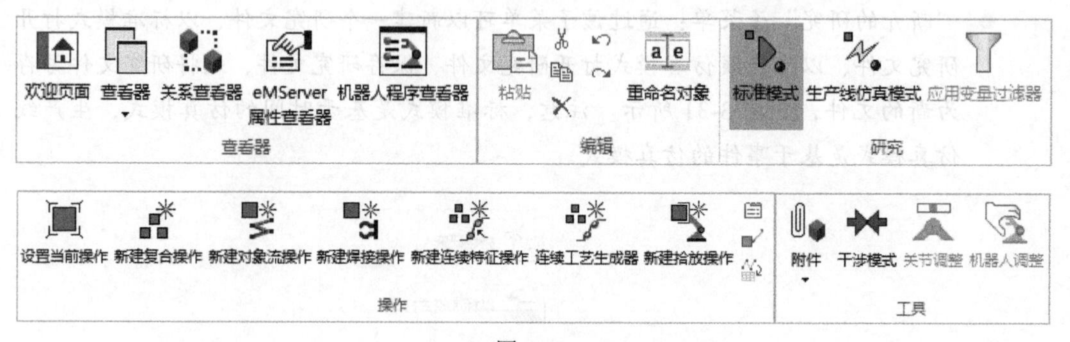

图 3-33

● “欢迎页面”按钮：通过此按钮可以重新打开欢迎页面，如图 3-34 所示。

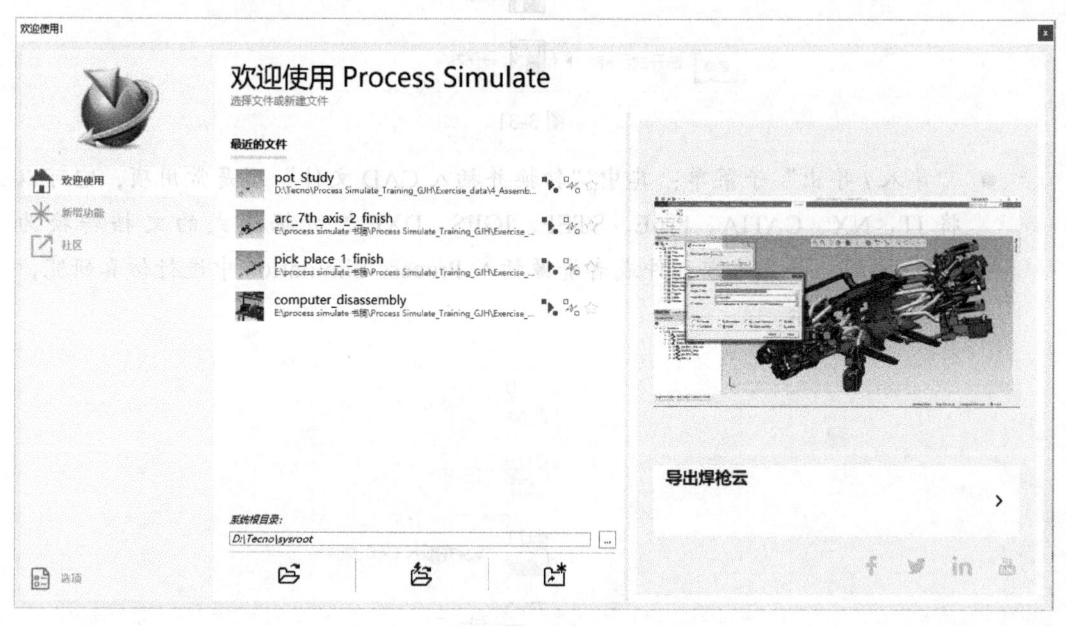

图 3-34

● “查看器”按钮：通过此按钮可以打开或者重新打开需要的查看器，如图 3-35 所示。在下拉菜单中，一共提供了 14 种不同类型的查看器，供用户在仿真研究过程中选用。Process Simulate 默认打开的查看器有 6 种，包括操作树、对象树、仿真监视器、干涉查看器、路径编辑器和序列编辑器。

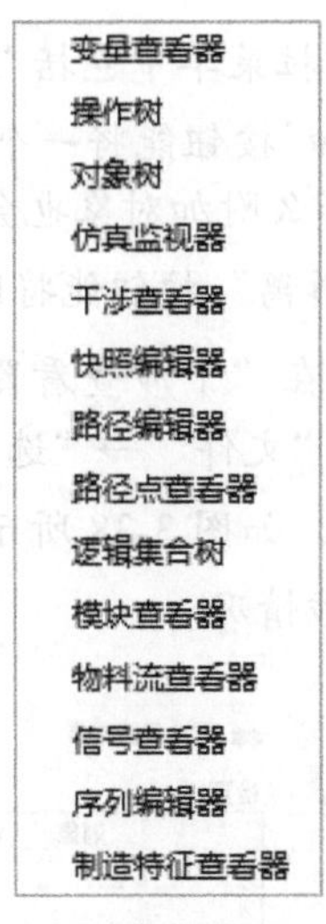

图 3-35

- “关系查看器”按钮：通过此按钮可以查看所选仿真研究对象与其他对象及操作之间的关系，如图 3-36 所示。

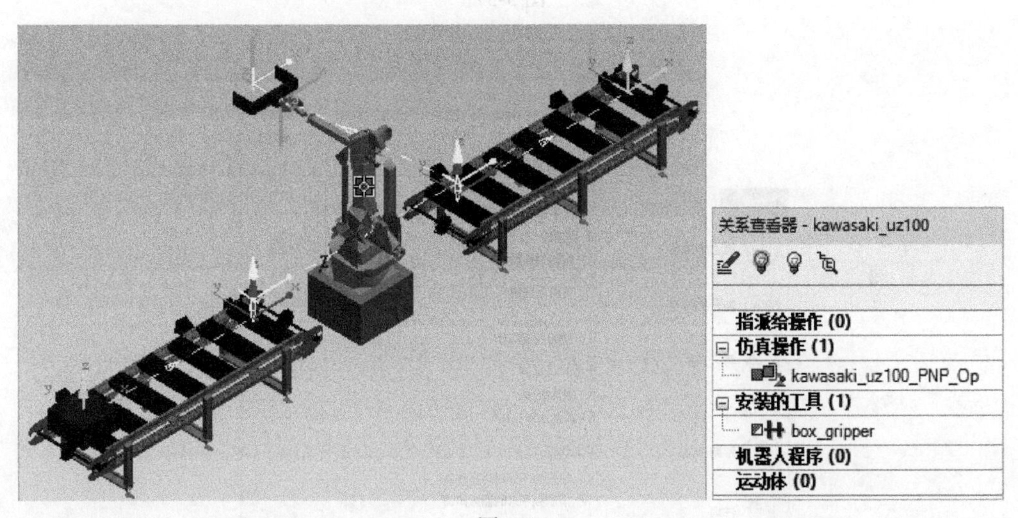

图 3-36

- “删除”按钮：快捷键为 Delete 键，单击此按钮，可以删除所选择的对象，对象可以是操作、零件、坐标系、资源、尺寸等。
- “粘贴”按钮：快捷键为 Ctrl+V，单击此按钮，可以粘贴所选择的对象。
- “复制”按钮：快捷键为 Ctrl+C，单击此按钮，可以复制所选择的对象。
- “剪切”按钮：快捷键为 Ctrl+X，单击此按钮，可以剪切所选择的对象。
- “撤销”按钮：快捷键为 Ctrl+Z，单击此按钮，可以撤销之前的操作。
- “重做”按钮：快捷键为 Ctrl+Y，单击此按钮，可以重做之前的操作。
- “标准模式”按钮：单击此按钮，可以进行基于时间的仿真研究。
- “生产线仿真模式”按钮：单击此按钮，可以进行基于事件的仿真研究。

- “附件”按钮：此按钮的下拉菜单中包括“附加”（图标为）和“拆离”（图标为）两个按钮。“附加”按钮能将一个或者多个对象附着到另一个对象上。如果被附加的对象移动了，那么附加对象也会跟随移动；但如果附加对象移动了，被附加对象则不会移动。“拆离”按钮能将附加关系打断。
- “干涉模式”按钮：首先在“干涉查看器”中指定需要干涉检查的对象，如图 3-37 所示；然后依次单击“文件”→“选项”，在“选项”对话框中选择“干涉”选项卡，设置相关参数，如图 3-38 所示。开启“干涉模式”后，可以在研究显示区看到对象之间的干涉情况。

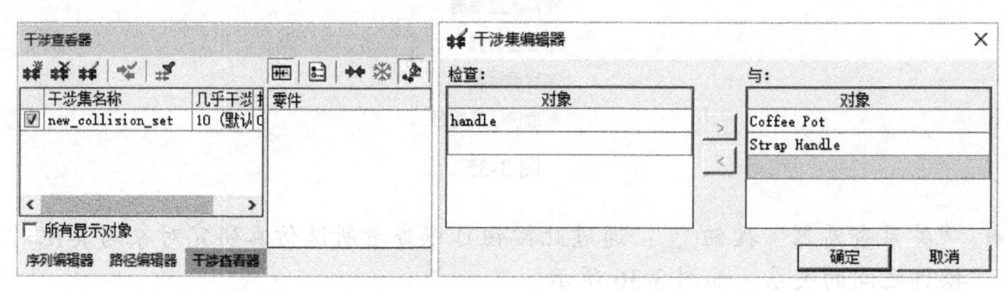

图 3-37

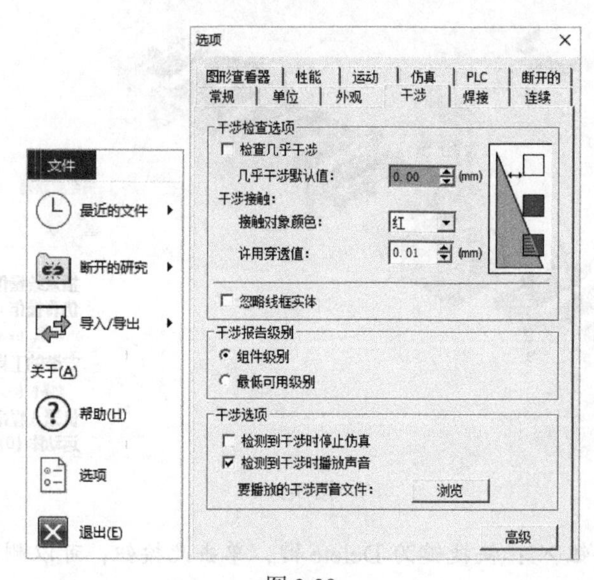

图 3-38

3.7 “视图”菜单下的常用工具按钮

通过“视图”菜单里的工具按钮，可以创建、打开多个窗口，可以选择或者建立自己的工作界面布局，可以调整模型显示状态，可以进行渲染，等等，如图 3-39（a）～图 3-39（c）所示。

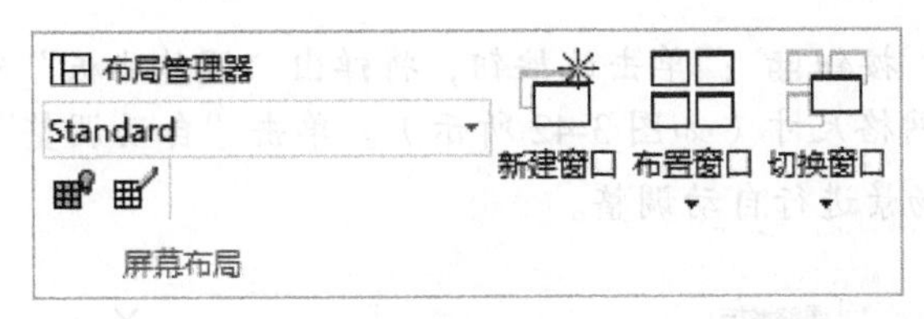

（a）

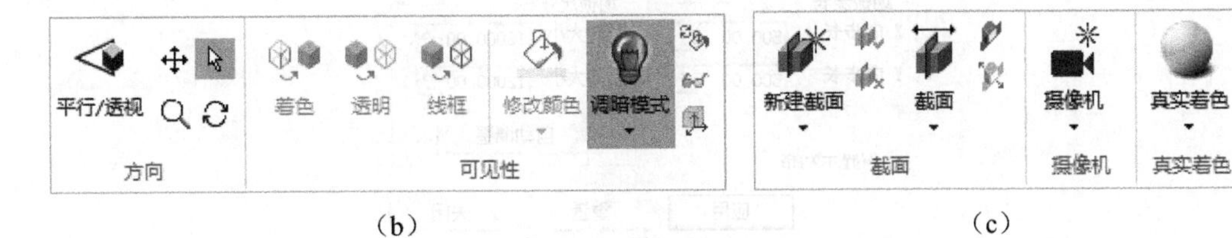

（b）　　（c）

图 3-39

- “布局管理器”按钮：单击此按钮，将弹出“布局列表”对话框，可以新建和选择用户界面布局。不同的布局针对不同的仿真研究任务，查看器类型及位置也不同，如图 3-40 所示。

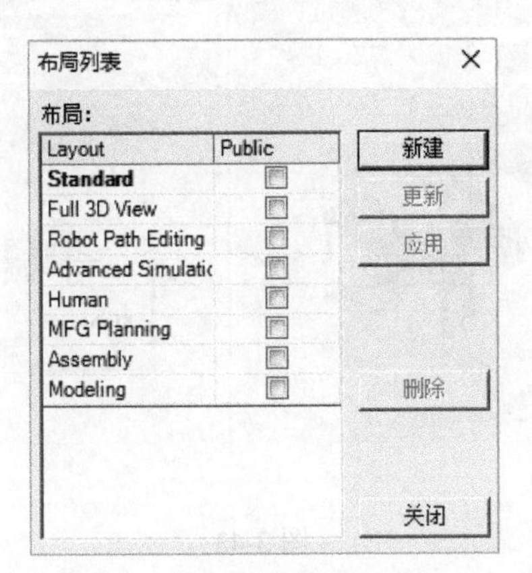

图 3-40

- “显示地板开关”按钮：快捷键为 Alt+F，可以用于显示地板网格，效果如图 3-41 所示。

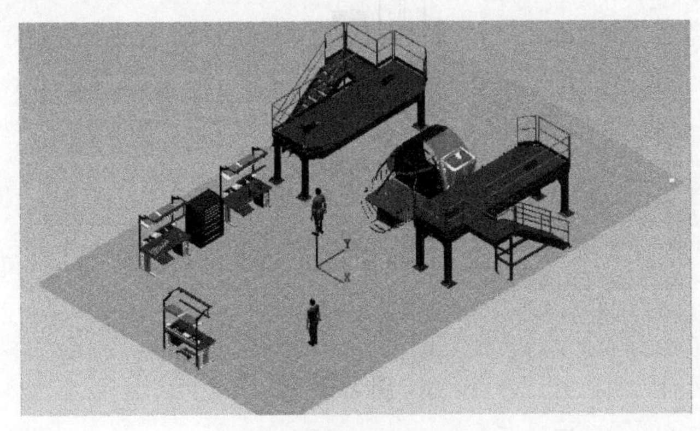

图 3-41

- “调整地板”按钮：单击此按钮，将弹出“调整地板”对话框，可以设置地板尺寸以及网格尺寸（如图 3-42 所示）。单击“自动调整”按钮，地板尺寸就会根据研究场景进行自动调整。

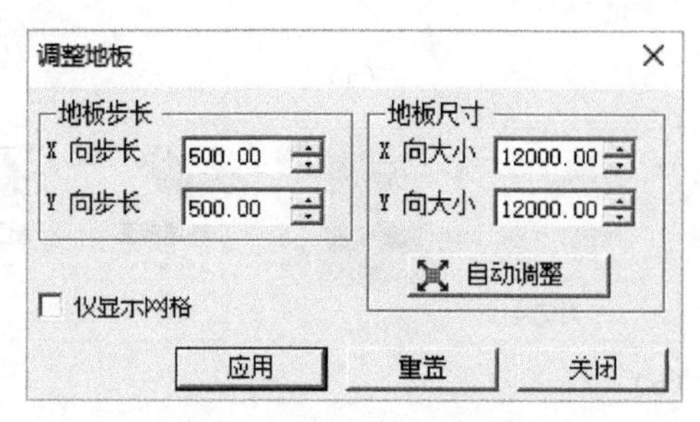

图 3-42

- “新建窗口”按钮：可以创建多个图形查看器窗口，以便从多视图角度观察仿真研究，如图 3-43（a）和图 3-43（b）所示。

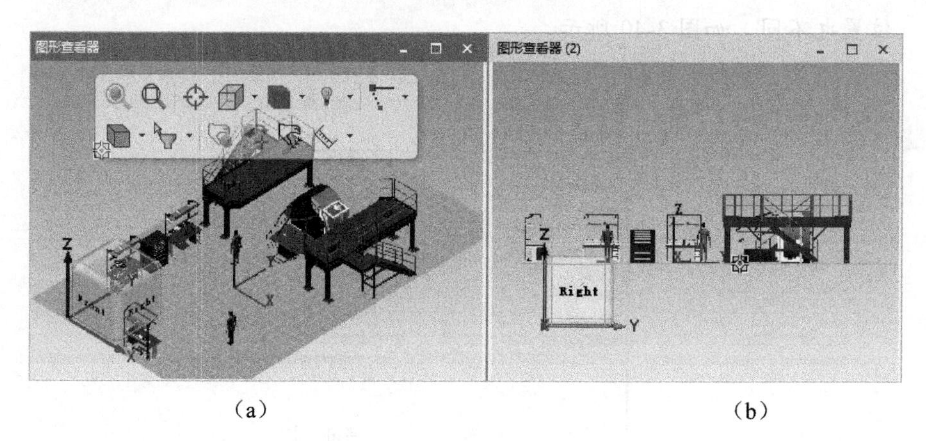

（a）　（b）

图 3-43

- “布置窗口”按钮：可以将多个图形查看器窗口按照选择的布置类型进行排列，如图 3-44 所示。

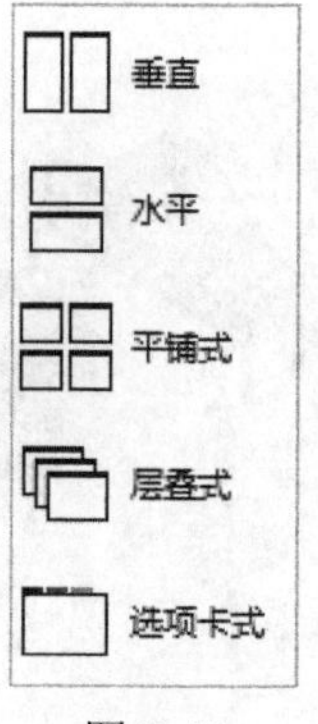

图 3-44

- “切换窗口”按钮：可以快速地将某一个图形查看器窗口切换为主窗口。

● “平行/透视视图模式”按钮平行/透视：可以将当前图形窗口视图在平行或者透视模式之间切换。
● “平移”按钮：单击此按钮，然后选中研究图形并拖动鼠标，就可以平移研究图形。
● “缩放”按钮：单击此按钮，然后选中研究图形并拖动鼠标，就可以缩放研究图形。
● “选择”按钮：单击此按钮，然后单击对象就可以选择对象。
● “旋转”按钮：单击此按钮，然后选中研究图形并拖动鼠标，就可以旋转研究图形。
● “着色”按钮着色：可以将选取的对象以着色模式显示，如图 3-45 所示。

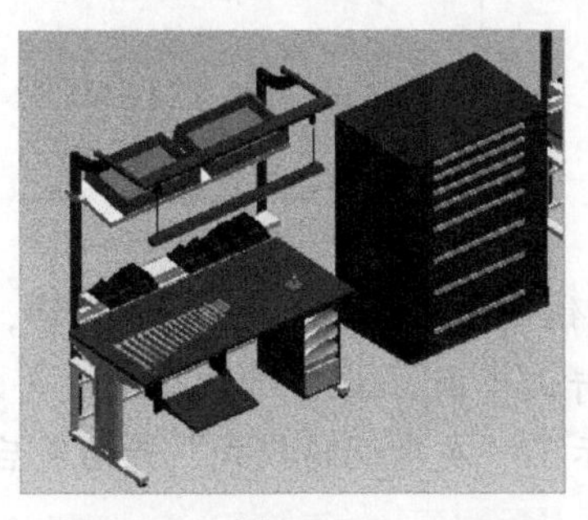

图 3-45

● “透明”按钮透明：可以将选取的对象以透明模式显示，如图 3-46 所示。

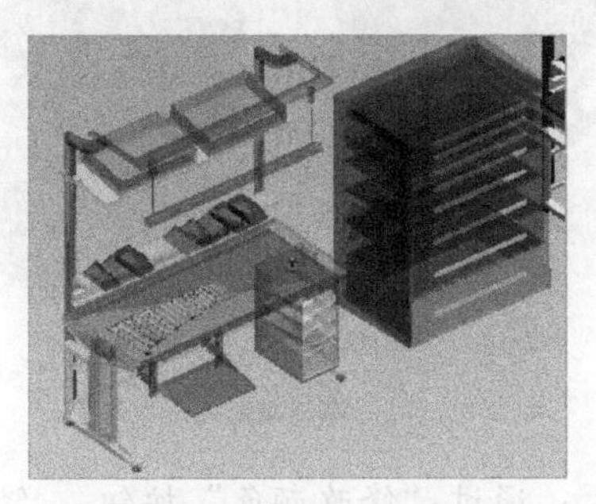

图 3-46

● “线框”按钮线框：可以将选取的对象以线框模式显示。
● “修改颜色”按钮修改颜色：可以修改所选对象的颜色，如图 3-47 所示，选择调色板中的颜色，修改对象颜色。

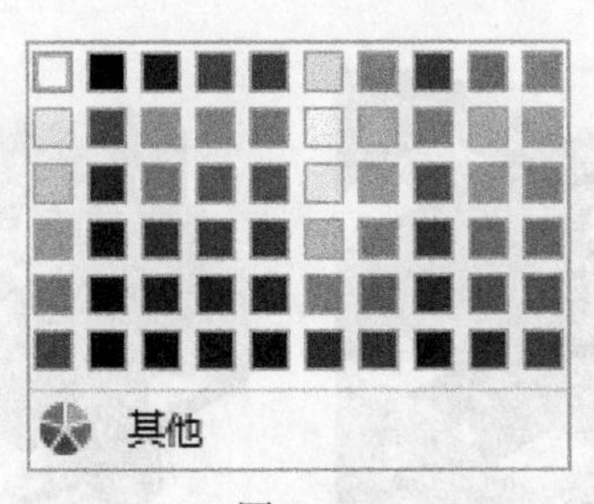

图 3-47

● “颜色调暗模式”按钮颜色调暗模式：此模式打开后，当通过“放置操控器”按钮对选择的对象进行位置及角度调整时，其余对象会被调暗显示，图 3-48（a）和图 3-48（b）分别显示了“颜色调暗模式”开启前后的状态。

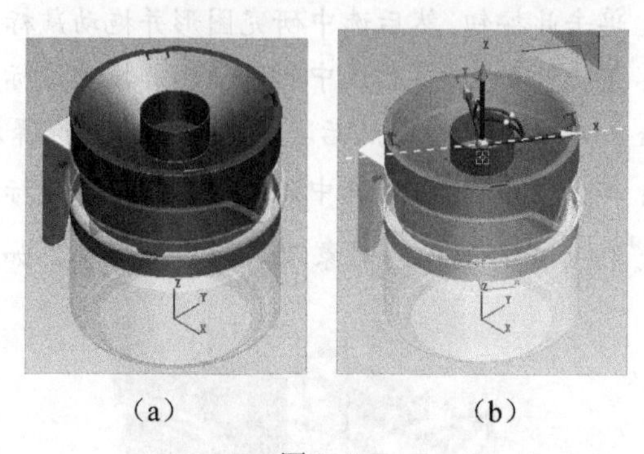

（a）　　　　（b）

图 3-48

- “灰度调暗模式”按钮 灰度调暗模式：此模式打开后，当通过“放置操控器”按钮对选择的对象进行调整时，其余对象会被调为暗灰色显示，图 3-49（a）和图 3-49（b）分别显示了“灰度调暗模式”开启前后的状态。

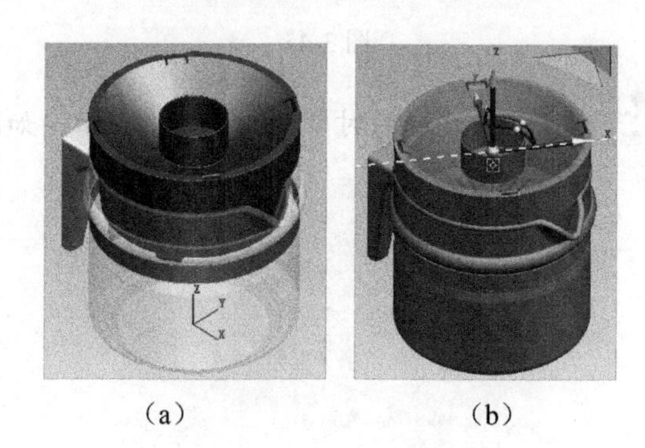

（a）　　　　（b）

图 3-49

- “恢复颜色”按钮：通过“修改颜色”按钮修改所选对象的颜色后，如果不满意，可以通过“恢复颜色”按钮恢复到修改前的颜色。
- “位置 / 坐标系始终显示在最前面”按钮：此按钮的功能被启用后，所有位置及坐标系都会在其他对象上面显示，方便查看及选择，图 3-50（a）和图 3-50（b）分别显示了该功能被开启前后的状态。

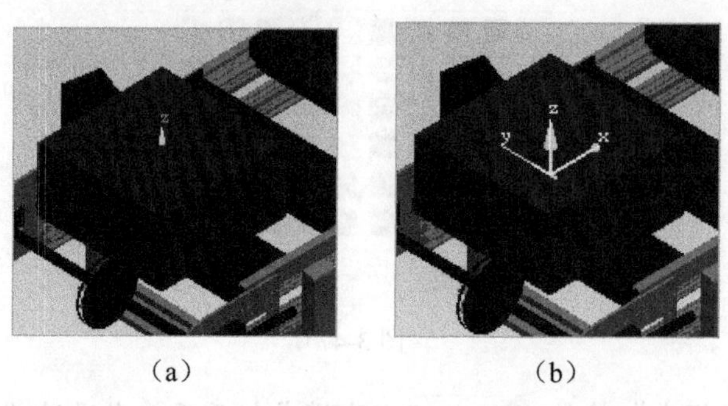

（a）　　　　（b）

图 3-50

● “真实着色”按钮：该按钮的下拉菜单中包括“地板阴影”“地板反射”“全局纹理”三项（如图3-51所示），可以选择其中一项或两项，也可以全选；进行选择后，将会显示更高质量的渲染效果（如图3-52所示）。

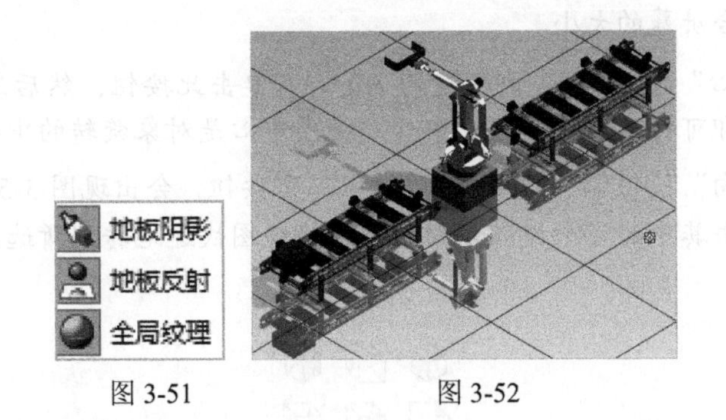

图3-51　　图3-52

3.8　“图形查看器工具栏”介绍

“图形查看器工具栏”（如图3-53所示）默认放置在“研究显示区”的上方中间位置（参见图3-5），可以将它拖曳到“研究显示区”的任意位置。它提供了诸多的图形查看工具，例如缩放、观察视角、显示模式、显示/隐藏、选择点、选择对象、放置对象、重定位对象、测量等。

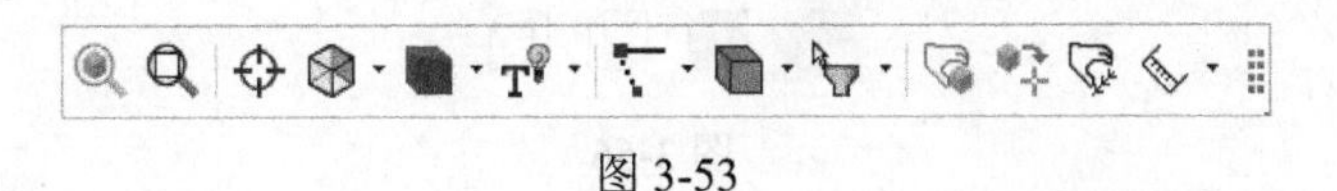

图3-53

“图形查看器工具栏”可以关闭。如图3-54所示，依次单击“文件”→“选项”，在弹出的“选项”对话框中选择“图形查看器”选项卡，取消勾选“显示图形查看器工具栏”复选框（如图3-54所示），则“研究显示区”中将不再显示“图形查看器工具栏”。

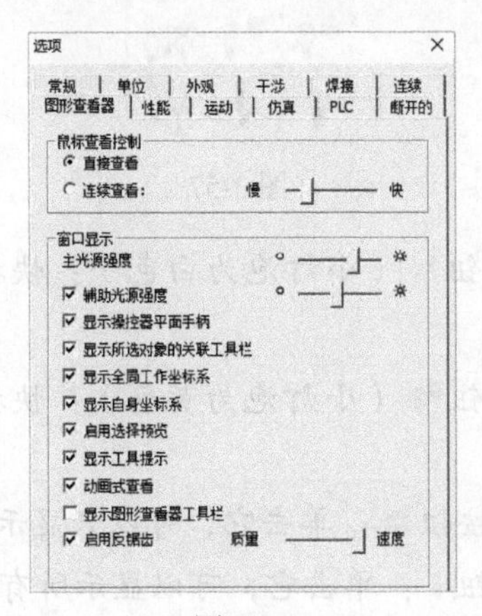

图3-54

● “缩放至选择”按钮：快捷键为 Alt+S，先选择对象，后单击此按钮，则会将所选对象缩放至适合屏幕的大小。

● “缩放至合适尺寸”按钮：快捷键为 Alt+Z，单击此按钮，可以将所有对象缩放至适合屏幕的大小。

● “视图中心”按钮：快捷键为 Alt+C，单击此按钮，然后通过鼠标光标选择一个点，即可将该点作为视图中心。视图中心是对象旋转的中心点。

● “视点方向”按钮：单击右边的下三角按钮，会出现图 3-55 所示的各个视点方向，单击其中的某个视点方向，可以将视图快速地转到所选方向。

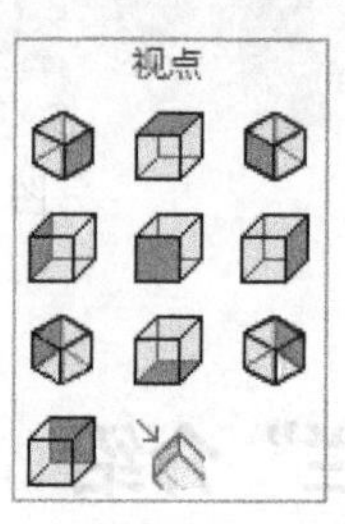

图 3-55

● “视图样式”按钮：单击右边的下三角按钮，会出现图 3-56 所示的视图样式（包括着色模式、实体上的特征线、线框、特征线四种视图样式），单击某种视图样式，可以在该样式下显示研究对象。

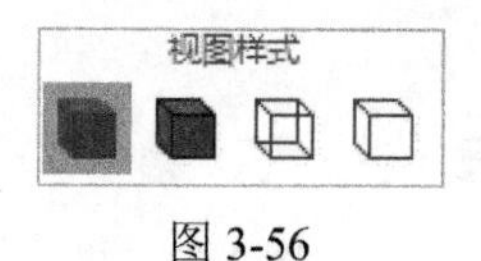

图 3-56

● “显示 / 隐藏”按钮：单击右边的下三角按钮，会出现图 3-57 所示的各个按钮，可以用来显示或隐藏研究对象，具体介绍如下。

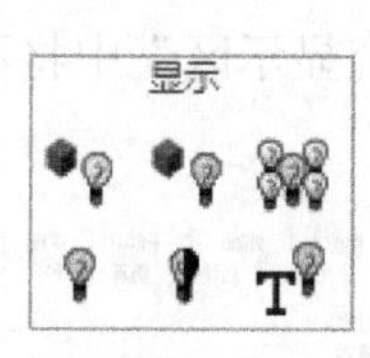

图 3-57

➢ “隐藏对象”按钮（小灯泡为白色）：快捷键为 Alt+B，单击它，可以隐藏所选对象。

➢ “显示对象”按钮（小灯泡为黄色）：快捷键为 Alt+D，单击它，可以显示所选对象。

➢ “仅显示对象”按钮：单击它，可以只显示所选对象。

➢ “全部显示”按钮：单击它，可以显示所有对象。

➢ “切换显示”按钮：单击它，可以将显示的对象变成隐藏对象，或者将隐藏的对象变成显示对象。

➢ “按类型显示”按钮：单击它，会弹出图 3-58 所示的对话框，可以将一种类型对象或同时将几种类型对象显示（或者隐藏）。

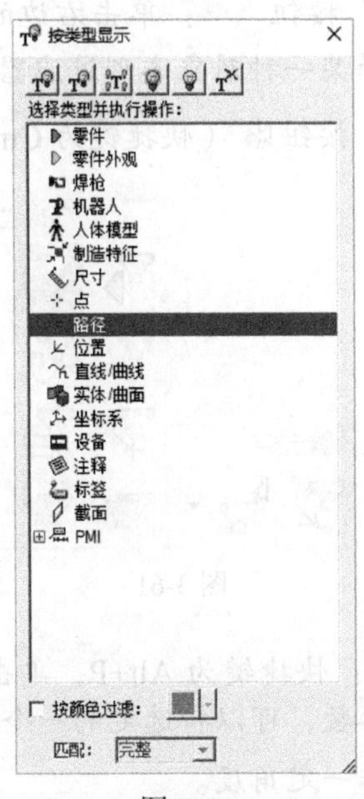

图 3-58

● “选取意图”按钮：单击右边的下三角按钮，会出现图 3-59 所示的各个按钮，可以用来选取关键位置，具体介绍如下。

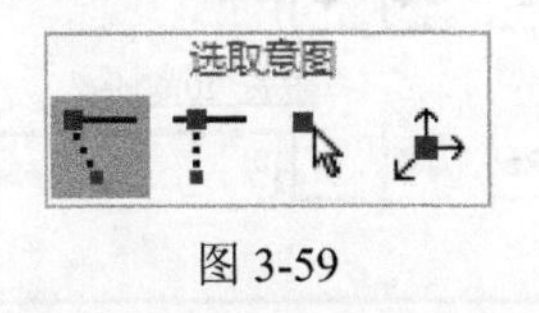

图 3-59

➢ “选取关键点”按钮：单击它，可以选取顶点、边端点、边中点和面中心点。

➢ “选取边上任意点”按钮：单击它，可以选取与鼠标光标最接近的边上的任意点。

➢ “选取点”按钮：单击它，可以选取鼠标光标实际单击点。

➢ “选取坐标系原点”按钮：单击它，可以选取坐标系的原点。

● “选取级别”按钮：单击右边的下三角按钮，会出现图 3-60 所示的按钮，可以用来选取不同级别的对象，具体介绍如下。

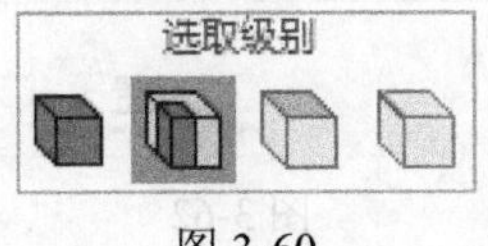

图 3-60

➢“组件选取级别”按钮：单击此按钮，可以选取组件级别的对象。
➢ “零件选取级别”按钮：单击此按钮，可以选取零件级别的对象。
➢“面选取级别”按钮：单击此按钮，可以选取对象面。
➢ “边选取级别”按钮：单击此按钮，可以选取对象边。

- “选取过滤器选择开关”按钮：单击右边的下三角按钮，会出现图 3-61 所示的各个按钮，可以选择某一种对象类型过滤器，也可以选择多种对象类型过滤器，再单击“选择全部”按钮（快捷键为 Ctrl+A），来选择对象。

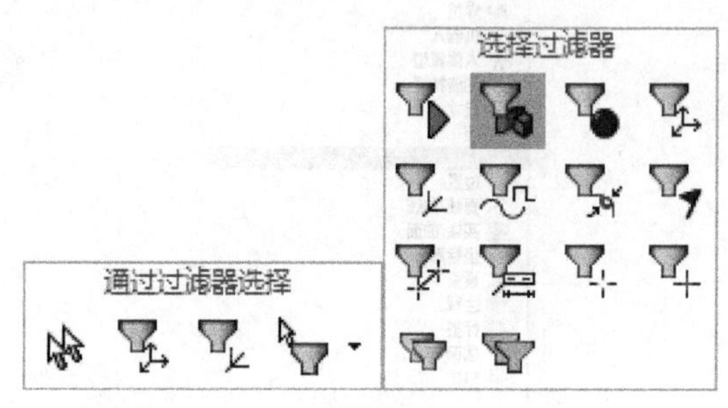

图 3-61

- “放置操控器”按钮：快捷键为 Alt+P，单击此按钮，会出现图 3-62 所示的对话框，通过选择具体参数，可以将选定的一个或多个对象沿指定轴向移动一定距离，或者绕指定轴旋转一定角度。

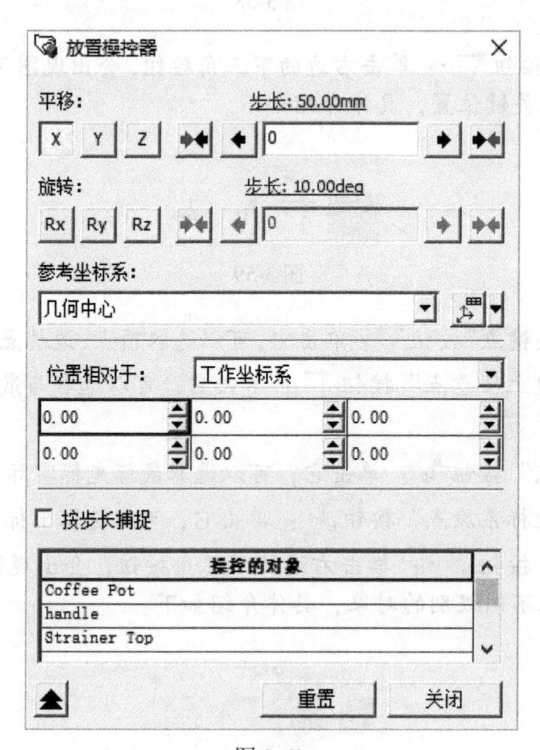

图 3-62

- "重定位"按钮：快捷键为 Alt+R，单击此按钮，会出现图 3-63 所示的对话框，通过选择具体参数，可以将所选对象从一个坐标位置移动到另一个坐标位置。

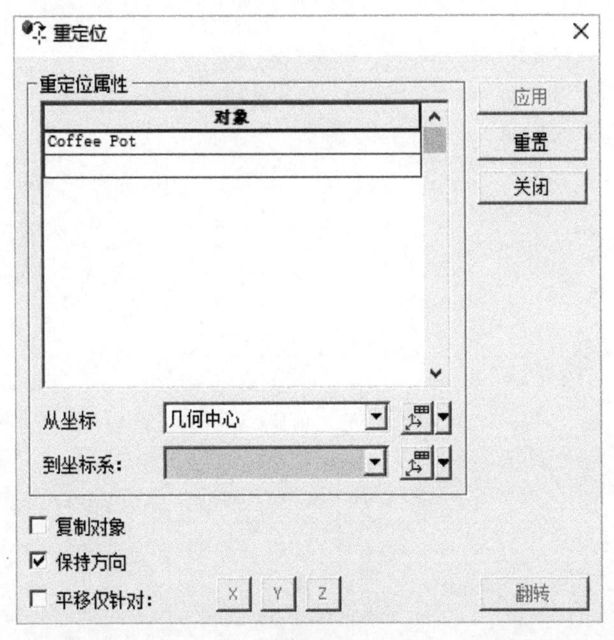

图 3-63

- "测量"按钮：单击右边的下三角按钮，会出现图 3-64 所示的各个按钮，可以用来测量距离、角度及曲线长度等。

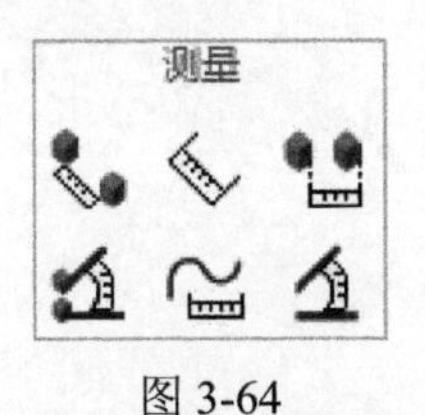

图 3-64

第 4 章

Process Simulate 数据导入

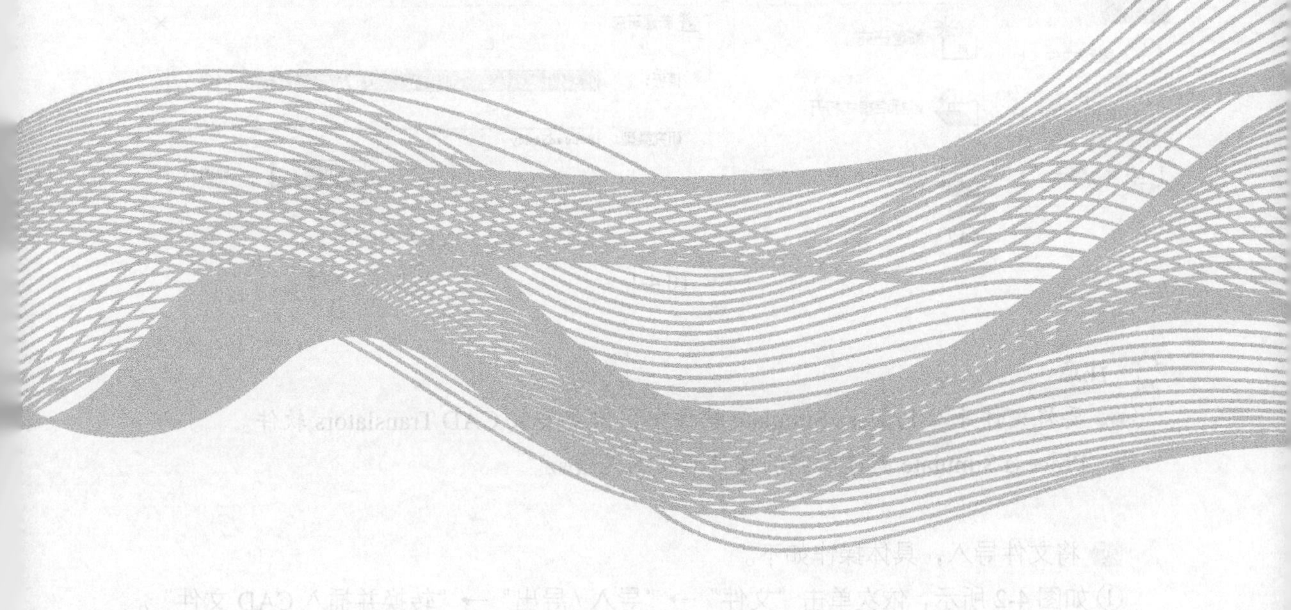

Process Simulate 可以将多种不同格式的设计数据作为零件或者资源导入软件系统中并进行研究仿真。它既可以导入轻量化模型的标准格式 JT 文档，也可以导入 NX 文档、CATIA 文档、ProE 文档，还可以导入 STEP 文档、IGES 文档以及 DXF 文档。

4.1 数据导入

在 Process Simulate 中进行数据导入的操作步骤如下。

01 新建一个研究，如图 4-1（a）所示，依次单击“文件”→“断开的研究”→“新建研究”，在弹出的“新建研究”对话框中（如图 4-1（b）所示）单击“创建”按钮，完成新研究的创建。

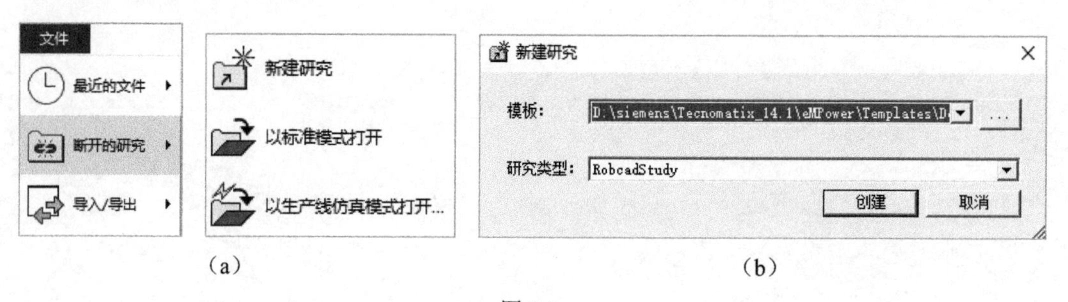

（a） （b）

图 4-1

注意

- 要将文件导入 Process Simulate 软件中，需要安装 CAD Translators 软件。
- Process Simulate 新建研究的文件后缀名是 .psz。

02 将文件导入，具体操作如下。

① 如图 4-2 所示，依次单击“文件”→“导入 / 导出”→“转换并插入 CAD 文件”。

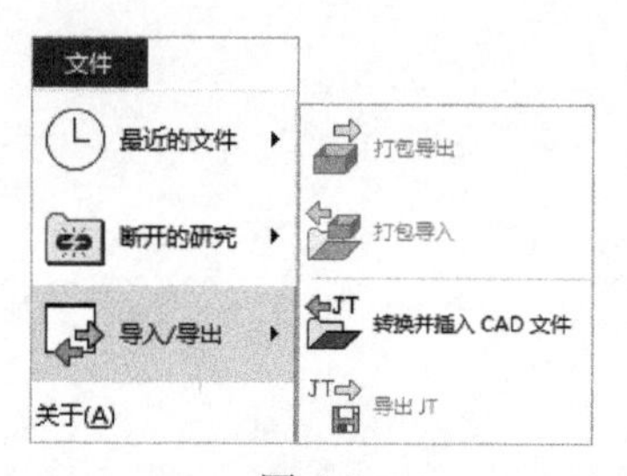

图 4-2

② 在弹出的“转换并插入 CAD 文件”对话框中（如图 4-3 所示），单击“添加”按钮，弹出图 4-4 所示的对话框，选择需要导入的文件，单击“打开”按钮。

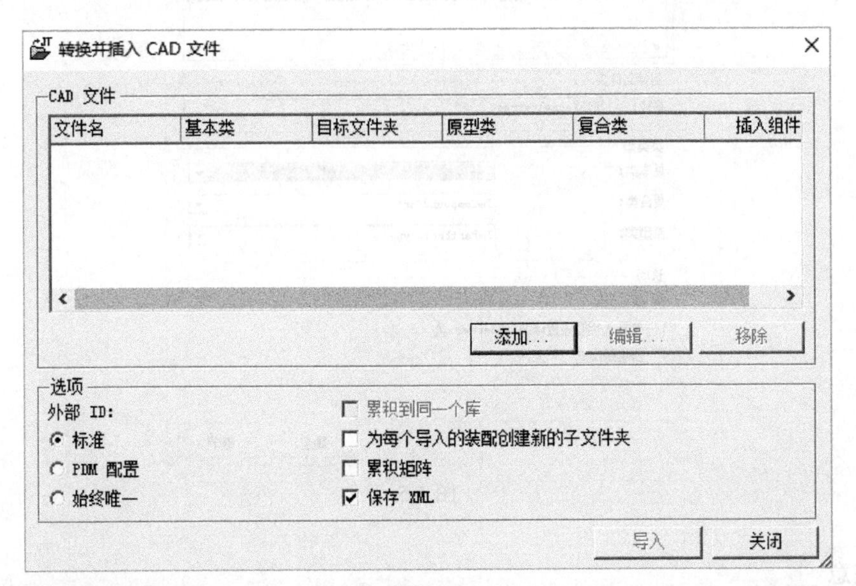

图 4-3

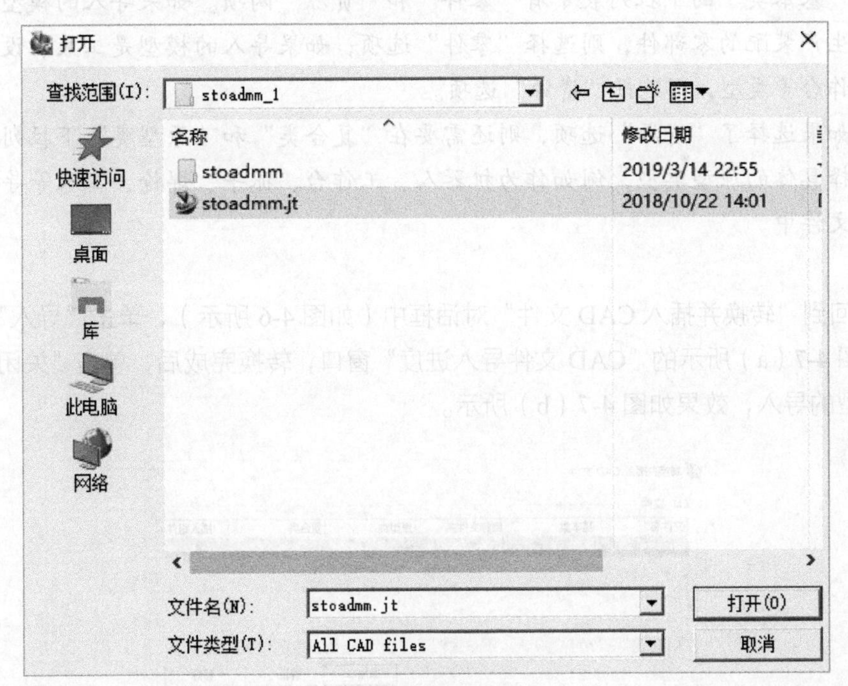

图 4-4

③ 在弹出的“文件导入设置”对话框中（如图 4-5 所示），在“基本类”下拉列表中选择“零件”，“复合类”和“原型类”保持默认设置即可，勾选“插入组件”复选框，然后单击“确定”按钮。

图 4-5

- “基本类”的下拉列表中有“零件”和“资源”两项。如果导入的模型是用于生产装配的零部件，则选择“零件”选项；如果导入的模型是工装、设备、工作台等类型，则选择“资源”选项。
- 如果选择了“资源”选项，则还需要在“复合类”和“原型类”下拉列表中选择具体的原型类型，例如作为机器人、工作台、抓手、焊枪、工人等导入研究文件中。

④ 回到“转换并插入 CAD 文件”对话框中（如图 4-6 所示），单击“导入”按钮，会弹出图 4-7（a）所示的“CAD 文件导入进度”窗口，转换完成后，单击“关闭”按钮，完成模型的导入，效果如图 4-7（b）所示。

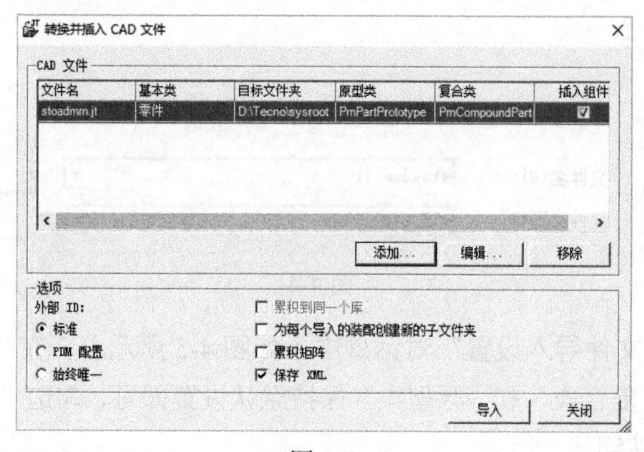

图 4-6

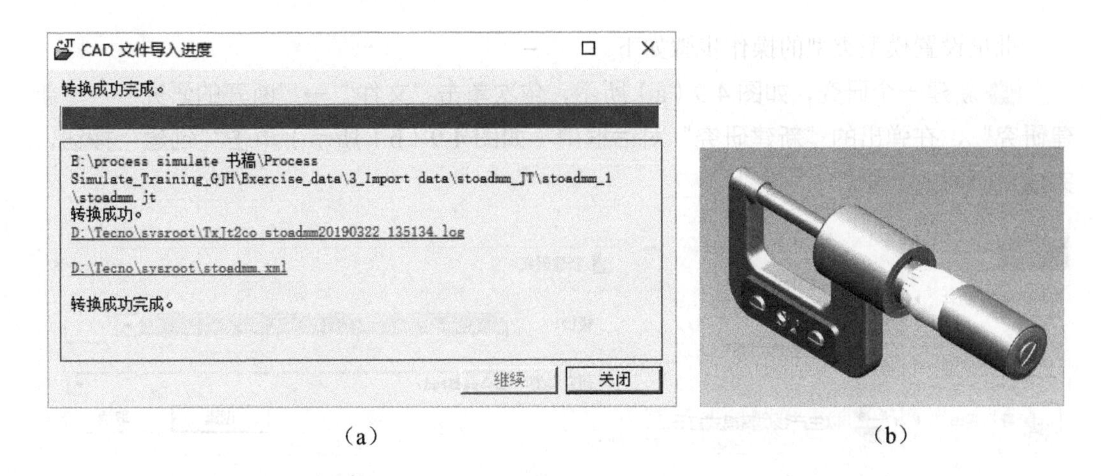

（a）　　　　　　（b）

图 4-7

⑤ 模型导入完成后，可以在“对象树”查看器中看到模型所在的文件夹位置，如图 4-8 所示。

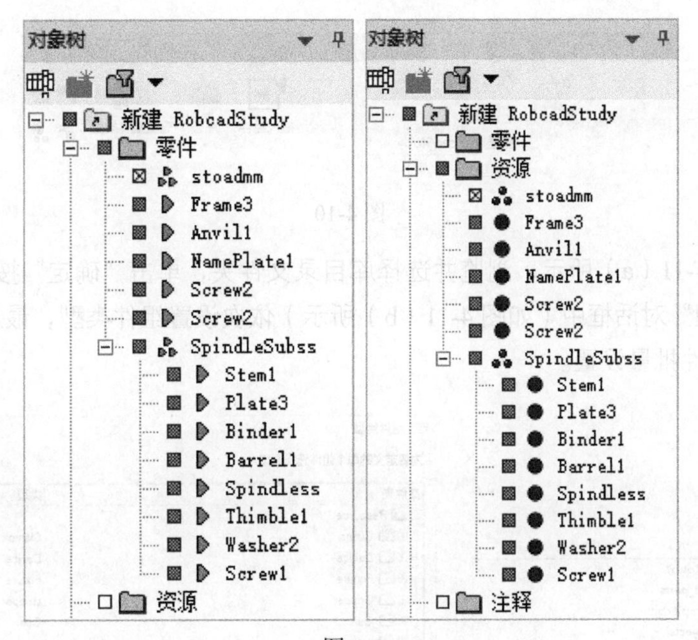

图 4-8

4.2 批量设置模型类型

生产线中除在制产品外，还包含与生产制造相关的各种资源，例如工人、工作台、传送带、周转箱、工装夹具、焊枪、抓手、机器人等。Process Simulate 可以快速地把在制品及各种资源组件进行模型类型定义，以便在虚拟仿真验证中进行调用。

批量设置模型类型的操作步骤如下。

01 新建一个研究，如图 4-9（a）所示，依次单击“文件”→“断开的研究”→“新建研究”，在弹出的“新建研究”对话框中（如图 4-9（b）所示）单击“创建”按钮，完成新研究的创建。

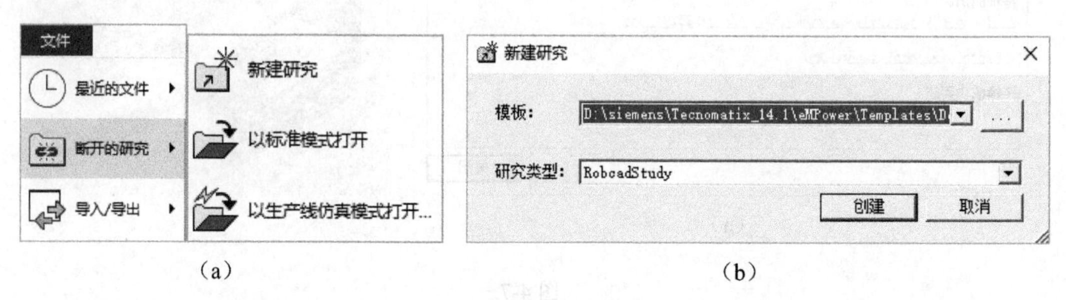

（a）　　（b）

图 4-9

02 如图 4-10 所示，依次单击“建模”→“定义组件类型”，弹出图 4-11（a）所示的“浏览文件夹”对话框。

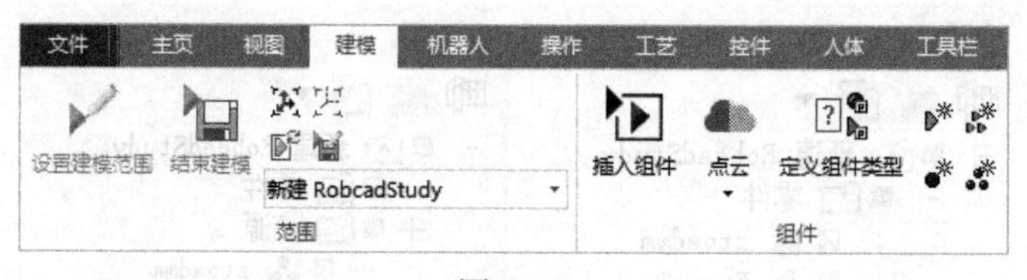

图 4-10

03 如图 4-11（a）所示，浏览并选择库目录文件夹，单击“确定”按钮；在弹出的“定义组件类型”对话框中（如图 4-11（b）所示）依次设置组件类型，最后单击“确定”按钮，完成文件批量设置。

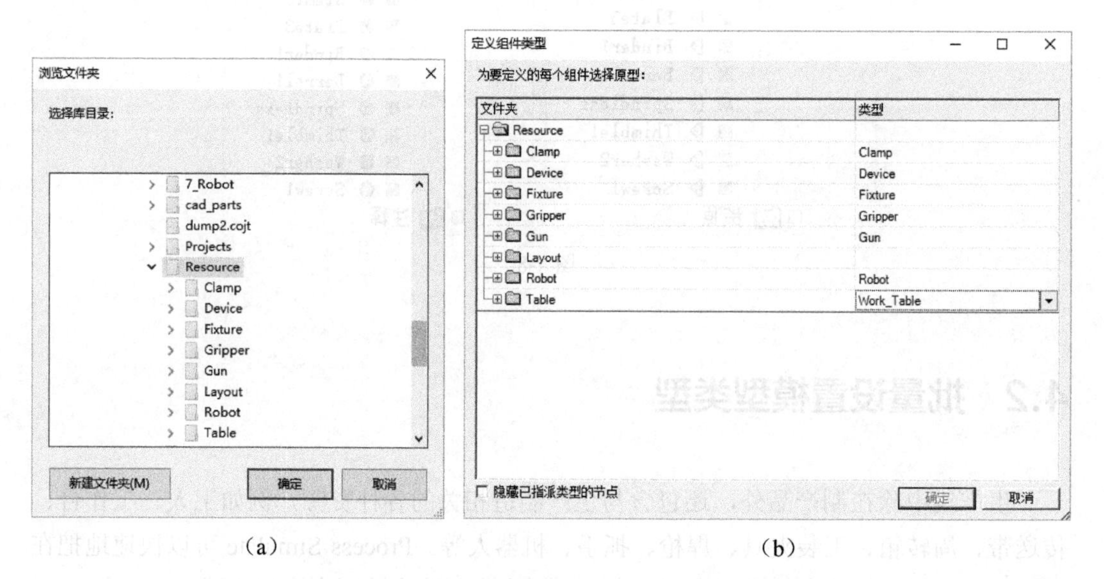

（a）　　（b）

图 4-11

注意

在“定义组件类型”对话框中，如果是对文件夹进行类型设置，则文件夹中的所有组件都会被设置为同一种类型；也可以展开文件夹，对文件夹中的每一个组件分别进行类型设置。

04 将批量设置完成的数据模型放入仿真研究中。如图 4-12 所示，依次单击“建模”→“插入组件”，弹出“插入组件”对话框（如图 4-13 所示）。在“插入组件”对话框中选择需要插入的组件，然后单击“打开”按钮，完成组件的插入，图形区的显示效果如图 4-14（a）所示，“对象树”查看器中的显示效果如图 4-14（b）所示。

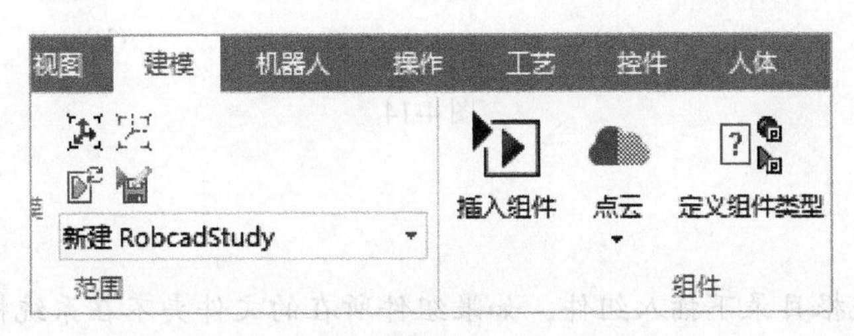

图 4-12

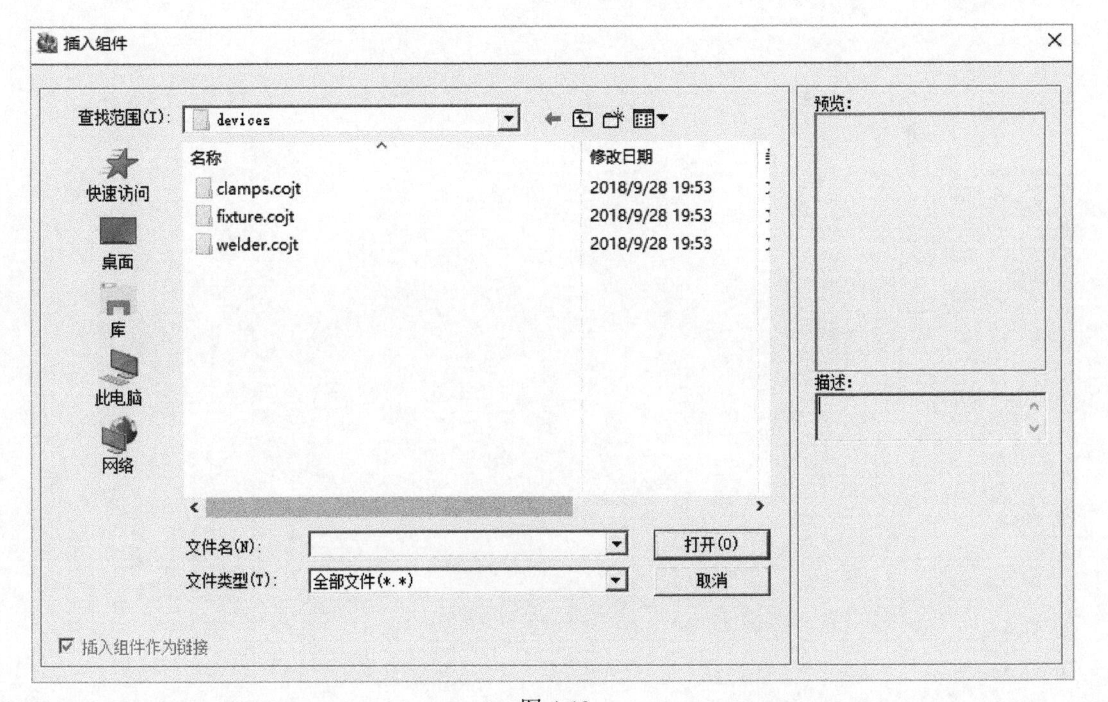

图 4-13

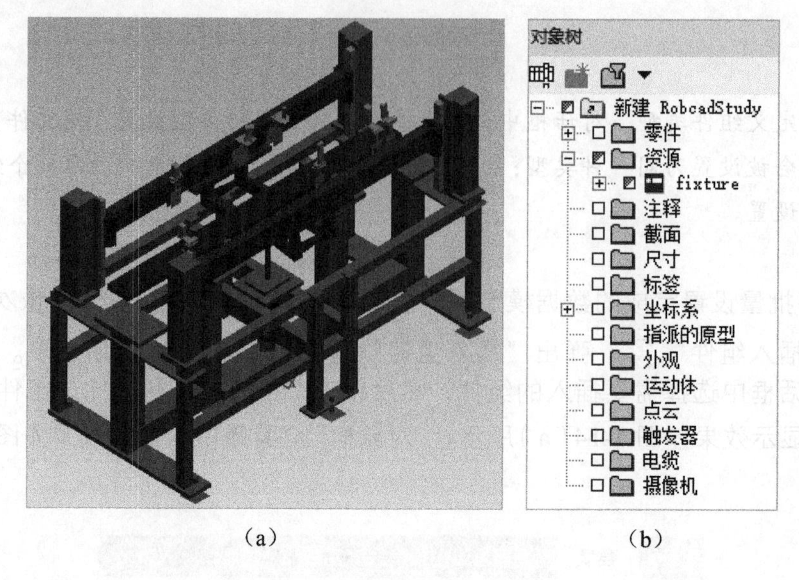

（a） （b）

图 4-14

注意

只能从系统根目录下插入组件，如果组件所在的文件夹不在系统根目录下，则需要将系统根目录指向存放该组件的文件夹。

第 5 章

Process Simulate 装配仿真

Process Simulate 装配仿真可以对整个产品的装配 / 拆卸工艺过程进行仿真分析验证，结合整个装配环境（例如人员、工装夹具、零部件等）因素，模拟产品装配 / 拆卸工艺过程，验证装配 / 拆卸顺序是否合理，是否存在干涉。对于一些装配空间位置复杂、装配 / 拆卸过程中容易发生碰撞的零件，Process Simulate 装配仿真会自动创建装配 / 拆卸路径，并保证不会发生碰撞或干涉问题。通过 Process Simulate 装配仿真验证，用户可以在项目的早期发现可能存在的问题并加以解决，从而避免大量的工程更改，降低项目成本。

5.1 装配仿真操作步骤

01 新建一个研究

如图 5-1（a）所示，依次单击“文件”→“断开的研究”→“新建研究”，在弹出的“新建研究”对话框中（如图 5-1（b）所示）单击“创建”按钮，完成新研究的创建。

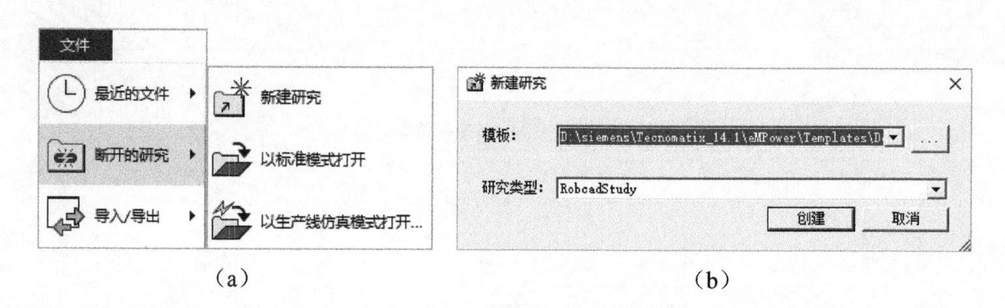

（a）　　　（b）

图 5-1

02 文件导入

如图 5-2 所示，依次单击“文件”→“导入 / 导出”→“转换并插入 CAD 文件”，按照 4.1 节中的步骤 02 进行操作，完成在新建研究中导入文件。

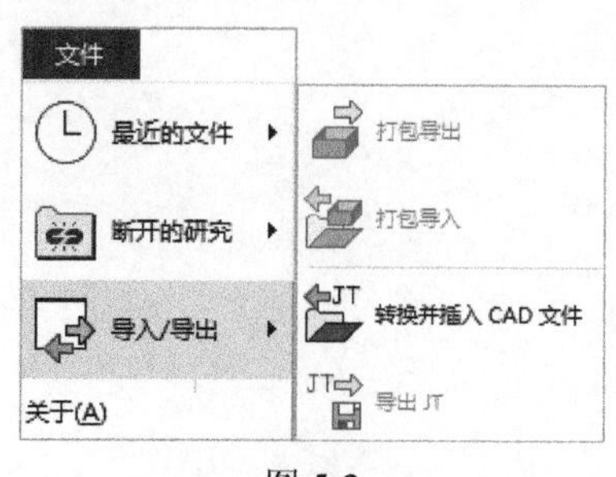

图 5-2

03 新建一个复合操作

如图 5-3 所示，依次单击“操作”→“新建操作”→“新建复合操作”，弹出“新建复合操作”对话框。

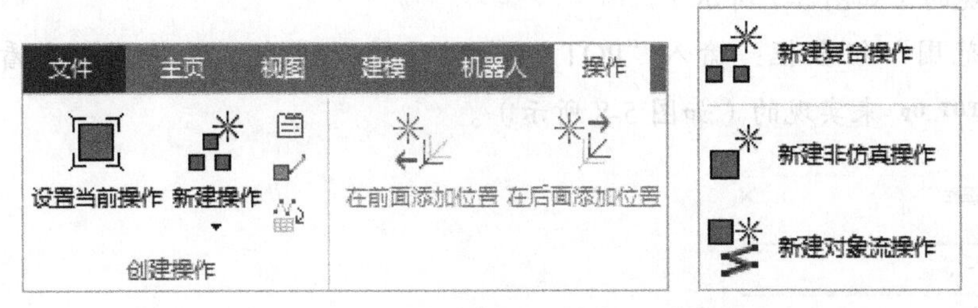

图 5-3

在弹出的“新建复合操作”对话框中（如图 5-4（a）所示）输入操作名“POT_Op”，单击“确定”按钮，完成复合操作的创建，如图 5-4（b）所示。

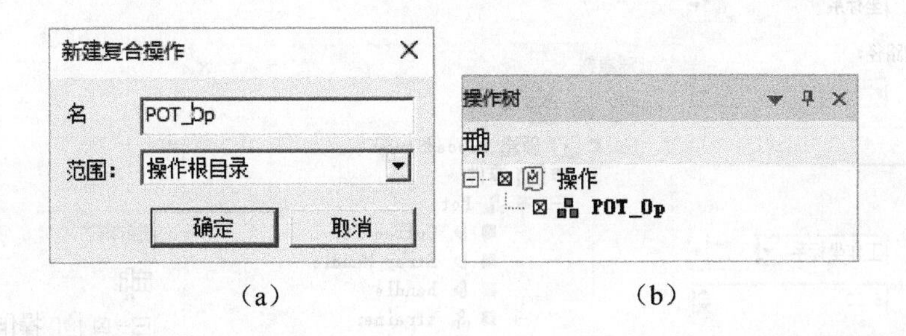

（a）　　　　（b）

图 5-4

注意

可以把“复合操作”理解为操作合集，它可以由不同的操作类型组成，例如设备操作、对象流操作、抓放操作、焊接操作等。通过建立“复合操作”，可以方便地管理各种仿真操作。

04 新建对象流操作

如图 5-5 所示，依次单击“操作”→“新建操作”→“新建对象流操作”，弹出“新建对象流操作”对话框。

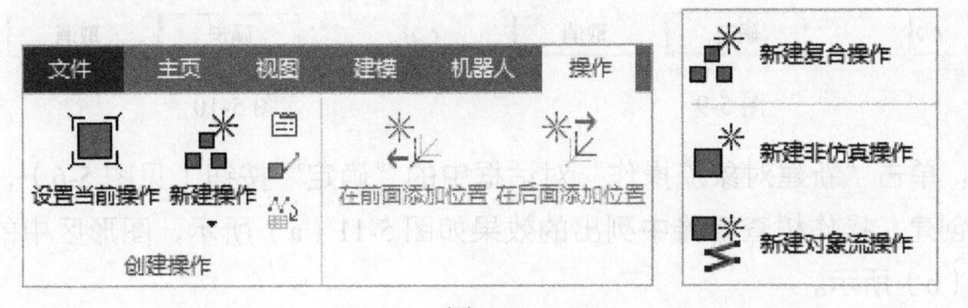

图 5-5

在弹出的“新建对象流操作”对话框中（如图 5-6 所示），设置参数如下：

● “名称”文本框：输入“Op_1”，直接通过键盘输入即可。

● “对象”文本框：输入“Pot”，这是通过在“对象树”查看器中选择 Pot 来实现的（如图 5-7 所示）。

● “范围”组合框：输入“POT_Op”，这是通过在“操作树”查看器中选择 POT_Op 来实现的（如图 5-8 所示）。

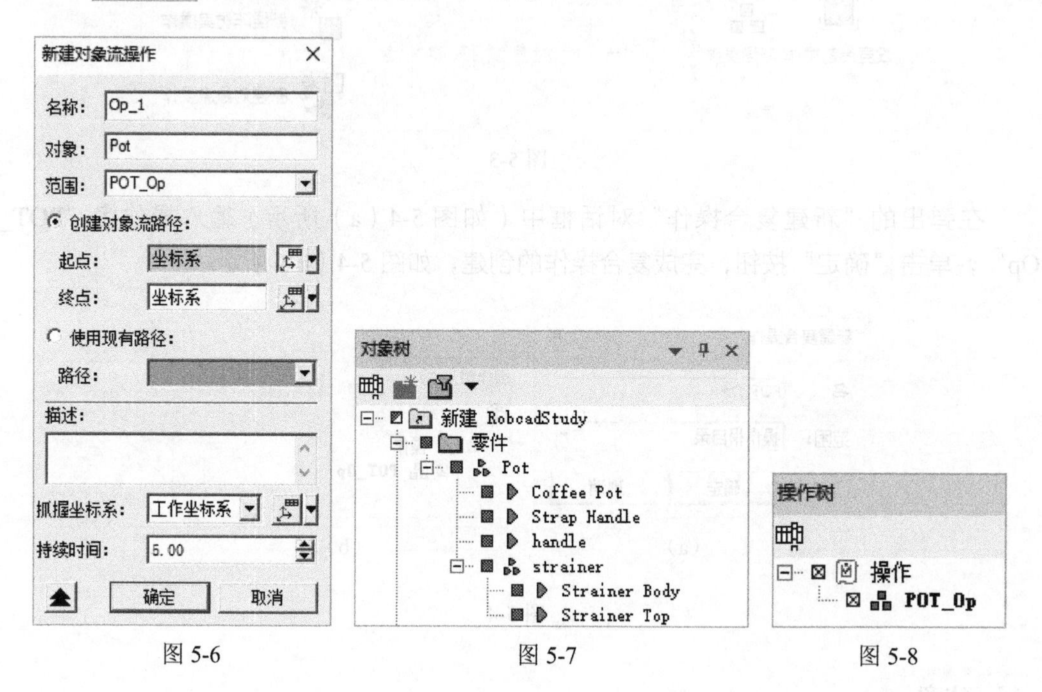

图 5-6　　图 5-7　　图 5-8

● “起点”组合框：单击“创建参考坐标系”按钮，在弹出的对话框中，所有坐标值均设为“0.00”，单击“确定”按钮（如图 5-9 所示）。

● “终点”组合框：单击“创建参考坐标系”按钮，在弹出的对话框中，将“Y”坐标值更改为“500.00”，其余坐标值设为“0.00”，单击“确定”按钮（如图 5-10 所示）。

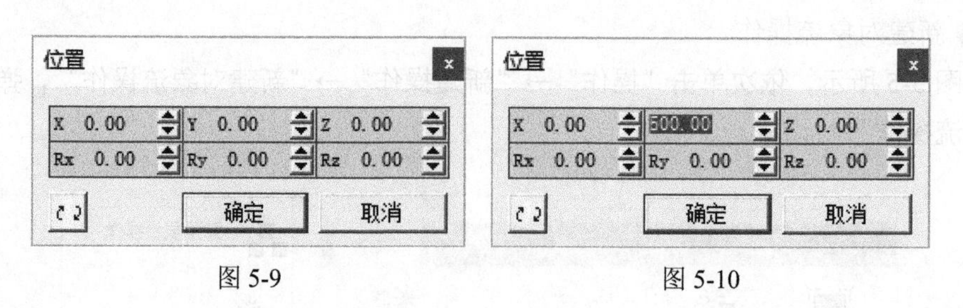

图 5-9　　图 5-10

最后，单击“新建对象流操作”对话框中的“确定”按钮（见图 5-6），完成对象流操作的创建，操作树查看器中列出的效果如图 5-11（a）所示，图形区中的显示效果如图 5-11（b）所示。

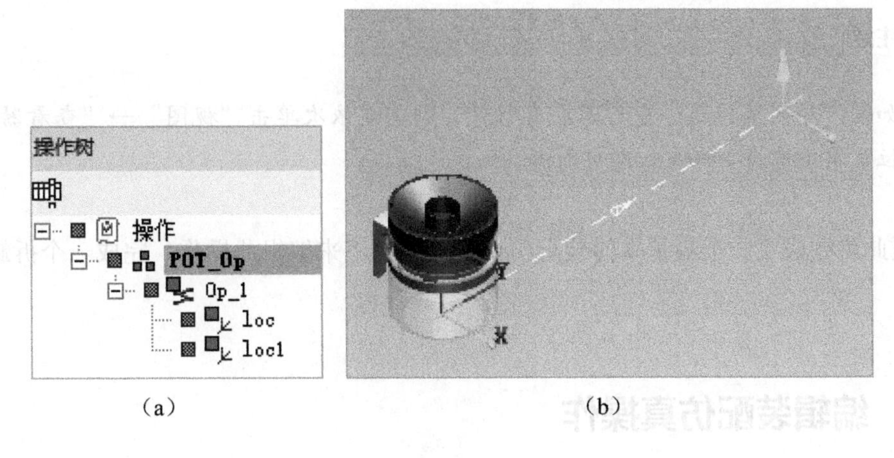

（a）　　　　　　　　（b）

图 5-11

注意

位置坐标系如图 5-12 所示，带“箭头”的轴是 Z 轴；端头有个圆点的长轴是 X 轴；短轴是 Y 轴。位置坐标系的位置及方向都是可以编辑修改的。

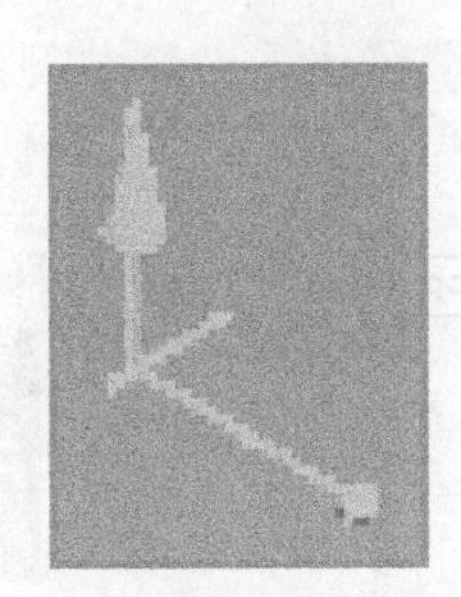

图 5-12

05 播放操作过程

如图 5-13 所示，在“序列编辑器”查看器中单击▶按钮，就可以在“研究显示区”中看到咖啡壶从“loc” 位置移动到“loc1”位置。

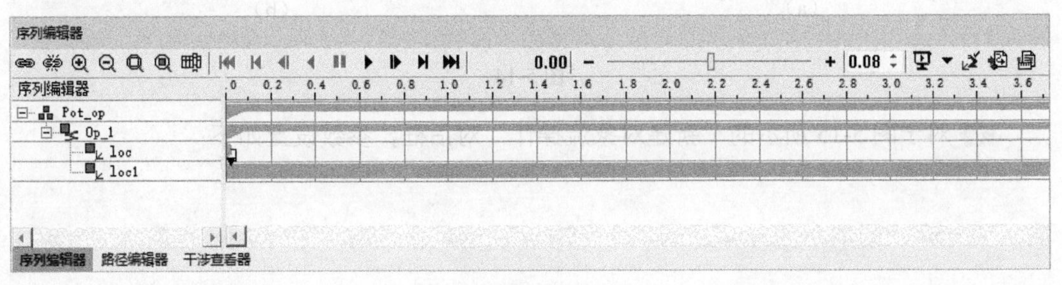

图 5-13

如果“序列编辑器”查看器没有打开，则需要依次单击“视图”→“查看器”，在下拉菜单中选择序列编辑器，即可打开。

至此就完成了一个最基本的装配仿真操作，接下来编辑此操作，完成一个拆卸仿真操作。

5.2 编辑装配仿真操作

1. 编辑添加对“Strainer Top”零件的操作

对于“Strainer Top”零件，先编辑添加顺时针旋转30°、再沿Z轴移动500mm的操作。实现步骤如下。

01 右击“Strainer Top”零件（如图5-14（a）所示），在弹出的快捷菜单中选择“新建对象流操作”（如图5-14（b）所示），弹出图5-15所示的对话框。

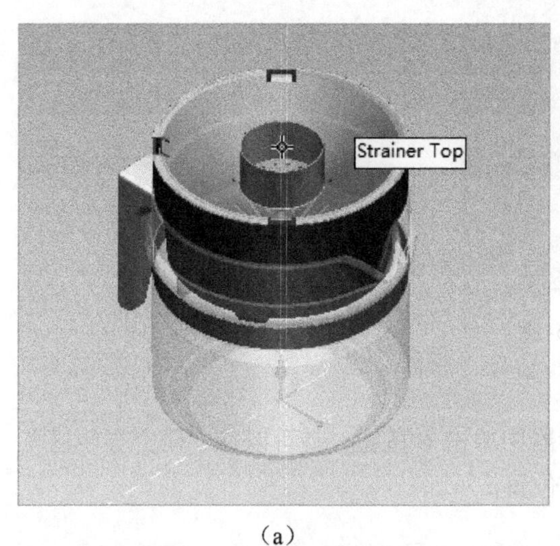

（a）

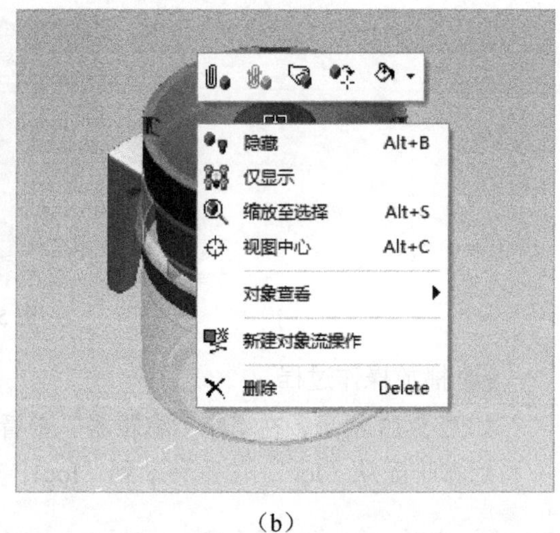

（b）

图5-14

02 对于图5-15所示的“新建对象流操作”对话框，参数设置如下：

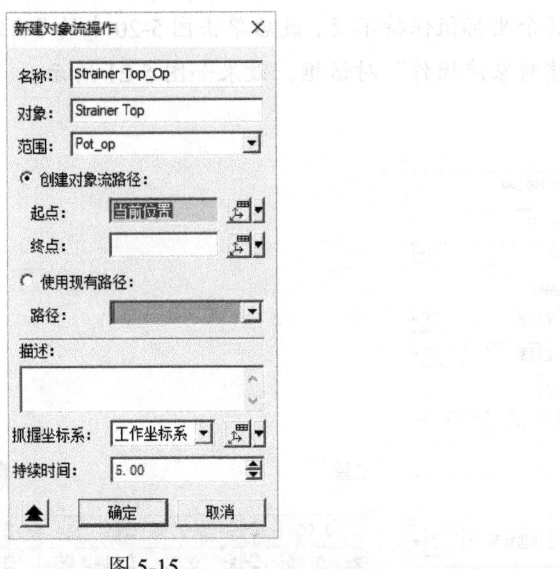

图 5-15

● “名称”文本框和“对象”文本框：已经被自动填入所选零件的操作名和对象名，不用操作。

● “范围”组合框：输入“Pot_op”，这是通过在“操作树”查看器中选择 POT_Op 来实现的。

● “起点”组合框：单击“创建参考坐标系”按钮右侧的下三角按钮；弹出图 5-16 所示的菜单，选择“圆心定坐标系”；弹出图 5-17 所示的“3 点圆心定坐标系”对话框；然后在“Strainer Top”零件的圆柱上表面处依次选择 3 个点，如图 5-18 所示；3 个点的坐标值将显示在图 5-17 所示的对话框中，单击图 5-17 中的“确定”按钮，返回图 5-15 所示的“新建对象流操作”对话框。

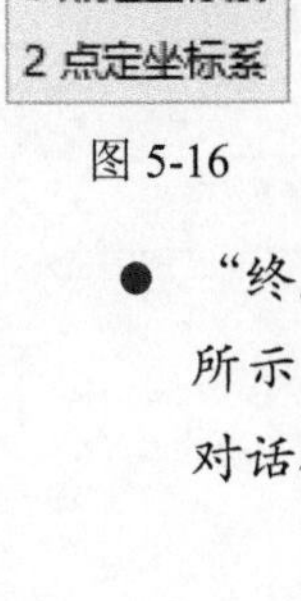

6 值定坐标系
圆心定坐标系
3 点定坐标系
2 点定坐标系

图 5-16

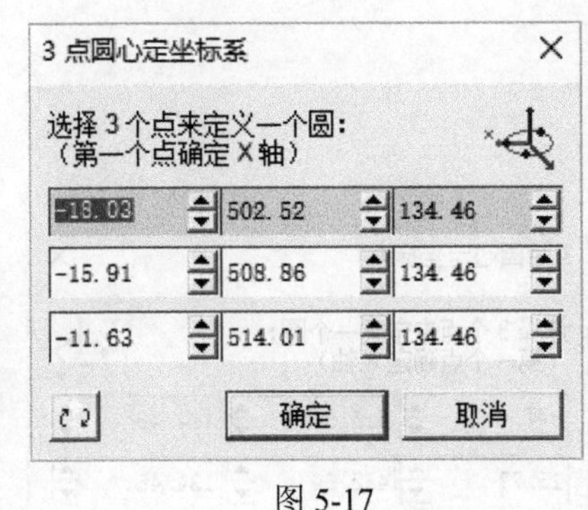

图 5-17

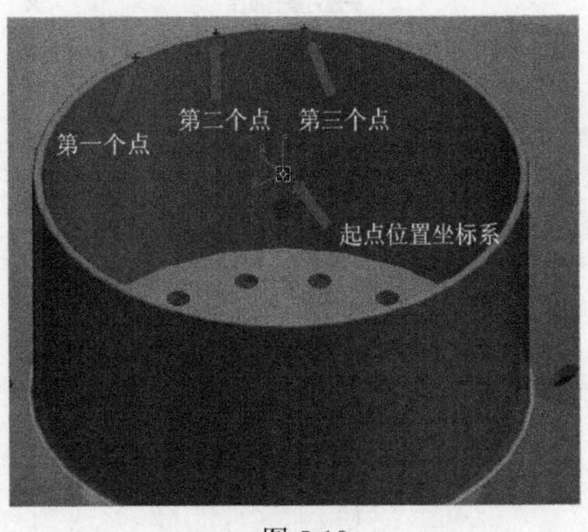

图 5-18

● “终点”组合框：首先在“研究显示区”选择“起点位置坐标系”（如图 5-18 所示）；然后单击图 5-19 中的“创建参考坐标系”按钮；在弹出的“位置”对话框（如图 5-20 所示）中，将“Rz”坐标值由“172.06”更改为“142.06”，其余坐标值保持不变，最后单击图 5-20 中的“确定”按钮；返回图 5-15 所示的“新建对象流操作”对话框，效果如图 5-21 所示。

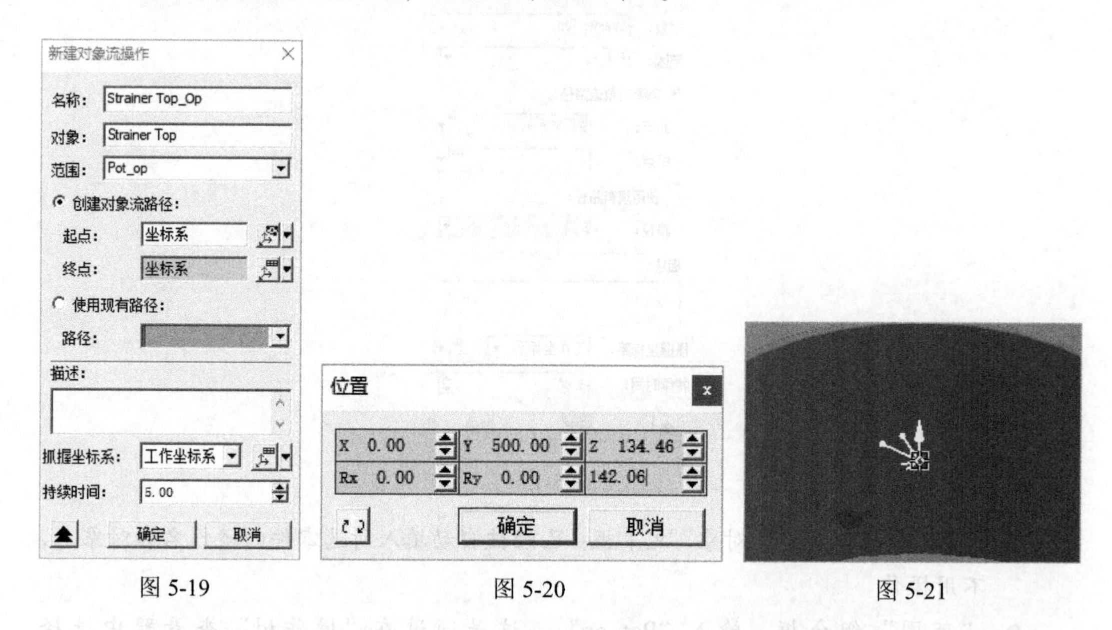

图 5-19　　图 5-20　　图 5-21

● “抓握坐标系”组合框：单击“创建参考坐标系”按钮右侧的下三角按钮（如图 5-22 所示）；弹出图 5-16 所示的菜单，选择“圆心定坐标系”；弹出图 5-23 所示的“3 点圆心定坐标系”对话框；然后，在“Strainer Top”零件的圆柱上表面处依次选择 3 个点（参考图 5-17）；3 个点的坐标值将显示在图 5-23 所示的对话框中，单击图 5-23 中的“确定”按钮；返回图 5-22 所示的“新建对象流操作”对话框，单击图 5-22 中的“确定”按钮，退出对话框。

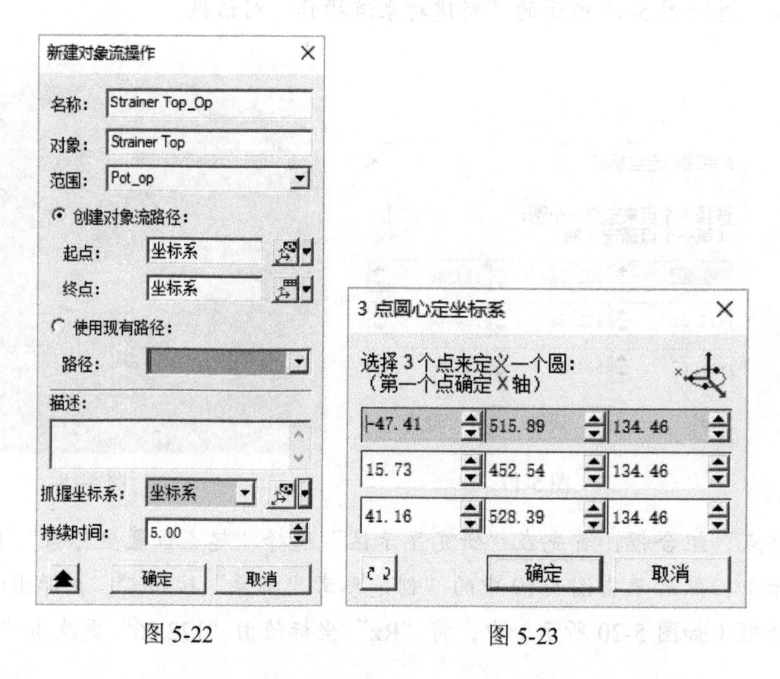

图 5-22　　图 5-23

抓握坐标系确定的是移动或旋转的基准位置。

03 将“Op_1”和“Strainer Top_Op”两个操作关联并播放操作过程。

如图5-24所示，在“序列编辑器”界面下，按住“Ctrl”键，依次选择“Op_1”和“Strainer Top_Op”，再单击按钮，这样就可以将“Op_1”和“Strainer Top_Op”两个操作关联起来。单击按钮，可以在“研究显示区”中看到操作结果。

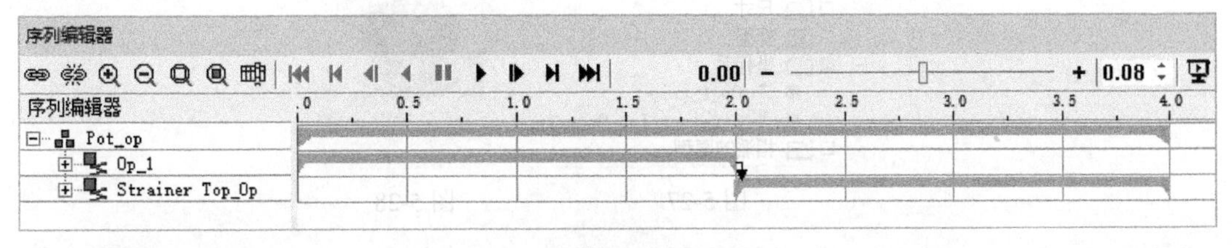

图5-24

04 将“Strainer Top”零件向上移动500mm，并将新位置添加到“Strainer Top_Op”操作中。

右击“Strainer Top”零件，在弹出的快捷菜单中单击“放置操控器”按钮（如图5-25所示），会弹出图5-26所示的“放置操控器”对话框。在图5-26中单击“平移”栏中的“Z”按钮，在右侧的文本框中输入数值“500”；对于“参考坐标系”组合框，需要输入“Strainer Top_Op_grip”，这是通过选择“对象树”中的相应选项来实现的（如图5-27所示）；最后，单击图5-26中的“关闭”按钮，退出对话框。效果如图5-28所示。

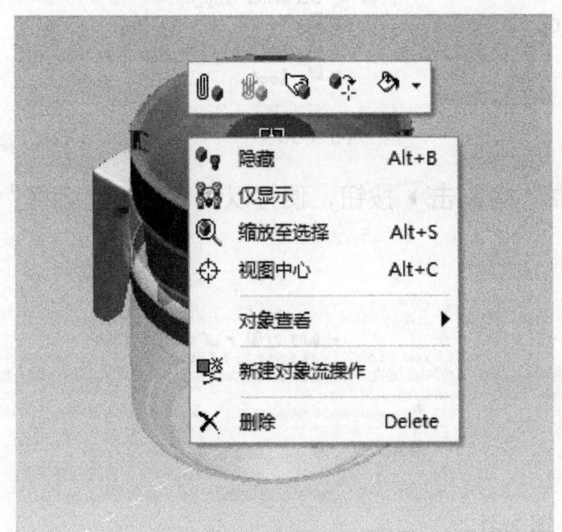

图5-25

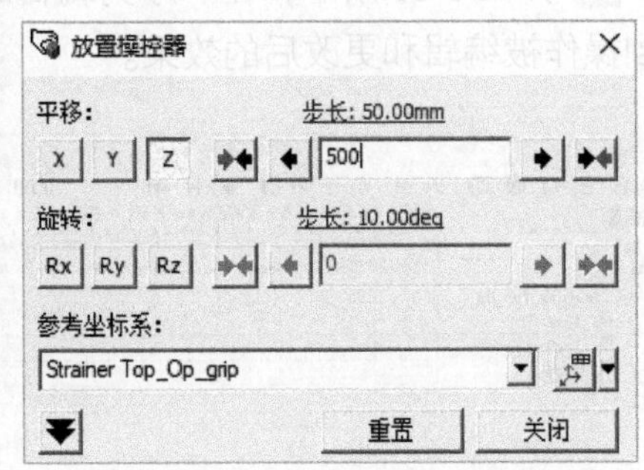

图5-26

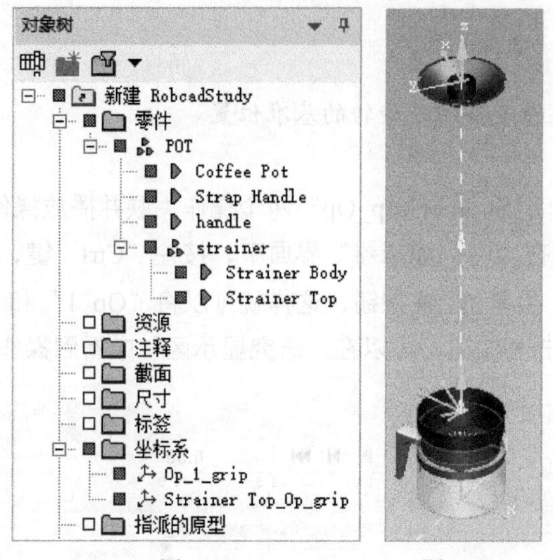

图 5-27 图 5-28

在“操作树”查看器中，选择“Strainer Top_op”下的“loc3”位置，如图 5-29 所示；然后在菜单栏中单击“操作”菜单，再单击其下方的“添加当前位置”按钮，将新位置“loc4”添加到“Strainer Top_Op”操作中（如图 5-30 所示）。

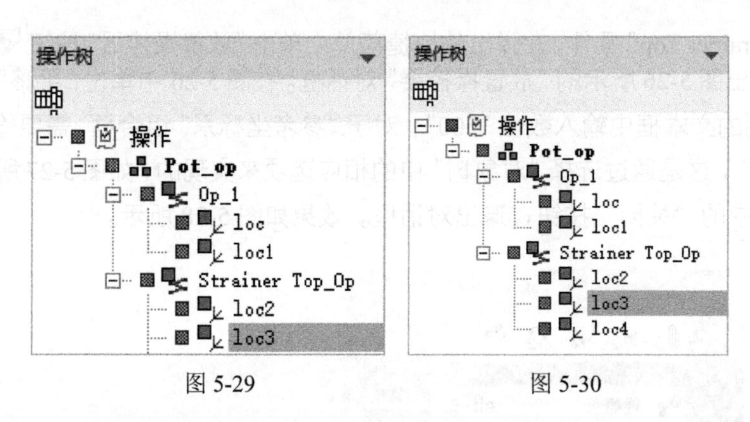

图 5-29 图 5-30

05 如图 5-31 所示，在“序列编辑器”中单击▶按钮，便可以在“研究显示区”中看到操作被编辑和更改后的效果。

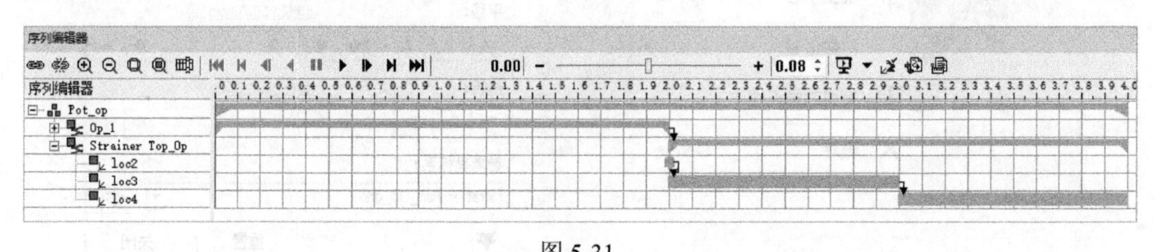

图 5-31

2. 编辑添加对“Strainer Body”零件的操作

对于“Strainer Body”零件，先编辑添加沿 Z 轴移动 400mm，再沿 X 轴移动 300mm，最后沿 Y 轴移动 200mm 的操作。实现步骤如下。

01 如图 5-32 所示，右击“Strainer Body”零件，在弹出的快捷菜单中选择“新建对象流操作”，弹出图 5-33 所示的“新建对象流操作”对话框。

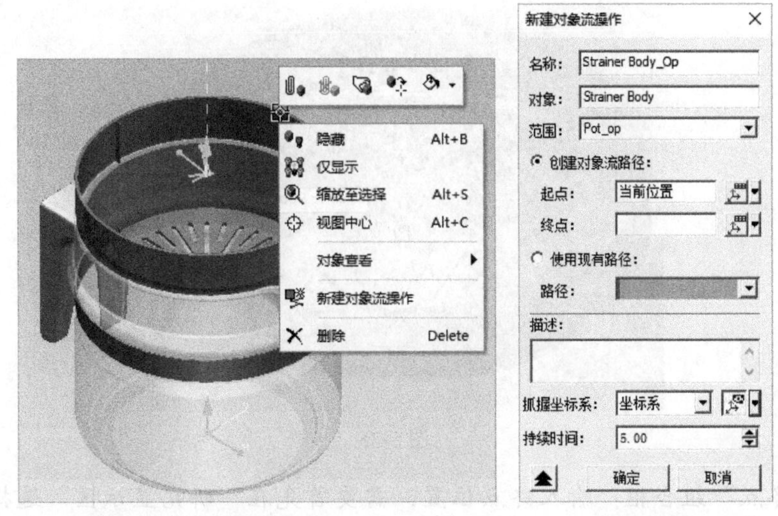

图 5-32　　　　图 5-33

02 对于图 5-33 所示的“新建对象流操作”对话框，参数设置如下：

- “名称”文本框和“对象”文本框：已经被自动填入所选零件的操作名和对象名，不用操作。
- “范围”组合框：需要输入“Pot_op”，这是通过在“操作树”查看器中选择 POT_Op 来实现的（参见图 5-8）。
- “抓握坐标系”组合框：单击“创建参考坐标系”按钮右侧的下三角按钮（如图 5-33 所示）；弹出图 5-16 所示的菜单，选择“圆心定坐标系”；弹出“3 点圆心定坐标系”对话框（参见图 5-17）；然后，在“Strainer Body”零件的圆柱上表面边缘处依次选择 3 个点（尽量靠近象限点位置进行选择，如图 5-34 所示）；3 个点的坐标值将显示在“3 点圆心定坐标系”对话框中，单击该对话框中的“确定”按钮，返回图 5-33 所示的“新建对象流操作”对话框。

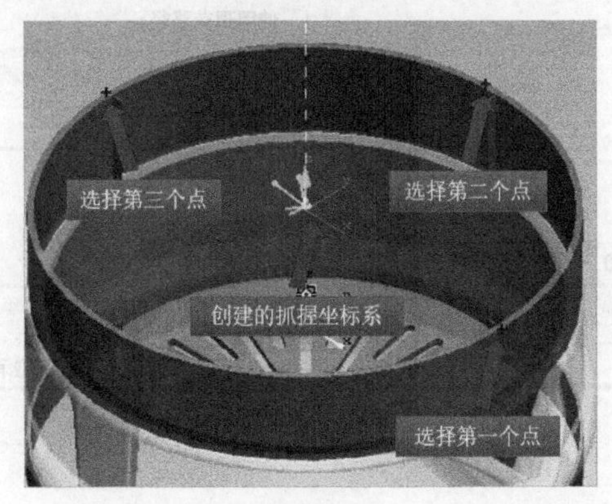

图 5-34

- “起点”组合框：输入起点位置，需要在“研究显示区”选择“Strainer Body_Op_grip”（如图 5-35 所示）。

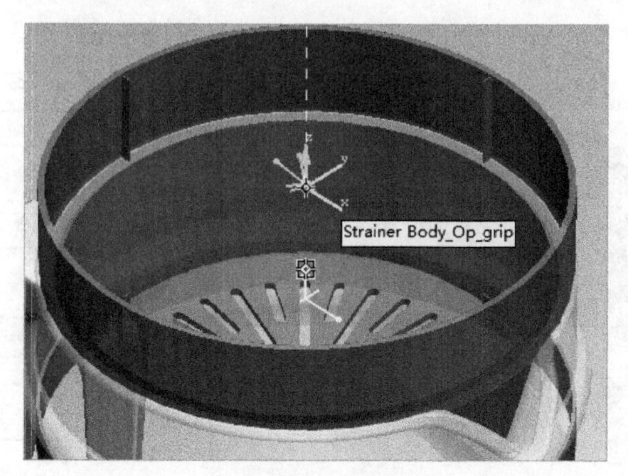

图 5-35

- “终点”组合框：输入终点位置，需要首先在“研究显示区”选择“Strainer Body_Op_grip”（如图 5-35 所示）；然后单击“创建参考坐标系”按钮；弹出图 5-36 所示的“位置”对话框，将 Z 坐标值由“133.73”更改为“533.73”，其余坐标值不变，单击图 5-36 中的“确定”按钮；返回图 5-37（a）所示的“新建对象流操作”对话框，单击“确定”按钮，退出“新建对象流操作”对话框，效果如图 5-37（b）所示。

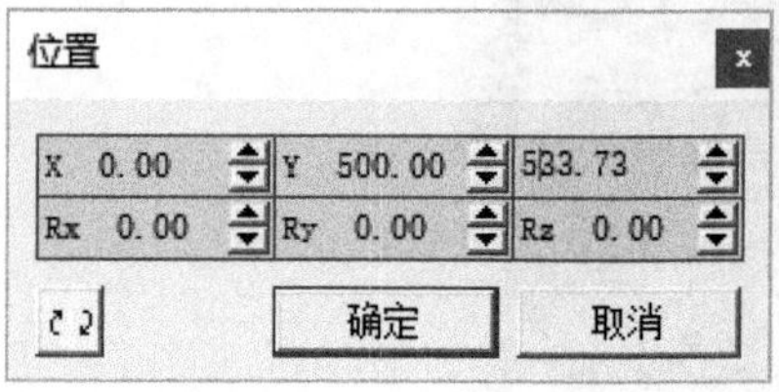

位置
X 0.00 | Y 500.00 | 533.73
Rx 0.00 | Ry 0.00 | Rz 0.00
确定 取消

图 5-36

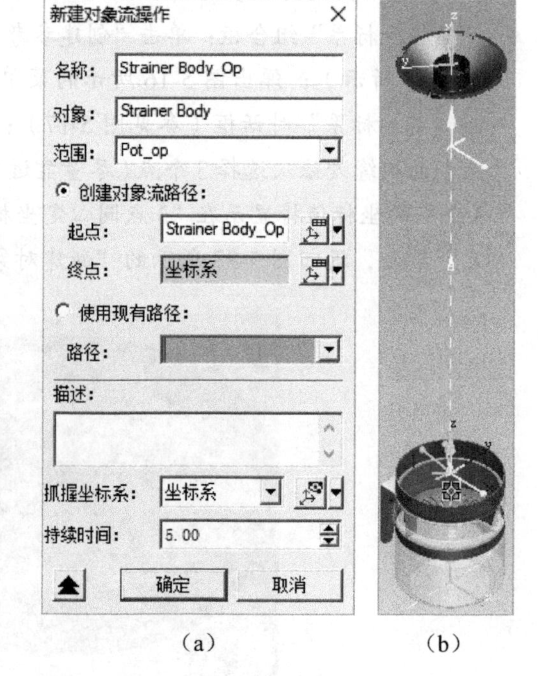

图 5-37

03 将“Strainer Body_Op”和“Strainer Top_Op”两个操作关联起来。

如图 5-38 所示，在“序列编辑器”界面下按住 Ctrl 键，然后依次选择“Strainer Top_Op”和“Strainer Body_Op”，再单击按钮，完成“Strainer Body_Op”和“Strainer Top_Op”两个操作的关联。

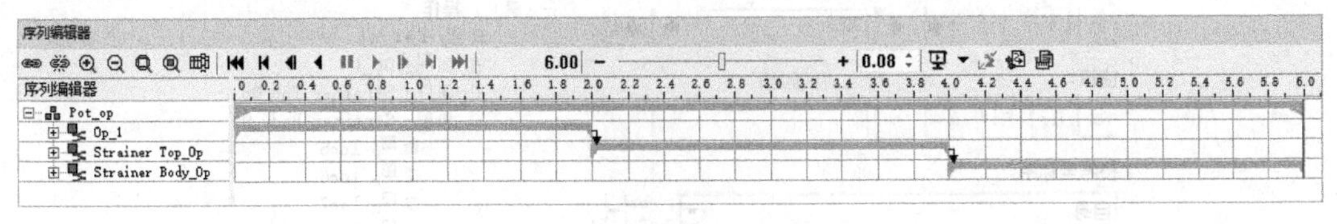

图 5-38

04 如图 5-39 所示，右击“Strainer Body”零件，在弹出的快捷菜单中单击“放置操控器”按钮，弹出图 5-40 所示的“放置操控器”对话框。在“放置操控器”对话框中单击“平移”栏中的“X”按钮，在右边的文本框中输入数值“300”（如图 5-40 所示）。

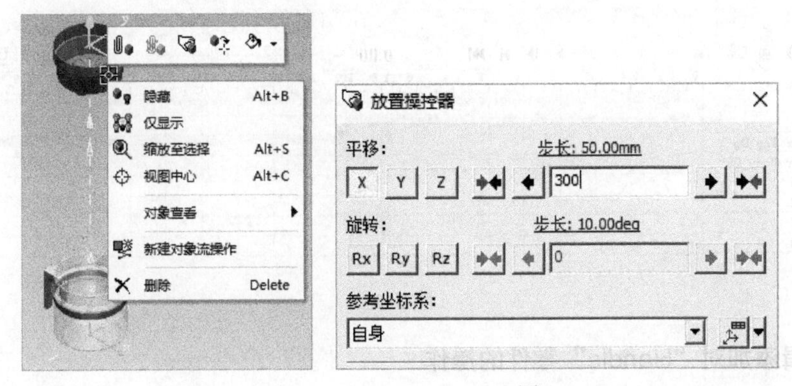

图 5-39　　图 5-40

如图 5-41 所示，在“操作树”查看器中选择“Strainer Body_Op”下的“loc6”位置；然后单击“操作”菜单下的“添加当前位置”按钮，将新位置“loc7”添加到“Strainer Body_op”操作中（如图 5-42 所示）。

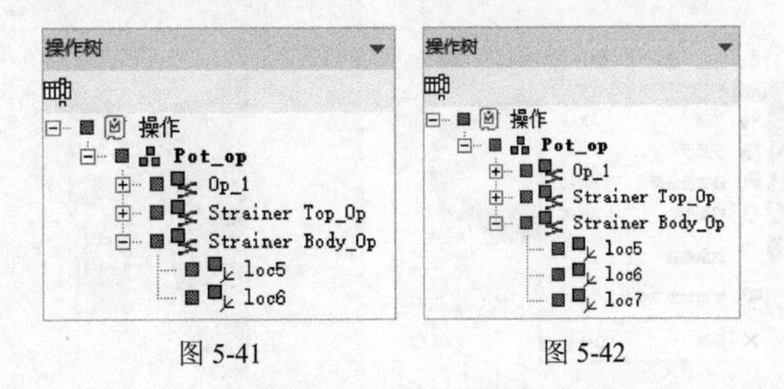

图 5-41　　图 5-42

同理，右击“Strainer Body”零件，在弹出的快捷菜单中单击“放置操控器”按钮，在弹出的“放置操控器”对话框中单击“平移”栏下的“Y”按钮，在右边的文本框中输入数值“200”（如图 5-43 所示）；在“操作树”查看器中选择“Strainer Body_ op”下的“loc7”位置；然后，在菜单栏中单击“操作”菜单，再单击其下方的“添加当前位置”按钮，将新位置“loc8”添加到“Strainer Body_op”操作中（如图 5-44 所示）。

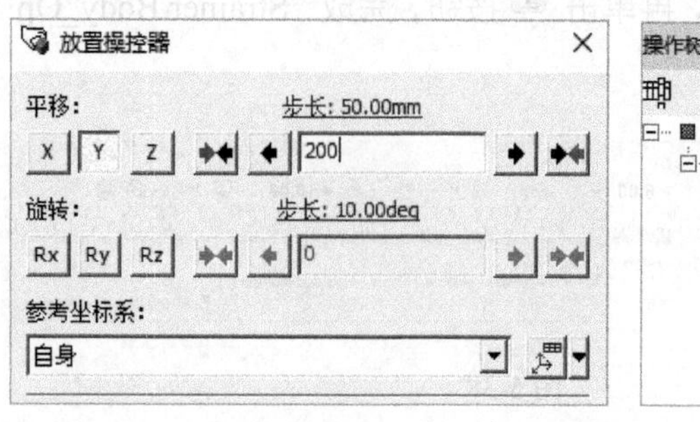

图 5-43

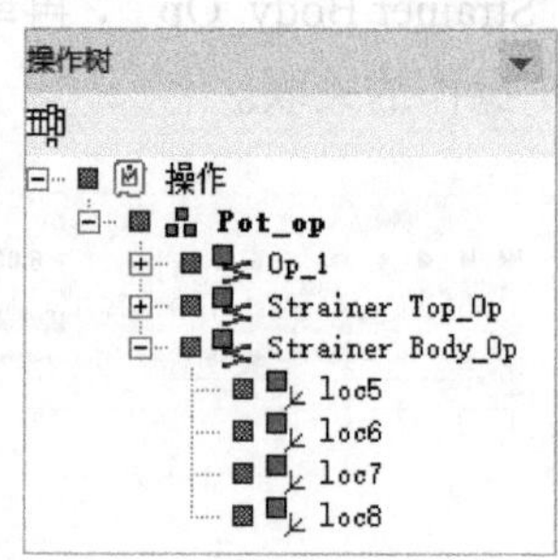

图 5-44

05 如图 5-45 所示，在“序列编辑器”中单击按钮，便可以在“研究显示区”看到操作编辑更改后的效果。

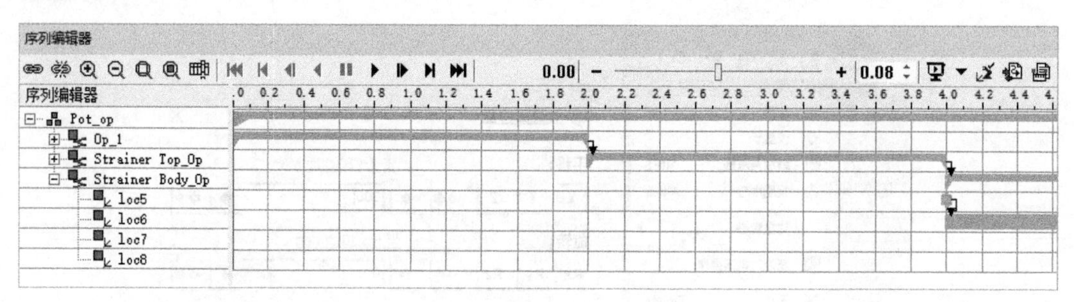

图 5-45

3. 编辑添加对“Handle”零件的操作

对于“Handle”零件，编辑添加沿 X 轴移动 -200mm 的操作，实现步骤如下。

01 为了方便选择对象，我们只让“Handle”零件显示出来。如图 5-46（a）所示，右击“Handle”零件，在弹出的快捷菜单中选择“仅显示”，效果如图 5-46（b）所示。

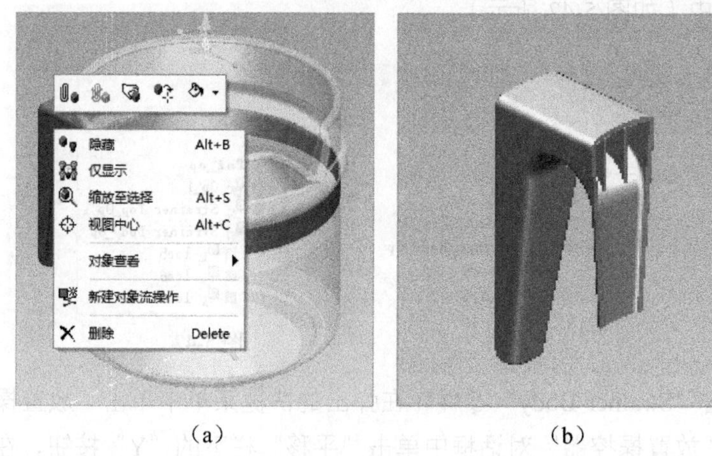

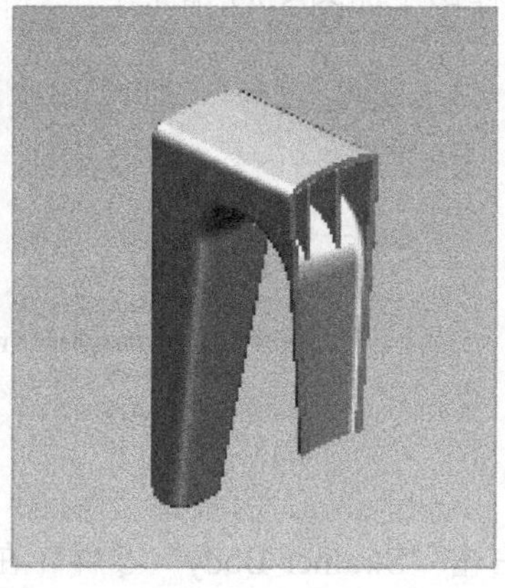

（a） （b）

图 5-46

在“对象树”查看器中可以看到，除了“Handle”零件，其余零件的显示状态都从■（代表显示）变为了□（代表不显示），图 5-47（a）和图 5-47（b）分别显示了设置前后的状态对比。

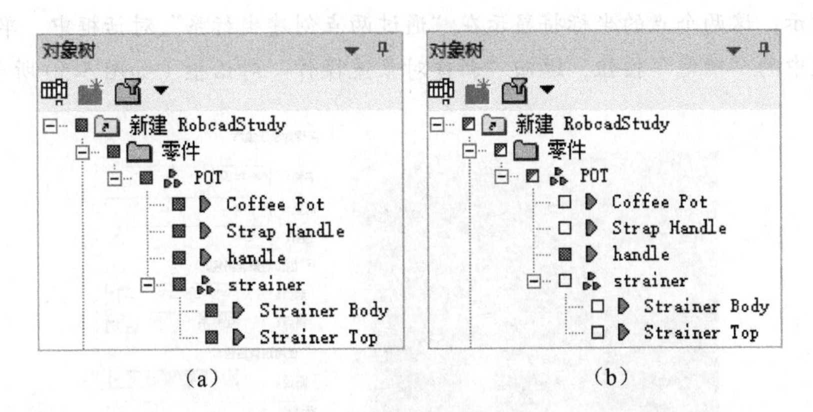

图 5-47

02 右击“Handle”零件，在弹出的快捷菜单中选择“新建对象流操作”，弹出“新建对象流操作”对话框，如图 5-48 所示。

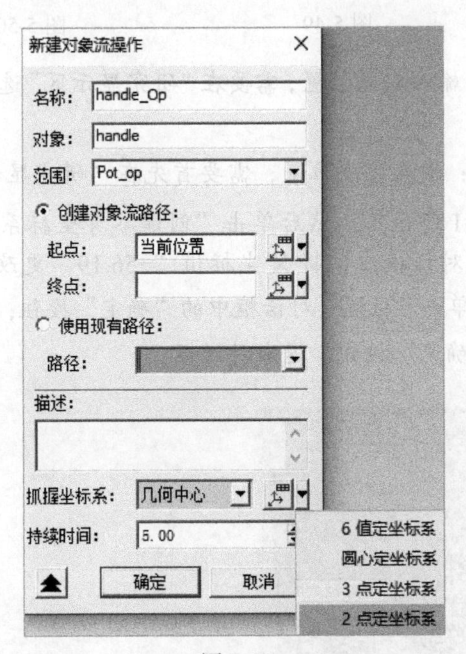

图 5-48

03 对于“新建对象流操作”对话框，参数设置如下：

- “名称”文本框和“对象”文本框：已经被自动填入所选零件的操作名和对象名，不用操作。
- “范围”组合框：需要输入“Pot_op”，这是通过在“操作树”查看器中选择 POT_Op 来实现的（参见图 5-8）。

- “抓握坐标系”组合框：单击“创建参考坐标系”按钮右侧的下三角按钮（参见图 5-48）；弹出图 5-48 右下角所示的菜单，选择“2 点定坐标系”，弹出“通过两点创建坐标系”对话框；然后，在“Handle”零件表面上选择两个点，如图 5-49 所示，这两个点的坐标将显示在“通过两点创建坐标系”对话框中，单击该对话框中的“确定”按钮，返回“新建对象流操作”对话框（如图 5-50 所示）。

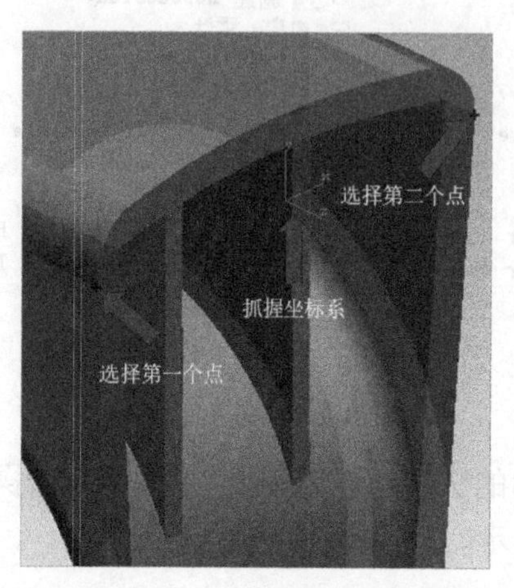

图 5-49

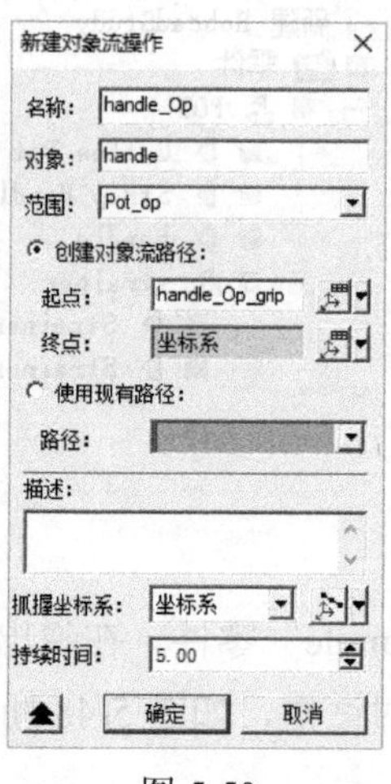

图 5-50

- “起点”组合框：输入起点位置，需要在“研究显示区”选择“handle_Op_grip”（如图 5-51 所示）。
- “终点”组合框：输入终点位置，需要首先在“研究显示区”选择“handle_Op_grip”（如图 5-51 所示）；然后单击“创建参考坐标系”按钮；弹出图 5-52 所示的“位置”对话框中，将 X 坐标值“-56.19”更改为“-256.19”，其余坐标值不变，最后单击“位置”对话框中的“确定”按钮；返回“新建对象流操作”对话框，单击“确定”按钮，退出对话框。

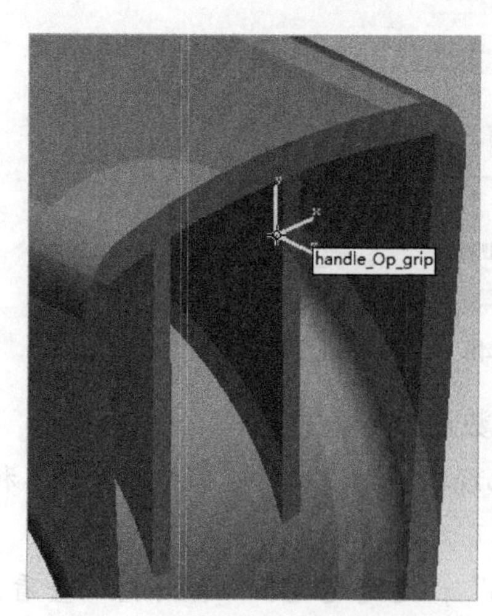

图 5-51

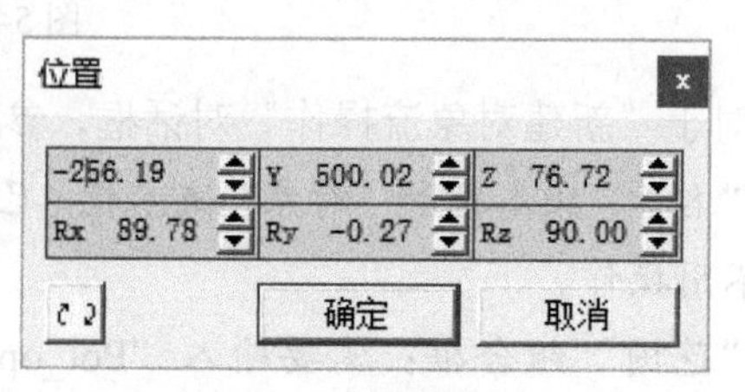

图 5-52

04 将“handle_Op”和“Strainer Body_Op”两个操作关联起来。

在“序列编辑器”查看器页面下，按住 Ctrl 键，然后依次选择“Strainer Body_Op”和“handle_Op”，再单击 按钮，完成“Strainer Body_Op”和“handle_Op”两个操作的关联（如图 5-53 所示）。

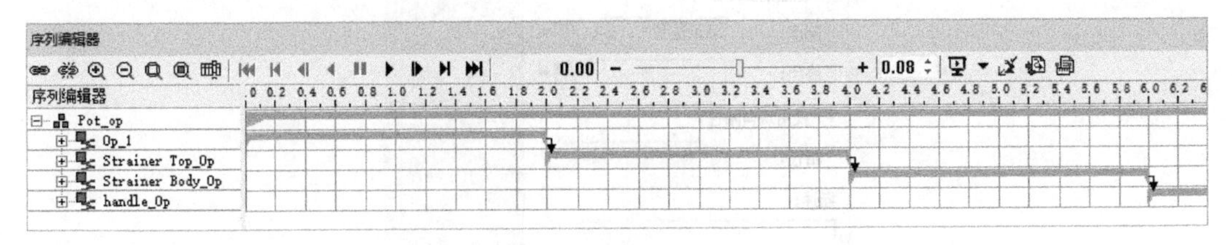

图 5-53

4. 编辑添加对“Strap Handle”零件的操作

对于“Strap Handle”零件，编辑添加沿 Z 轴移动 -100mm 的操作。实现步骤如下。

01 为了选择对象方便，我们只让“Strap Handle”零件显示出来(如图 5-54(a)所示)，操作方法同对“Handle”零件的第01步操作，效果如图 5-54（b）所示。

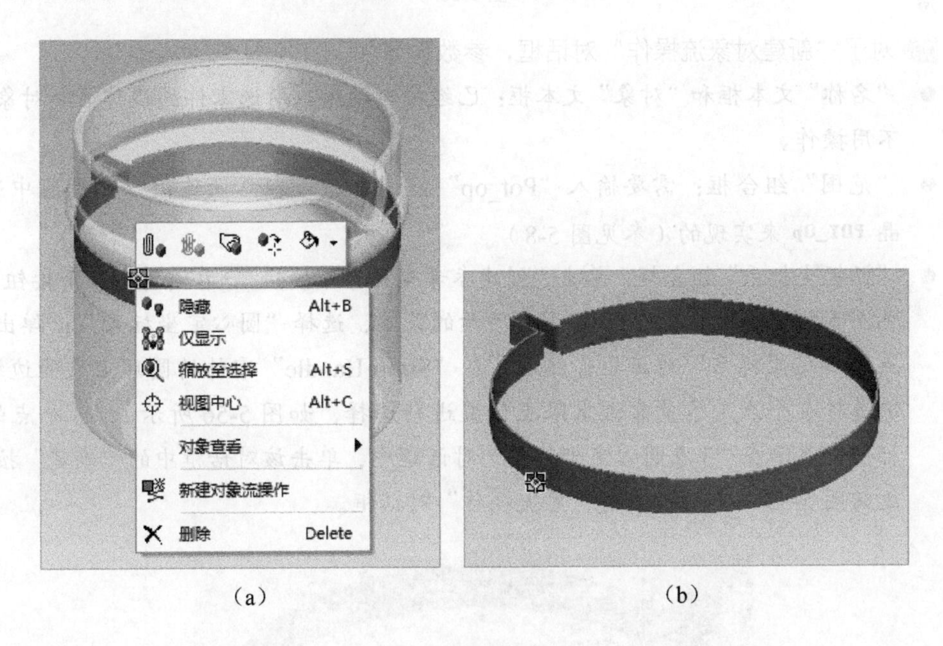

（a）　　（b）

图 5-54

02 右击“Strap Handle”零件，在弹出的快捷菜单中选择“新建对象流操作”，弹出图 5-55 所示的对话框。

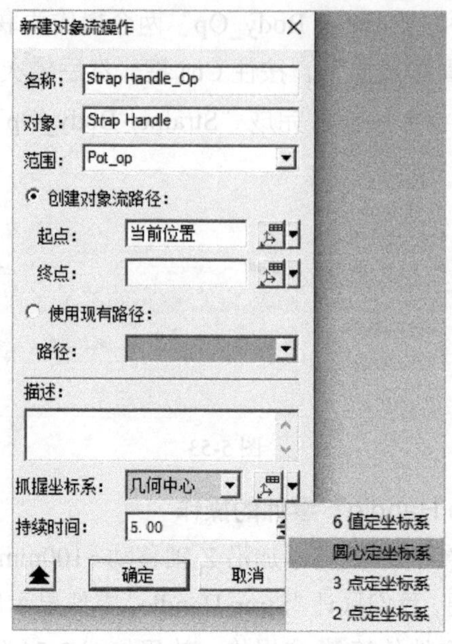

图 5-55

03 对于“新建对象流操作”对话框，参数设置如下：

- “名称”文本框和“对象”文本框：已经被自动填入所选零件的操作名和对象名，不用操作。
- “范围”组合框：需要输入“Pot_op”，这是通过在“操作树”查看器中选择 POT_Op 来实现的（参见图 5-8）。
- “抓握坐标系”组合框：单击“创建参考坐标系”按钮右侧的下三角按钮（参见图 5-55）；弹出图 5-55 右下角所示的菜单，选择“圆心定坐标系”；弹出“3 点圆心定坐标系”对话框；然后，在“Strap Handle”零件的圆环上表面边缘依次选择 3 个点（尽量靠近象限点位置进行选择，如图 5-56 所示），3 个点的坐标值将显示在“3 点圆心定坐标系”对话框中，单击该对话框中的“确定”按钮，返回图 5-55 所示的“新建对象流操作”对话框。

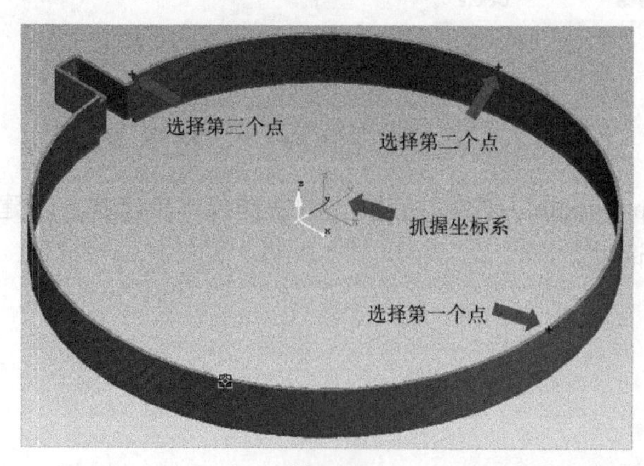

图 5-56

● “起点”组合框：输入起点位置（如图 5-57 所示），需要在“研究显示区”选择“Strap Handle_Op_grip”（如图 5-58 所示）。

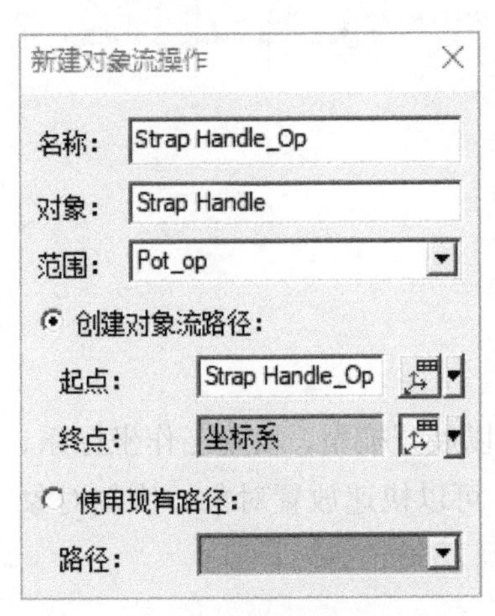

图 5-57

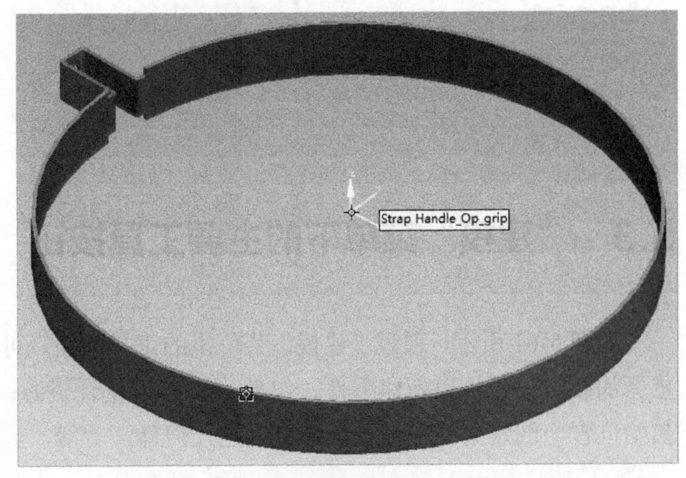

图 5-58

● “终点”组合框：输入终点位置（如图 5-57 所示），需要首先在“研究显示区”选择“Strap Handle_Op_grip”（如图 5-58 所示），然后单击“创建参考坐标系”按钮；弹出图 5-59 所示的“位置”对话框中，将 Z 坐标值“79.13”更改为“-179.13”，其余坐标值不变（如图 5-59 所示），单击“位置”对话框中的“确定”按钮；返回“新建对象流操作”对话框，单击“确定”按钮，退出对话框。

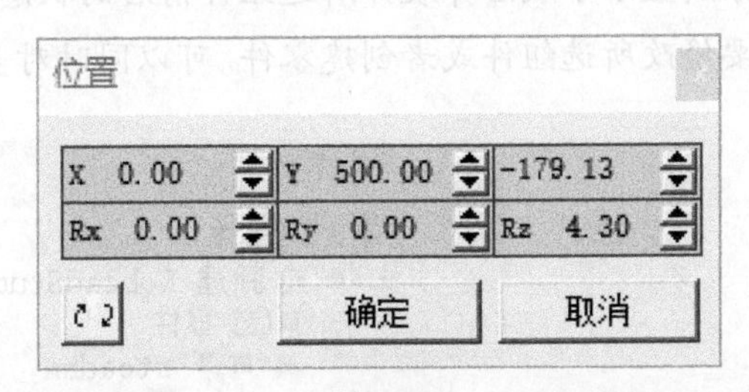

图 5-59

04 将“Strap Handle_Op”和“handle_Op”两个操作关联起来。

在“序列编辑器”查看器页面下按住 Ctrl 键，然后依次选择“handle_Op”和“Strap Handle_Op”，再单击按钮，完成“Strap Handle_Op”和“handle_Op”两个操作的关联。

05 观看整个咖啡壶装配 / 拆卸操作仿真。

如图 5-60 所示，首先在“序列编辑器”中单击“将仿真跳转至起点”按钮；再单击“正向播放仿真”按钮，便可以在“研究显示区”看到整个咖啡壶拆卸操作的仿真效果；再单击“反向播放仿真”按钮，便可以在“研究显示区”看到整个咖啡壶装配操作的仿真效果。

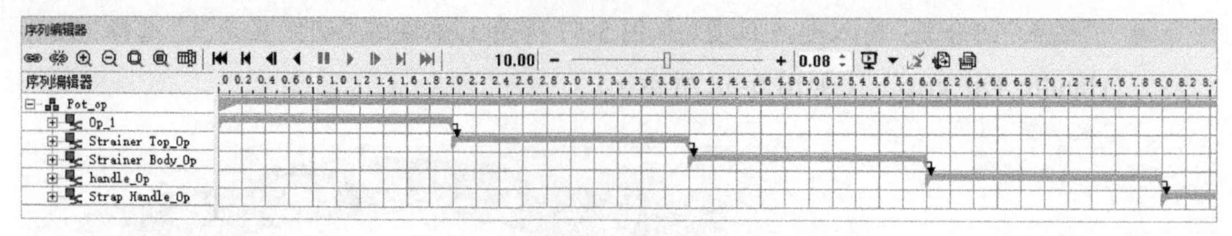

图 5-60

5.3 “建模”菜单下的主要工具按钮

如图 5-61 所示，通过“建模”菜单里的工具按钮，可以展开模型、设置工作坐标系、重新加载组件；可以新建零件、组件、资源及复合资源；可以快速放置对象、恢复对象初始位置、创建全局坐标系；可以创建几何体，等等。

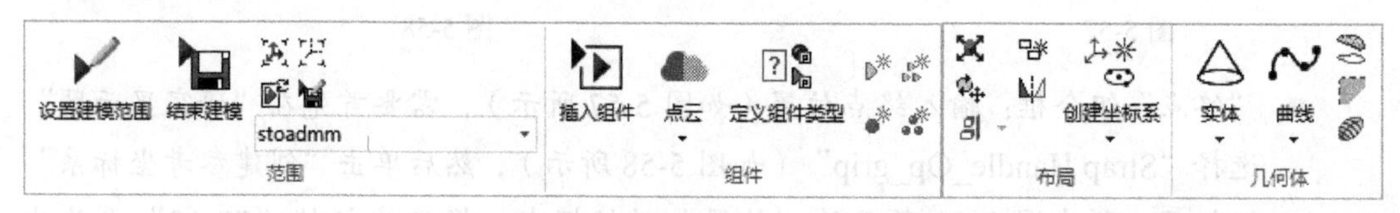

图 5-61

- “设置建模范围”按钮：单击此按钮，可以激活并展开所选组件，图 5-62（a）和图 5-62（b）分别显示了激活并展开所选组件前后的状态，将该组件设置为活动组件，再根据需要修改所选组件或者创建零件。可以同时对多个组件进行上述设置。

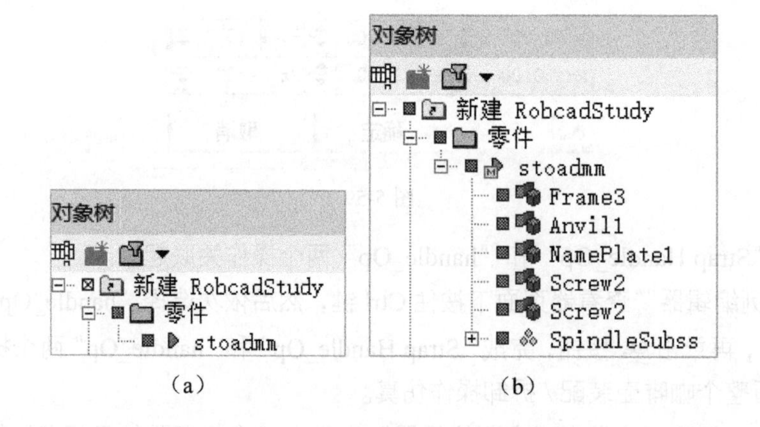

图 5-62

- “结束建模”按钮：如果对组件修改或者创建零件的效果感到满意，则可以单击此按钮结束建模。可以将修改后的组件或者新创建的组件复制到软件系统根目录或者其他位置。
- “将组件另存为”按钮：默认情况下，组件修改完成后单击“结束建模”按钮，修改结果就会被保存到原始组件中。如图 5-63 所示，如果不希望更改原始组件，则可以单击“将组件另存为”按钮，系统将创建一个新的组件。

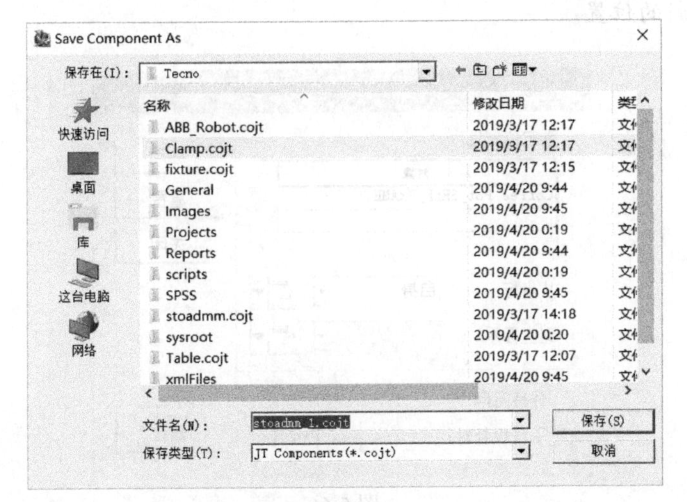

图 5-63

- “设置工作坐标系”按钮：快捷键为 Alt + O，单击此按钮，会弹出如图 5-64 所示[①]的对话框，可以在对话框中设置新的工作坐标系或者将工作坐标系恢复到初始位置。

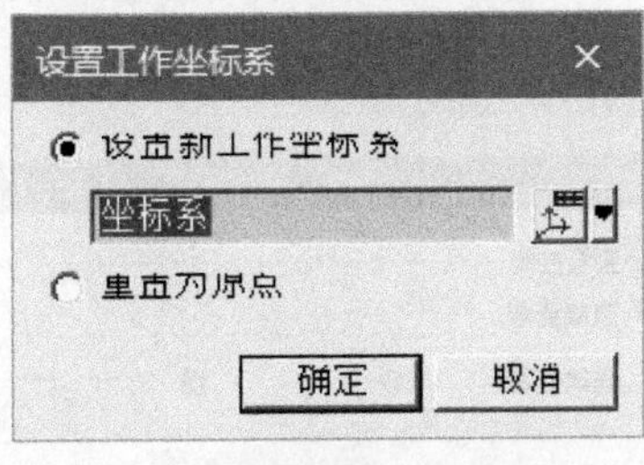

图 5-64

- “重新加载组件”按钮：单击此按钮，会弹出如图 5-65 所示的对话框，单击“是”按钮，可以将已做修改但尚未保存的研究对象恢复到修改前的状态。

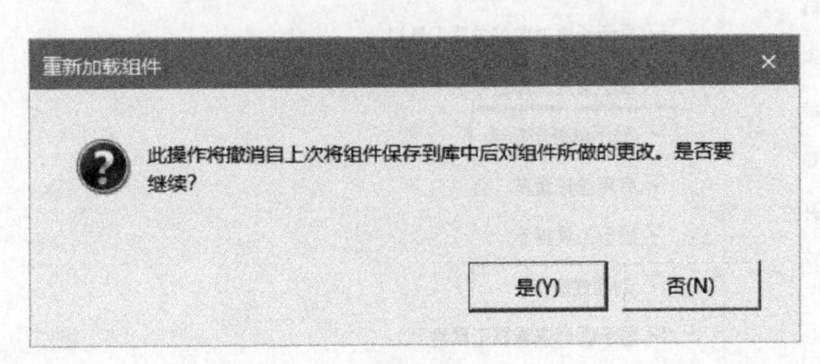

图 5-65

① 图 5-64 中的文字显示不完整，这是软件本身的显示问题，无法截取显示完整文字的图。图 8-63 ～图 8-65 也存在类似问题。

● “设置自身坐标系”按钮：单击此按钮，会弹出如图 5-66 所示的对话框，通过填写“从坐标”“到坐标系”两个组合框，可以将所选组件对象的自身坐标系定位到新的位置。

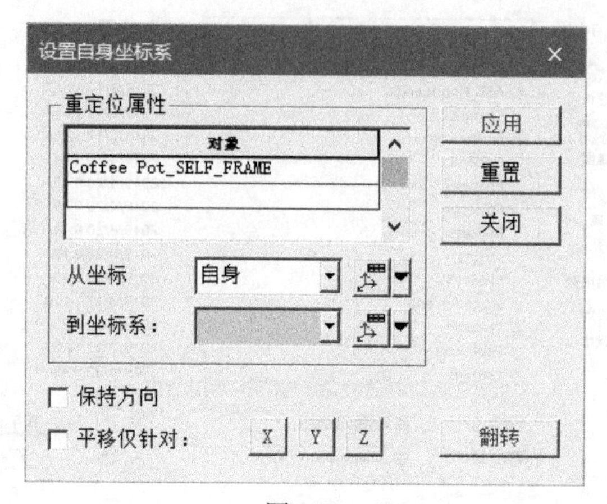

图 5-66

注意

①要使用此按钮的功能，需要先通过“设置建模范围”按钮将组件激活展开。

②在“选项”对话框的“图形查看器”中勾选“显示自身坐标系”复选框（如图 5-67 所示）。

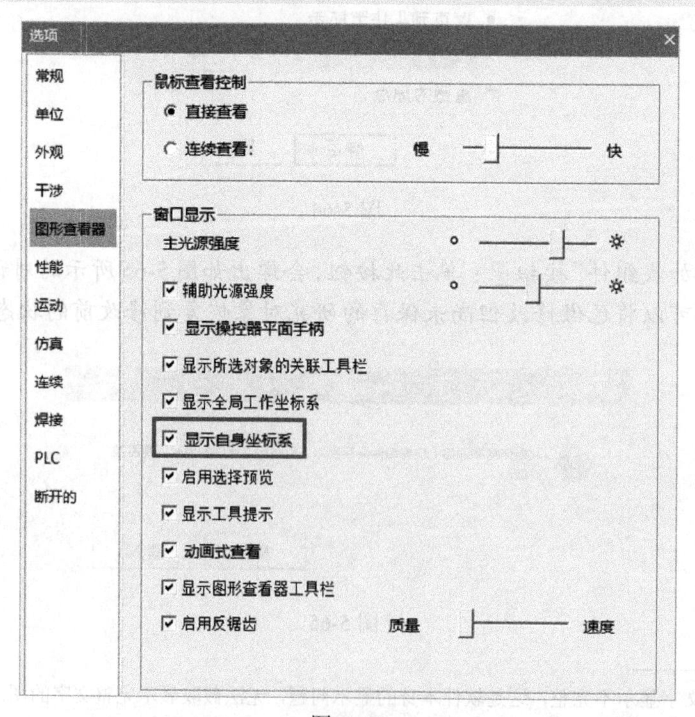

图 5-67

● “快速放置”按钮：通过此按钮，可以将所选对象或者组件在X-Y平面上移动并放置到新的位置。

● “恢复对象到初始位置”按钮：通过此按钮，可以将所选对象或者组件快速还原到所选对象或组件的原始位置。

● “创建坐标系”按钮：单击此按钮，会弹出如图5-68所示的下拉菜单，共包含4项，可以选择并创建仿真研究所需的坐标系。

图5-68

➢ “6值定坐标系”按钮：单击该按钮，会弹出如图5-69（a）所示的对话框，在“相对位置”的“X”“Y”“Z”微调框中分别输入X、Y、Z值，在“相对方向”的“Rx”“Ry”“Rz”微调框中分别输入Rx、Ry、Rz值，分别确定坐标系原点位置及坐标轴方位，效果如图5-69（b）所示。

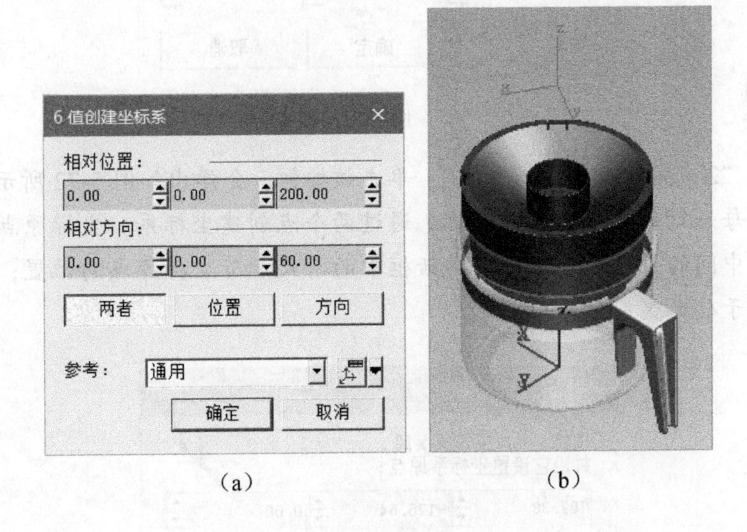

（a）　（b）

图5-69

➢ “3点定坐标系”按钮：单击该按钮，会弹出如图5-70所示的对话框，每一行代表一个点的坐标，其中第一个点用于确定坐标系原点的位置；第二个点用于确定X轴的方位；第三个点用于确定Z轴的方位。

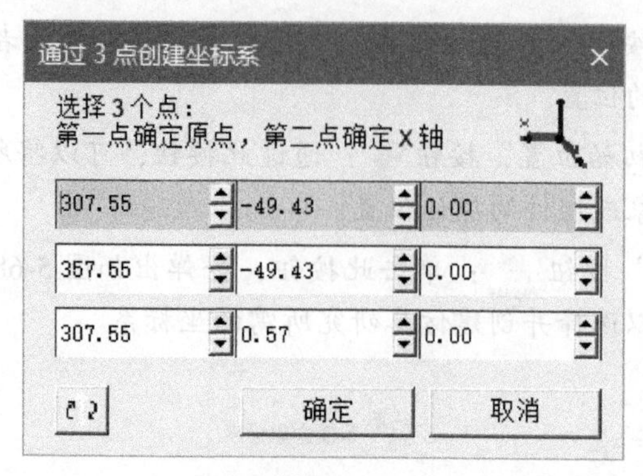

图 5-70

➢ “圆心定坐标系”按钮：单击此按钮，会弹出如图 5-71 所示的对话框，每一行代表一个点的坐标，通过 3 个点自动定义一个圆。坐标系原点位于圆心，对话框中的第一个点用于确定 X 轴的方位，Z 轴垂直于 3 点所在平面。

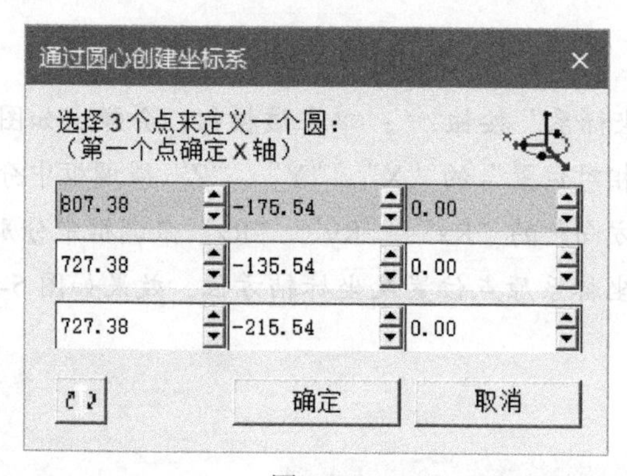

图 5-71

➢ “2 点定坐标系”按钮：单击该按钮，会弹出如图 5-72 所示的对话框，每一行代表一个点的坐标，通过两个点创建坐标系。坐标原点默认在两点中间的位置，可以通过对话框中的滑尺调节坐标原点的位置；第二个点用于确定 X 轴的方位。

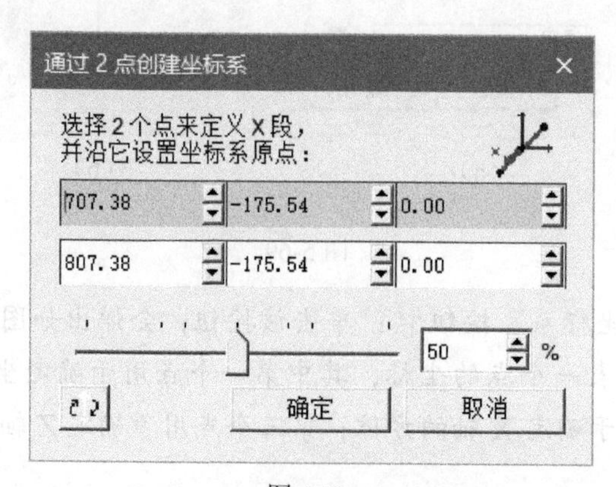

图 5-72

5.4 新建零件或者资源对象

Process Simulate 具备建模能力，提供了常用的建模以及绘制曲线选项（如图 5-73），例如创建多段线、创建圆、创建曲线、创建圆弧、创建方体、创建圆柱体、创建圆锥体、旋转、拉伸、扫掠、布尔运算等。我们可以运用这些绘制曲线及建模功能创建零件或者资源对象，用于当前或其他仿真研究中。

图 5-73

如图 5-74 所示，在“建模”菜单下，可以通过“新建零件”按钮、“创建复合零件”按钮、“新建资源”按钮、“创建复合资源”按钮来创建仿真研究所需要的零件或资源对象。

图 5-74

接下来就通过创建一个工作台来讲解新建零件或者资源对象的整个过程。

01 新建一个资源对象（在本例中将新建的工作台作为资源对象）。

单击“建模”菜单下的“新建资源”按钮，弹出“新建资源”对话框，如图 5-75 所示，选择“Work_Table”，单击“确定”按钮。在“对象树”查看器中可以看到新建的资源对象“Work_Table”（如图 5-76 所示）。

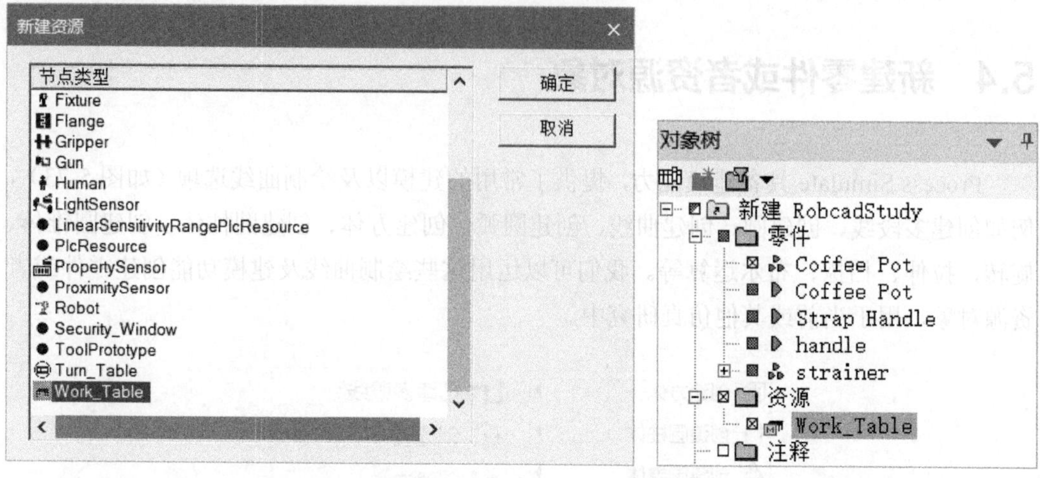

图 5-75　　　　图 5-76

02 创建工作台台面。

依次单击“建模”→“实体”→“创建方体”，弹出“创建方体”对话框，如图 5-77（a）所示，参数设置如下：

- 在“名”文本框中输入“Table_Top”。
- 在“尺寸”栏中的“长”“宽”“高度”微调框中分别输入 1200.00、700.00、30.00。

单击对话框中的“确定”按钮，完成工作台面的创建，效果如图 5-77（b）所示。

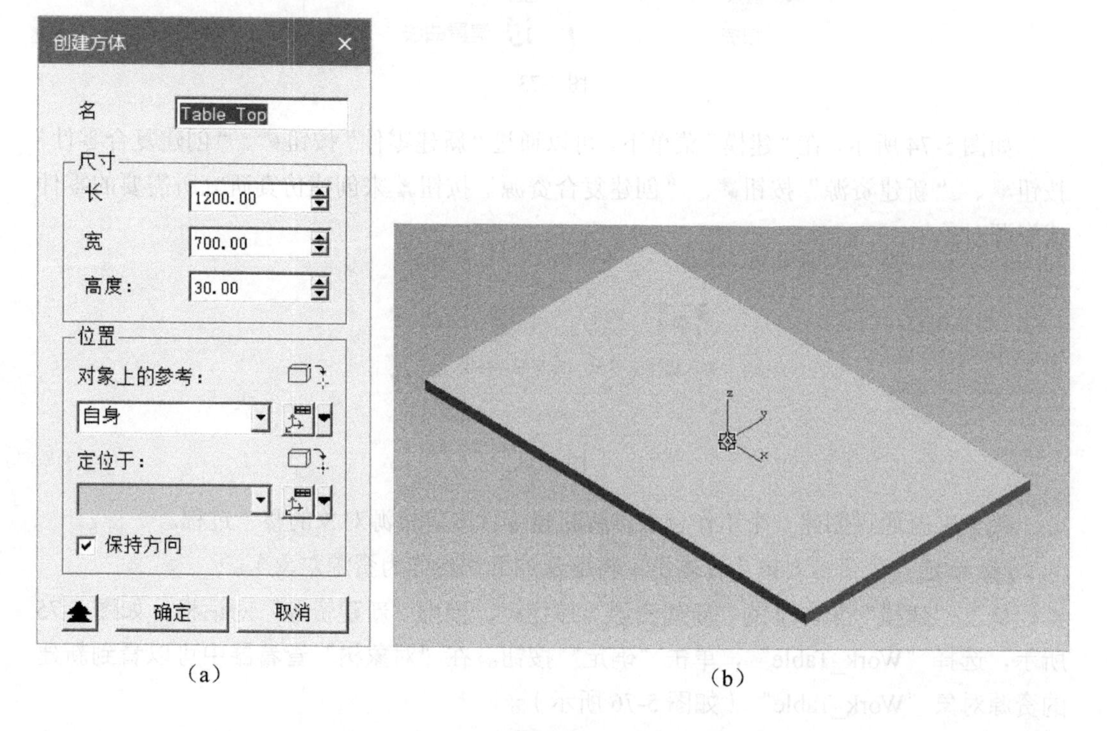

（a）　　　　（b）

图 5-77

03 创建工作台支撑脚。

依次单击“建模”→“实体”→“创建方体” 创建方体，弹出“创建方体”对话框，如图 5-78 所示，参数设置如下：

- 在“名”文本框中输入“Table_leg”。
- 在“尺寸”栏中的“长”“宽”“高度”微调框中分别输入 60.00、60.00、800.00。
- 对于“定位于”组合框，单击“创建参考坐标系”按钮右侧的下三角按钮，在弹出的下拉菜单中选择“6 值定坐标系”；弹出如图 5-79 所示的“位置”对话框，单击“翻转坐标系”按钮，然后单击“位置”对话框中的“确定”按钮，返回“创建方体”对话框。

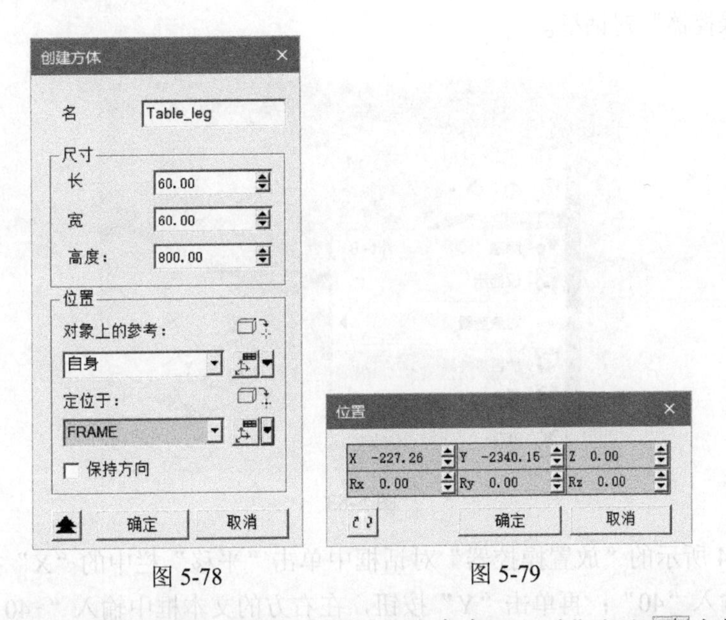

图 5-78　　图 5-79

- 对于“定位于”组合框，再次单击“创建参考坐标系”按钮右侧的下三角按钮，在弹出的下拉菜单中选择“3 点定坐标系”；弹出如图 5-80 所示的“3 点定坐标系”对话框，依次在工作台面上选择第一个点和第二个点（如图 5-81 所示），单击图 5-80 中的“确定”按钮，完成工作台支撑脚创建，效果如图 5-82 所示。

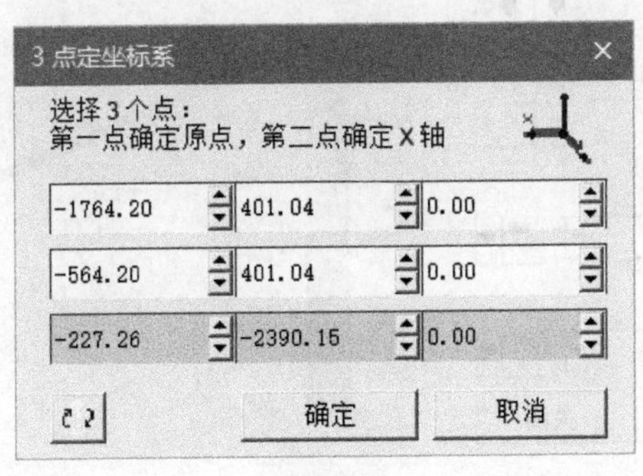

图 5-80

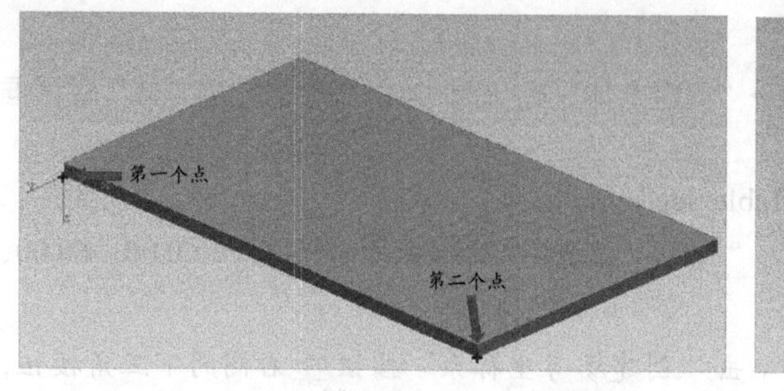

图 5-81

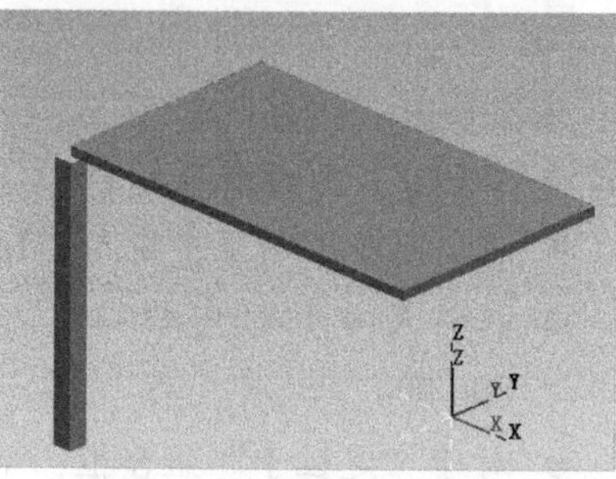

图 5-82

04 调整工作台支撑脚位置。

右击“Table_leg”对象，在弹出的快捷菜单中选择“放置操控器”（如图 5-83 所示），弹出“放置操控器”对话框。

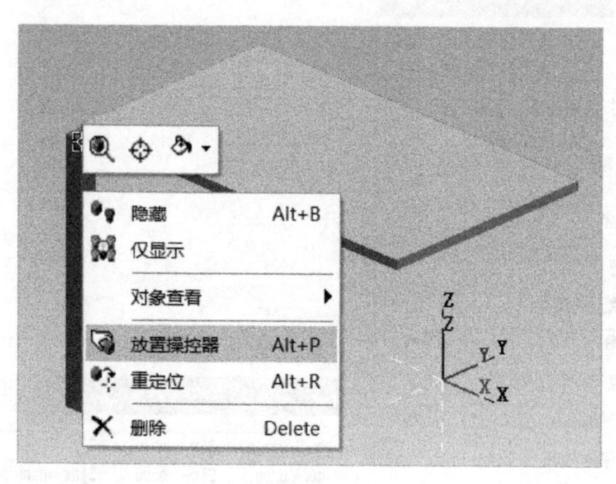

图 5-83

在图 5-84 所示的“放置操控器”对话框中单击“平移”栏中的“X”按钮，在右方的文本框中输入“40”；再单击“Y”按钮，在右方的文本框中输入“-40”。单击“关闭”按钮，完成位置调整，效果如图 5-85 所示。

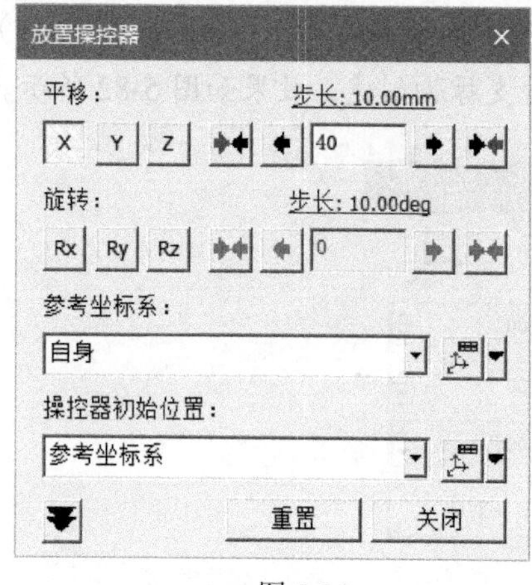

图 5-84

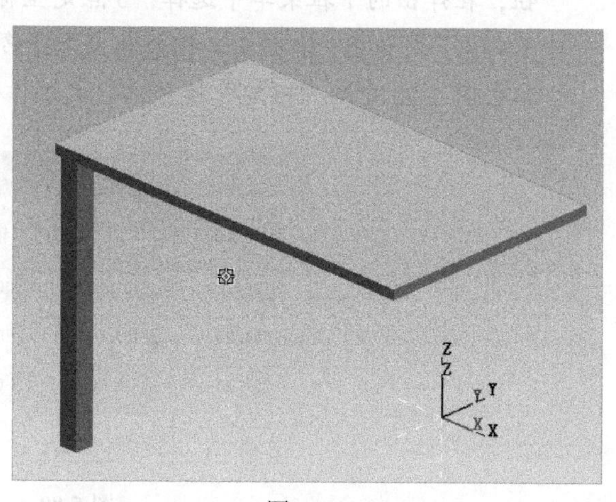

图 5-85

05 依次单击“建模”→“复制对象”，弹出如图 5-86 所示的“复制”对话框，参数设置如下：

- “沿 X 轴的实例数”微调框：输入“2”。
- “X 轴上的间距”微调框：输入“1120.00”。
- “沿 Y 轴的实例数”微调框：输入“2”。
- “Y 轴上的间距” 微调框：输入“620.00”。
- 勾选“预览”复选框。

最后单击“确定”按钮，完成对象复制，效果如图 5-87 所示。

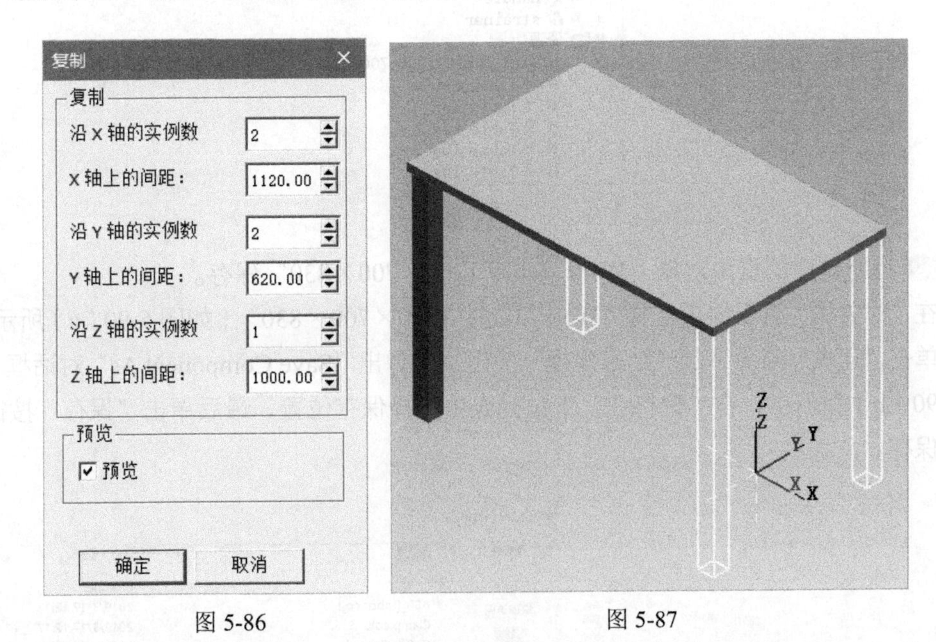

图 5-86　　　　图 5-87

06 在“对象树”查看器中可以看到新创建的资源对象“Work_Table”，如图 5-88（a）所示，效果如图 5-88（b）所示。

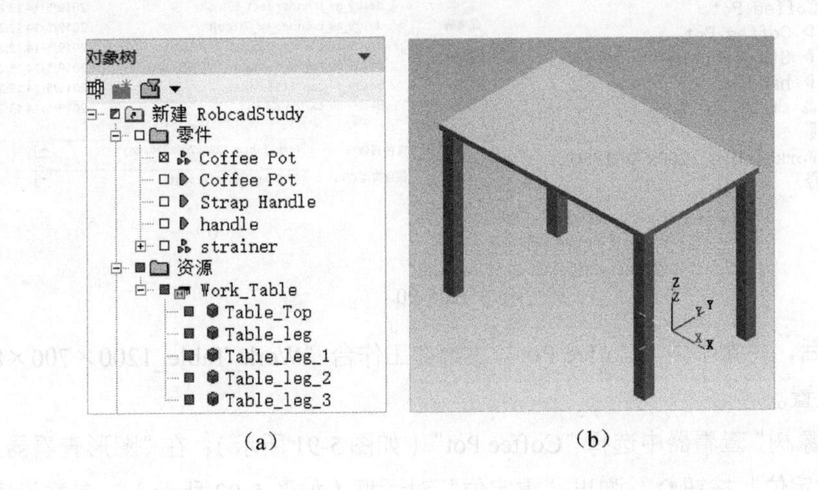

（a）　　　　（b）

图 5-88

07 将新创建的资源对象重新命名为“Work_Table_1200×700×830”。

在“对象树”查看器中选择“Work_Table”，按下 F2 键（重命名操作的快捷键），输入“Work_Table_1200×700×830”，按下 Enter 键，重命名完成（如图 5-89 所示）。

图 5-89

08 将新创建的资源对象“Work_Table_1200×700×830”保存。

在“对象树”查看器中选择“Work_Table_1200×700×830”（如图 5-90（a）所示），然后单击“建模”菜单下的“结束建模”按钮，弹出“Save Component As”对话框（如图 5-90（b）所示），在“保存在”下拉列表中选择保存位置，最后单击“保存”按钮，完成保存。

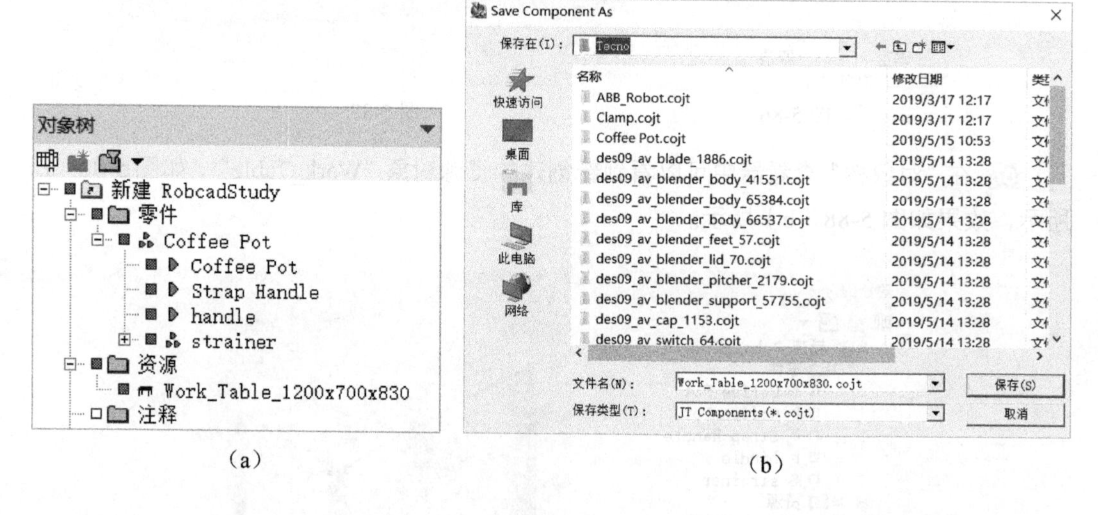

（a）　　（b）

图 5-90

09 最后，将咖啡壶“Coffee Pot”放置在工作台“Work_Table_1200×700×830”的桌面中间位置。

在“对象树”查看器中选择“Coffee Pot”（如图 5-91 所示）；在“图形查看器工具栏”中单击“重定位”按钮，弹出“重定位”对话框（如图 5-92 所示），参数设置如下：

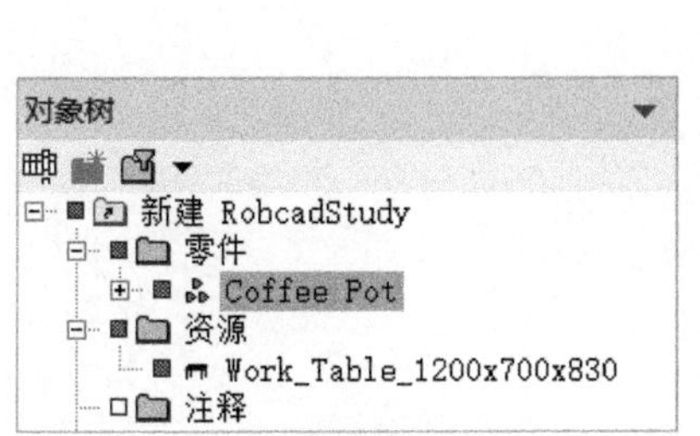

图 5-91

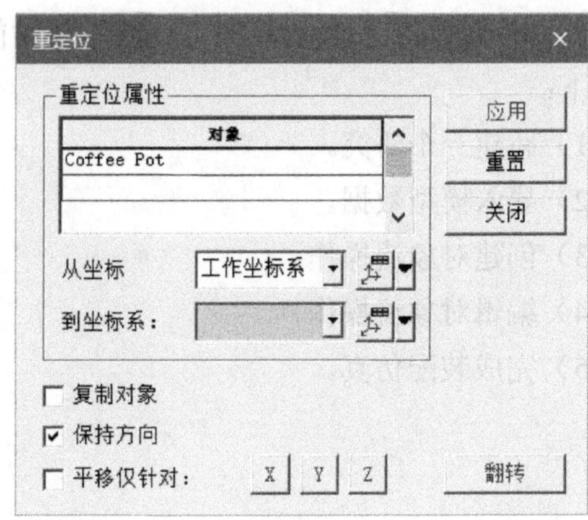

图 5-92

- “从坐标”组合框：在下拉列表中选择“工作坐标系”。
- “到坐标系”组合框：单击“创建参考坐标系”按钮右侧的下三角按钮，从下拉菜单中选择“2 点定坐标系”，完成坐标系的创建。
- 勾选“保持方向”复选框。

单击图 5-93 中的“应用”按钮，完成放置，图 5-94 展示了各个角度的效果图。

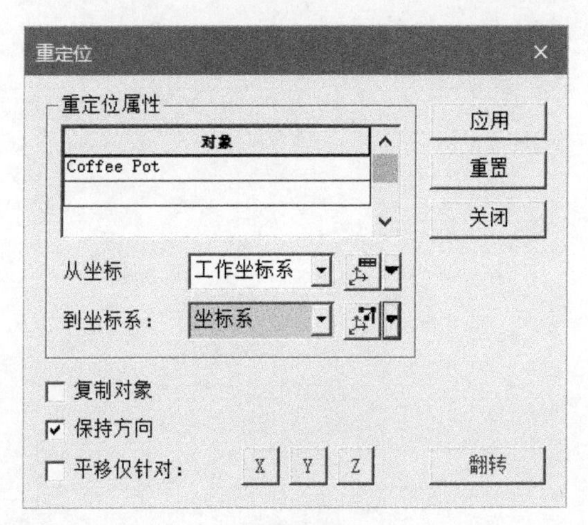

图 5-93

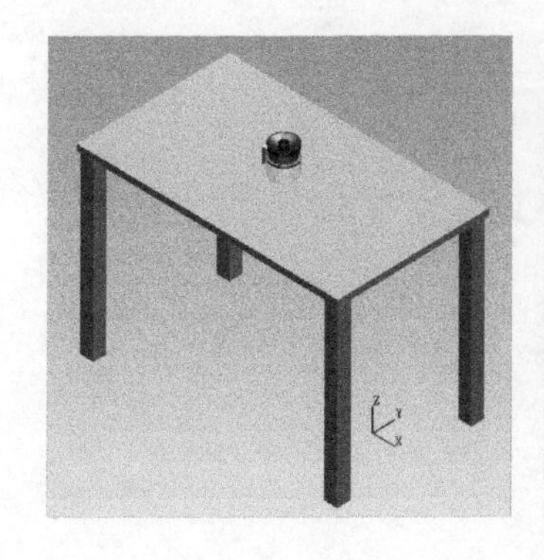
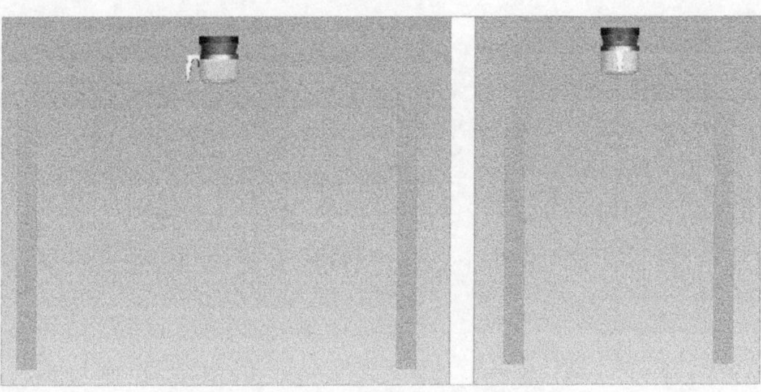

图 5-94

至此，Process Simulate 装配仿真的主要功能就讲解完了，装配仿真过程的主要步骤总结如下：

（1）新建一个研究。

（2）导入模型数据。

（3）创建对象流操作。

（4）编辑对象流操作。

（5）完成装配仿真。

第6章

Process Simulate 设备定义

在产品生产过程中，生产线上会有许多生产所需的资源设备，例如机床、机器人、工装夹具、焊枪、抓手等。这些资源设备因为处在生产线的不同工位或工序，所以会有不同的生产操作动作。要在 Process Simulate 中真实地仿真模拟出这些生产操作动作，不仅要将资源设备的三维模型导入 Process Simulate 中，还需要进行设备定义（或者运动机构定义），这样才能创建操作仿真动作。

6.1 设备定义的操作步骤

从导入设备进入仿真研究项目中，到最终完成设备定义（或者运动机构定义），通常需要经过以下步骤，不同设备会略有差别。

（1）新建（或者已有）一个研究。

（2）导入设备模型。

（3）创建运动学关系。

（4）创建设备工作姿态。

（5）创建基本坐标系和工具坐标系。

（6）编辑设备定义参数。

（7）创建设备操作。

6.2 常见设备的定义过程

在产品生产过程中，有些设备是生产线上经常出现的，例如机器人、工装夹具、焊枪、抓手等。接下来就用实例依次讲解这些设备的定义过程。

6.2.1 工装夹具设备定义

1. 新建一个研究

如图 6-1（a）所示，依次单击“文件”→“断开的研究”→“新建研究”，弹出“新建研究”对话框，如图 6-1（b）所示，单击“创建”按钮，完成新研究的创建。

如果是在已有研究下进行设备定义，则跳过此步骤。

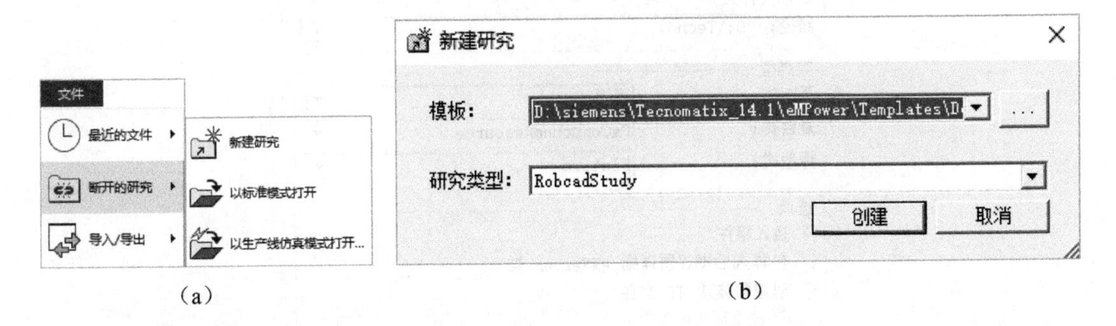

（a）　　（b）

图 6-1

2. 设备模型导入

01 如图 6-2（a）所示，依次单击“文件”→“导入 / 导出”→“转换并插入 CAD 文件”，弹出图 6-2（b）所示的“转换并插入 CAD 文件”对话框，单击“添加”按钮，选择 Tecnomatix\ Dump.cojt 文件夹中的 dump.jt 文件；然后，弹出“文件导入设置”对话框。

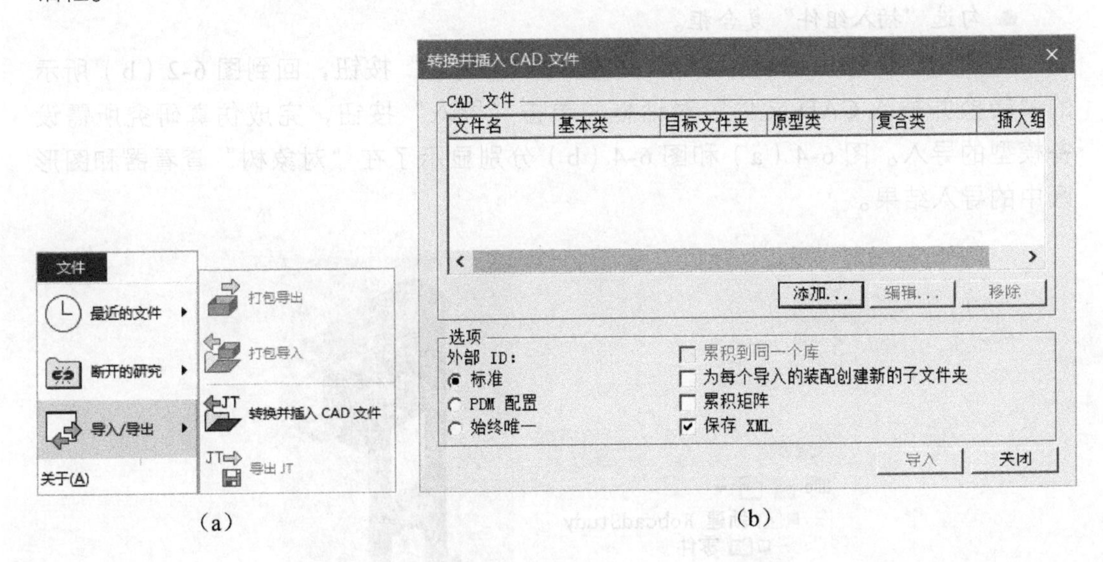

（a）　　（b）

图 6-2

02 “文件导入设置”对话框如图 6-3 所示，参数设置如下：

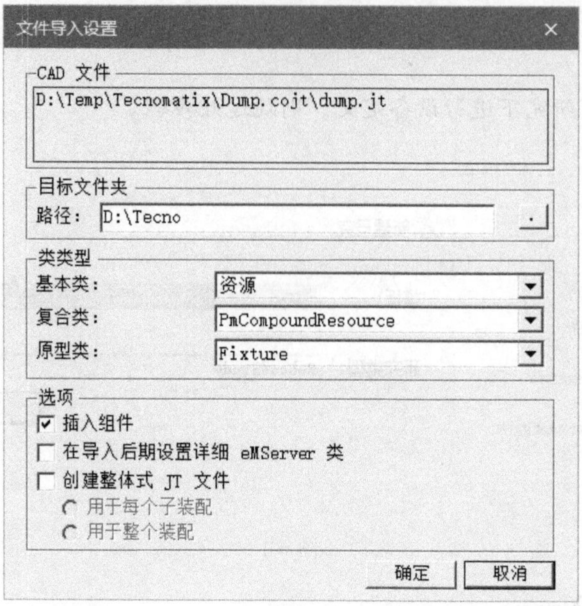

文件导入设置
CAD 文件
D:\Temp\Tecnomatix\Dump.cojt\dump.jt
目标文件夹
路径：
D:\Tecno
类类型
基本类：
资源
复合类：
PmCompoundResource
原型类：
Fixture
选项
插入组件
在导入后期设置详细 eMServer 类
创建整体式 JT 文件
用于每个子装配
用于整个装配
确定
取消

图 6-3

- “基本类”下拉列表框：选择“资源”。
- “复合类”下拉列表框：选择“PmCompoundResource”。
- “原型类”下拉列表框：选择“Fixture”。
- 勾选“插入组件”复合框。

然后单击“文件导入设置”对话框中的“确定”按钮，回到图 6-2（b）所示的“转换并插入 CAD 文件”对话框，单击“导入”按钮，完成仿真研究所需设备模型的导入。图 6-4（a）和图 6-4（b）分别显示了在“对象树”查看器和图形区中的导入结果。

对象树
新建 RobcadStudy
零件
资源
dump
注释

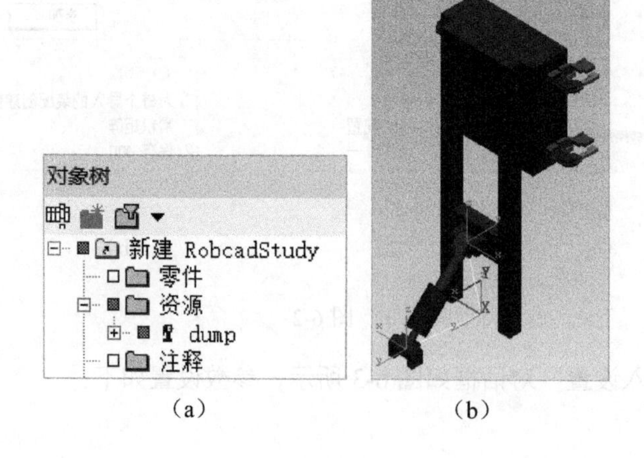

（a）　　（b）

图 6-4

3. 设备模型激活展开

在“对象树”查看器中选择“dump”，然后单击“建模”菜单下的“设置建模范围”按钮，将设备模型激活展开（如图 6-5 所示）。

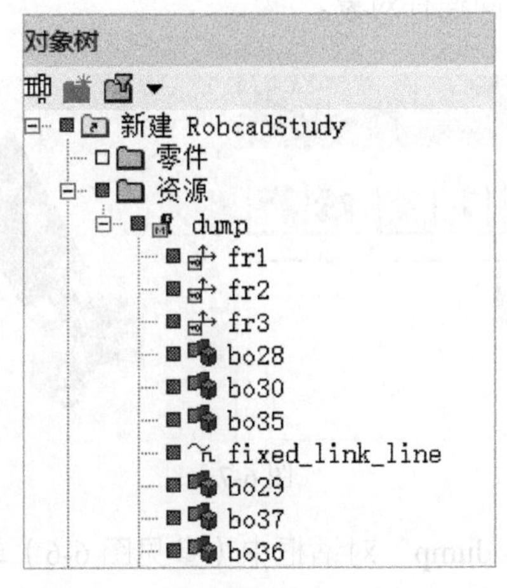

图 6-5

4. 创建设备运动学关系

01 创建连杆。

① 在“对象树”查看器中选择“dump”，然后单击“建模”菜单下的“运动学编辑器”按钮，弹出“运动学编辑器 - dump”对话框（如图 6-6（a）所示），单击“创建连杆”按钮，弹出“连杆属性”对话框（如图 6-6（b）所示）。

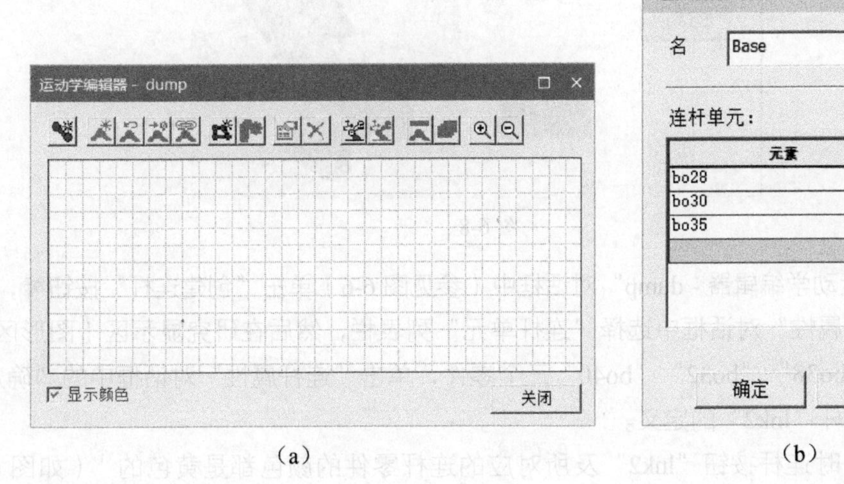

(a)

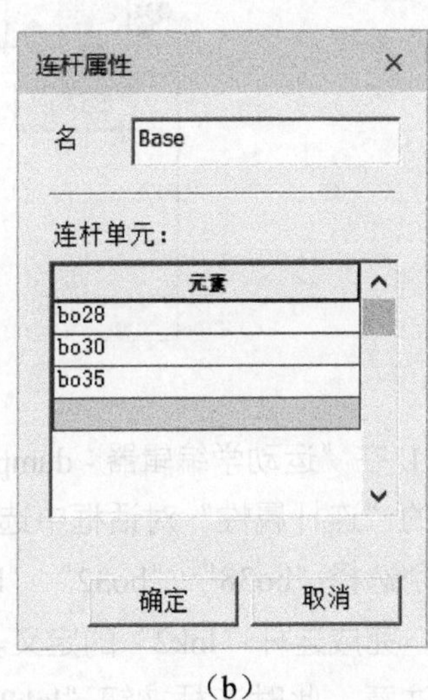

(b)

图 6-6

② 在“连杆属性”对话框中，在“名”文本框中输入“Base”；对于“连杆单元”列表栏，需要在研究显示区（图形区）中分别选择“bo28”“bo30”“bo35”三个零件；

最后单击“连杆属性”对话框中的“确定”按钮，完成连杆“Base”的定义。

可以看到，连杆按钮“Base”的颜色和所对应的连杆零件的颜色是一样的，都是橘黄色，如图 6-7 所示（书中需要看色彩的图请参见彩插部分）。这是软件系统自动设置的，这样可以方便观察并区分不同连杆对象。

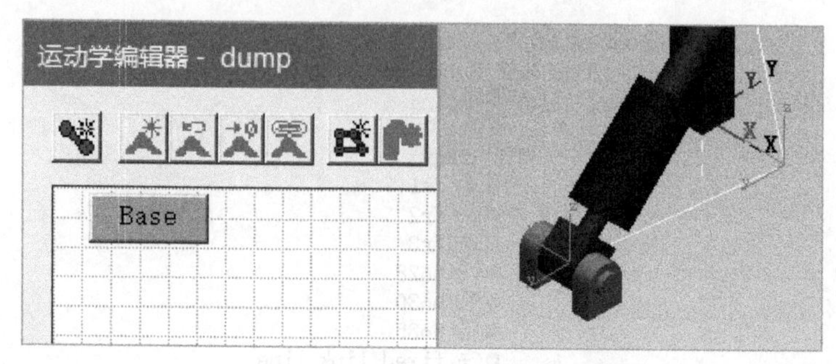

图 6-7

③ 在“运动学编辑器 - dump”对话框中（参见图 6-6）单击“创建连杆”按钮，在弹出的“连杆属性”对话框中选择“连杆单元”列表栏，然后在研究显示区（图形区）中分别选择“bo29”“bo37”“bo36”三个零件，单击“连杆属性”对话框中的“确定”按钮，完成连杆“lnk1”的定义。

注意，此时连杆按钮“lnk1”及所对应的连杆零件的颜色都是绿色的（如图 6-8 所示）。

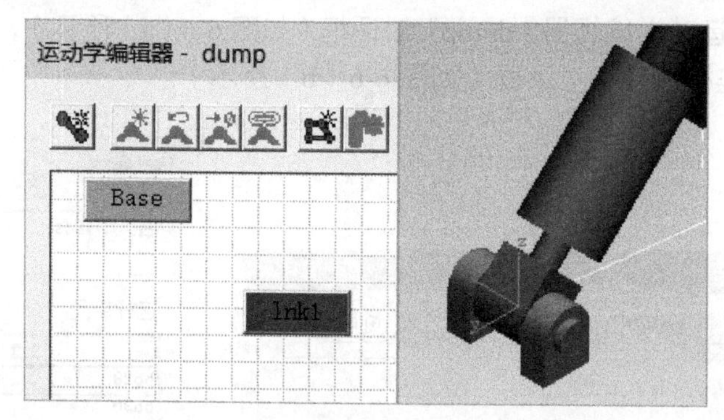

图 6-8

④ 在“运动学编辑器 - dump”对话框中（参见图 6-6）单击“创建连杆”按钮，在弹出的“连杆属性”对话框中选择“连杆单元”列表栏，然后在研究显示区（图形区）中分别选择“bo38”“bo32”“bo40”三个零件，单击“连杆属性”对话框中的“确定”按钮，完成连杆“lnk2”的定义。

注意，此时连杆按钮“lnk2”及所对应的连杆零件的颜色都是黄色的[①]（如图 6-9 所示）。

① 连杆按钮和连杆零件的颜色有一定色差，这是软件图形显示的问题。

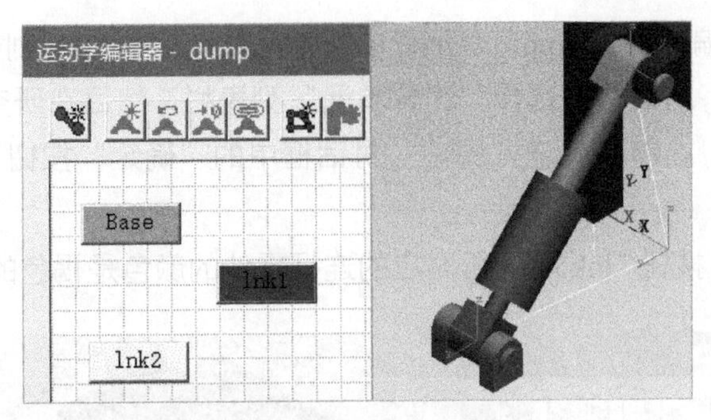

图 6-9

⑤ 在“运动学编辑器 - dump”对话框中（参见图 6-6）单击“创建连杆”按钮，在弹出的“连杆属性”对话框中选择“连杆单元”列表栏，然后在研究显示区（图形区）中通过框选对象的方式选择零件（如图 6-10 所示），单击“连杆属性”对话框中的“确定”按钮，完成连杆“lnk3”的定义。

注意，此时连杆按钮“lnk3”及所对应的连杆零件的颜色都是蓝色的（如图 6-11 所示）。

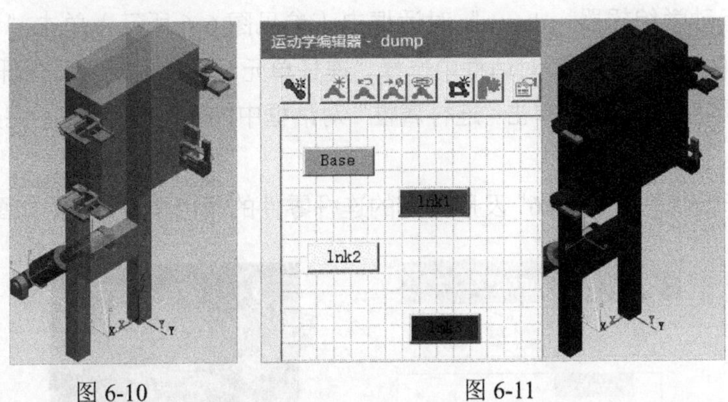

图 6-10　　图 6-11

⑥ 在“运动学编辑器 - dump”对话框中（参见图 6-6）单击“创建连杆”按钮，在弹出的“连杆属性”对话框中选择“连杆单元”列表栏，然后在研究显示区（图形区）中选择零件“bo78”，单击“连杆属性”对话框中的“确定”按钮，完成连杆“lnk4”的定义。

注意，此时连杆按钮“lnk4”及所对应的连杆零件的颜色是粉紫色的（如图 6-12 所示）。

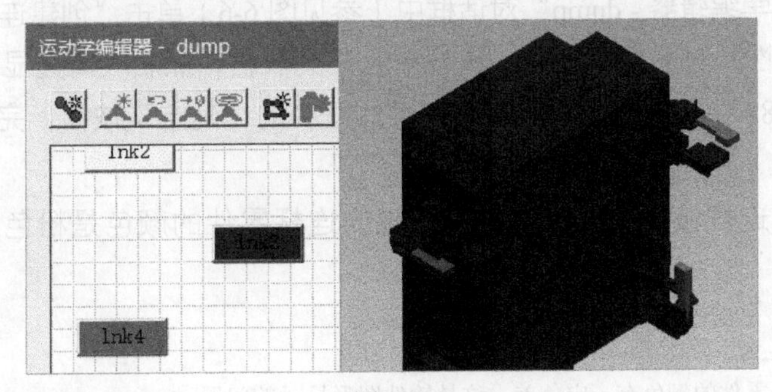

图 6-12

⑦ 在“运动学编辑器 - dump”对话框中（参见图 6-6）单击“创建连杆”按钮，在弹出的“连杆属性”对话框中选择“连杆单元”列表栏，然后在研究显示区（图形区）中选择零件“bo83”，单击“连杆属性”对话框中的“确定”按钮，完成连杆“lnk5”的定义。

注意，此时连杆按钮“lnk5”及所对应的连杆零件的颜色是褐色的（如图 6-13 所示）。

图 6-13

⑧ 在“运动学编辑器 - dump”对话框中（参见图 6-6 所示）单击“创建连杆”按钮，在弹出的“连杆属性”对话框中选择“连杆单元”列表栏，然后在研究显示区（图形区）中选择零件“bo80”，单击“连杆属性”对话框中的“确定”按钮，完成连杆“lnk6”的定义。

注意，此时连杆按钮“lnk6”及所对应的连杆零件的颜色是青色的（如图 6-14 所示）。

图 6-14

⑨ 在“运动学编辑器 - dump”对话框中（参见图 6-6）单击“创建连杆”按钮，在弹出的“连杆属性”对话框中选择“连杆单元”列表栏，然后在研究显示区（图形区）中选择零件“bo82”，单击“连杆属性”对话框中的“确定”按钮，完成连杆“lnk7”的定义。

注意，此时连杆按钮“lnk7”及所对应的连杆零件的颜色是粉色的，如图 6-15[①]所示。

① 连杆按钮和连杆零件的颜色有一定色差，这是软件图形显示的问题。

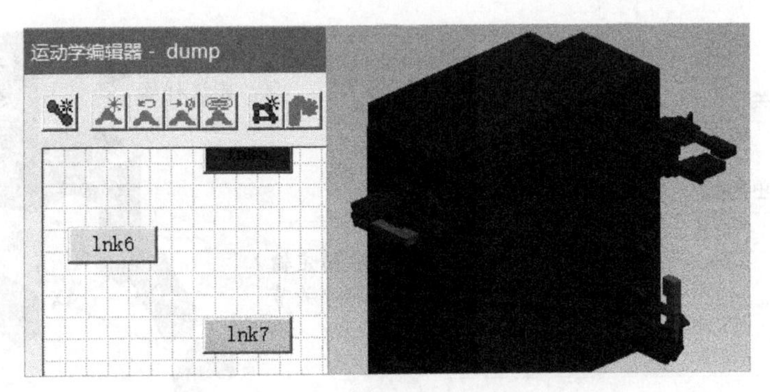

图 6-15

02 创建连杆间的运动关系。

① 在“运动学编辑器器 - dump”对话框中（参见图 6-6）单击“创建曲柄”按钮，在弹出的“创建曲柄”对话框（如图 6-16 所示）中单击“RPRR”按钮，然后单击“下一步”按钮，弹出“关节坐标”对话框。

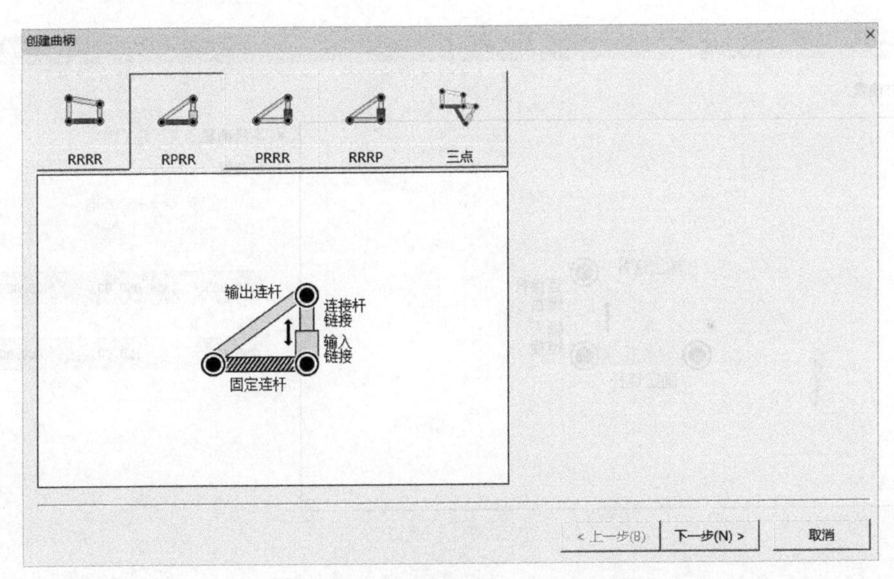

图 6-16

② “关节坐标”对话框如图 6-17（a）所示，参数设置如下：

- “固定 - 输入关节”微调框：通过在“对象树”查看器中选择“fr1”坐标系，或者在图形区中选择“fr1”坐标系（如图 6-17（b）所示），来输入数据。
- “连接杆 - 输出关节”微调框：通过在“对象树”查看器中选择“fr2”坐标系，或者在图形区中选择“fr2”坐标系（如图 6-17（b）所示），来输入数据。
- “输出关节”微调框：通过在“对象树”查看器中选择“fr3”坐标系，或者在图形区中选择“fr3”坐标系（如图 6-17（b）所示），来输入数据。

回到图 6-16 所示的对话框，单击“下一步”按钮，弹出“RPRR 曲柄滑块关节”对话框。

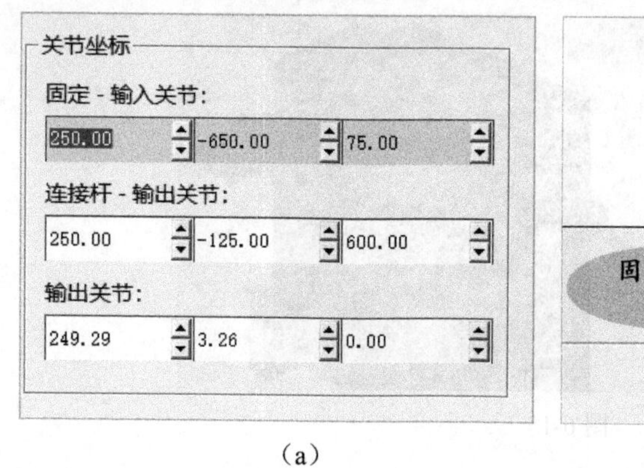

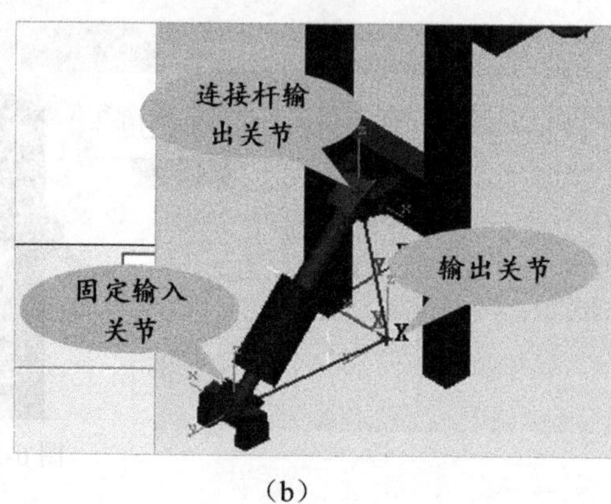

（a）　　　　　　　　　　（b）

图 6-17

③“RPRR 曲柄滑块关节”对话框如图 6-18 所示，选中“不带偏置”单选按钮，单击“下一步”按钮。

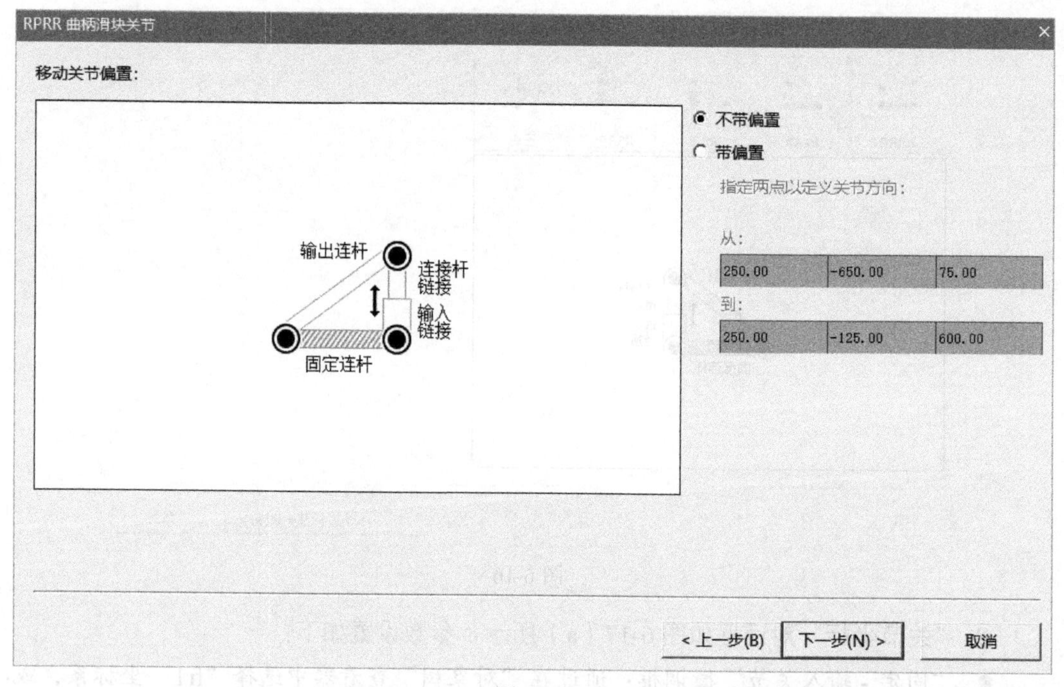

图 6-18

④在“RPRR 曲柄滑块关节”对话框中，先单击左边示意图的“固定连杆”部分，再选中右边的“现有连杆”单选按钮，然后在下拉列表中选择“Base”，如图 6-19 所示。

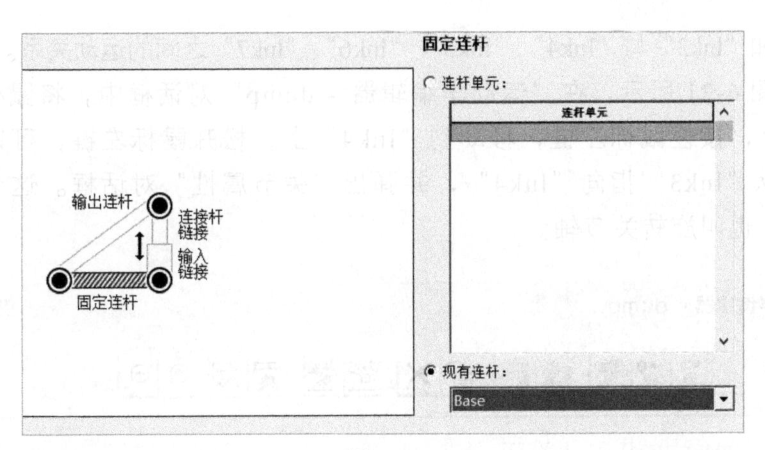

图 6-19

⑤ 在“RPRR 曲柄滑块关节”对话框中进行与第④步类似的如下操作。

- 单击左边示意图的“输入链接”部分，再选中右边“现有连杆”单选按钮，并在其下拉列表中选择“lnk1”。
- 单击左边示意图的“连接杆链接”部分，再选中“现有连杆”单选按钮，并在其下拉列表中选择“lnk2”。
- 单击左边示意图的“输出接杆”部分，再选中“现有连杆”单选按钮，并在其下拉列表中选择“lnk3”。

最后单击“RPRR 曲柄滑块关节”对话框中的“完成”按钮，结果如图 6-20 所示。

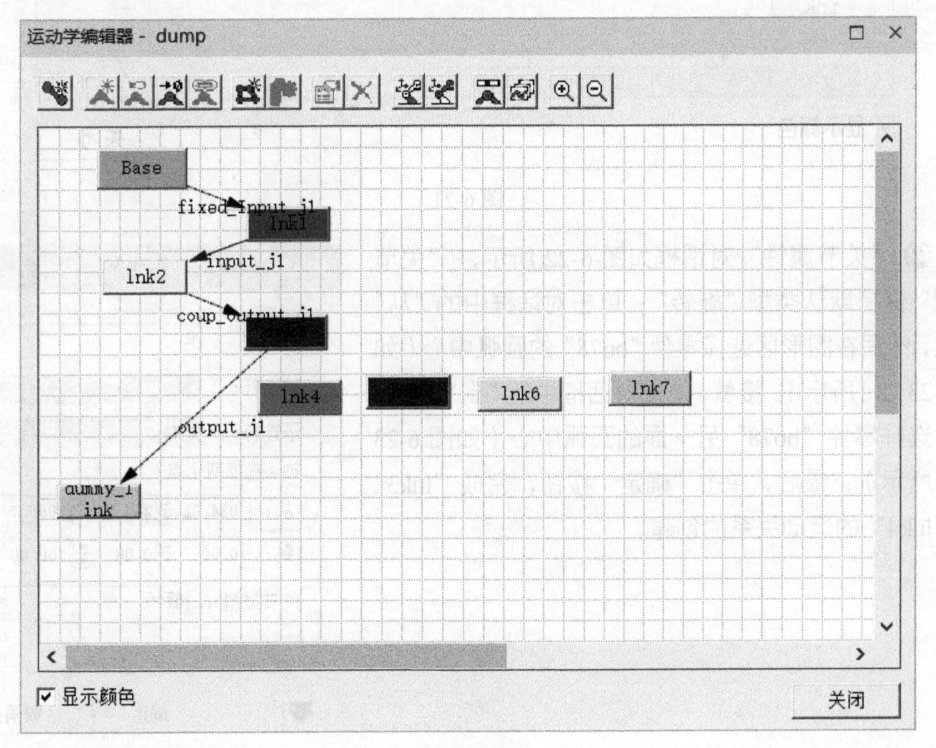

图 6-20

03 添加“lnk3”与“lnk4”“lnk5”“lnk6”“lnk7”之间的运动关系。

① 如图 6-21 所示，在“运动学编辑器 - dump”对话框中，将鼠标光标放在“lnk3”上，按住鼠标左键，移动到“lnk4”上，松开鼠标左键，可以看到一个黑色箭头从“lnk3”指向“lnk4”，并弹出“关节属性”对话框。这个黑色箭头就是关节，也叫旋转关节轴。

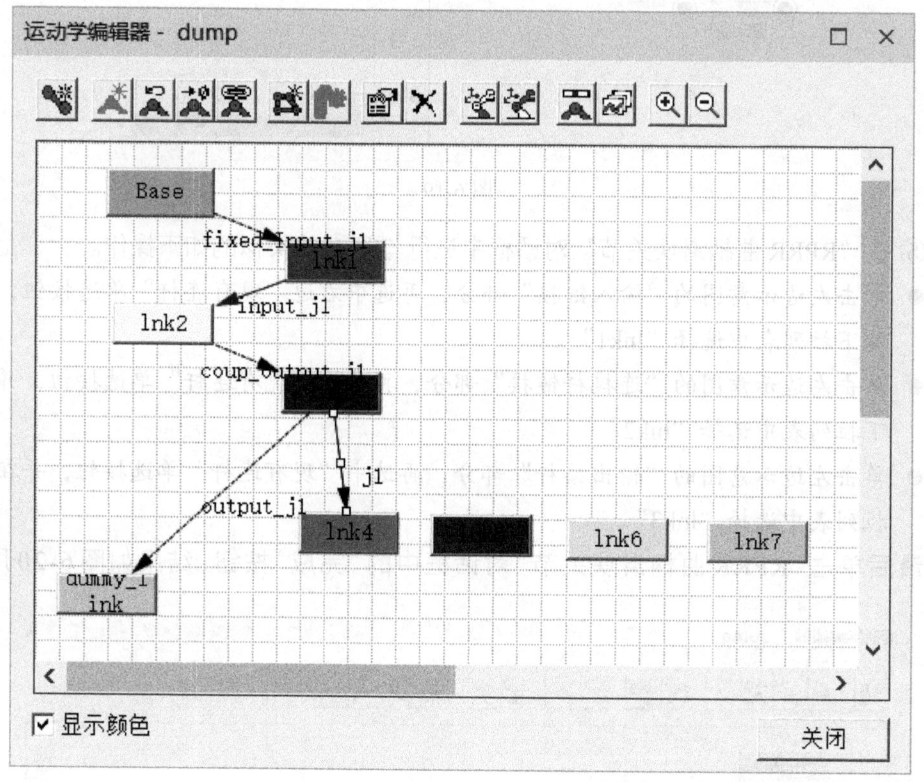

图 6-21

② “关节属性”对话框如图 6-22 所示，“关节类型”保持默认类型“旋转”；单击对话框中的“从”按钮，然后在图形区选择零件“bo78”的圆弧中心（如图 6-23（a）所示）；接着，单击对话框中的“到”按钮，然后选择零件“bo78”另一面的圆弧中心（如图 6-23（b）所示）；最后，单击“确定”按钮，完成“lnk3”与“lnk4”的运动关系的创建。

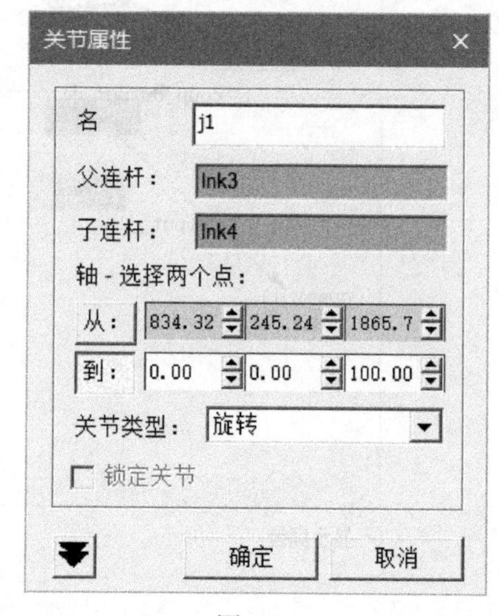

图 6-22

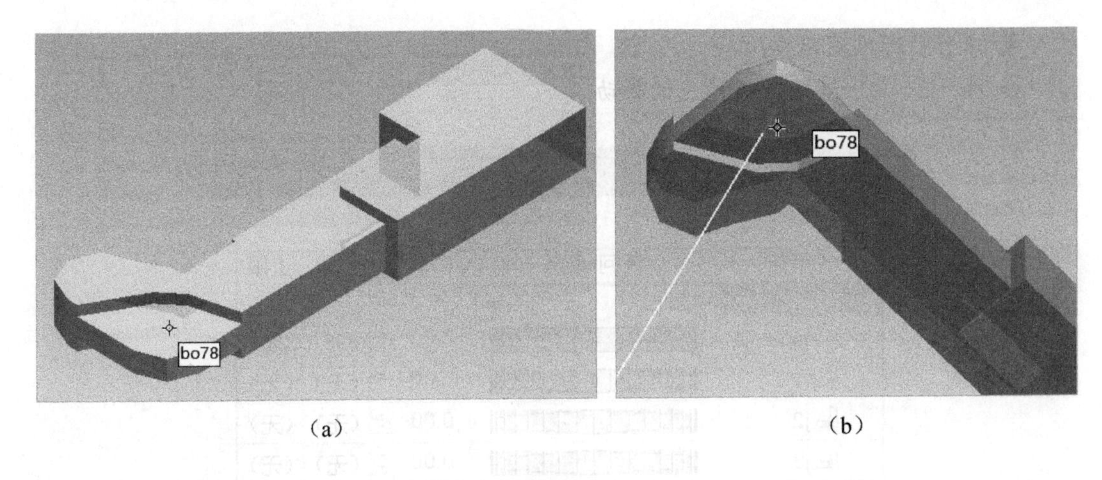

（a） （b）

图 6-23

③ 仿照上面的步骤① 和②，依次创建“lnk3”与“lnk5”“lnk6”“lnk7”的运动关系（如图 6-24 所示）。

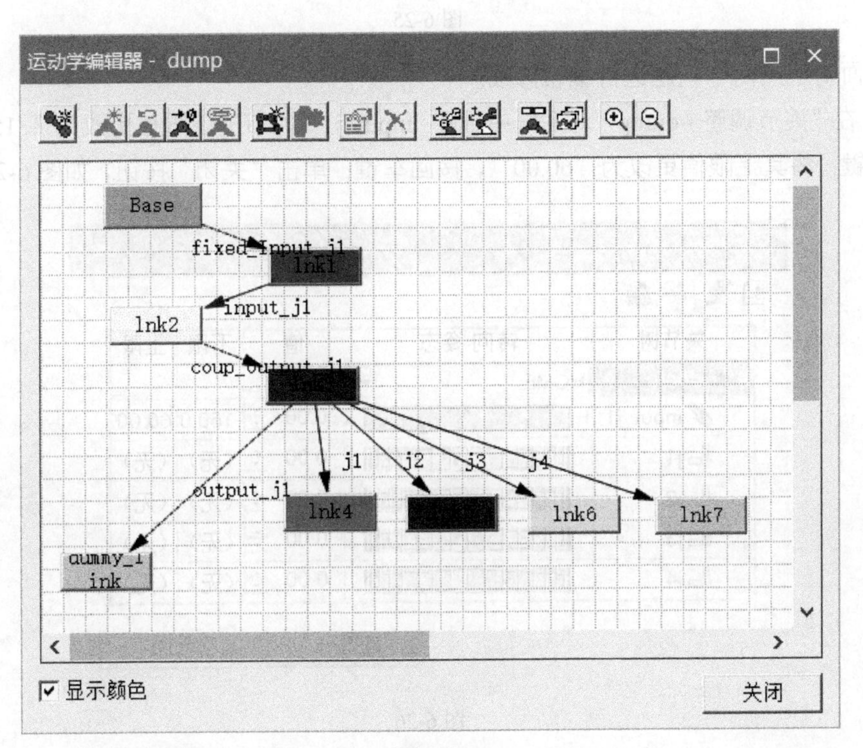

图 6-24

04 接下来进行关节调整，通过关节调整来确认所创建的运动关系是否正确。

① 在“运动学编辑器 - dump”对话框中（参见图 6-24）单击“打开关节调整”按钮，在弹出的“关节调整 - dump”对话框中（如图 6-25 所示），通过拉动“转向 / 姿态”滑尺或滚动关节旋钮，可以看到运动关系是正确的。单击“重置”按钮，关节返回到初始状态位置。通过上述操作，可以发现有两个问题需要编辑修改：

- 工作行程没有设定。
- j1、j2、j3、j4 是压板，应该联动。

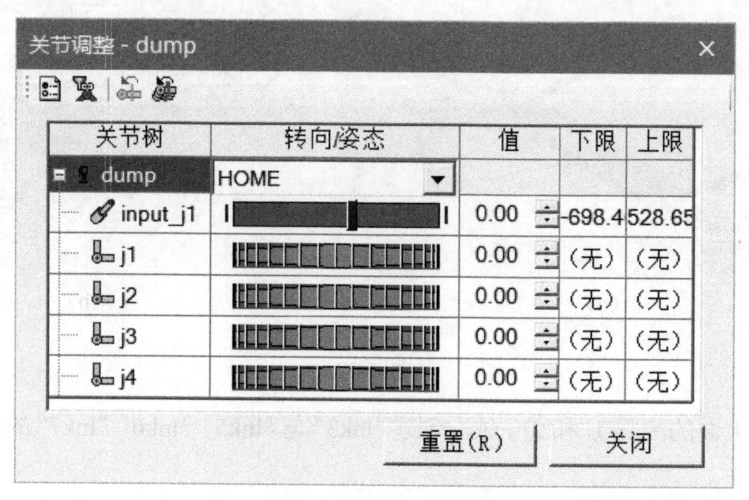

图 6-25

下面对上述两个问题进行编辑修改。

② 在“关节调整 - dump”对话框中，将“input_j1”关节的下限值更改为“-150.00”，按回车键；将其上限值更改为“60.00”，按回车键；单击“关闭”按钮，如图 6-26 所示。

关节调整 - dump

关节树	转向/姿态	值	下限	上限
dump	HOME			
input_j1		0.00	-150.0	60.00
j1		0.00	(无)	(无)
j2		0.00	(无)	(无)
j3		0.00	(无)	(无)
j4		0.00	(无)	(无)

重置(R)　关闭

图 6-26

③ 如图 6-27 所示，在“运动学编辑器 - dump”对话框中单击“j2”关节，此时“关节依赖关系”按钮处于高亮的可选择状态，单击它，弹出“关节依赖关系－j2”对话框(如图 6-28 所示)，选中“关节函数”单选按钮，单击▾按钮，在下拉列表中选择“j1”，再单击 j1 按钮，将依赖关系添加到关节函数表中，最后单击“应用”按钮(如图 6-28 所示)，完成关节依赖关系的建立。

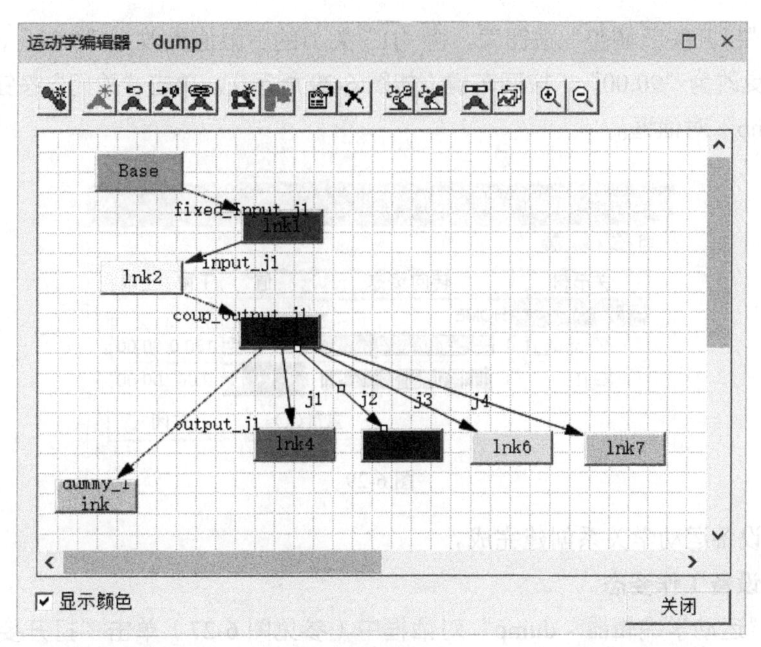

图 6-27

图 6-28

④ 同理，依次完成“j3”“j4”与“j1”的关节依赖关系的创建。创建完成后，在“运动学编辑器 - dump”对话框中（参见图 6-27）单击“打开关节调整”按钮。弹出“关节调整 - dump”对话框（如图 6-29 所示），可以看到关节树中只有两个关节了。滚动“j1”关节旋钮，可以看到四个压板同时在动，但“lnk5”的转动方向反了。单击“重置”按钮，关节返回到初始状态位置；单击“关闭”按钮，关闭“关节调整 - dump”对话框；然后，在“运动学编辑器 - dump”对话框中单击“j2”关节，再单击“反转关节”按钮即可。

最后，单击“打开关节调整”按钮，将“j1”关节的下限值更改为“0.00”，按回车键；将其上限值更改为“90.00”，按回车键（如图 6-29 所示）。单击“关闭”按钮，关闭“关节调整 - dump”对话框。

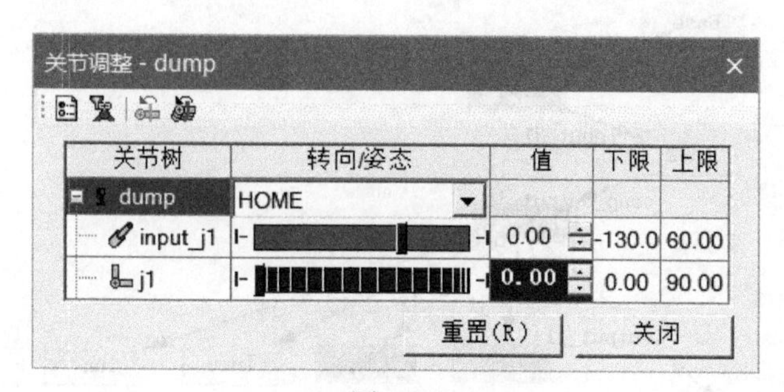

图 6-29

至此，设备运动学关系创建完成。

5. 创建设备工作姿态

01 在“运动学编辑器 - dump”对话框中（参见图 6-27）单击“打开姿态编辑器”按钮，弹出“姿态编辑器 - dump”对话框（如图 6-30 所示），单击“姿态编辑器 - dump”对话框中的“新建”按钮，弹出“编辑姿态 - dump”对话框（如图 6-31 所示），参数设置如下：

- “姿态名称”文本框：输入“OPEN”。
- “input_j1”的值：输入“-130.00”，按回车键。
- “j1”的值：输入“90.00”，按回车键。

单击“编辑姿态 - dump”对话框中的“确定”按钮，完成“OPEN”姿态的创建。

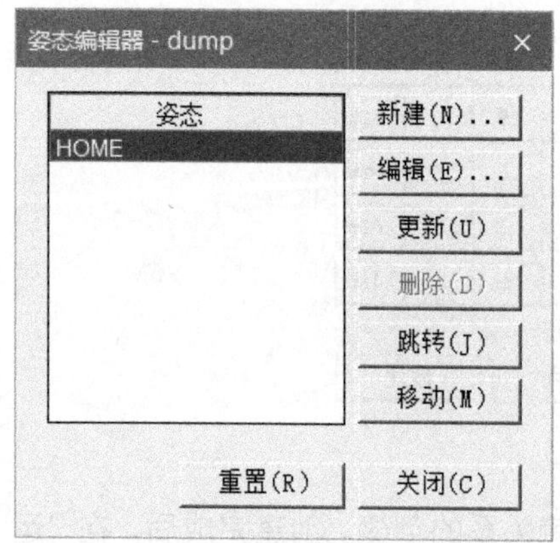

图 6-30

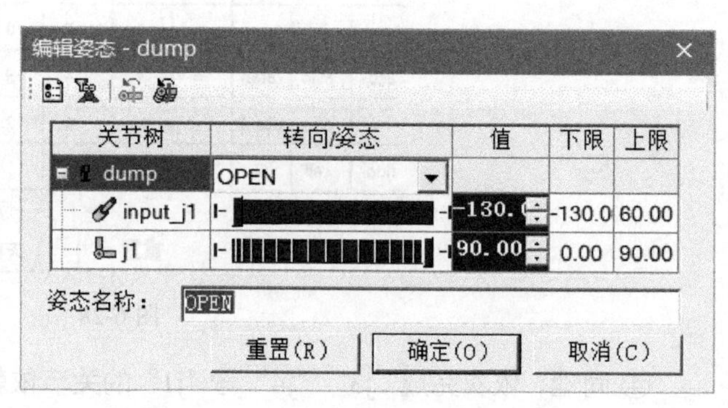

图 6-31

02 同理，在“姿态编辑器 - dump”对话框中再次单击“新建”按钮，弹出“编辑姿态 - dump”对话框（如图 6-32 所示），参数设置如下：

- “姿态名称”文本框：输入“middle”。
- “input_j1”的值：输入“0.00”，按回车键。

● “j1”的值：输入“60.00”，按回车键。

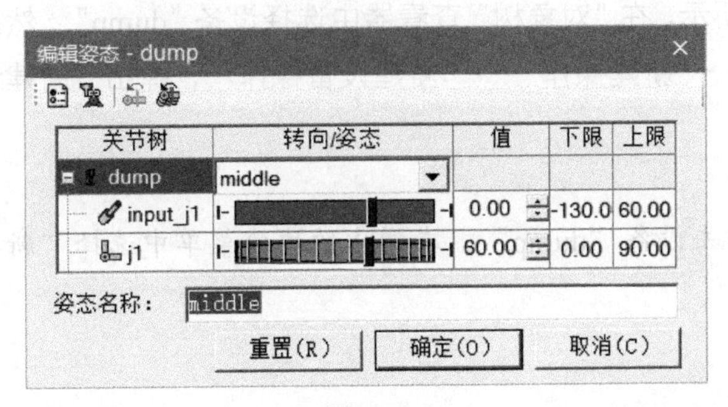

图 6-32

单击“编辑姿态 - dump”对话框中的“确定”按钮，完成“middle”姿态的创建。

03 最后，在“姿态编辑器 - dump”对话框中单击“新建”按钮，弹出“编辑姿态 - dump”对话框（如图 6-33 所示），参数设置如下：

● “姿态名称”文本框：输入“close”。
● “input_j1”的值：输入“0.00”，按回车键。
● “j1”的值：输入“0.00”，按回车键。

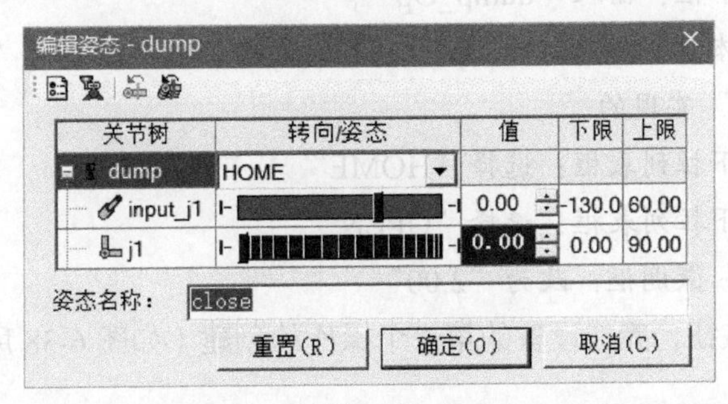

图 6-33

单击“编辑姿态 - dump”对话框中的“确定”按钮，创建完成“close”姿态。

04 如图 6-34 所示，在“姿态编辑器 - dump”对话框中双击其中某个姿态，就可以看到设备姿态的变化。单击“关闭”按钮，至此，设备工作姿态就创建完成了。

图 6-34

6. 创建设备操作

01 如图 6-35 所示，在“对象树”查看器中选择设备“dump”；然后，如图 6-36 所示，依次单击“操作”→“新建操作”→“新建设备操作”，弹出“新建设备操作”对话框。

也可以通过右击设备“dump”，在弹出的快捷菜单中选择“新建设备操作”。

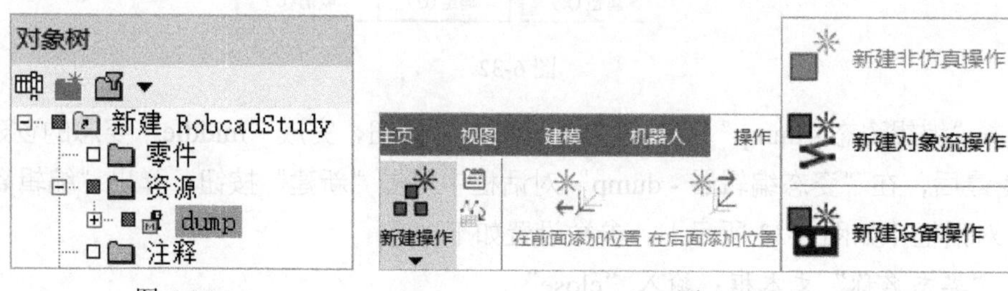

图 6-35　　图 6-36

02 “新建设备操作”对话框如图 6-37 所示，参数设置如下：

- “名称”文本框：输入“dump_Op”。
- “设备”文本框：输入“dump”，这是通过在图形区或者“对象树”查看器中选择“dump”实现的。
- “从姿态”下拉列表框：选择“HOME”。
- “到姿态”下拉列表框：选择“OPEN”。
- “持续时间”微调框：改为“2.00”。

单击“确定”按钮，完成设备的第一个操作的创建（如图 6-38 所示）。

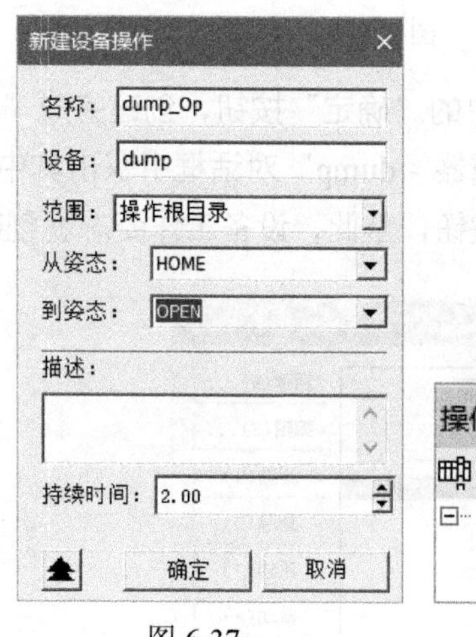

图 6-37　　图 6-38

03 同理，如图 6-39 所示，依次创建：

- 设备“dump”从姿态“OPEN”到姿态“middle”的操作，持续时间5s，操作名称为“dump_Op1”。
- 设备“dump”从姿态“middle”到姿态“close”的操作，持续时间2s，操作名称为“dump_Op2”。
- 设备“dump”从姿态“close”到姿态“middle”的操作，持续时间5s，操作名称为“dump_Op3”。
- 设备“dump”从姿态“middle”到姿态“OPEN”的操作，持续时间5s，操作名称为“dump_Op4”。

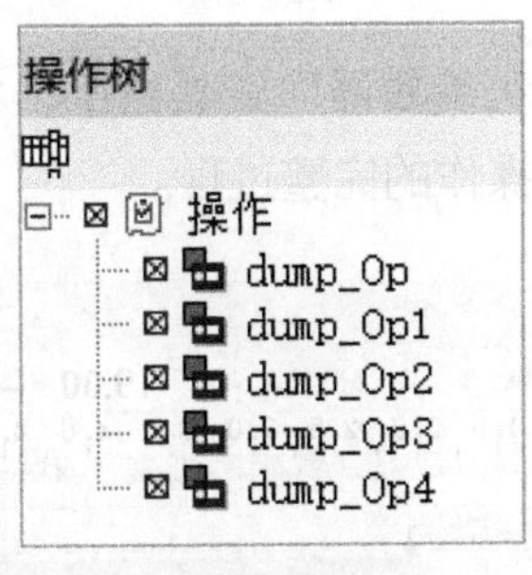

图 6-39

04 创建一个复合操作，并将创建的所有设备操作都放入复合操作中。

如图6-40所示，依次单击“操作”→“新建操作”→“新建复合操作”，弹出如图6-41（a）所示的“新建复合操作”对话框，在“名”文本框中输入“dump_CompOp”，单击“确定”按钮，结果如图6-41（b）所示。

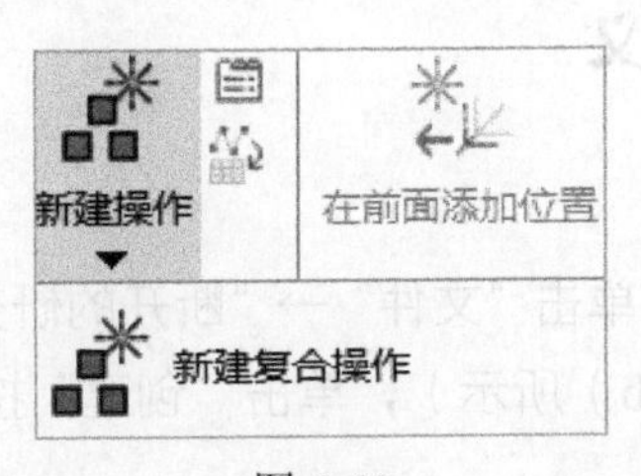

图 6-40

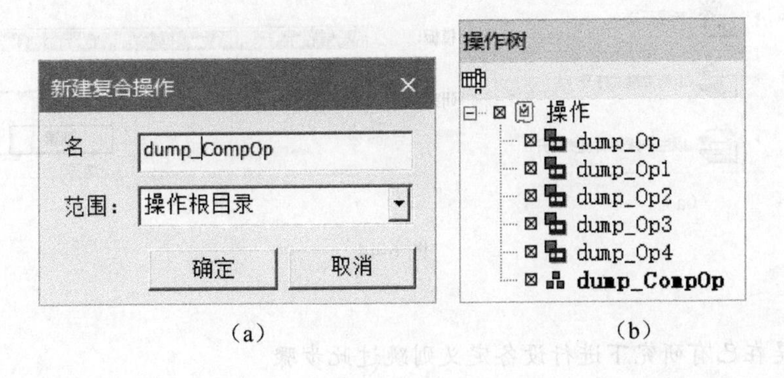

（a）　　（b）

图 6-41

05 将创建的设备操作全部拖曳到复合操作“dump_CompOp”中，结果如图 6-42 所示。

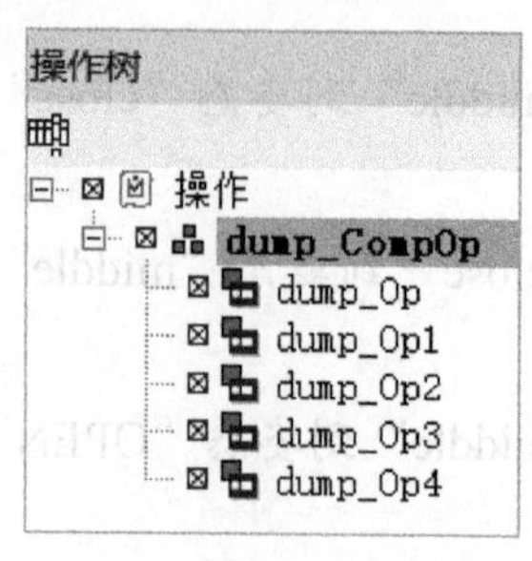

图 6-42

06 如图 6-43 所示，在“序列编辑器”查看器中，将所创建的设备操作关联起来，单击播放按钮，就可以看到设备操作的完整过程。

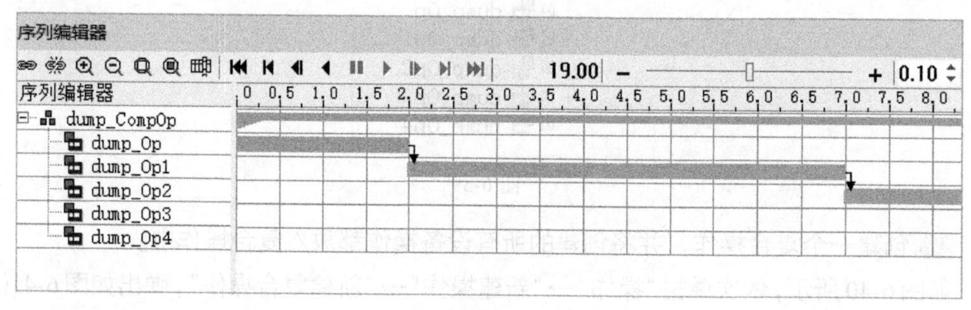

图 6-43

6.2.2 抓手（握爪）定义

1. 新建一个研究

如图 6-44（a）所示，依次单击“文件”→“断开的研究”→“新建研究”，弹出“新建研究”对话框（如图 6-44（b）所示），单击“创建”按钮，完成新研究的创建。

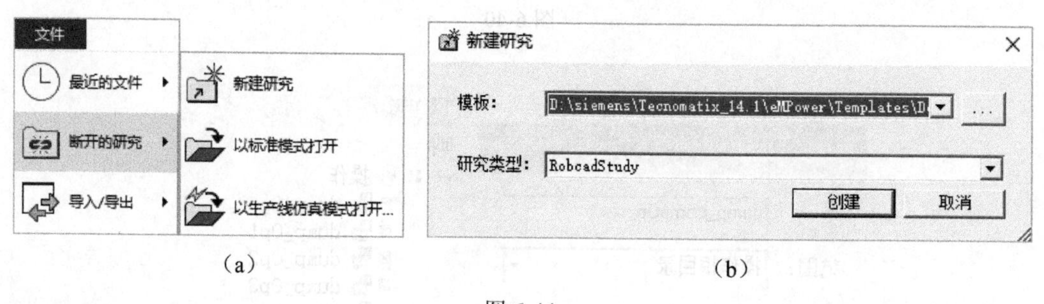

（a） （b）

图 6-44

注意

如果是在已有研究下进行设备定义则跳过此步骤。

2. 设备模型导入

01 如图 6-45（a）所示，依次单击“文件”→“导入 / 导出”→“转换并插入 CAD 文件”，弹出“转换并插入 CAD 文件”对话框（如图 6-45（b）所示），单击“添加”按钮，选择 Tecnomatix\box_gripper.cojt 文件夹中的 box_gripper.jt 文件；然后，弹出“文件导入设置”对话框（如图 6-46 所示）。

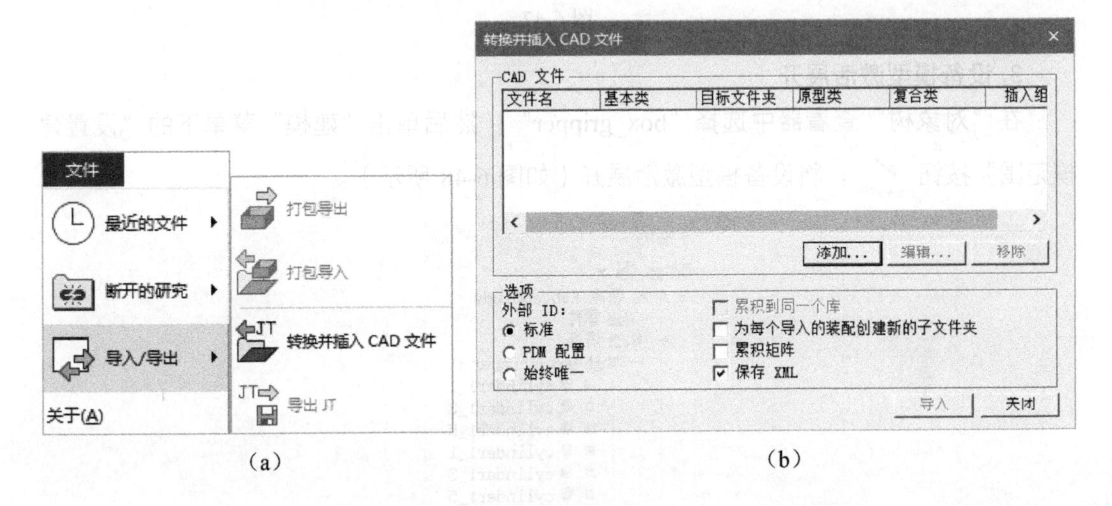

（a）　　　　　　　　　　　（b）

图 6-45

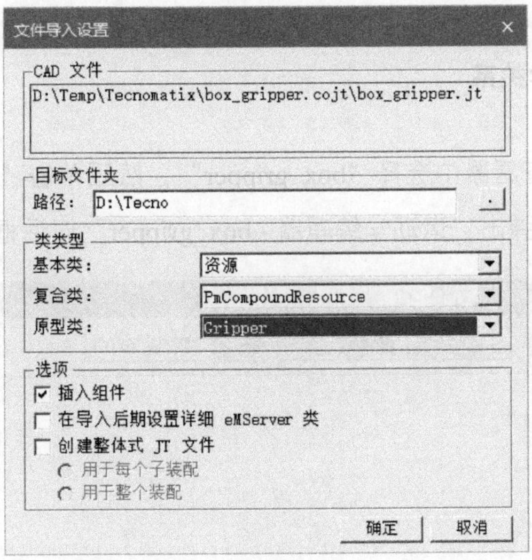

文件导入设置
CAD 文件
D:\Temp\Tecnomatix\box_gripper.cojt\box_gripper.jt
目标文件夹
路径： D:\Tecno
类类型
基本类： 资源
复合类： PmCompoundResource
原型类： Gripper
选项
插入组件
在导入后期设置详细 eMServer 类
创建整体式 JT 文件
用于每个子装配
用于整个装配
确定
取消

图 6-46

02 如图 6-46 所示，在“文件导入设置”对话框中，在“基本类”下拉列表中选择“资源”，在“复合类”下拉列表中选择 PmCompoundResource，在“原型类”下拉列表中选择“Gripper”，勾选“插入组件”复选框，单击“确定”按钮，返回“转换并插入 CAD 文件”对话框；然后，如图 6-45 所示，在“转换并插入 CAD 文件”对话框中单击“导入”按钮，完成仿真研究所需设备模型的导入。导入结果如图 6-47 所示。

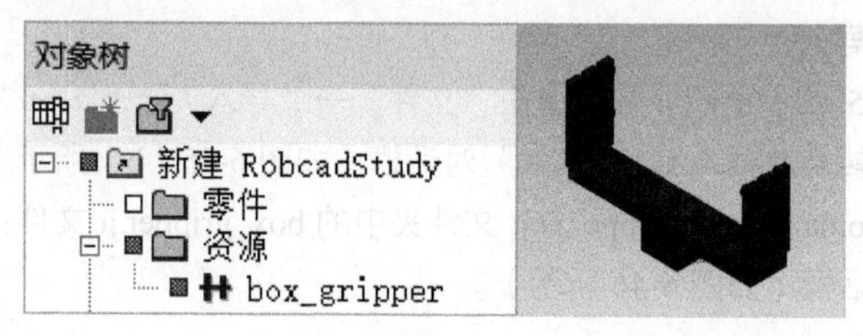

图 6-47

3. 设备模型激活展开

在“对象树”查看器中选择“box_gripper”；然后单击“建模”菜单下的“设置建模范围”按钮（设置建模范围），将设备模型激活展开（如图 6-48 所示）。

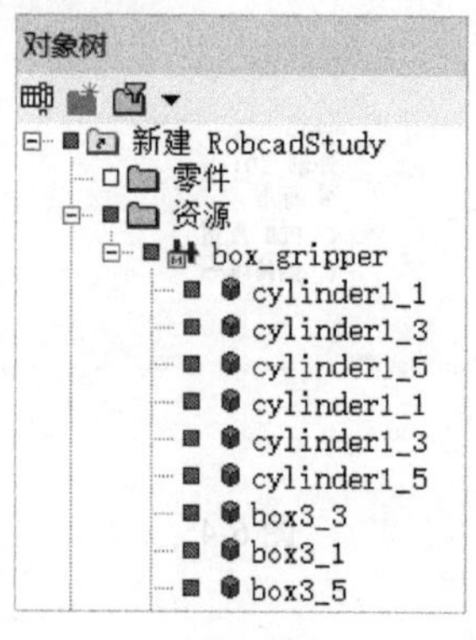

图 6-48

4. 创建设备运动学关系

01 创建连杆。

① 在“对象树”查看器中选择“box_gripper”；然后单击“建模”菜单下的“运动学编辑器”按钮（运动学编辑器），弹出“运动学编辑器 - box_gripper”对话框（如图 6-49 所示）。

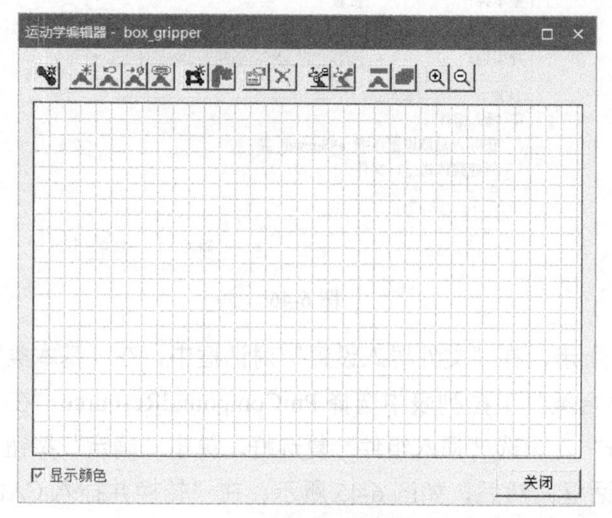

图 6-49

② 在“运动学编辑器 - box_gripper”对话框中单击“创建连杆”按钮，在弹出的“连杆属性”对话框中（如图 6-50 所示），在“名”文本框中输入“base”；对于“连杆单元”列表栏，需要在研究显示区（图形区）中选择“box1”“box2”两个零件（如图 6-51（a）所示）；最后单击“确定”按钮，完成连杆“base”的定义（如图 6-51（b）所示）。

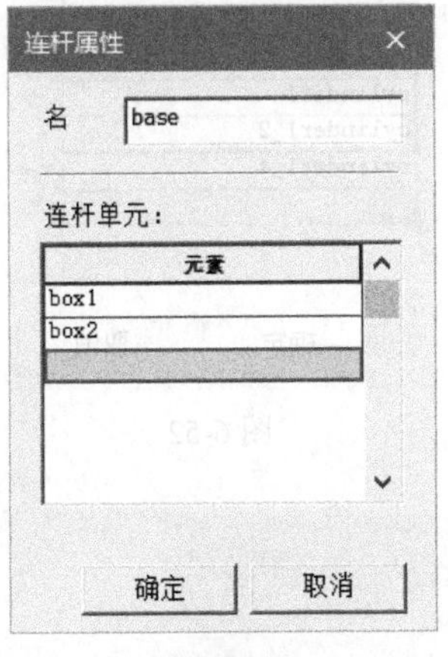

图 6-50

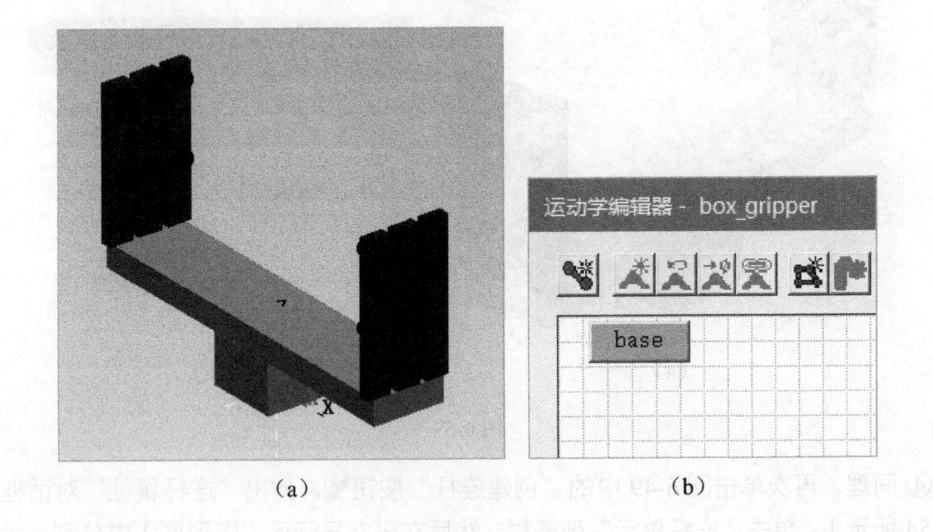

（a）　　　　　　　　　　　　　　（b）

图 6-51

可以看到，连杆按钮“base”的颜色和所对应的连杆零件的颜色是一样的，都是橘黄色。这是软件系统自动设置的，这样可以方便观察并区分不同连杆对象。

③ 再次单击图 6-49 中的“创建连杆”按钮，弹出“连杆属性”对话框（如图 6-52 所示），单击“连杆单元”列表栏，然后在研究显示区（图形区）中分别单击（也可以直接框选）“cylinder1_4”“cylinder1_2”“cylinder1”“cylinder1_4”“cylinder1_2”五个零件（前两个零件和后两个零件重名），如图 6-53（a）所示，单击“确定”按钮，完成连杆“lnk1”的定义（如图 6-53（b）所示）。

可以看到，此时连杆按钮“lnk1”及所对应的连杆零件的颜色是绿色的。

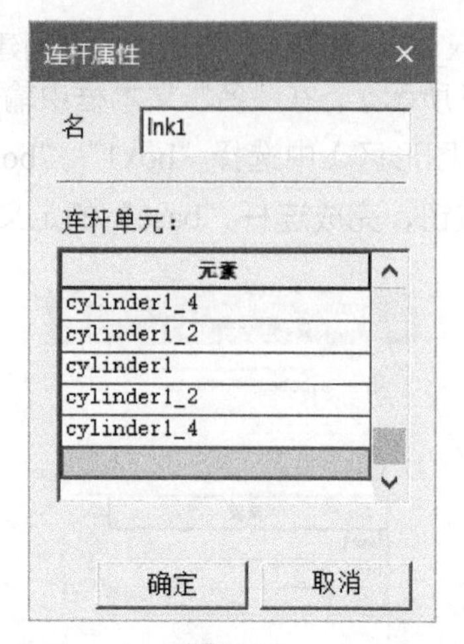

图 6-52

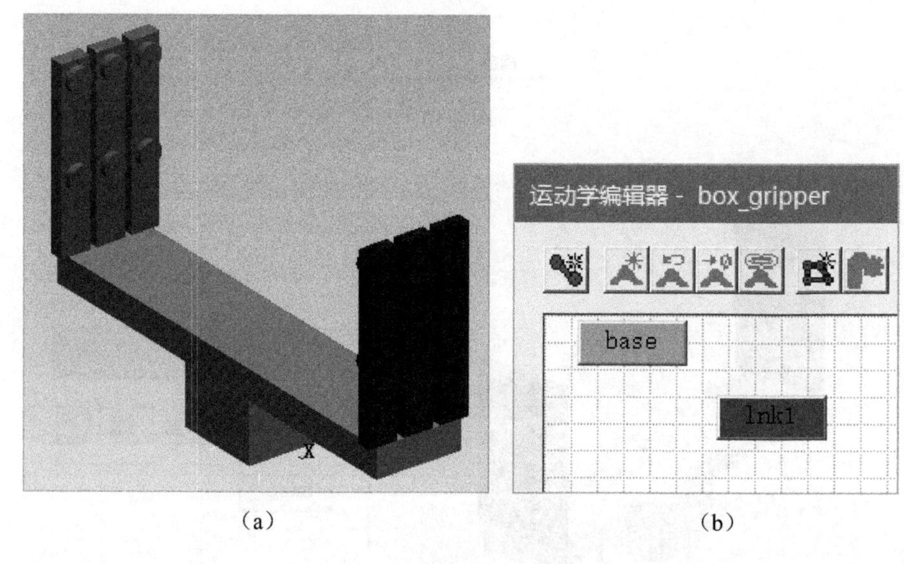

（a）　　　　（b）

图 6-53

④ 同理，再次单击图 6-49 中的“创建连杆”按钮，弹出“连杆属性”对话框（如图 6-54 所示），单击“连杆单元”列表栏，然后在研究显示区（图形区）中分别单击（也可以直接框选）“cylinder1_3”“cylinder1_5”“cylinder1_1”“cylinder1_3”“cylinder1_5”五个零件（前两个零件和后两个零件重名），如图 6-55（a）所示，单击“确定”按钮。完成连杆“lnk2”的定义（如图 6-55（b）所示）。可以看到，此时连杆“lnk2”及所含连杆零件的颜色是黄色的[①]。

① 连杆按钮和连杆零件的颜色有一定色差，这是软件图形显示的问题。

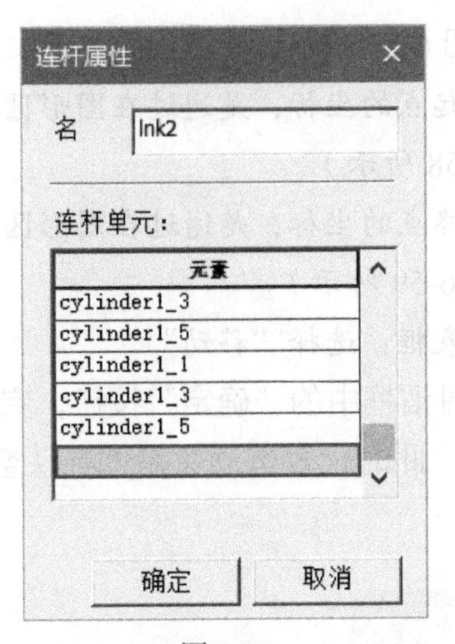

图 6-54

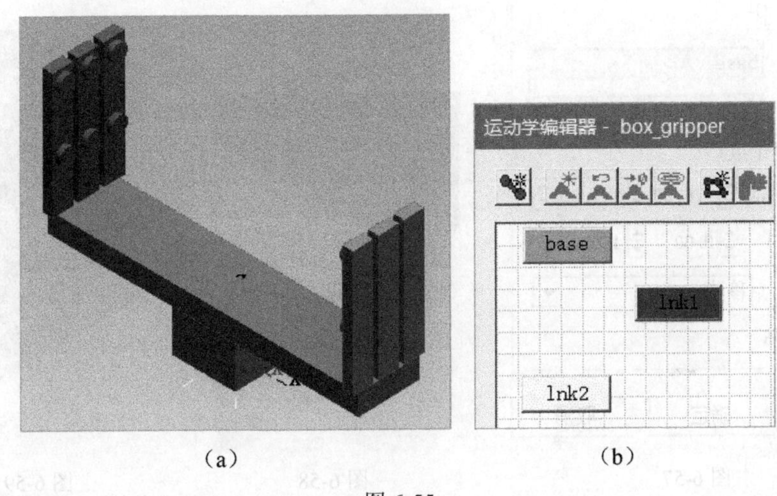

（a）（b）

图 6-55

02 创建连杆之间的运动关系。

① 如图 6-56 所示，在“运动学编辑器 - box_gripper”对话框中，将鼠标光标放在“base”按钮上，按住鼠标左键，移动到“lnk1”按钮上，松开鼠标左键，可以看到一个黑色箭头从“base”按钮指向“lnk1”按钮，并弹出“关节属性”对话框。

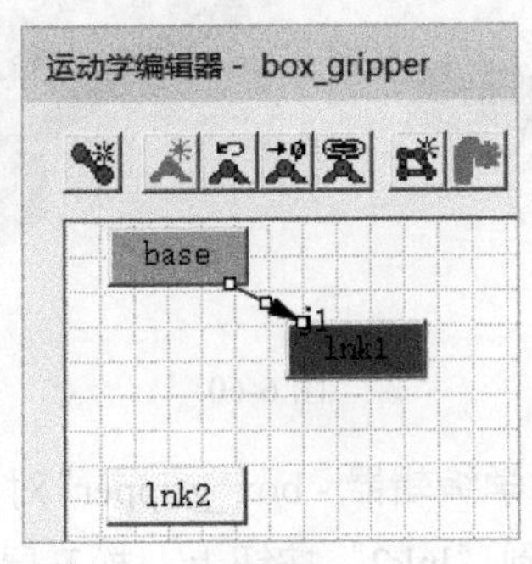

图 6-56

“关节属性”对话框如图 6-57 所示，参数设置如下：

- “从”微调框：输入起点的坐标，是通过在图形区选择零件“box2”一端的边缘点来实现的（如图 6-58 所示）。
- “到”微调框：输入终点的坐标，是通过在图形区选择零件“box2”另一端的边缘点来实现的（如图 6-59 所示）。
- “关节类型”下拉列表框：选择“移动”。

然后单击“关节属性”对话框中的“确定”按钮，完成“base”连杆与“lnk1”连杆的运动关系的创建，注意，此时代表运动关系的箭头会由黑色变为蓝色（如图 6-60 所示）。

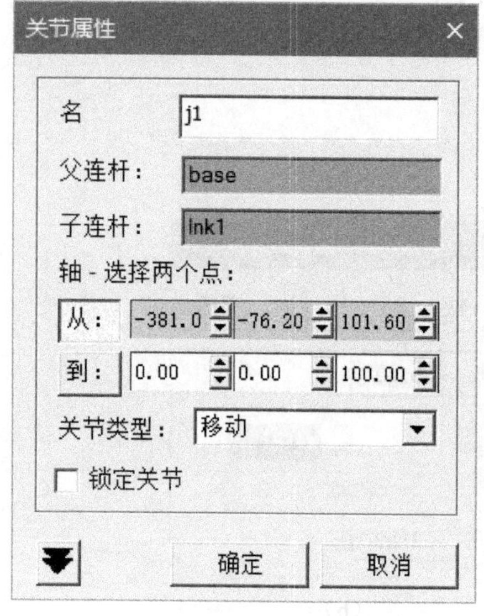

图 6-57

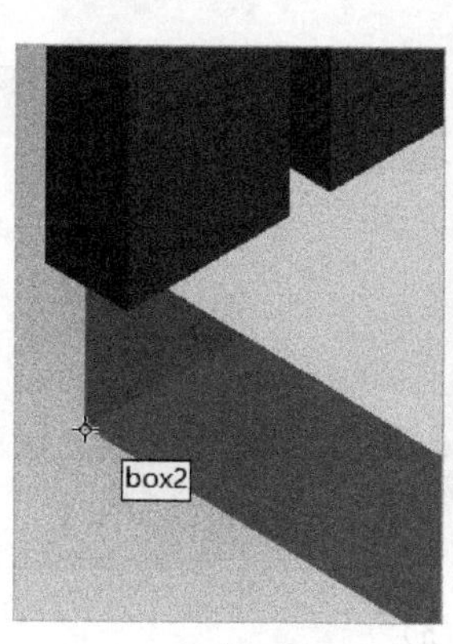

图 6-58

图 6-59

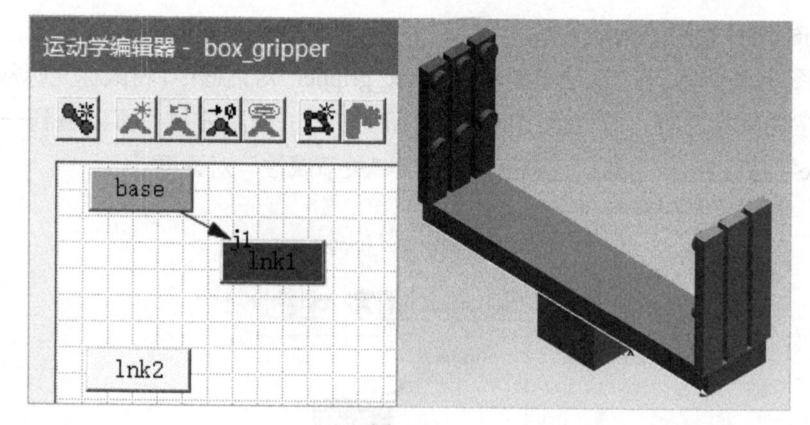

图 6-60

② 如图 6-61 所示，在“运动学编辑器 - box_gripper”对话框中，将鼠标光标放在“base”按钮上，按住鼠标左键，移动到“lnk2”按钮上，松开鼠标左键，可以看到一个黑色箭

头从“base”按钮指向“lnk2”按钮，并弹出“关节属性”对话框。

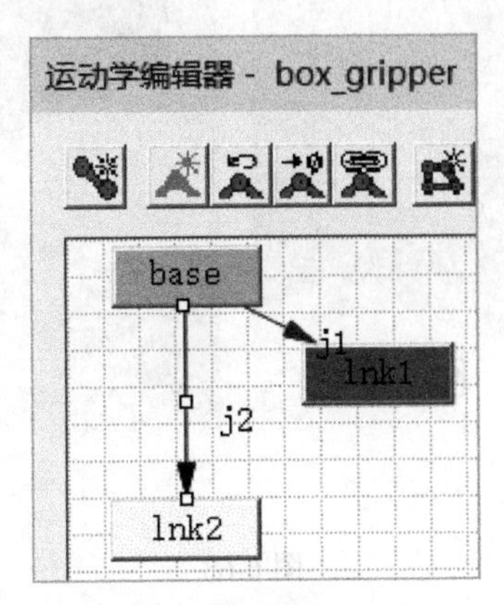

图 6-61

“关节属性”对话框如图 6-62 所示，参数设置如下：

- “从”微调框：输入起点坐标，是通过在图形区选择零件“box2”一端的边缘点实现的，如图 6-63（a）所示。
- “到”微调框：输入终点坐标，操作是在图形区选择零件“box2”另一端的边缘点，如图 6-63（b）所示。
- “关节类型”下拉列表框：选择“移动”。

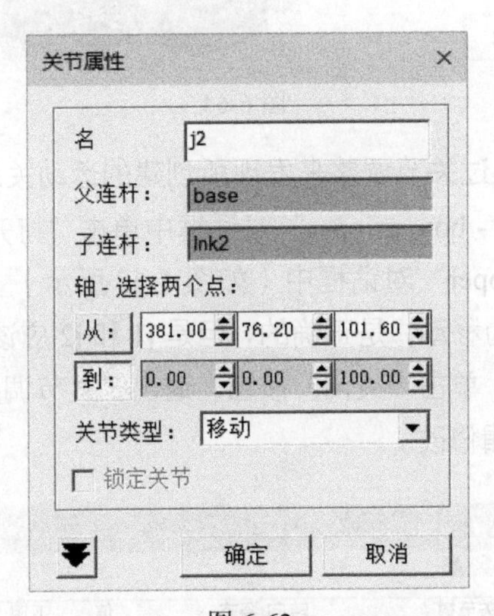

图 6-62

最后，单击“关节属性”对话框的“确定”按钮，完成“base”连杆与“lnk2”连杆的运动关系的创建，注意，此时运动关系箭头会由黑色变为蓝色（如图 6-64 所示）。

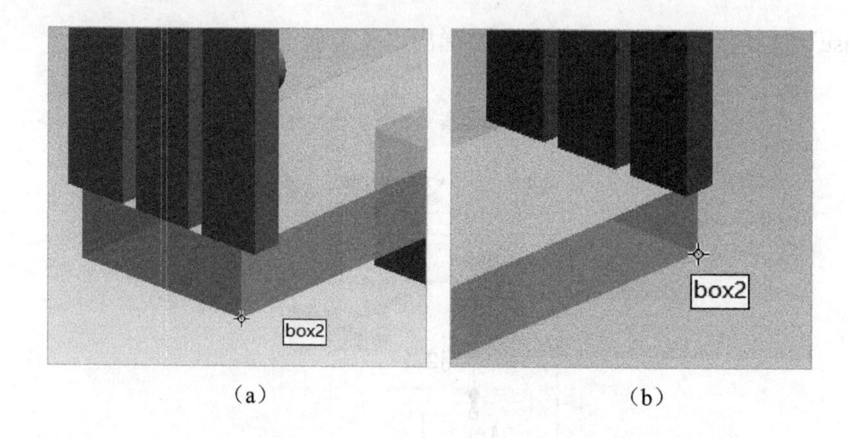

（a）　　（b）

图 6-63

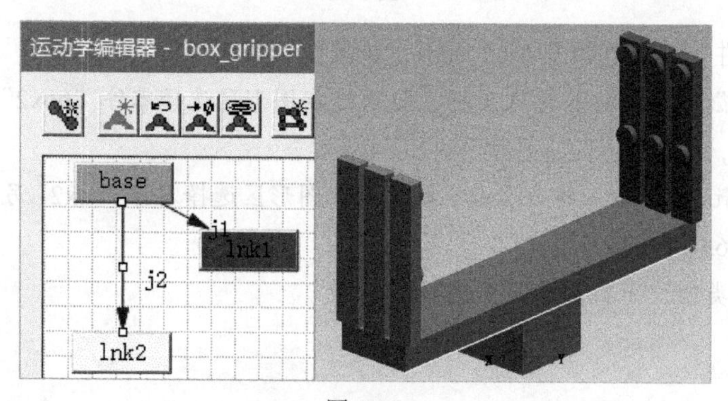

图 6-64

03 进行关节调整，通过关节调整来发现所创建的运动关系是否正确。

① 在“运动学编辑器 - box_gripper”对话框中单击“打开关节调整”按钮，在弹出的“关节调整 - box_gripper”对话框中（如图 6-65 所示），通过拉动“转向 / 姿态”滑尺，可以看到运动方式为移动，是正确的，但是 j1 和 j2 应该联动。单击“重置”按钮，关节返回到初始状态位置。单击“关闭”按钮，退出“关节调整 - box_gripper”对话框。下面将对上述问题进行编辑修改。

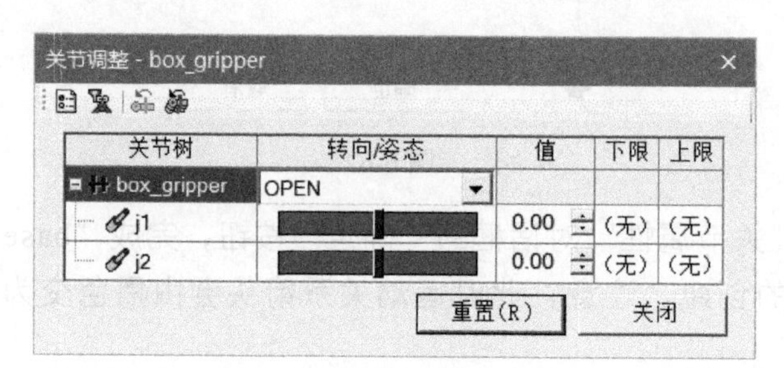

图 6-65

② 如图 6-66 所示，在“运动学编辑器 - box_gripper”对话框中单击“j2”关节，此时“关节依赖关系”按钮处于高亮的可选择状态，单击“关节依赖关系”按钮，在弹出的“关

节依赖关系 - j2”对话框中选中“关节函数”单选按钮；然后单击▼按钮，在下拉列表中选择关节“j1”；再单击 j1 按钮，将依赖关系添加到关节函数表中（如图 6-67 所示）；最后，单击“应用”按钮，完成关节依赖关系的建立。

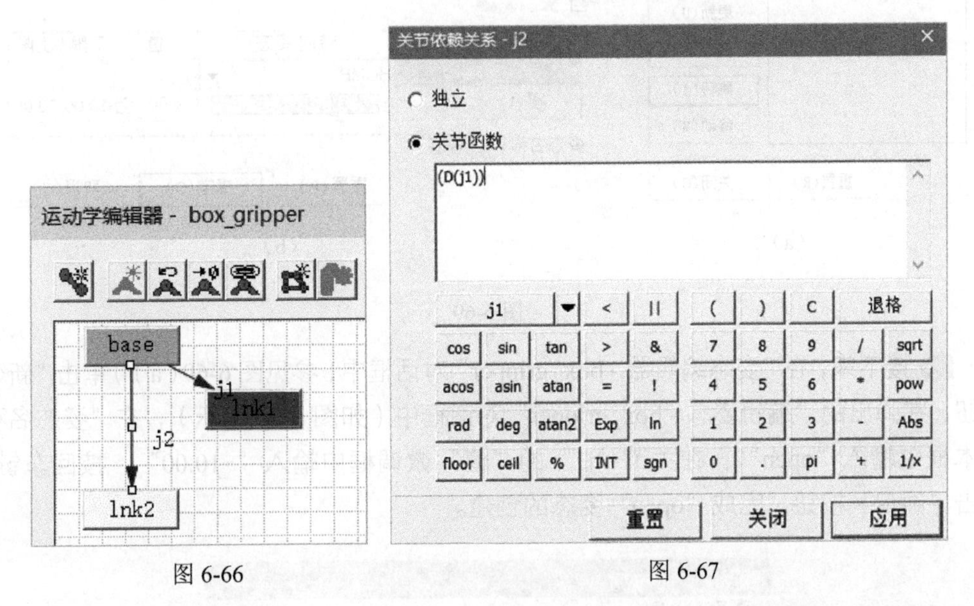

图 6-66　　　　图 6-67

③ 在“运动学编辑器 - box_gripper”对话框中单击“打开关节调整”按钮，在弹出的“关节调整 - box_gripper”对话框中（如图 6-68 所示），可以看到关节树下只有关节一个了；拉动“j1”关节滑尺，可以看到两个夹板同时相向移动；单击“重置”按钮；最后单击“关闭”按钮。

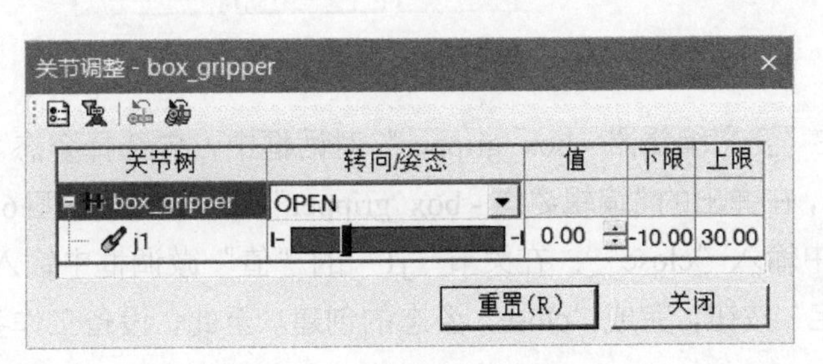

图 6-68

至此，抓手运动学关系创建完成。

5. 创建设备工作姿态

01 在“运动学编辑器 - box_gripper”对话框中单击“打开姿态编辑器”按钮，在弹出的“姿态编辑器 - box_gripper”对话框中（如图 6-69（a）所示）选择姿态“HOME”，再单击“编辑”按钮，在弹出的“编辑姿态 - box_gripper_1”对话框中（如图 6-69（b）所示），在关节 j1 的“下限”文本框中输入“-10.00”，按回车键；在关节 j1 的“上限”文本框中输入“30.00”，按回车键；单击“确定”按钮，完成姿态“HOME”的编辑。

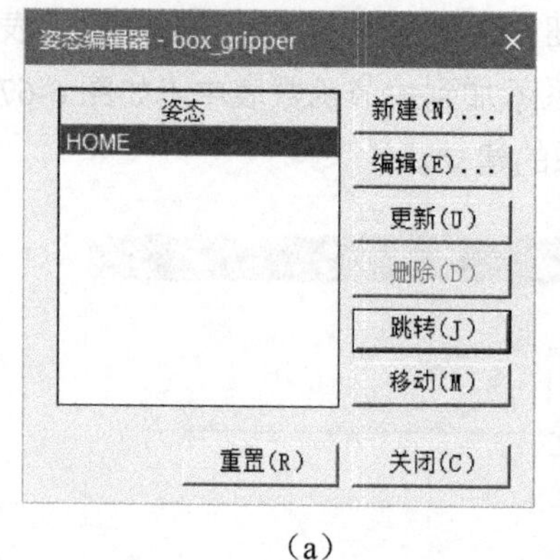

（a）

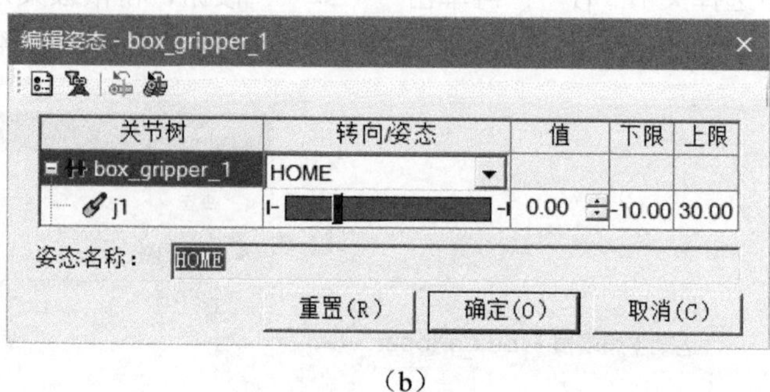

（b）

图 6-69

02 接下来，在“姿态编辑器 - box_gripper”对话框中（参见图 6-69（a））单击“新建”按钮，在弹出的“编辑姿态 - box_gripper”对话框中（如图 6-70 所示），在“姿态名称”文本框中输入“open”；在关节“j1”的“值”微调框中输入“-10.00”，按回车键；单击“确定”按钮，完成“open”姿态的创建。

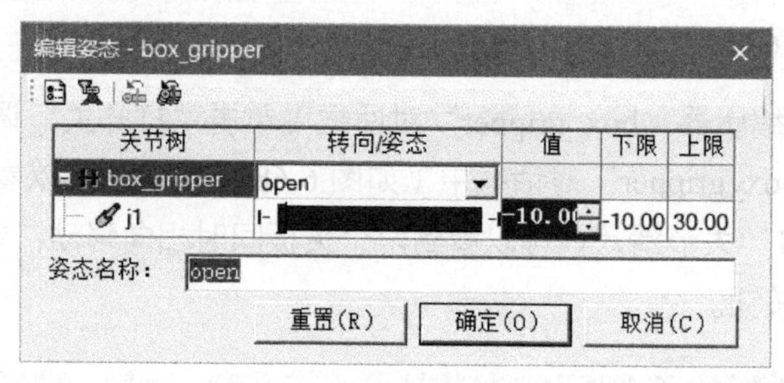

图 6-70

03 同理，在“姿态编辑器 - box_gripper”对话框中，先选择姿态“HOME”，再次单击“新建”按钮，在弹出的“编辑姿态 - box_gripper”对话框中（如图 6-71 所示），在“姿态名称”文本框中输入“close”；在关节“j1”的“值”微调框中输入“30.00”，按回车键；单击“确定”按钮，完成“close”姿态的创建。至此，设备工作姿态创建完成（如图 6-72 所示）。

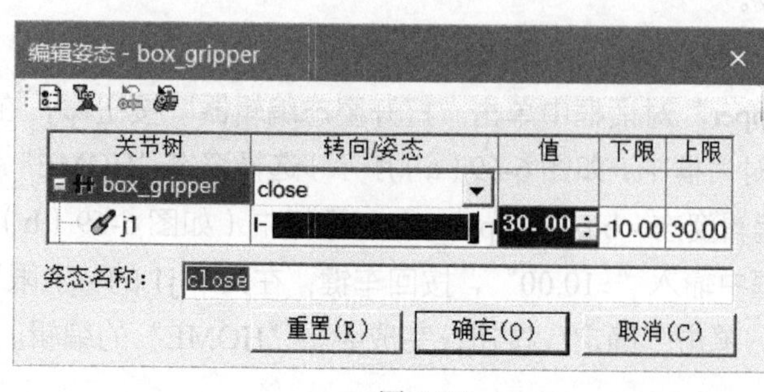

图 6-71

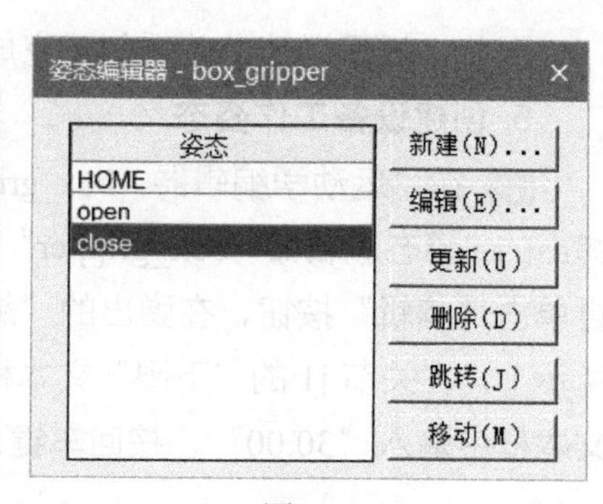

图 6-72

6. 完成工具定义

01 在"对象树"查看器中选择"box_gripper"；然后单击"建模"菜单下的"工具定义"按钮，弹出"工具定义 - box_gripper"对话框，参数设置如下：

- "工具类"下拉列表框：选择"握爪"（如图 6-73 所示）。
- "TCP 坐标"组合框：单击"创建参考坐标系"按钮右侧的下三角按钮，选择下拉菜单中的"2 点定坐标系"，弹出"2 点定坐标系"对话框；接着，如图 6-74 所示，分别选择握爪两侧外缘中心点，创建 TCP 坐标（工具中心点坐标系）。通过观察可以注意到"TCP 坐标"的 Z 轴方向朝上，应该调整为朝下。

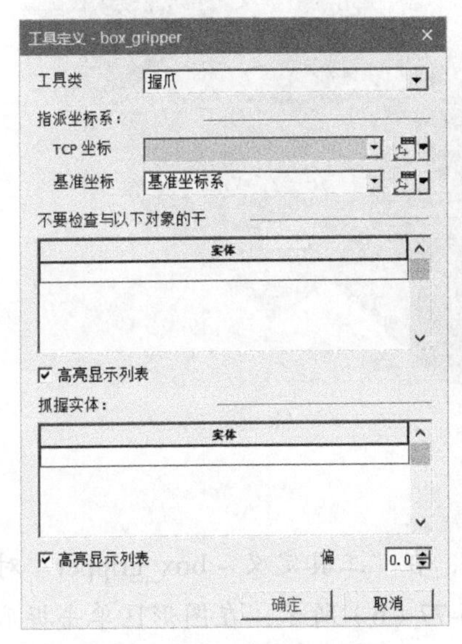

图 6-73

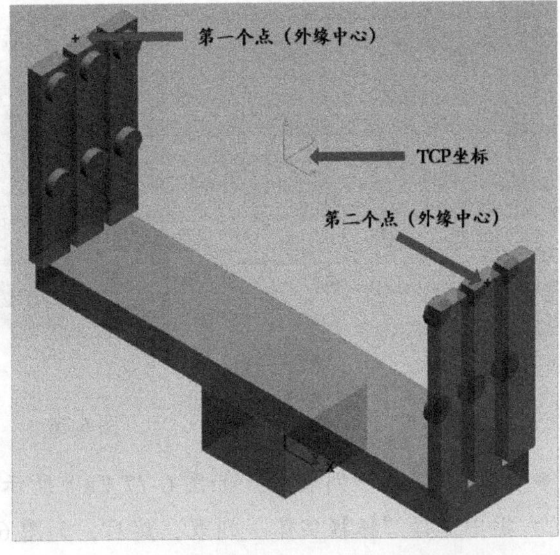

图 6-74

如图 6-75（a）所示，在"2 点定坐标系"对话框中单击"翻转坐标系"按钮，可以看到"TCP 坐标系"的 Z 轴方向变为朝下了（如图 6-75（b）所示）；单击"2 点定坐标系"对话框中的"确定"按钮，完成"TCP 坐标系"的调整。

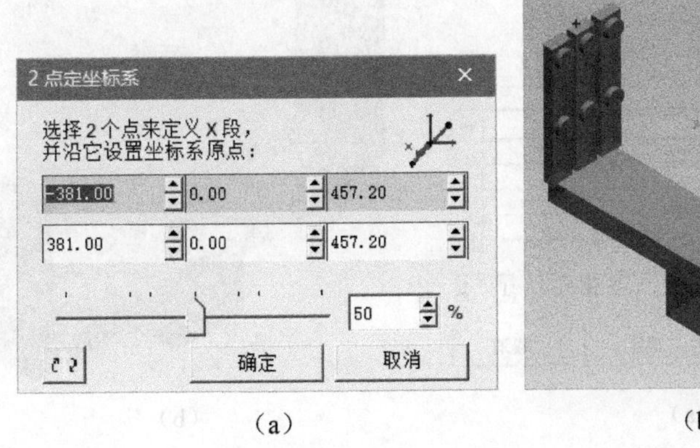

（a）

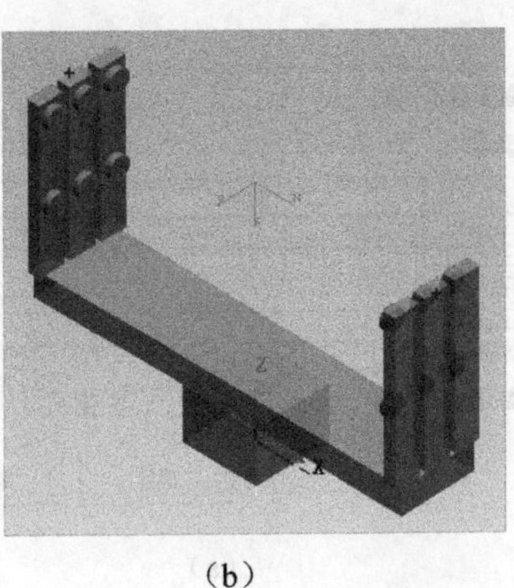

（b）

图 6-75

● “基准坐标”组合框：单击“创建参考坐标系”按钮右侧的下三角按钮，选择下拉菜单中的“6 值定坐标系”，弹出如图 6-76（a）所示的“位置”对话框。如图 6-76（b）所示，选择零件“box1”的底面中心，创建“基准坐标”（工具定位安装坐标系），再单击“位置”对话框中的“翻转坐标系”按钮，将“基准坐标系”的 Z 轴方向调整为朝向零件内部；单击“位置”对话框中的“确定”按钮，完成“基准坐标系”的创建。

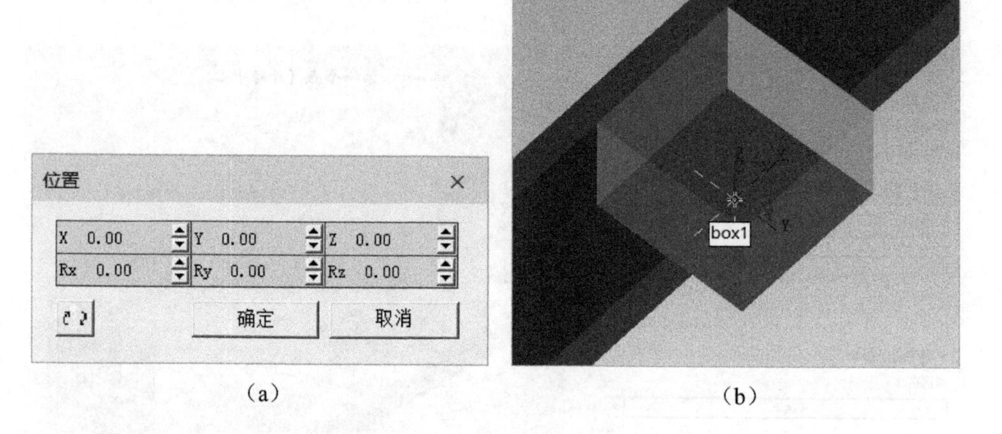

（a） （b）

图 6-76

● “抓握实体”列表栏：如图 6-77（a）所示，在“工具定义 - box_gripper”对话框中选择“抓握实体”列表，然后，如图 6-77（b）所示，在图形区单击握爪上的圆柱凸起；在“工具定义”对话框中，在“偏”微调框中选择“1”（含义是当抓握实体与抓取对象之间的距离在偏置值范围内时，抓手自动抓取）；单击“工具定义 - box_gripper”对话框中的“确定”按钮。

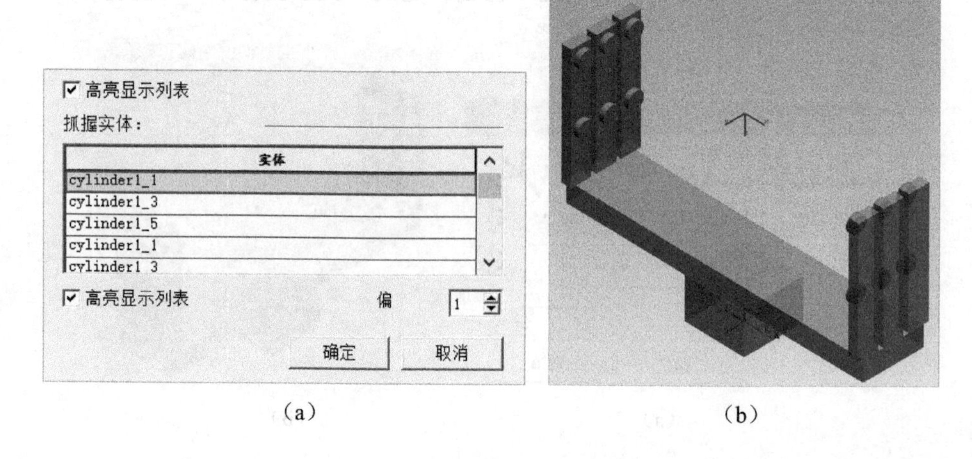

（a） （b）

图 6-77

02 在图形区右击创建的“TCP 坐标系”，如图 6-78 所示，在弹出的快捷菜单中选择“放置操控器”，在弹出的“放置操控器”对话框中（如图 6-79 所示）单击“Z”按钮，在右边的文本框中输入值“-40”，按回车键；最后，单击“关闭”按钮，完成“TCP 坐标系”位置的最终调整（效果如图 6-80 所示）。

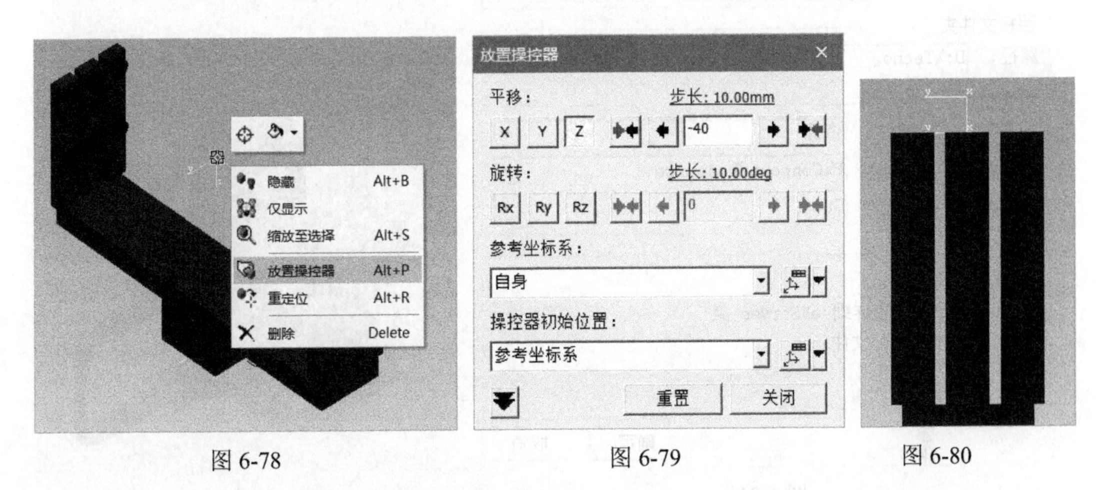

图 6-78　　图 6-79　　图 6-80

至此，抓手（握爪）的工具定义就完成了。

抓手（握爪）的设备操作可参考第一个实例（工装夹具设备的设备操作）自行完成。

6.2.3　焊枪定义

1. 新建一个研究

在“文件”菜单下，依次单击“断开的研究”→“新建研究”；然后在弹出的“新建研究”对话框中单击“创建”按钮，完成新研究的创建。（如果是在已有研究下进行设备定义，则跳过此步骤）。

2. 设备模型导入

01 在“文件”菜单下，依次单击“导入 / 导出”→“转换并插入 CAD 文件”，在弹出的“转换并插入 CAD 文件”对话框中单击“添加”按钮，选择 Tecnomatix\ Gun.cojt 文件夹中的 Weld_Gun.jt 文件；接着弹出“文件导入设置”对话框。

02 如图 6-81 所示，在“文件导入设置”对话框中，在“基本类”下拉列表中选择“资源”，在“复合类”下拉列表中选择“PmCompoundResource”，在“原型类”下拉列表中选择“Gun”，勾选“插入组件”复选框，单击“确定”按钮；接下来，在“转换并插入 CAD 文件”对话框中单击“导入”按钮，完成仿真研究所需设备模型的导入。导入结果如图 6-82 所示。

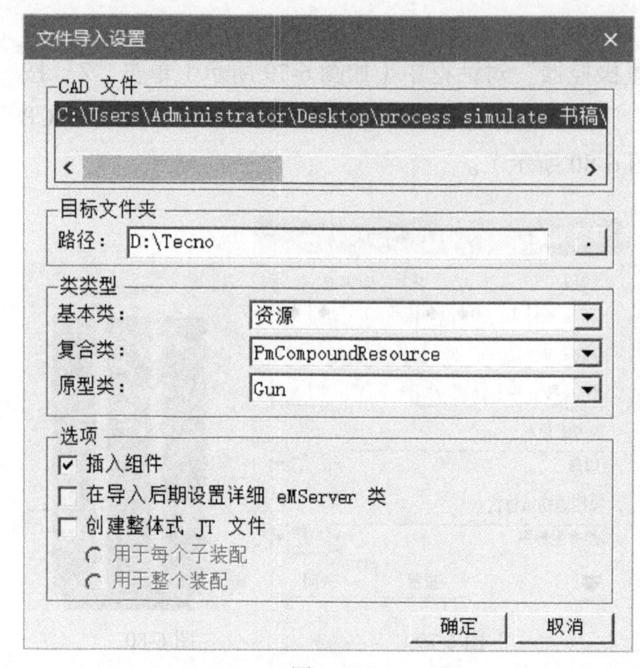

图 6-81

图 6-82

3. 设备模型激活展开

01 在“对象树”查看器中选择“Weld_Gun”；然后单击“建模”菜单下的“设置建模范围”按钮，将设备模型激活展开（如图 6-83 所示）。

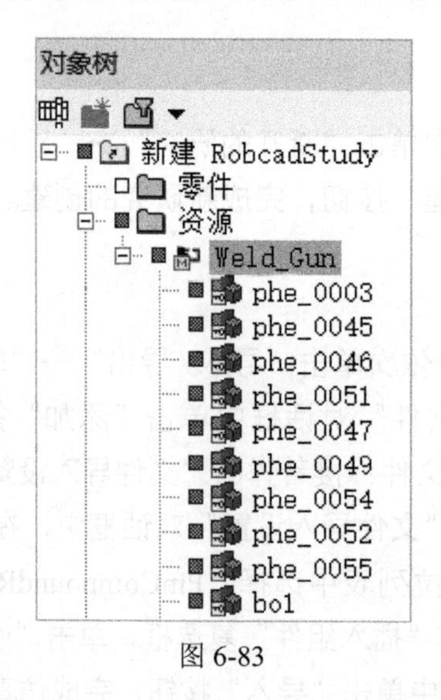

图 6-83

02 为了方便选择，本例中对焊枪的部分零件进行了隐藏，隐藏后的结果如图 6-84（a）和图 6-84（b）所示。

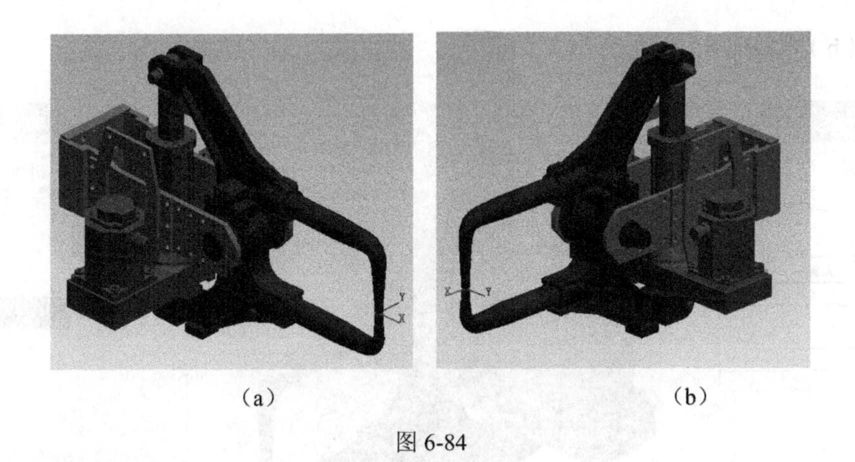

（a）　　　　（b）

图 6-84

4. 创建设备运动学关系

01 创建连杆。

① 在“对象树”查看器中选择“Weld_Gun”；然后单击“建模”菜单下的“运动学编辑器”按钮，弹出“运动学编辑器 - Weld_Gun”对话框。

② 在“运动学编辑器 - Weld_Gun”对话框中单击“创建连杆”按钮，弹出“连杆属性”对话框，如图 6-85（a）所示，在“名”文本框中输入“Base”；对于“连杆单元”列表栏，需要在研究显示区（图形区）中选择“phe_0039”“bo9”“phe_0040”“phe_0055”四个零件；最后，单击“连杆属性”对话框中的“确定”按钮，完成连杆“Base”的定义（如图 6-85（b）和图 6-85（c）所示）。

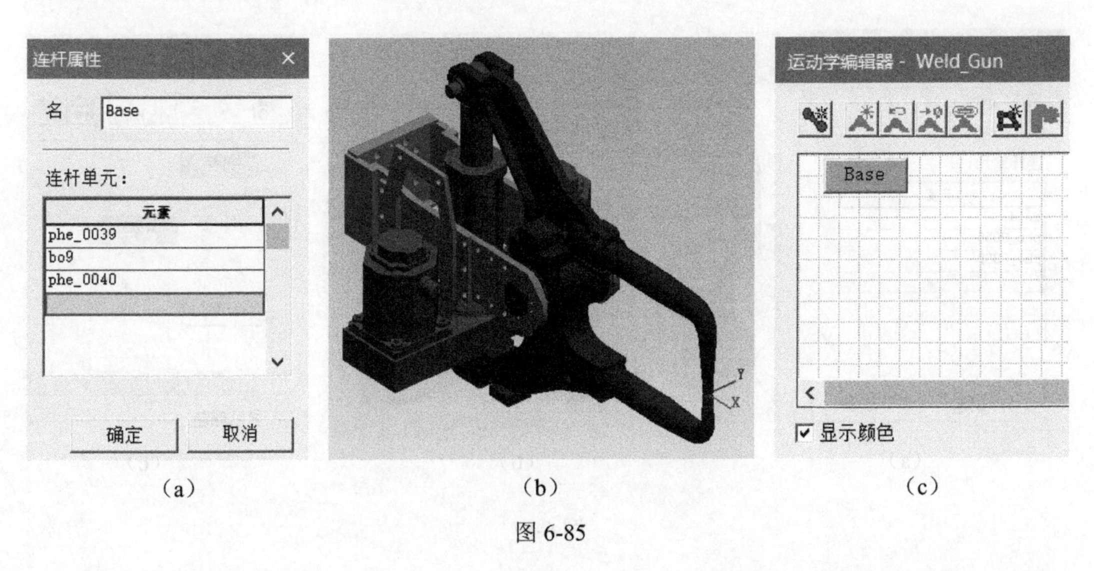

（a）　　　　（b）　　　　（c）

图 6-85

③ 在“运动学编辑器 - Weld_Gun”对话框中单击“创建连杆”按钮，在弹出的“连杆属性”对话框中（如图 6-86（a）所示），在“名”文本框中输入“lnk1”；对于“连杆单元”列表栏，需要在研究显示区（图形区）中选择“phe_0042”“phe_0015”“phe_0057”“phe_0060”四个零件；然后单击“确定”按钮，完成连杆“lnk1”的定义（如

图 6-86（b）和图 6-86（c）所示）。

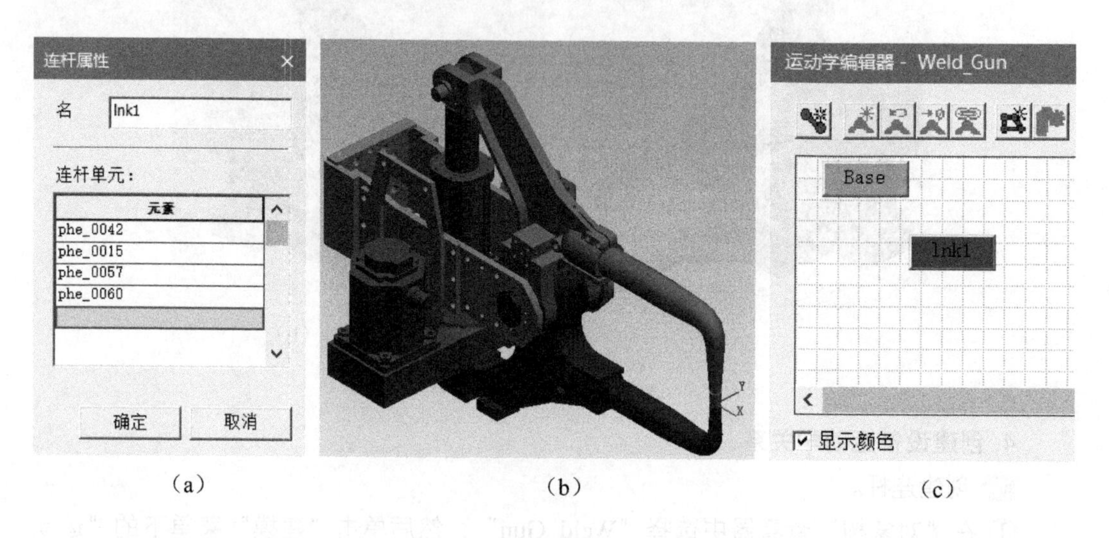

（a）　　（b）　　（c）

图 6-86

④ 在“运动学编辑器 - Weld_Gun”对话框中单击“创建连杆”按钮，在弹出的“连杆属性”对话框中（如图 6-87（a）所示），在“名”文本框中输入“lnk2”；对于“连杆单元”列表栏，需要在研究显示区（图形区）中选择“bo14”“phe_0059”“phe_0058”三个零件；然后单击“确定”按钮，完成连杆“lnk2”的定义（如图 6-87（b）和图 6-87（c）所示）。

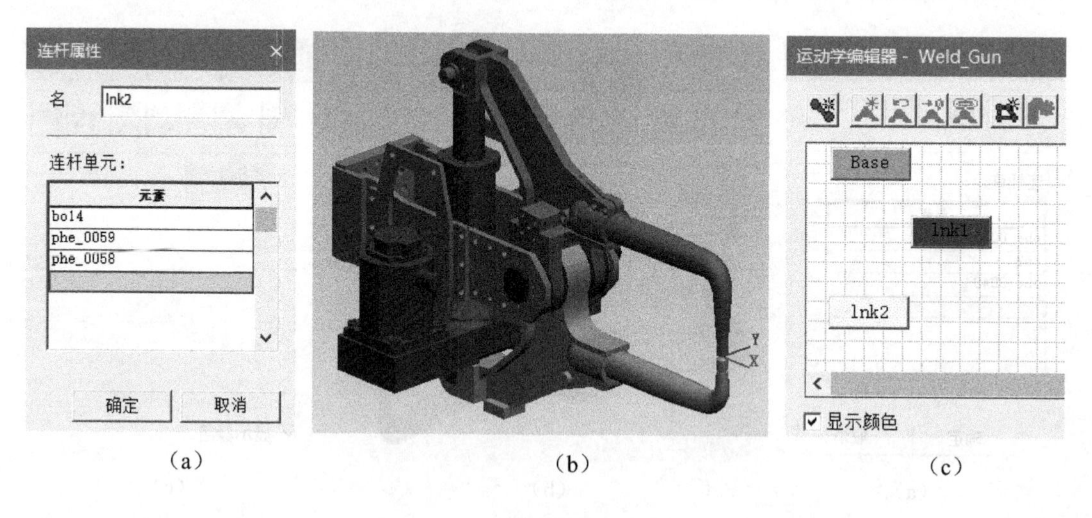

（a）　　（b）　　（c）

图 6-87

⑤ 在“运动学编辑器 - Weld_Gun”对话框中单击“创建连杆”按钮，在弹出的“连杆属性”对话框中（如图 6-88（a）所示），在“名”文本框中输入“lnk3”；对于“连杆单元”列表栏，需要在研究显示区（图形区）中选择“bo4”“bo7”“bo6”“phe_0043”“phe_0002”“phe_0007”“phe_0004”“phe_0008”八个零件；然后单击“确定”按钮，完成连杆“lnk3”的定义（如图 6-88（b）和图 6-88（c）所示）。

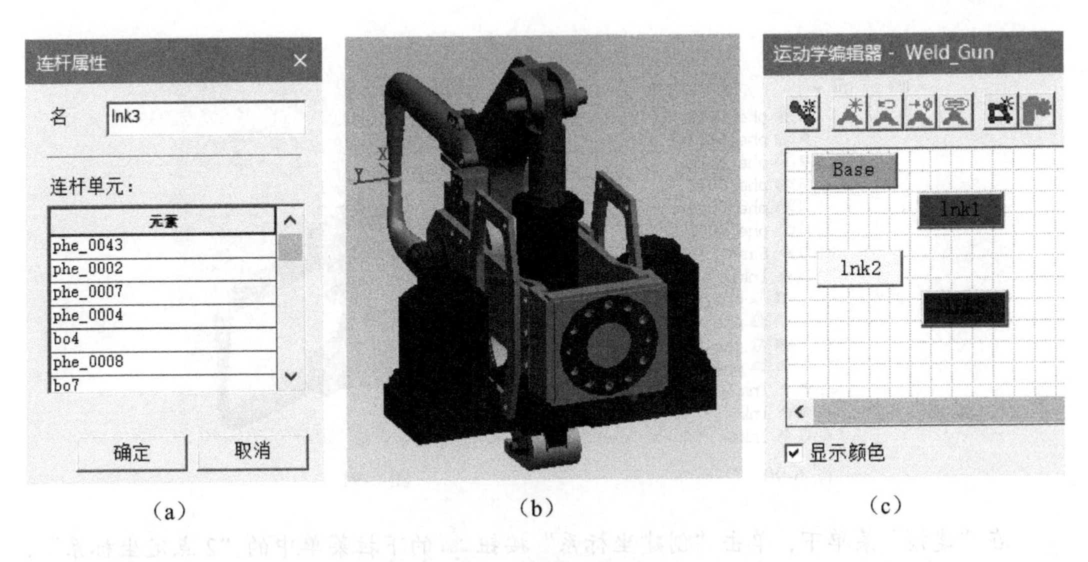

（a）（b）（c）

图 6-88

⑥ 在“运动学编辑器 - Weld_Gun”对话框中单击“创建连杆”按钮，在弹出的“连杆属性”对话框中（如图 6-89（a）所示），在“名”文本框中输入“lnk4”；对于“连杆单元”列表栏，需要在研究显示区（图形区）中选择“phe_0041”零件；然后单击“确定”按钮，完成连杆“lnk4”的定义（如图 6-89（b）和图 6-89（c）所示）。

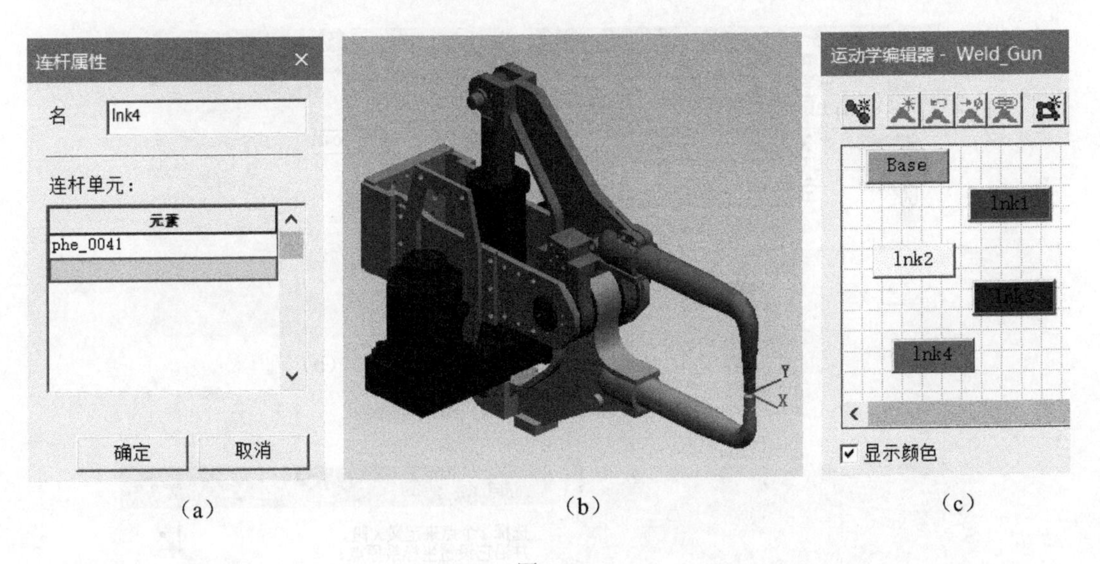

（a）（b）（c）

图 6-89

02 创建连杆之间的运动关系。

① 为了后面定义关节坐标的需要，接下来分别创建三个坐标系。

● 第一个坐标系

首先，通过“对象树”查看器将连杆“Base”和连杆“lnk4”及连杆“lnk1”中的零件“phe_0015”隐藏，如图 6-90 所示，隐藏效果如图 6-91 所示。

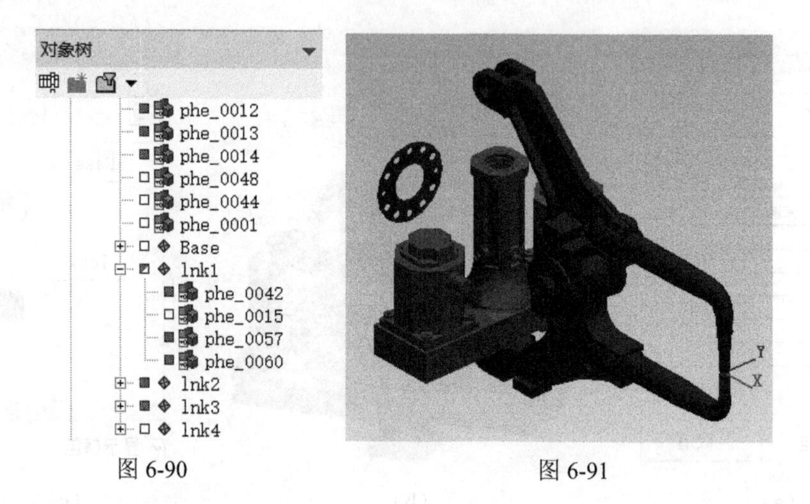

图 6-90　　图 6-91

在“建模”菜单下，单击“创建坐标系”按钮的下拉菜单中的“2点定坐标系”，弹出“通过2点创建坐标系”对话框（如图6-92（a）所示），需要填2个点的坐标值：先选择零件“phe_0042”一侧外端面圆孔中心（如图6-92（b）所示）；然后选择零件“phe_0042”另一侧外端面圆孔中心（如图6-93（a）所示）；单击“通过2点创建坐标系”对话框中的“确定”按钮（如图6-93（b）所示），退出对话框，结果如图6-94（a）和图6-94（b）所示。第一个坐标系“fr1”创建完成。

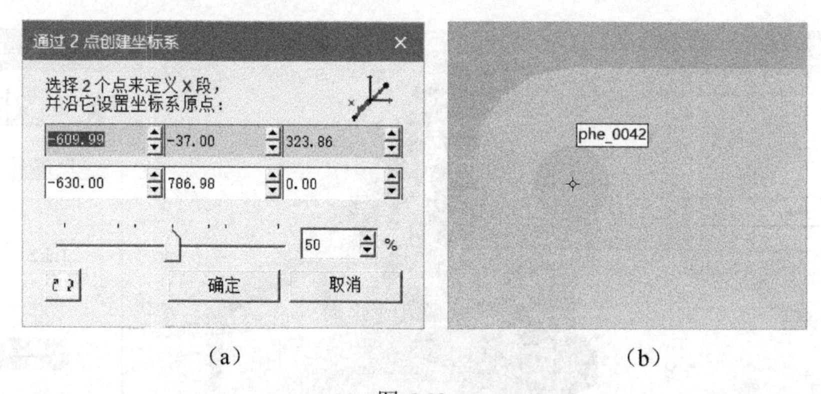

（a）　　（b）

图 6-92

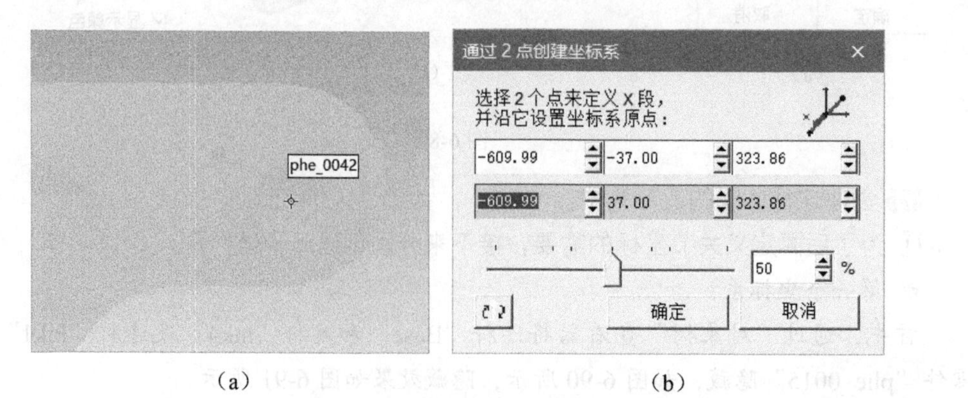

（a）　　（b）

图 6-93

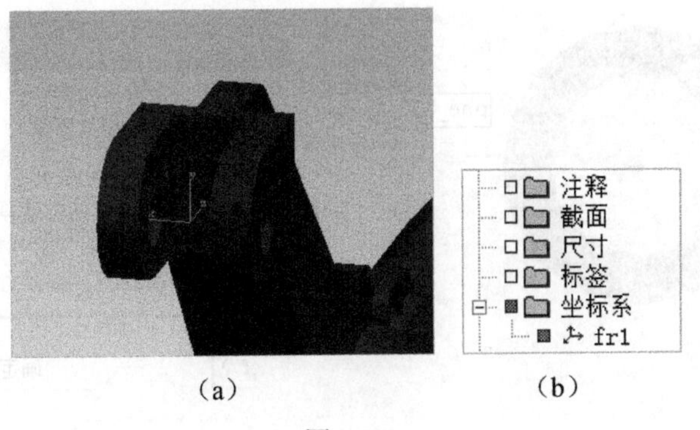

(a) (b)

图 6-94

● 第二个坐标系

如图 6-95 所示，通过“对象树”查看器将连杆“lnk2”及零件“phe_0010”“phe_0012”“phe_0013”“phe_0014”隐藏，隐藏效果如图 6-96 所示。

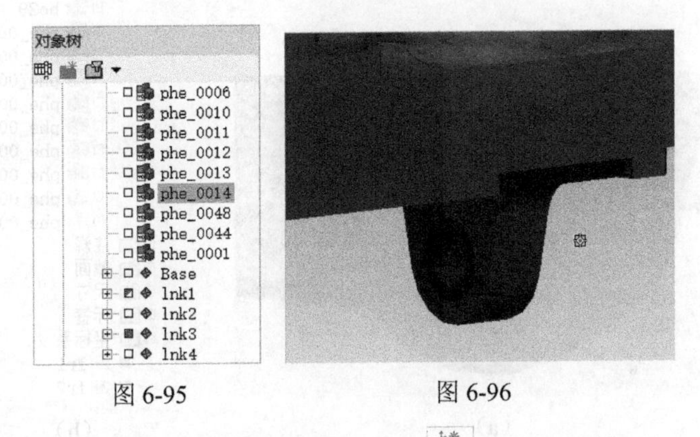

图 6-95 图 6-96

在“建模”菜单下，单击“创建坐标系”按钮的下拉菜单中的“2 点定坐标系”，弹出“通过 2 点创建坐标系”对话框（如图 6-97（a）所示），需要填 2 个点的坐标值：先选择零件“phe_0004”一侧外端面圆孔中心（如图 6-97（b）所示）；然后选择零件“phe_0004”另一侧外端面圆孔中心（如图 6-98（a）所示）；单击“通过 2 点创建坐标系”对话框的“确定”按钮（如图 6-98（b）所示），退出对话框，结果如图 6-99（a）和图 6-99（b）所示。第二个坐标系“fr2”创建完成。

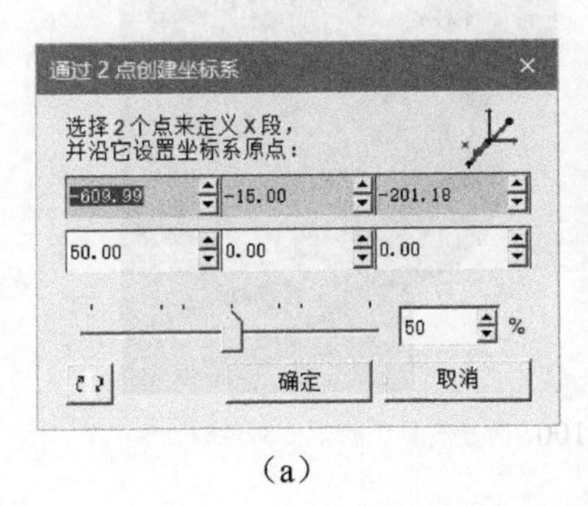

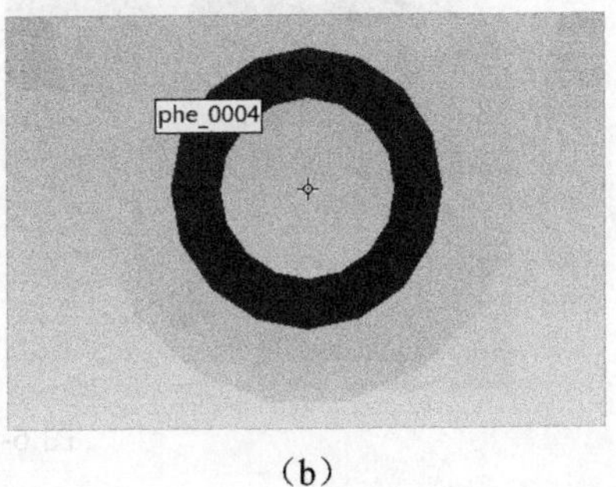

(a) (b)

图 6-97

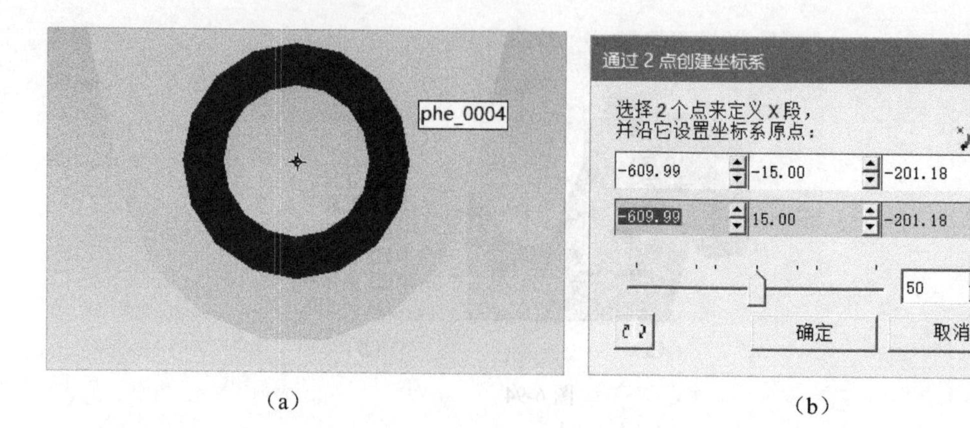

（a）　　　　　　　　　　　　　　　　（b）

图 6-98

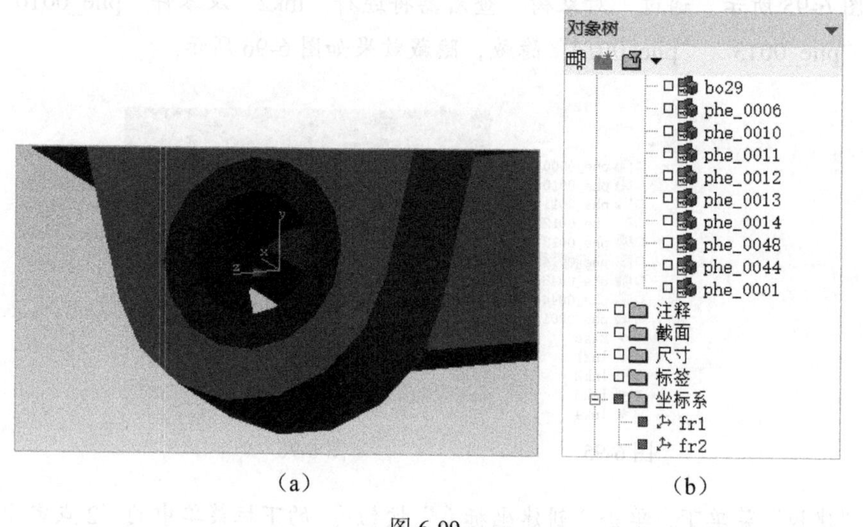

（a）　　　　　　　　　　　　　　　　（b）

图 6-99

● 第三个坐标系

在图形显示区中，分别选择零件“phe_0037”“phe_0023”“phe_0024”“phe_0027”“phe_0036”“phe_0038”并隐藏，隐藏结果如图 6-100 所示。

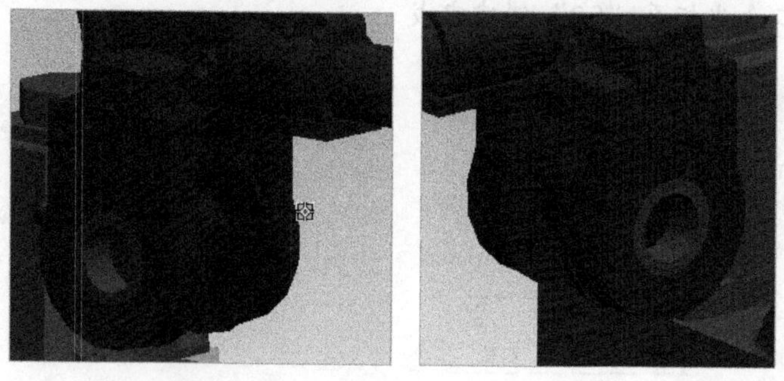

图 6-100

在“建模”菜单下，单击“创建坐标系”按钮的下拉菜单中的“2 点定坐标系”，弹出“通过 2 点创建坐标系”对话框（如图 6-101（a）所示），需要填 2 个点的坐标值：先选择零件“phe_0042”一侧外端面圆孔中心（如图 6-101（b）所示）；然后选择零件“phe_0042”另一侧外端面圆孔中心（如图 6-102（a）所示）；单击“通过 2 点创建坐标系”对话框的“确定”按钮（如图 6-102（b）所示），退出对话框。结果如图 6-103（a）和图 6-103（b）所示。第三个坐标系“fr3”创建完成。

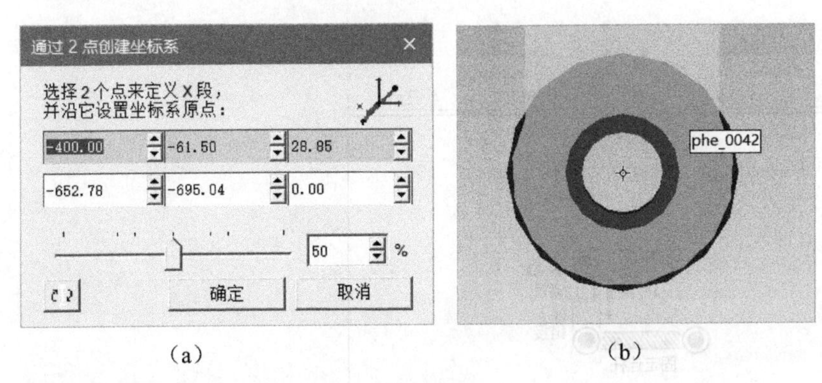

（a）　　　　（b）

图 6-101

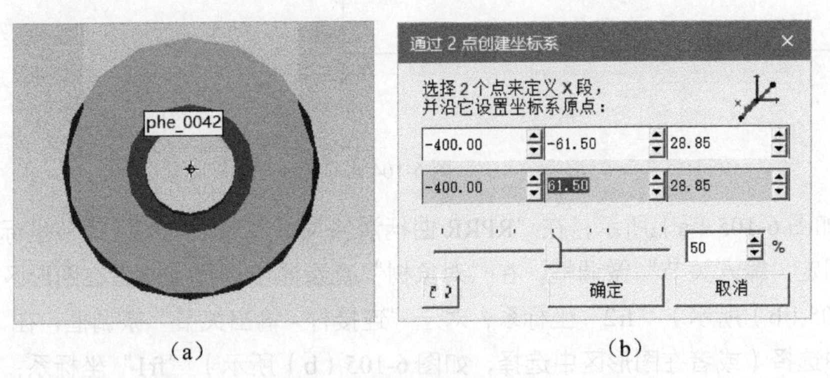

（a）　　　　（b）

图 6-102

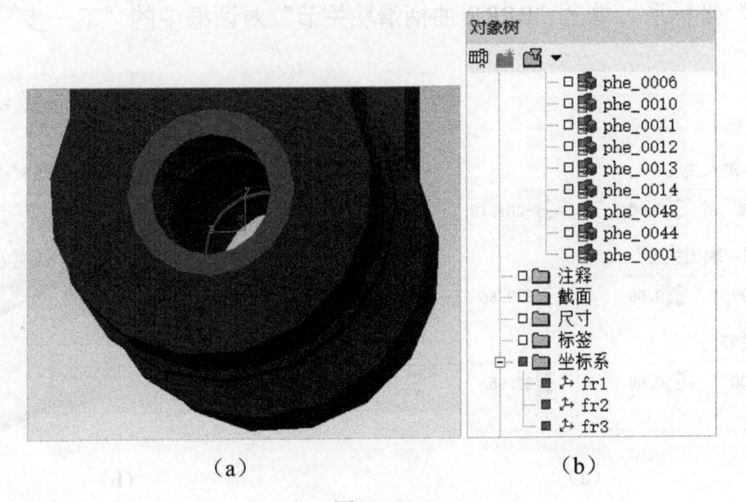

（a）　　　　（b）

图 6-103

② 在“运动学编辑器 - Weld_Gun”对话框中单击“创建曲柄”按钮，在弹出的“创建曲柄”对话框中单击“RPRR”按钮；然后单击“下一步”按钮（如图 6-104 所示），弹出“RPRR 曲柄滑块关节”对话框。

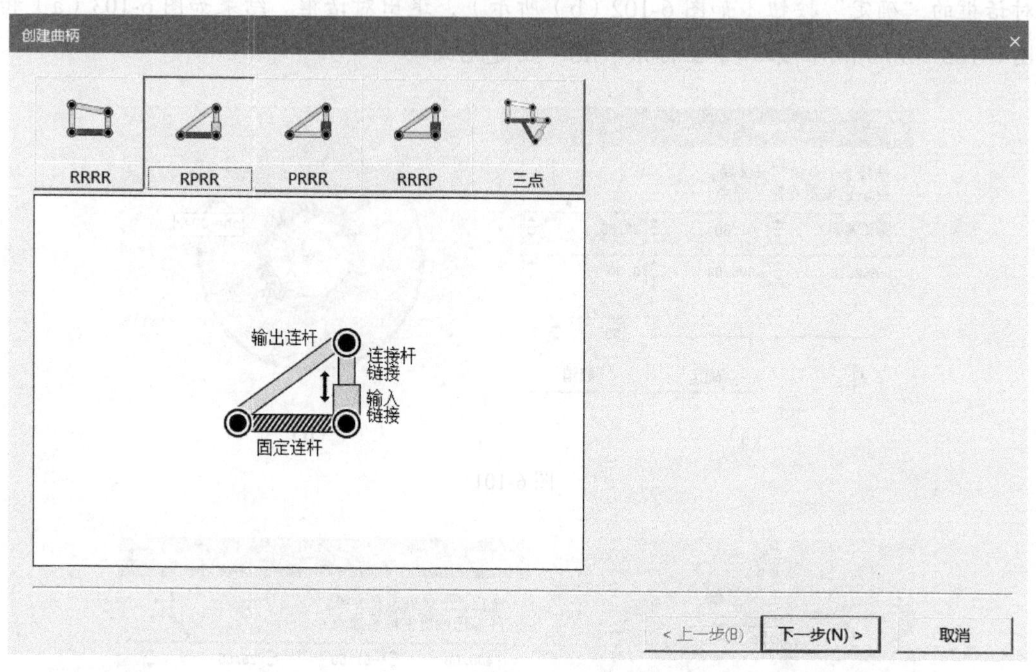

图 6-104

③ 如图 6-105（a）所示，在“RPRR 曲柄滑块关节”对话框的“关节坐标”栏中，对于“固定 - 输入关节”微调框，在“对象树”查看器中选择（或者在图形区中选择，如图 6-105（b）所示）“fr2”坐标系；对于“连接杆 - 输出关节”微调框，在“对象树”查看器中选择（或者在图形区中选择，如图 6-105（b）所示）“fr1”坐标系；对于“输出关节”微调框，在“对象树”查看器中选择（或者在图形区中选择，如图 6-105（b）所示）“fr3”坐标系。单击“RPRR 曲柄滑块关节”对话框中的“下一步”按钮。

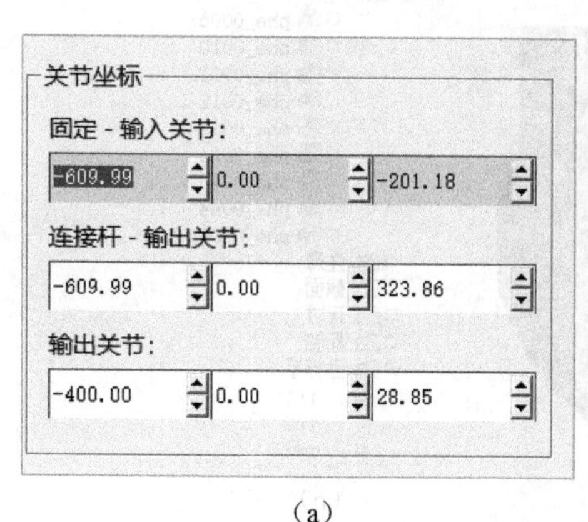

（a）

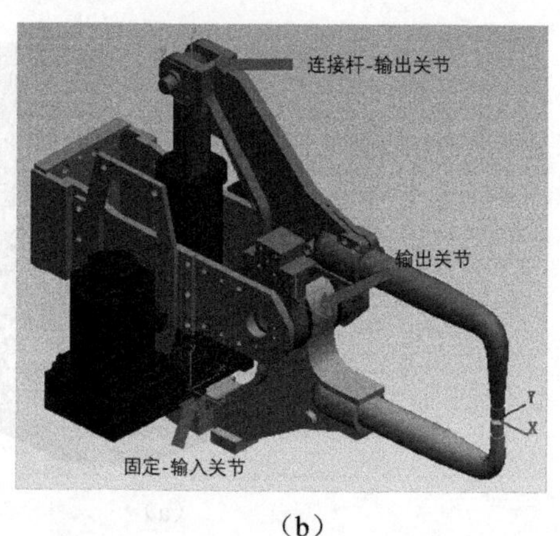

（b）

图 6-105

④ 如图 6-106 所示，在“RPRR 曲柄滑块关节”对话框中选中“不带偏置”单选按钮，单击“下一步”按钮。

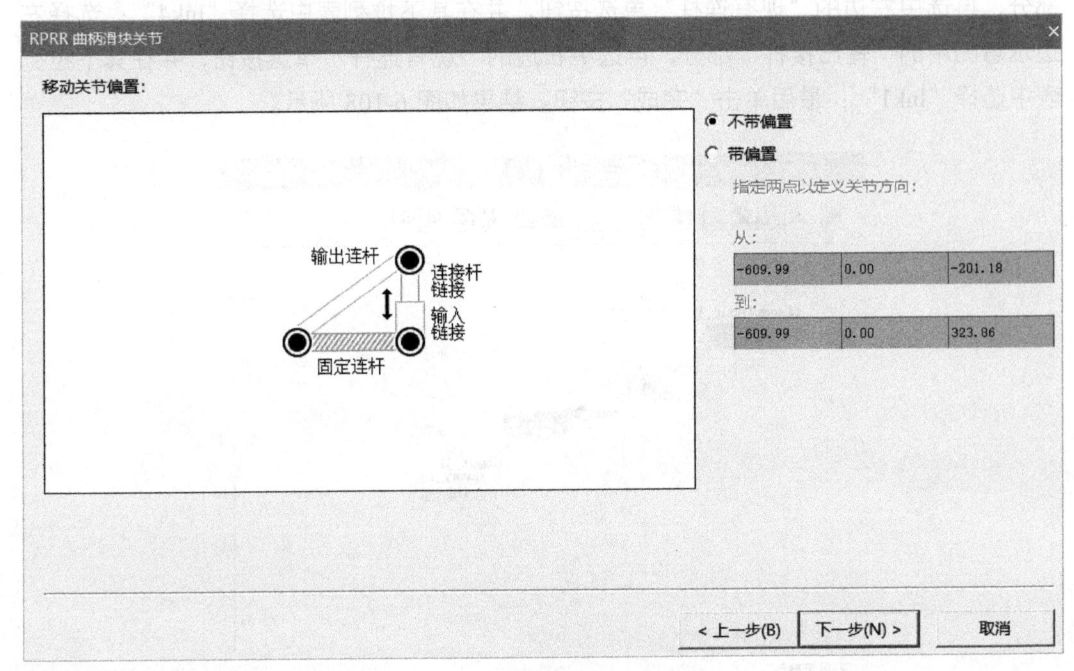

图 6-106

⑤ 如图 6-107 所示，在“RPRR 曲柄滑块关节”对话框中，先选择左边示意图中的“固定连杆”部分，再选中右边的“现有连杆”单选按钮，并在其下拉列表中选择“Base”。

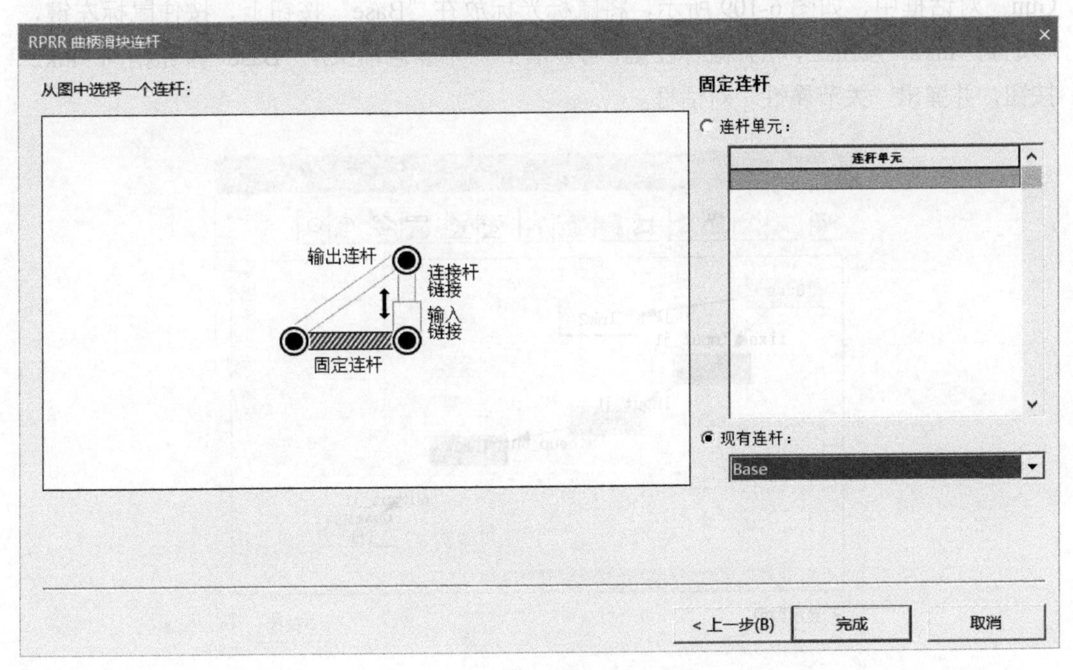

图 6-107

⑥ 同理在图 6-107 中，选择左边示意图中的“输入链接”部分，再选中右边的“现有连杆”单选按钮，并在其下拉列表中选择“lnk3”；选择左边示意图中的“连接杆链接”部分，再选中右边的“现有连杆”单选按钮，并在其下拉列表中选择“lnk4”；选择左边示意图中的“输出接杆”部分，再选中右边的“现有连杆”单选按钮，并在其下拉列表中选择“lnk1”；最后单击“完成”按钮。结果如图 6-108 所示。

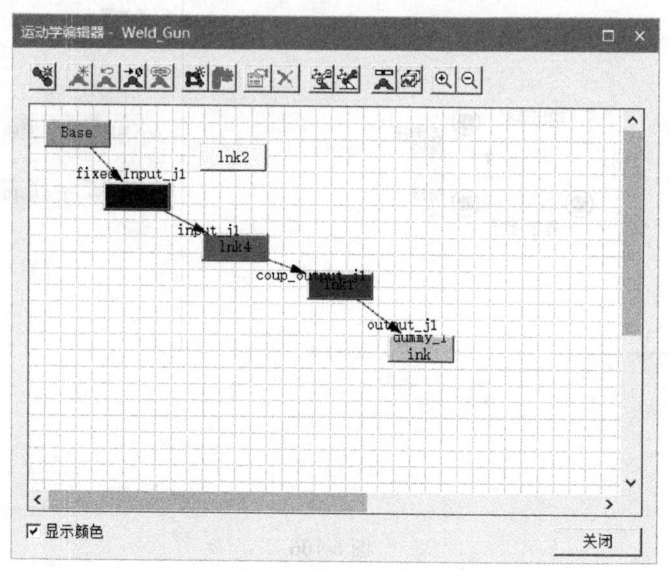

图 6-108

⑦ 接下来添加“Base”与“lnk2”之间的运动关系。在“运动学编辑器 - Weld_Gun”对话框中，如图 6-109 所示，将鼠标光标放在“Base”按钮上，按住鼠标左键，移动到“lnk2”按钮上，松开鼠标左键，可以看到一个黑色箭头从“Base”按钮指向“lnk2”按钮，并弹出“关节属性”对话框。

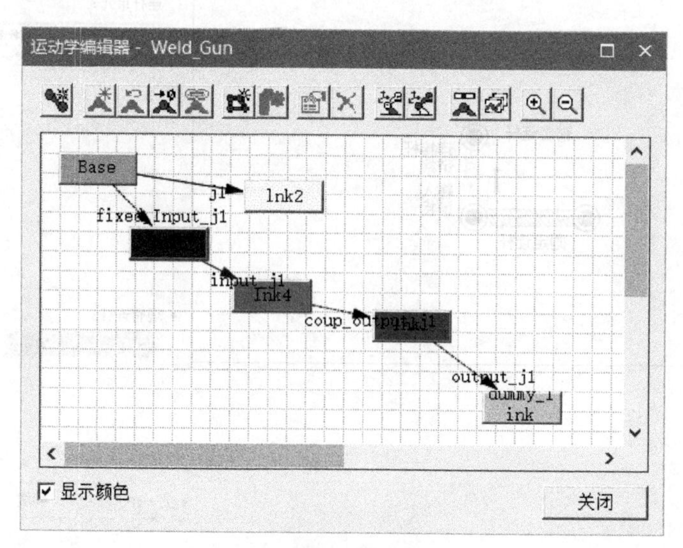

图 6-109

“关节属性”对话框如图 6-110（a）所示，参数设置如下：

- “从”微调框：输入起点的坐标，需要在图形区选择坐标系“fr3”。
- “到”微调框：输入终点的坐标，需要在图形区再次选择坐标系“fr3”（如图 6-110（b）所示）。
- “关节类型”下拉列表框：选择“旋转”。

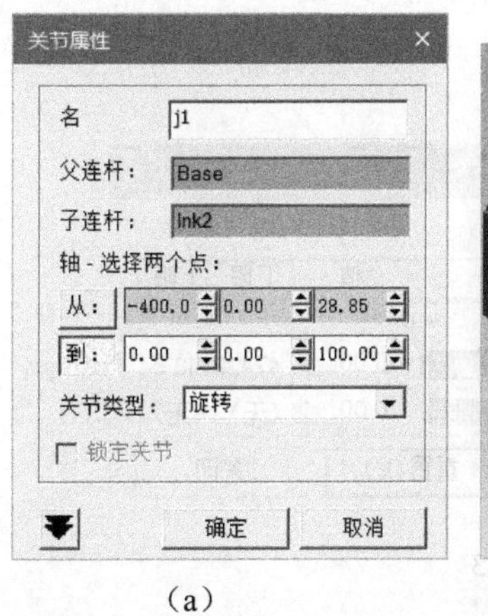

（a）

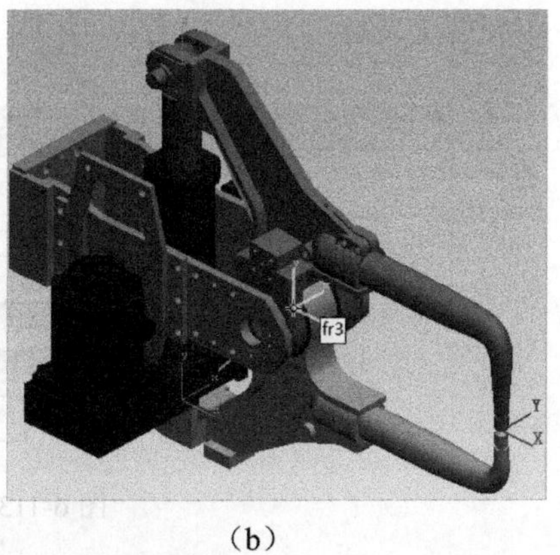

（b）

图 6-110

此时，会弹出一个错误提示（如图 6-111 所示），单击“确定”按钮。

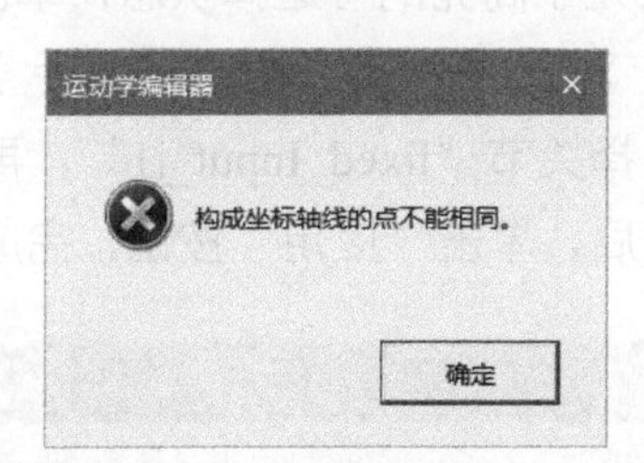

图 6-111

在“关节属性”对话框中，将“到”的“Y”微调框的值改为“100”（如图 6-112 所示），最后单击“确定”按钮，完成“Base”与“lnk2”运动关系的创建。

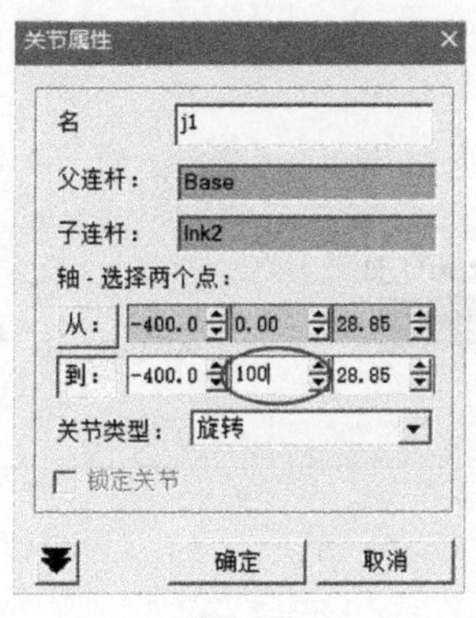

图 6-112

03 进行关节调整，通过关节调整来发现所创建的运动关系是否正确。

① 在“运动学编辑器 - Weld_Gun”对话框中单击“打开关节调整”按钮，在弹出的“关节调整 - Weld_Gun”对话框中（如图 6-113 所示），通过拉动“转向 / 姿态”滑尺或滑动旋钮，可以看到运动关系是正确的。单击“重置”按钮。可以发现有两个问题需要编辑修改：

- 工作行程需要调整。
- 两个焊爪应该联动。

关节调整 - Weld_Gun

关节树	转向/姿态	值	下限	上限
Weld_Gun	SEMIOPEN			
input_j1		0.00	-474.4	148.54
j1		0.00	（无）	（无）

重置(R)　关闭

图 6-113

下面，对上述两个问题进行编辑修改。

② 在“运动学编辑器 - Weld_Gun”对话框中（如图 6-114 所示）单击“j1”关节，此时“关节依赖关系”按钮处于高亮的可选择状态，单击“关节依赖关系”按钮，在弹出的“关节依赖关系 - j1”对话框中（如图 6-115 所示）选中“关节函数”单选按钮，单击▾按钮，在下拉列表中选择关节“fixed_Input_j1”，再单击fixed_Inp...按钮，将依赖关系添加到关节函数表中。最后，单击“应用”按钮，完成关节依赖关系的创建。

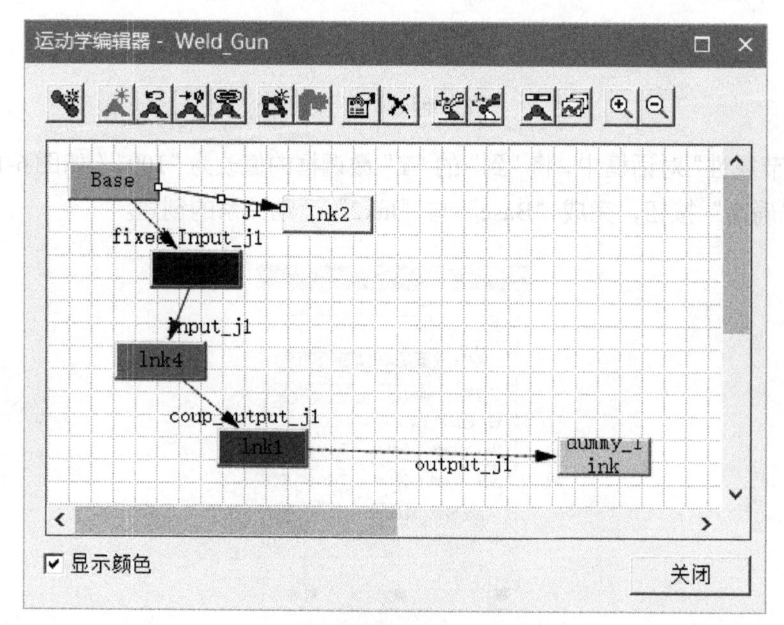

图 6-114

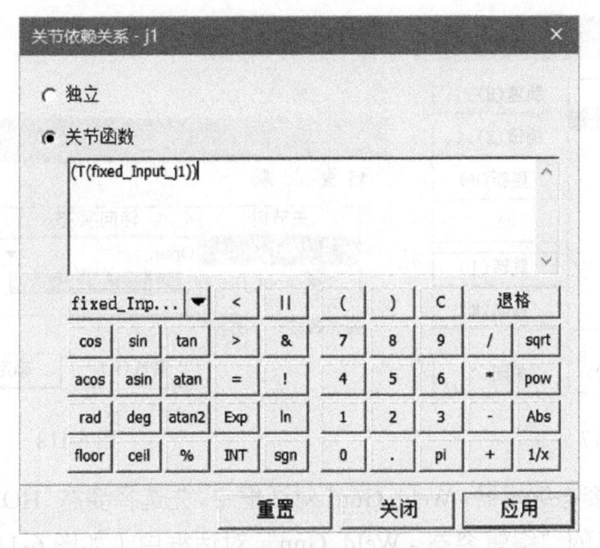

图 6-115

③ 在“运动学编辑器 - Weld_Gun”对话框中单击“打开关节调整”按钮，在弹出的“关节调整 - Weld_Gun”对话框中（如图 6-116 所示），将“input_j1”关节的下限值更改为“−80.00”，按回车键；将上限值更改为“0.00”，按回车键；单击“关闭”按钮，退出“关节调整”对话框。

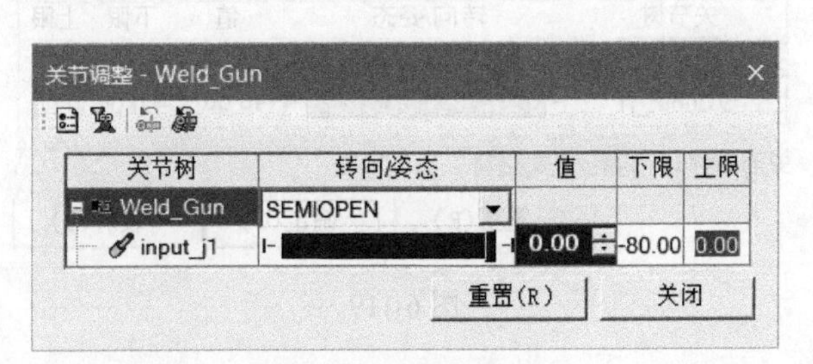

图 6-116

至此，焊枪运动学关系创建完成。

5. 创建设备工作姿态

01 在“运动学编辑器 - Weld_Gun”对话框中单击“打开姿态编辑器”按钮，在弹出的“姿态编辑器 - Weld_Gun”对话框中（如图 6-117 所示），选择姿态“HOME”，单击“新建”按钮，在弹出的“编辑姿态 - Weld_Gun”对话框中（如图 6-118 所示），在“姿态名称”文本框中输入“Open”，在关节树下“input_j1”的“值”微调框中输入“−65.00”，按回车键；单击“确定”按钮，完成“Open”姿态的创建。

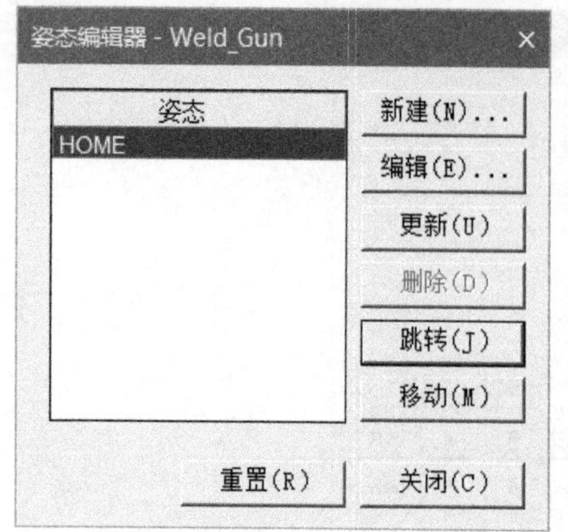

图 6-117

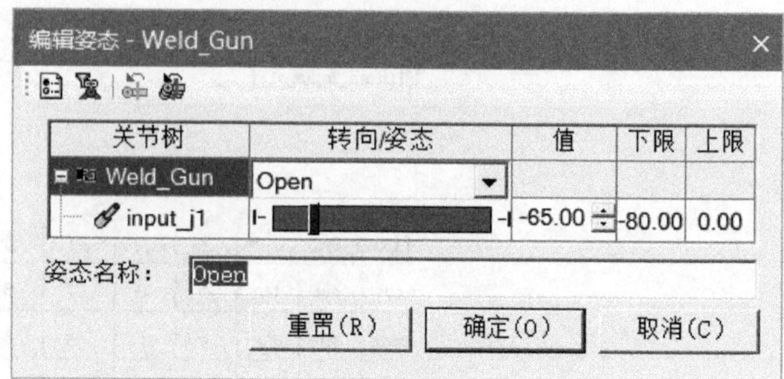

图 6-118

02 同理，在“姿态编辑器 - Weld_Gun”对话框中，先选择姿态“HOME”，再次单击“新建”按钮，在弹出的“编辑姿态 - Weld_Gun”对话框中（如图 6-119 所示），在“姿态名称”文本框中输入“Middle_Open”，在关节树下“input_j1”的“值”微调框中输入“-40.00”，按回车键；单击“确定”按钮，完成“Middle_Open”姿态的创建。

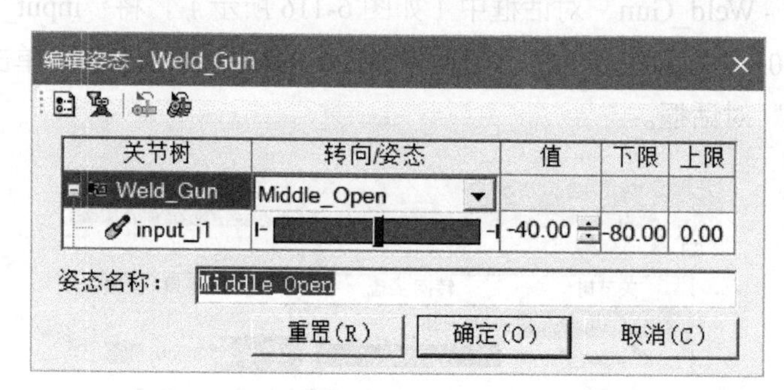

图 6-119

03 同理，在“姿态编辑器 - Weld_Gun”对话框中，先选择姿态“HOME”，再次单击“新建”按钮，在弹出的“编辑姿态 - Weld_Gun”对话框中（如图 6-120 所示），在“姿态名称”文本框中输入“Close”，在关节树下“input_j1”的“值”微调框中输入“0.00”，按回车键；单击“确定”按钮，完成“Close”姿态的创建。

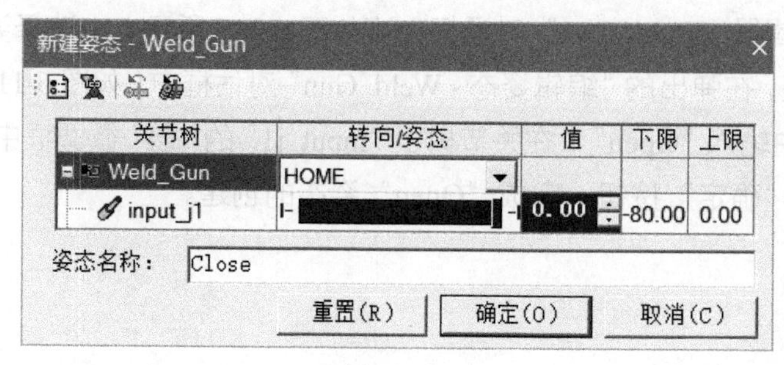

图 6-120

至此，焊枪工作姿态创建完成（如图 6-121 所示）。

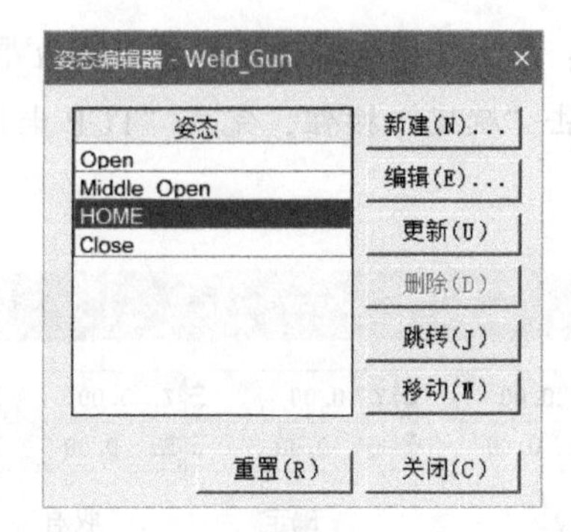

图 6-121

6. 完成工具定义

在"对象树"查看器中选择"Weld_Gun"，然后单击"建模"菜单下的"工具定义"按钮，在弹出的"工具定义 - Weld_Gun"对话框中（如图 6-122 所示），参数设置如下：

- "工具类"下拉列表框：选择"焊枪"。
- "基准坐标"组合框：单击"创建参考坐标系"按钮右侧的下三角按钮，选择下拉菜单中的"圆心定坐标系"，弹出"3 点圆心定坐标系"对话框（如图 6-123 所示），在零件"phe_0055"圆弧边缘上选择三个点，创建基准坐标系（工具定位安装坐标系）（如图 6-124 所示）。

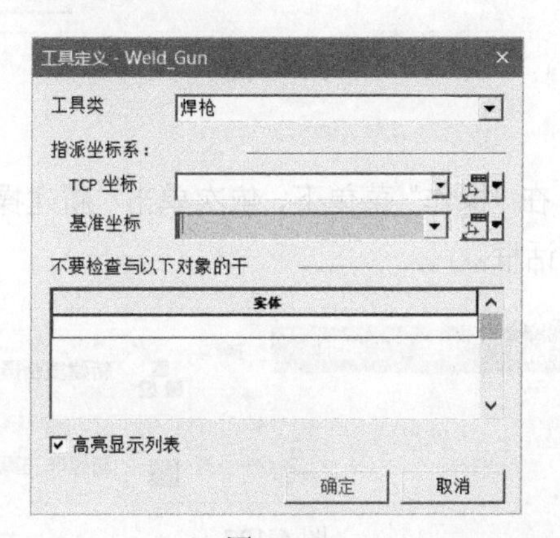

图 6-122

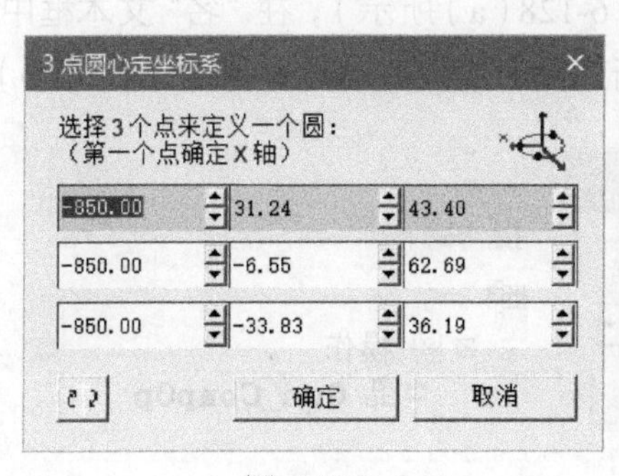

图 6-123

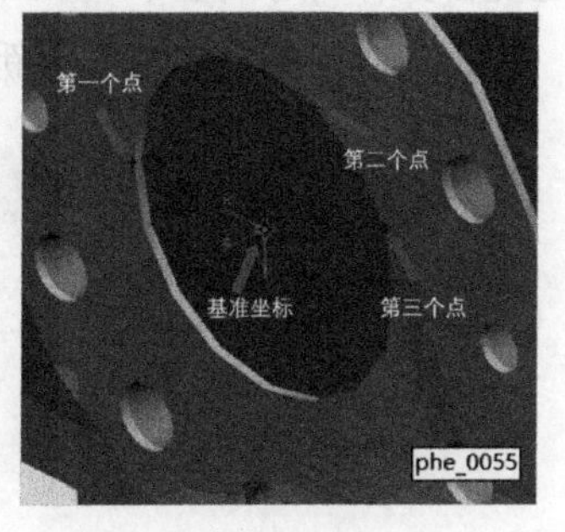

图 6-124

- "TCP 坐标"组合框：单击"创建参考坐标系"按钮，弹出"位置"对话框（如图 6-125 所示），单击"确定"按钮，完成"TCP 坐标系"（工具中心点坐标系）的创建。

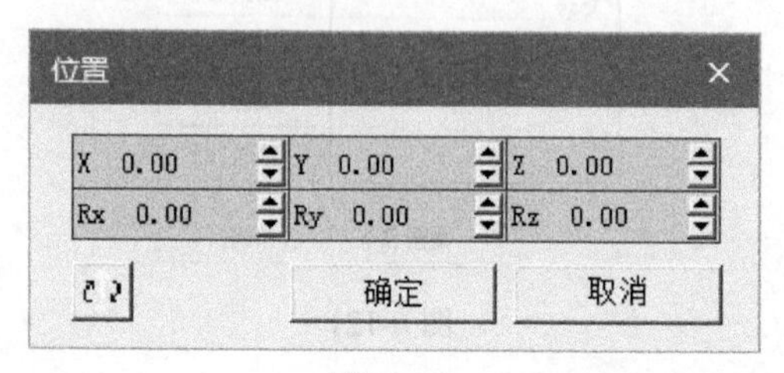

图 6-125

单击"工具定义 - Weld_Gun"对话框中的"确定"按钮，完成焊枪工具的定义（如图 6-126 所示）。

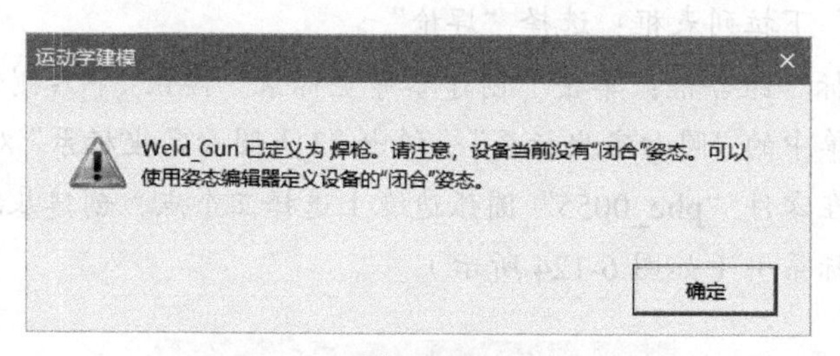

图 6-126

7. 创建设备操作

01 如图 6-127 所示，在"操作"菜单下，依次单击"新建操作"→"新建复合操作"，弹出"新建复合操作"对话框。

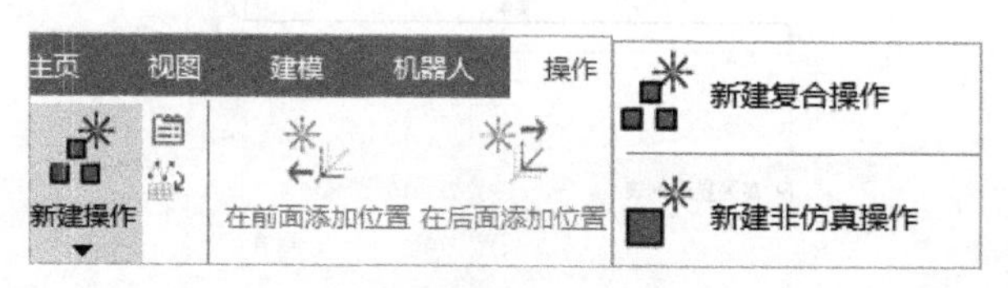

图 6-127

在"新建复合操作"对话框中（如图 6-128（a）所示），在"名"文本框中输入"Gun_CompOp"，单击"确定"按钮，完成新建复合操作的创建（如图 6-128（b）所示）。

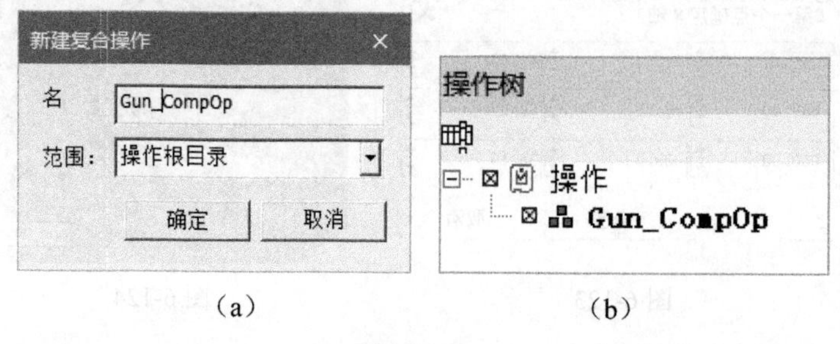

（a）　　（b）

图 6-128

02 如图6-129所示，在“对象树”查看器中选择设备“Weld_Gun”；然后，如图6-130所示，在“操作”菜单下，依次单击“新建操作”→“新建设备操作”，弹出“新建设备操作”对话框。（注意，也可以右击设备“Weld_Gun”，在弹出的快捷菜单中选择“新建设备操作”。）

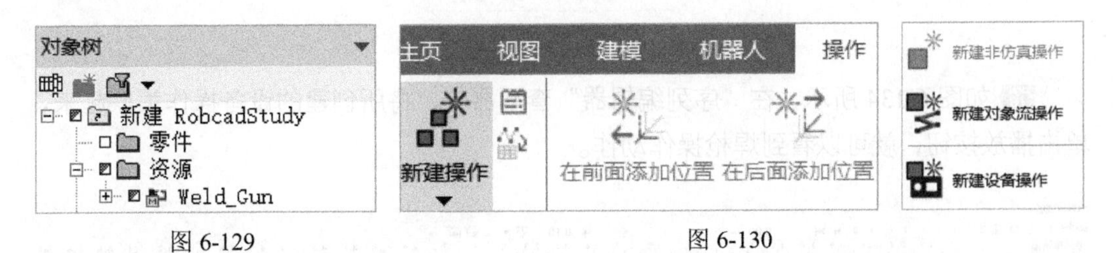

图 6-129　　　　图 6-130

03 在“新建设备操作”对话框中（如图6-131所示），在“名称”文本框中输入“Weld_Gun_Op”，在“设备”文本框中输入“Weld_Gun”，这是通过在图形区或者“对象树”查看器中选择“Weld_Gun”来实现的；在“范围”组合框中输入“Gun_CompOp”，这是通过在“操作树”查看器中选择“Gun_CompOp”来实现的；在“从姿态”下拉列表中选择“Close”；在“到姿态”下拉列表中选择“Middle_Open”；在“持续时间”微调框中选择“2”，最后单击“确定”按钮，完成第一个设备操作的创建（如图6-132所示）。

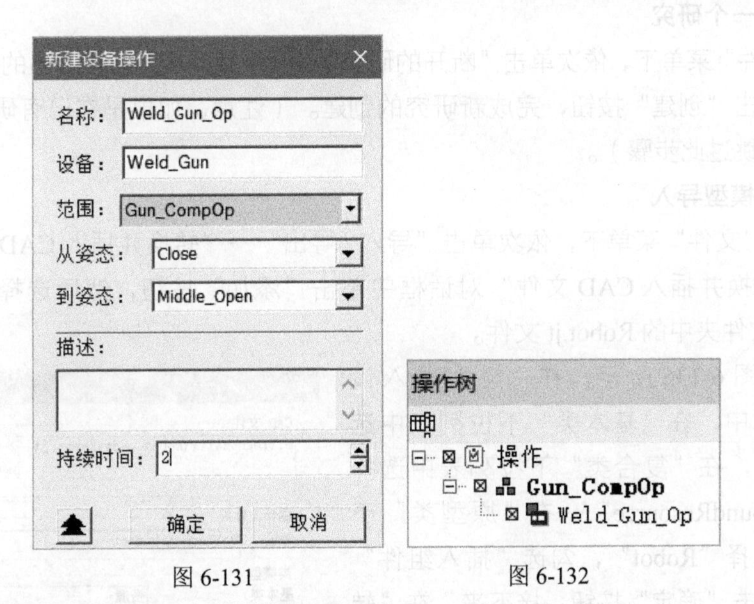

图 6-131　　　　图 6-132

04 同理，如图6-133所示，依次创建如下设备操作。

① 焊枪“Weld_Gun”从姿态“Middle_Open”到姿态“Open”的操作，持续时间2s，名称为“Weld_Gun_Op1”。

② 焊枪“Weld_Gun”从姿态“Open”到姿态“Close”的操作，持续时间2s，名称为“Weld_Gun_Op2”。

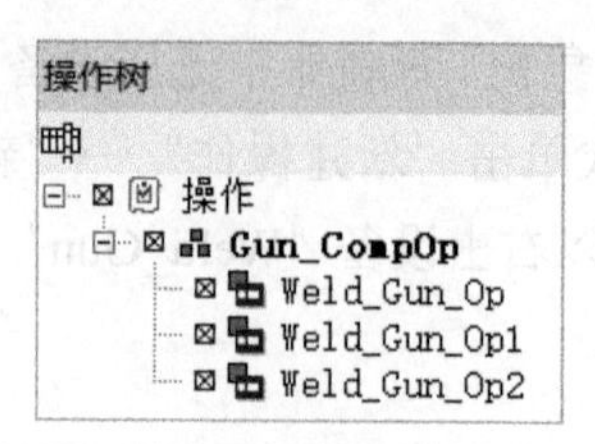

图 6-133

05 如图 6-134 所示，在“序列编辑器”查看器中，将所创建的设备操作关联起来，单击播放按钮，就可以看到焊枪操作动作。

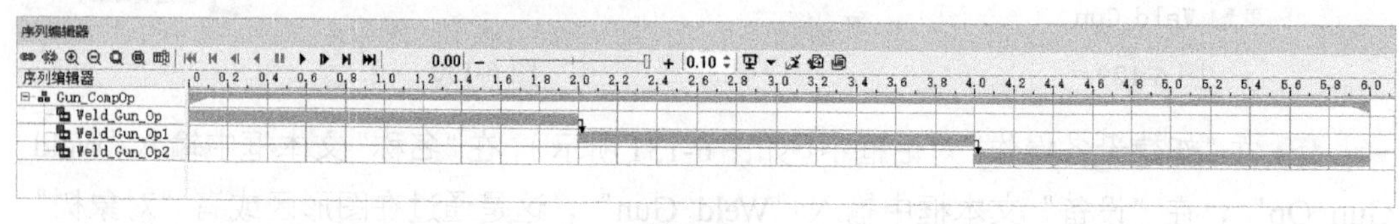

图 6-134

6.2.4 机器人定义

1. 新建一个研究

在“文件”菜单下，依次单击“断开的研究”→“新建研究”，在弹出的“新建研究”对话框中单击“创建”按钮，完成新研究的创建。（注意，如果是在已有研究下进行设备定义，则跳过此步骤）。

2. 设备模型导入

01 在“文件”菜单下，依次单击“导入 / 导出”→“转换并插入 CAD 文件”，在弹出的“转换并插入 CAD 文件”对话框中单击“添加”按钮，然后选择 Tecnomatix\Robot.cojt 文件夹中的 Robot.jt 文件。

02 如图 6-135 所示，在“文件导入设置”对话框中，在“基本类”下拉列表中选择“资源”，在“复合类”下拉列表中选择“PmCompoundResource”，在“原型类”下拉列表中选择“Robot”，勾选“插入组件”复选框，单击“确定”按钮；接下来，在“转换并插入 CAD 文件”对话框中（如图 6-136（a）所示）单击“导入”按钮，完成机器人模型导入。导入结果如图 6-136（b）所示。

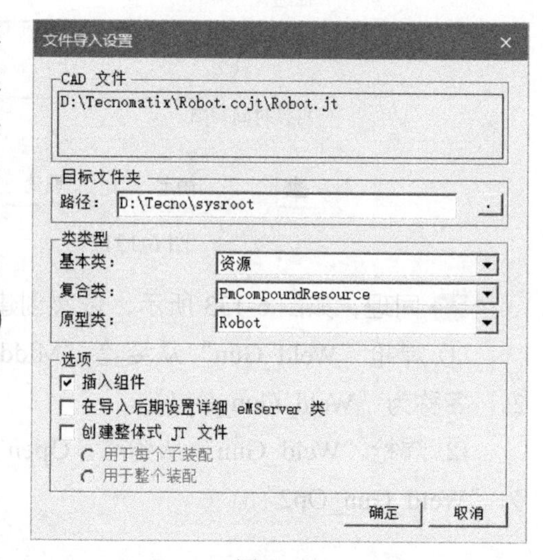

图 6-135

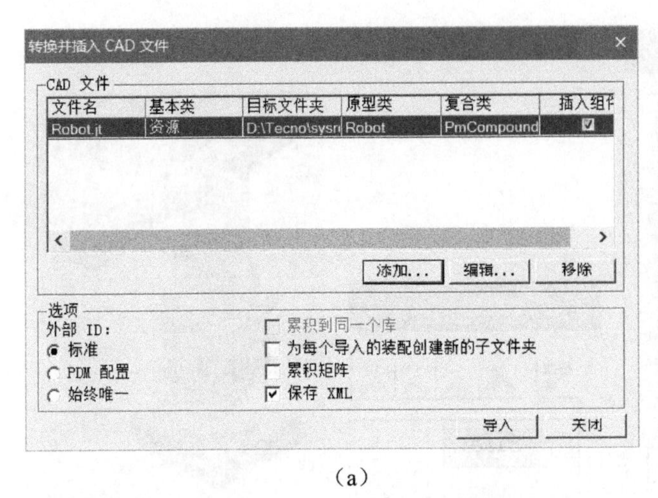

（a）

（b）

图 6-136

3. 设备模型激活展开

在“对象树”查看器中选择“Robot”；然后单击“建模”菜单下的“设置建模范围”按钮，将设备模型激活展开（如图 6-137 所示）。

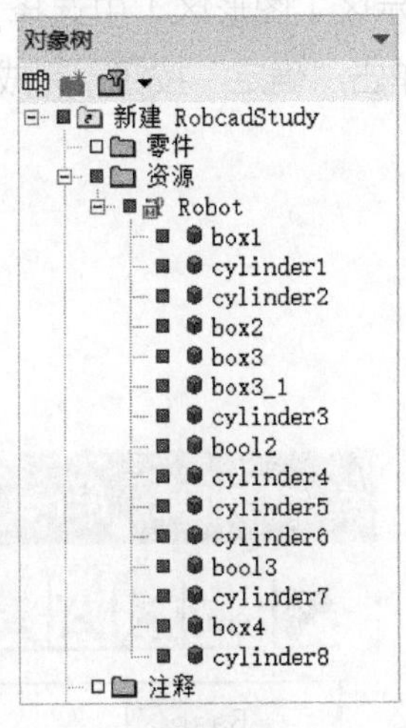

图 6-137

4. 创建设备运动学关系

01 创建连杆。

① 在“对象树”查看器中选择“Robot”；然后单击“建模”菜单下的“运动学编辑器”按钮，弹出“运动学编辑器”对话框。

② 在“运动学编辑器-Robot”对话框中单击“创建连杆”按钮，在弹出的“连杆属性”对话框中（如图 6-138（a）所示），在“名”文本框中输入“Base”；对于“连杆单元”列表栏，需要在研究显示区（图形区）中选择“box1”“cylinder1”两个零件；最后，单击“确定”按钮，完成连杆“Base”的定义（如图 6-138（b）和图 6-138（c）所示）。

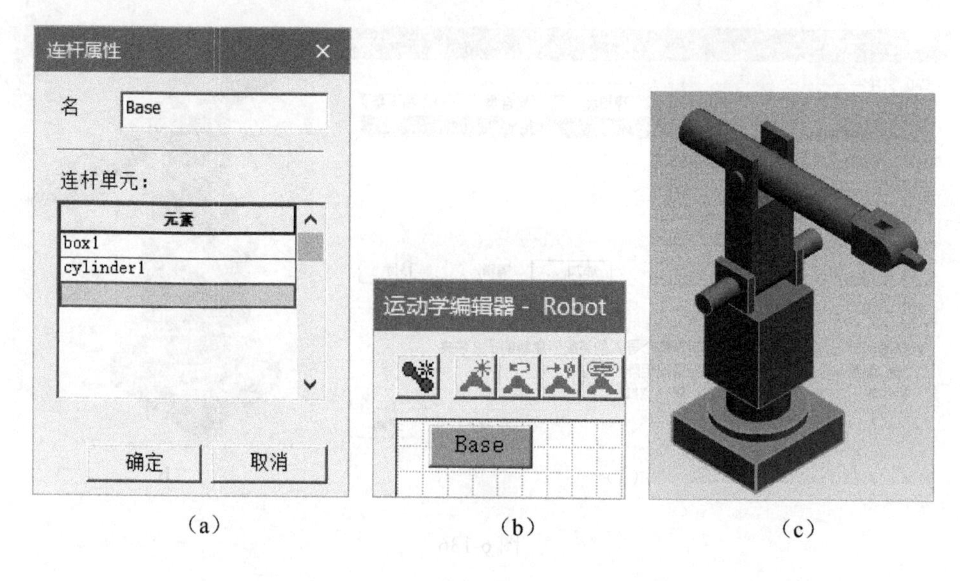

（a）（b）（c）

图 6-138

③ 在“运动学编辑器 -Robot”对话框中单击“创建连杆”按钮，在弹出的“连杆属性”对话框中（如图 6-139（a）所示），在“名”文本框中输入“lnk1”；对于“连杆单元”列表栏，需要在研究显示区（图形区）中选择“cylinder2”“box2”“box3_1”“box3”“cylinder3”五个零件；单击“确定”按钮，完成连杆“lnk1”的定义（如图 6-139（b）和图 6-139（c）所示）。

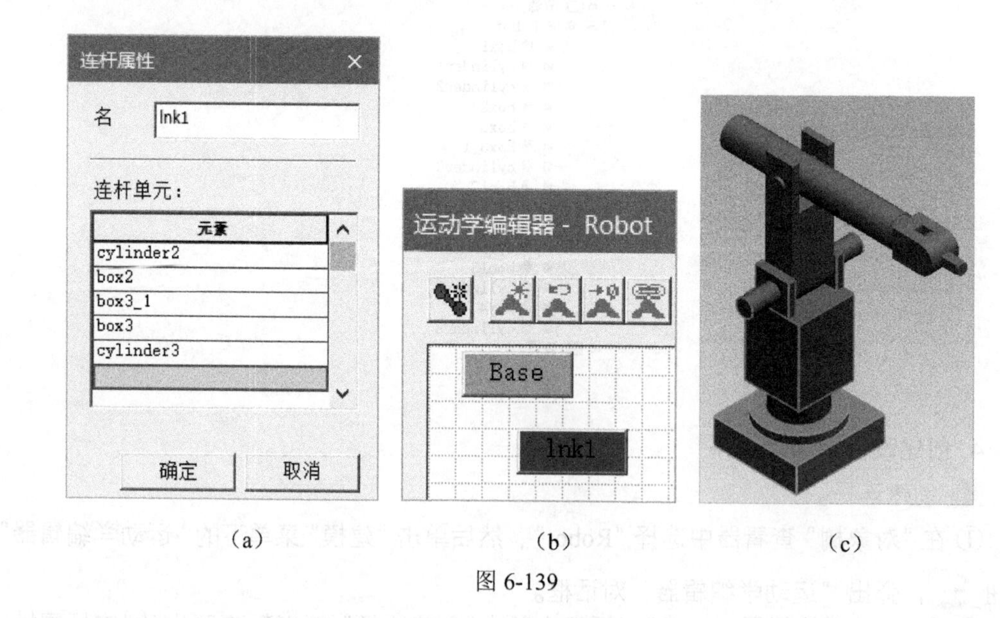

（a）（b）（c）

图 6-139

④ 在“运动学编辑器 -Robot”对话框中单击“创建连杆”按钮，在弹出的“连杆属性”对话框中（如图 6-140（a）所示），在“名”文本框中输入“lnk2”；对于“连杆单元”列表栏，需要在研究显示区（图形区）中选择“cylinder4”“bool2”两个零件；单击“确定”按钮，完成连杆“lnk2”的定义（如图 6-140（b）和图 6-140（c）所示）。

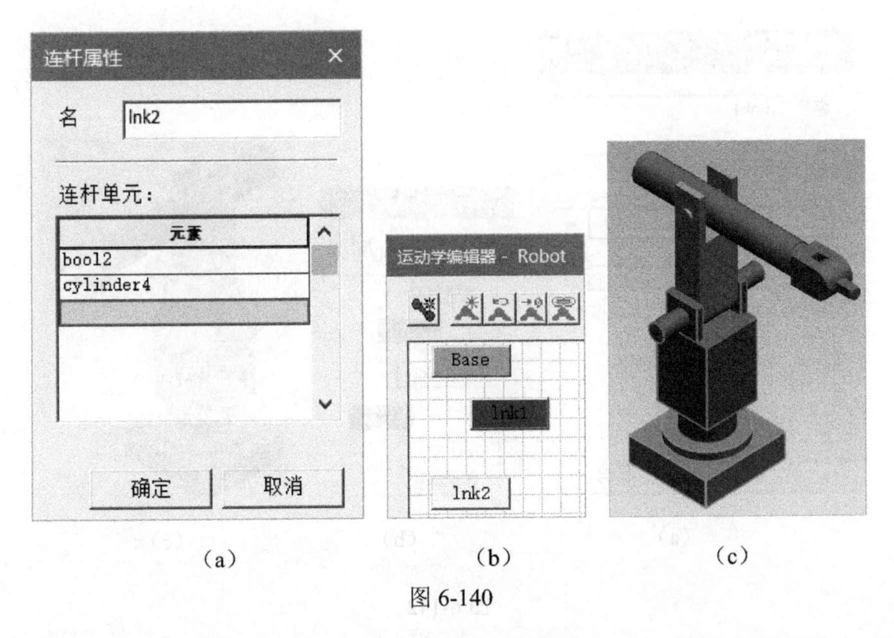

（a）　（b）　（c）

图 6-140

⑤ 在“运动学编辑器 -Robot”对话框中单击“创建连杆”按钮，在弹出的“连杆属性”对话框中（如图 6-141（a）所示），在“名”文本框中输入“lnk3”；对于“连杆单元”列表栏，需要在研究显示区（图形区）中选择“cylinder5”“cylinder6”两个零件；单击“确定”按钮，完成连杆“lnk3”的定义（如图 6-141（b）和图 6-141（c）所示）。

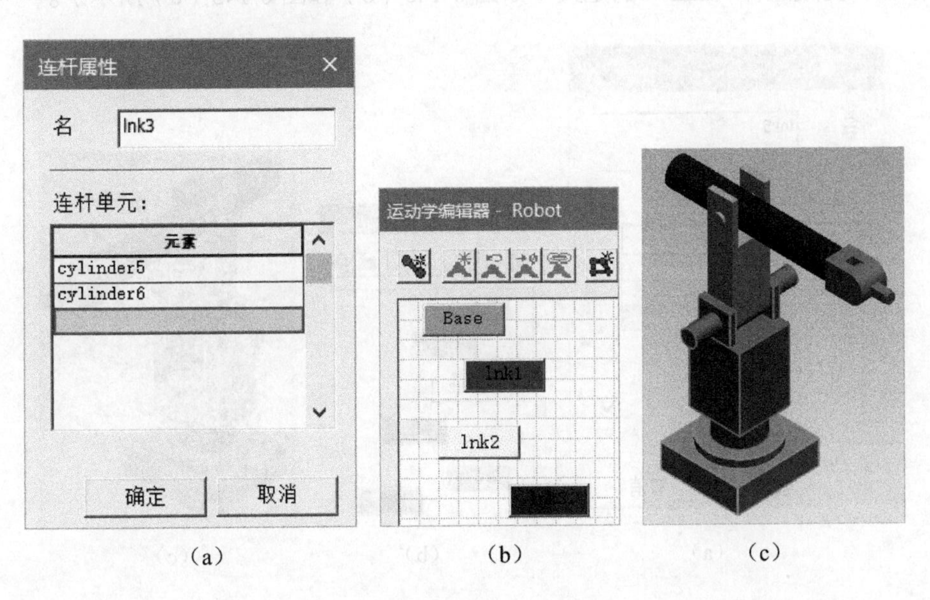

（a）　（b）　（c）

图 6-141

⑥ 在“运动学编辑器 -Robot”对话框中单击“创建连杆”按钮，在弹出的“连杆属性”对话框中（如图 6-142（a）所示），在“名”文本框中输入“lnk4”；对于“连杆单元”列表栏，需要在研究显示区（图形区）中选择“bool3”零件；单击“确定”按钮，完成连杆“lnk4”的定义（如图 6-142（b）和图 6-142（c）所示）。

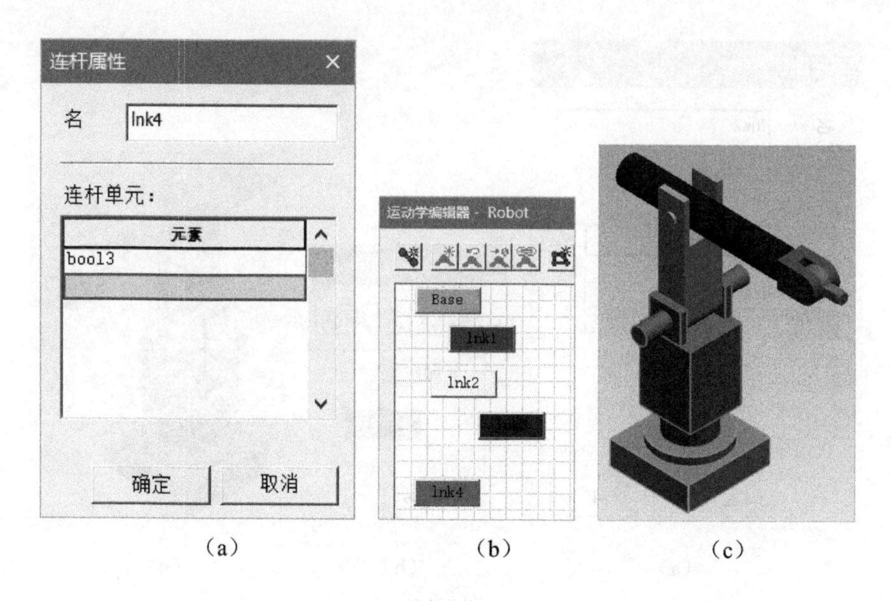

（a）（b）（c）

图 6-142

⑦ 在“运动学编辑器 -Robot”对话框中单击“创建连杆”按钮，在弹出的“连杆属性”对话框中（如图 6-143（a）所示），在“名”文本框中输入“lnk5”；对于“连杆单元”列表栏，需要在研究显示区（图形区）中选择“box4”“cylinder7”两个零件；单击“确定”按钮，完成连杆“lnk5”的定义（如图 6-143（b）和图 6-143（c）所示）。

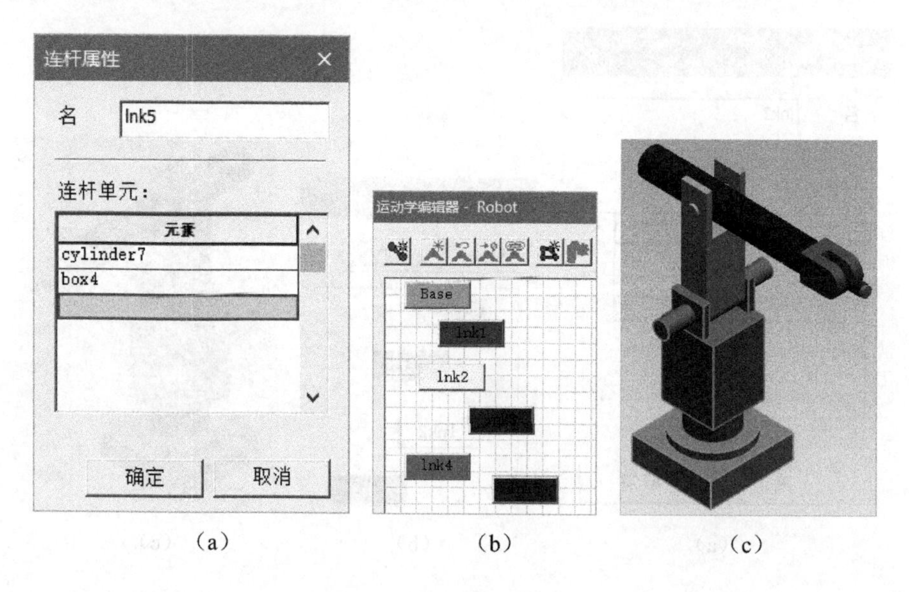

（a）（b）（c）

图 6-143

⑧ 在“运动学编辑器 -Robot”对话框中单击“创建连杆”按钮，在弹出的“连杆属性”对话框中（如图 6-144（a）所示），在“名”文本框中输入“lnk6”；对于“连杆单元”列表栏，需要在研究显示区（图形区）中选择“cylinder8”零件；单击“确定”按钮，完成连杆“lnk6”的定义（如图 6-144（b）和图 6-144（c）所示）。

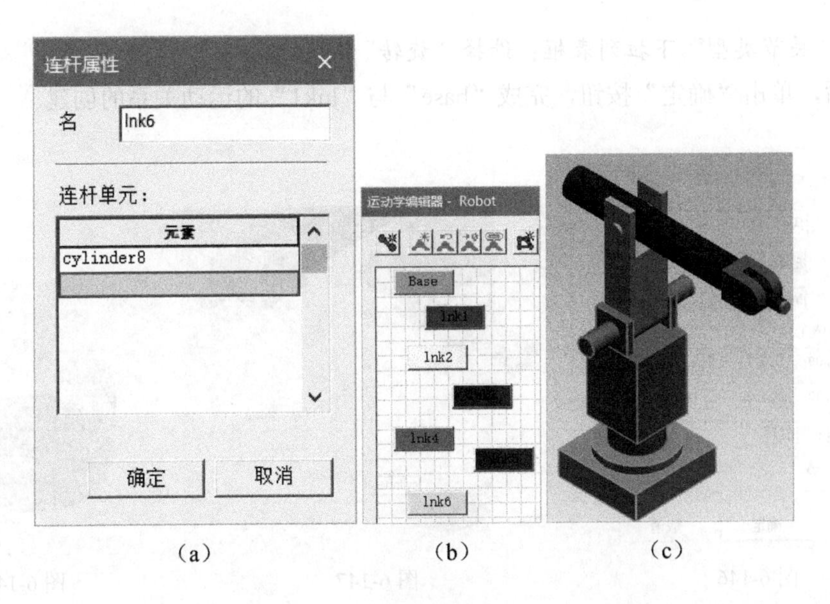

（a）（b）（c）

图 6-144

02 创建连杆间的运动关系。

① 如图 6-145 所示，在“运动学编辑器 -Robot”对话框中，将鼠标光标放在“Base”按钮上，按住鼠标左键，移动到“lnk1”按钮上，松开鼠标左键，可以看到一个黑色箭头从“base”按钮指向“lnk1”按钮，并弹出“关节属性”对话框。

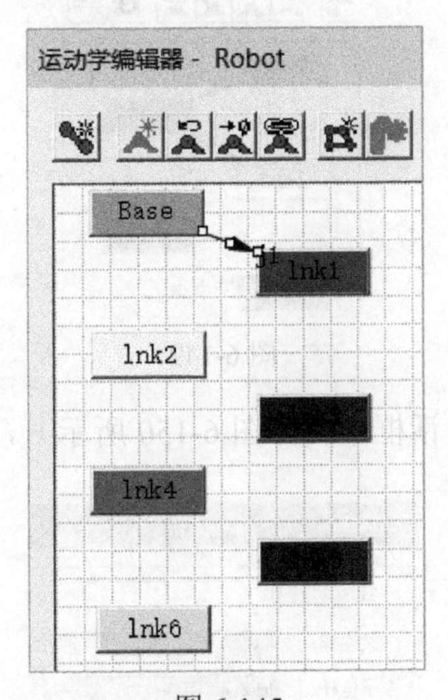

图 6-145

在弹出的“关节属性”对话框中（如图 6-146 所示），参数设置如下：

- “从”微调框：输入起点的坐标，需要在图形区选择零件“cylinder2”上端面圆心（如图 6-147 所示）。
- “到”微调框：输入终点的坐标，需要在图形区选择零件“cylinder2”下端面圆心（如图 6-148 所示）。

● "关节类型"下拉列表框：选择"旋转"。

最后，单击"确定"按钮，完成"base"与"lnk1"的运动关系的创建。

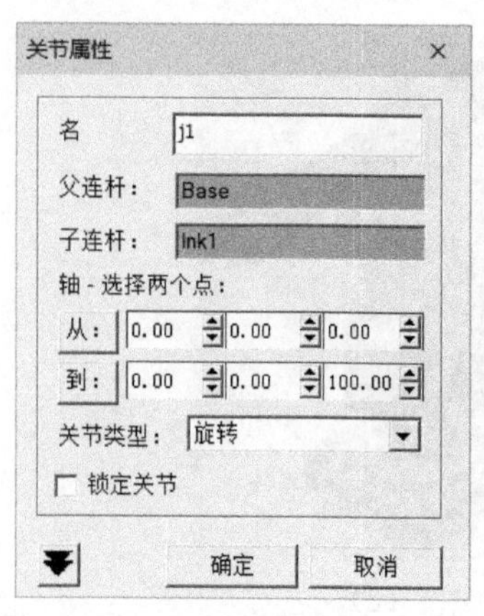

图 6-146

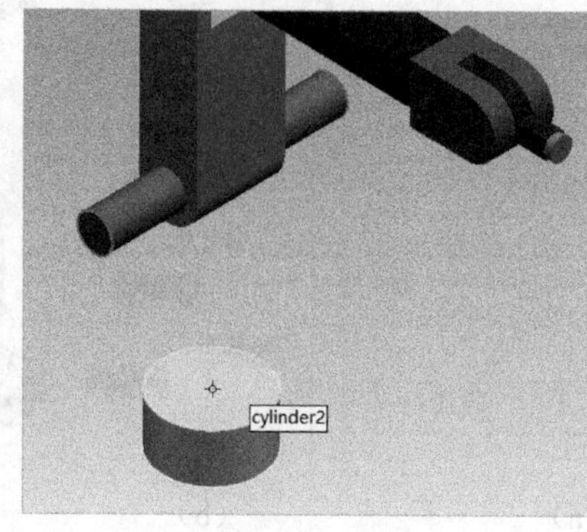

图 6-147

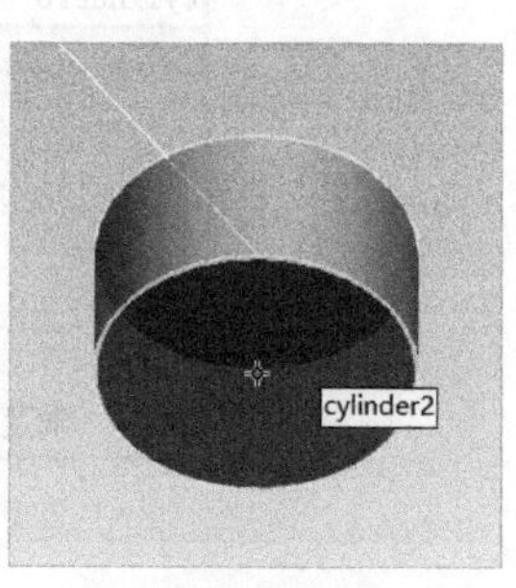

图 6-148

② 在"运动学编辑器 -Robot"对话框中，将鼠标光标放在"lnk1"按钮上，按住鼠标左键，移动到"lnk2"按钮上，松开鼠标左键，可以看到一个黑色箭头从"lnk1"按钮指向"lnk2"按钮（如图 6-149 所示），并弹出"关节属性"对话框。

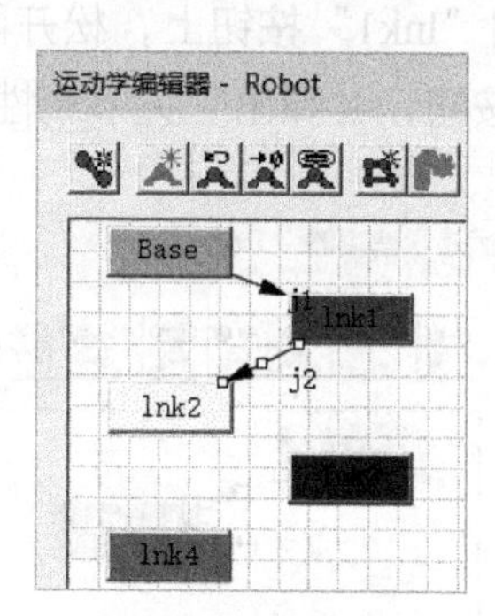

图 6-149

在弹出的"关节属性"对话框中（如图 6-150 所示），参数设置如下：

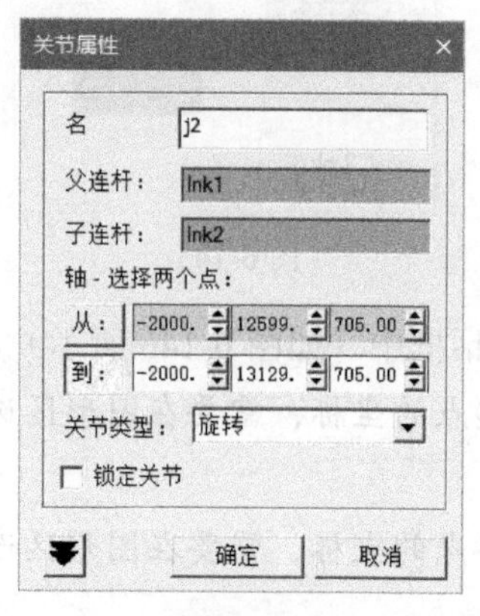

图 6-150

- “从”微调框：输入起点的坐标，需要在图形区选择零件“cylinder3”一侧的端面圆心，如图 6-151（a）所示。
- “到”微调框：输入起点的坐标，需要在图形区选择零件“cylinder3”另一侧的端面圆心（如图 6-151（b）所示）。
- “关节类型”下拉列表框：选择“旋转”。

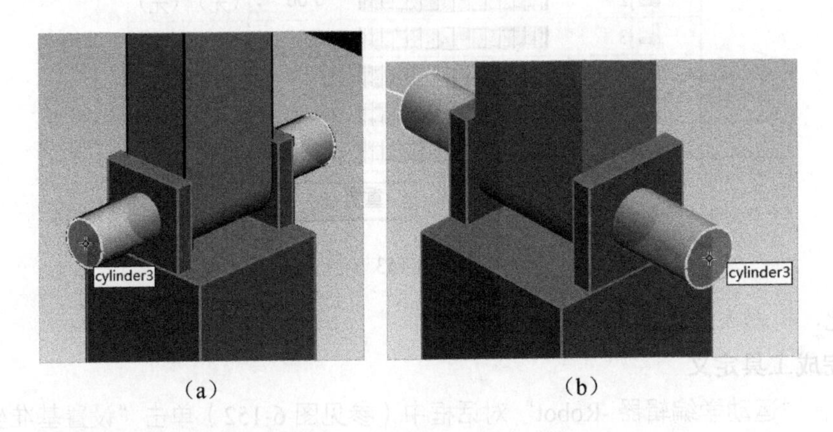

（a）　　（b）

图 6-151

最后，单击“确定”按钮，完成“lnk1”与“lnk2”的运动关系的创建。

③ 同理，依次完成“lnk2”与“lnk3”、“lnk3”与“lnk4”、“lnk4”与“lnk5”、“lnk5”与“lnk6”的运动关系的创建（如图 6-152 所示）。

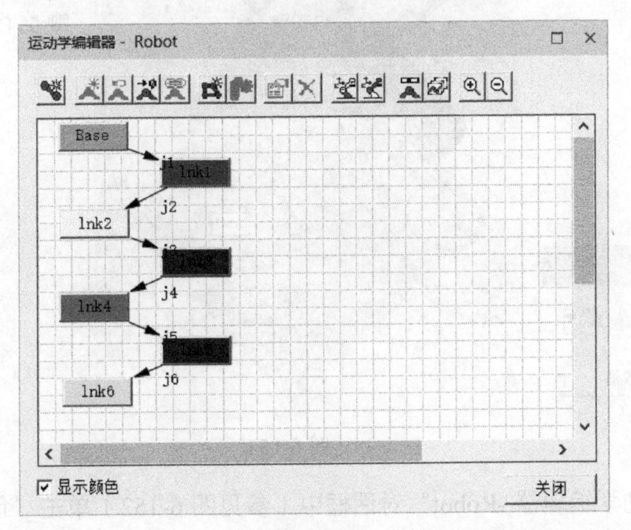

图 6-152

④ 在“运动学编辑器 -Robot”对话框中（参见图 6-152）单击“打开关节调整”按钮，在弹出的“关节调整 -Robot”对话框中（如图 6-153 所示），通过滑动“转向 / 姿态”旋钮，可以看到各运动关系是正确的。在这里可以自己调整各关节的上限值和下限值。单击“重置”按钮；单击“关闭”按钮，退出“关节调整”对话框。

关节调整 - Robot

关节树	转向/姿态	值	下限	上限
Robot	HOME			
j1		0.00	(无)	(无)
j2		0.00	(无)	(无)
j3		0.00	(无)	(无)
j4		0.00	(无)	(无)
j5		0.00	(无)	(无)
j6		0.00	(无)	(无)

重置(R)　关闭

图 6-153

至此，机器人运动学关系创建完成。

5. 完成工具定义

01 在“运动学编辑器 -Robot”对话框中（参见图 6-152）单击“设置基准坐标系”按钮，弹出“设置基准坐标系”对话框（如图 6-154 所示），先在图形区选择零件“box1”底面中心点（如图 6-155 所示）；然后单击“确定”按钮，完成基准坐标系的创建（如图 6-156 所示）。

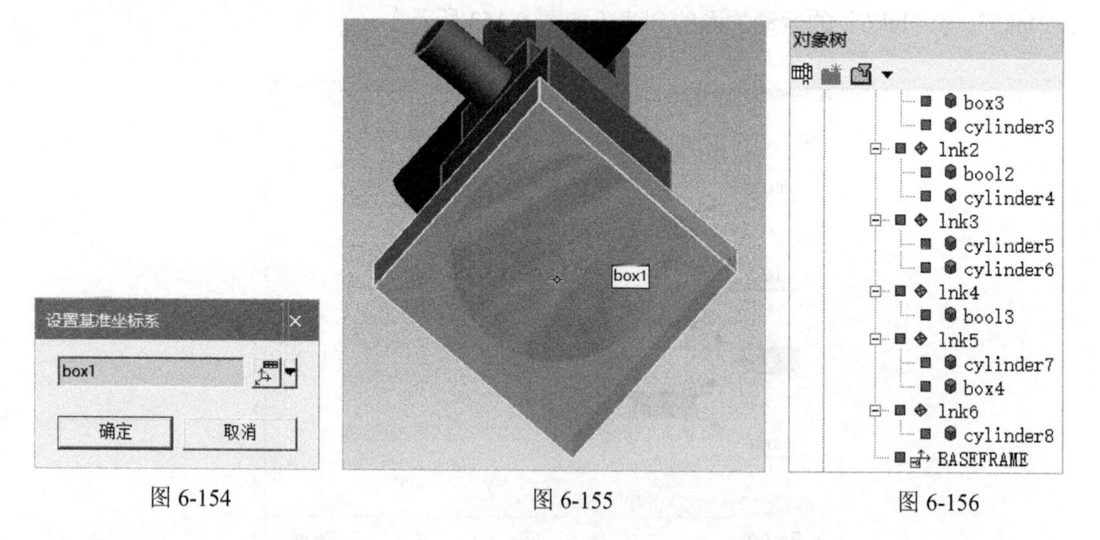

图 6-154　图 6-155　图 6-156

02 在“运动学编辑器 -Robot”对话框中（参见图 6-152）单击“创建工具坐标系”按钮，弹出“创建工具坐标系”对话框（如图 6-157 所示），在“位置”文本框中输入“cylinder8”，这是在图形区选择零件“cylinder8”端面圆心（如图 6-158 所示）来实现的；对于“附加至链接”文本框，则需要在“对象树”查看器中选择“lnk5”来输入值，结果如图 6-159 所示。单击“确定”按钮，完成工具坐标系的创建（如图 6-160 所示）。

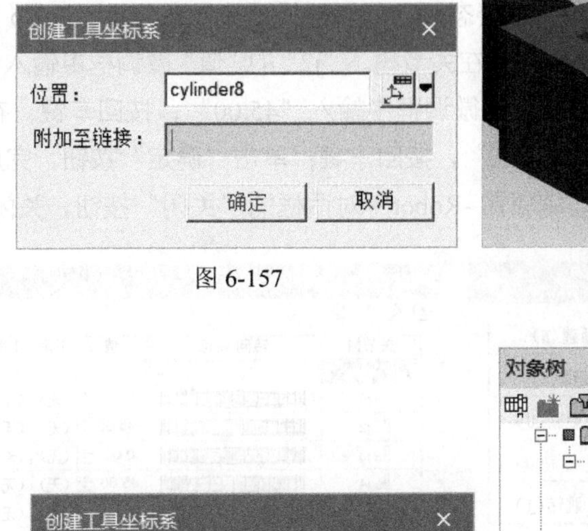

图 6-157　　图 6-158

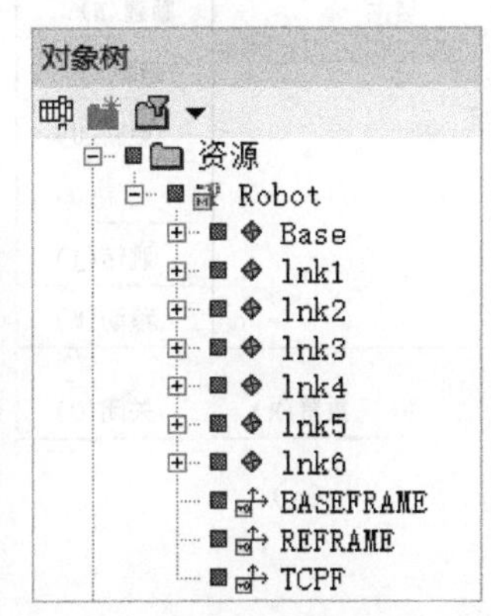

图 6-159　　图 6-160

至此，机器人工具定义创建完成。

6. 创建设备工作姿态

01 在“运动学编辑器 -Robot”对话框中单击“打开姿态编辑器”按钮，弹出“姿态编辑器 -Robot”对话框（如图 6-161 所示），选择姿态“HOME”，单击“新建”按钮，在弹出的“编辑姿态 -Robot”对话框中（如图 6-162 所示），在“姿态名称”文本框中输入“pos1”；在关节树下“j1”的“值”微调框中输入“45.00”，按回车键；在关节树下“j2”的“值”微调框中输入“-20.00”，按回车键；单击“编辑姿态 -Robot”对话框中的“确定”按钮，完成“pos1”姿态的创建。

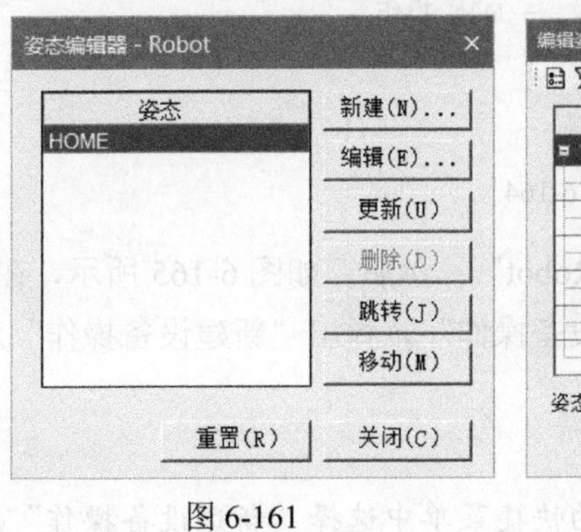

图 6-161

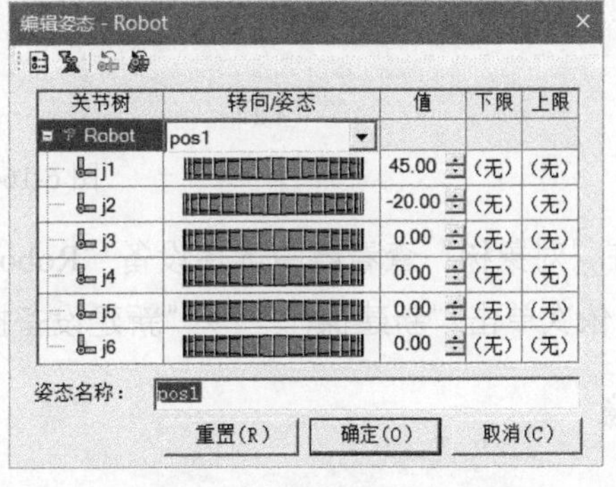

图 6-162

02 同理，在“姿态编辑器 -Robot”对话框中选择姿态“HOME”（如图 6-163（a）所示），单击“新建”按钮，在弹出的“编辑姿态 -Robot”对话框中（如图 6-163（b）所示），在“姿态名称”文本框中输入“pos2”；在关节树下“j2”的“值”微调框中输入“−45.00”，按回车键；在关节树下“j4”的“值”微调框中输入“45.00”，按回车键；在关节树下“j5”的“值”微调框中输入“−45.00”，按回车键；单击“确定”按钮，完成“pos2”姿态的创建。最后，单击“姿态编辑器 -Robot”对话框的“关闭”按钮，关闭对话框。

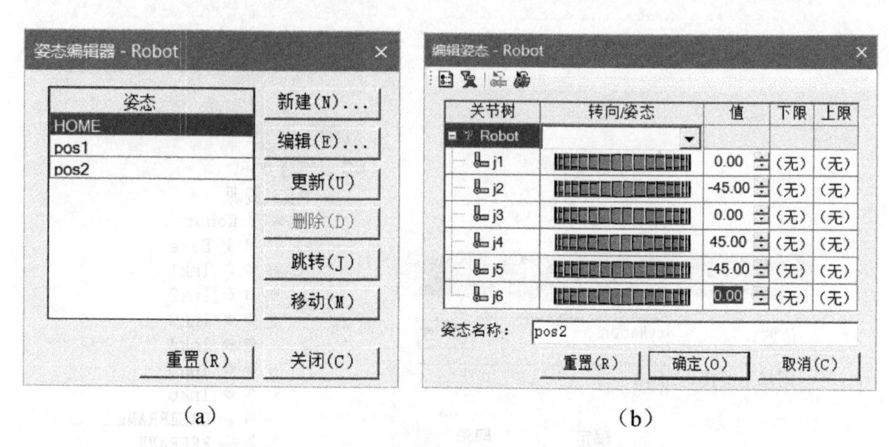

（a）　　　　　　　　　　（b）

图 6-163

可以根据情况，自行创建不同的机器人姿态。

7. 创建设备操作

① 在“操作”菜单下，依次单击“新建操作”→“新建复合操作”，在弹出的“新建复合操作”对话框中（如图 6-164（a）所示），在“名”文本框中输入“Robot_CompOp”，在“范围”下拉列表中选择“操作根目录”，单击“确定”按钮，完成新建复合操作创建，如图 6-164（b）所示。

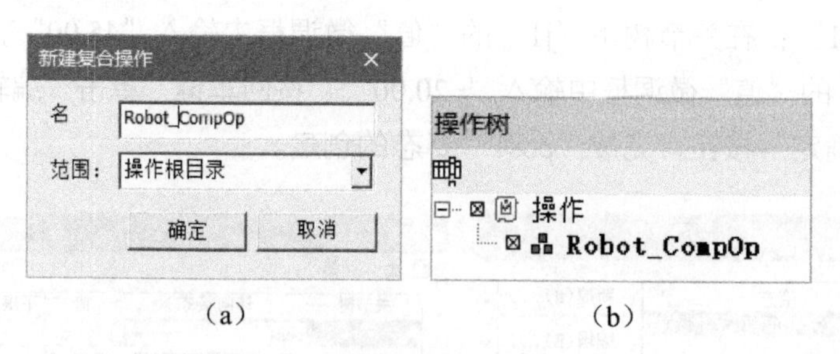

（a）　　　　　　　　　　（b）

图 6-164

② 在“对象树”查看器中选择设备“Robot”；然后，如图 6-165 所示，在“操作”菜单下，依次单击“新建操作”→“新建设备操作”，弹出“新建设备操作”对话框。

也可以右击设备“Robot”，在弹出的快捷菜单中选择“新建设备操作”。

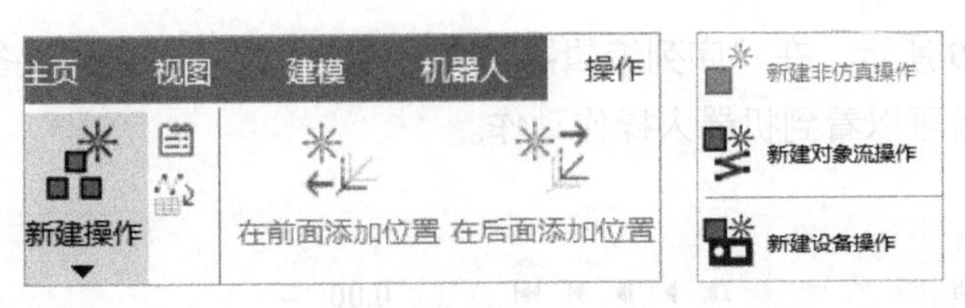

图 6-165

③ 在“新建设备操作”对话框中（如图 6-166 所示），参数设置如下：

- “名称”文本框：输入“Robot_Op”。
- “设备”文本框：通过在图形区或者“对象树”查看器中选择“Robot”输入。
- “范围”下拉列表框：通过在“操作树”查看器中选择“Robot_CompOp”输入。
- “从姿态”下拉列表框：选择“HOME”。
- “到姿态”下拉列表框：选择“pos1”。

单击“确定”按钮。完成第一个设备操作（如图 6-167 所示）。

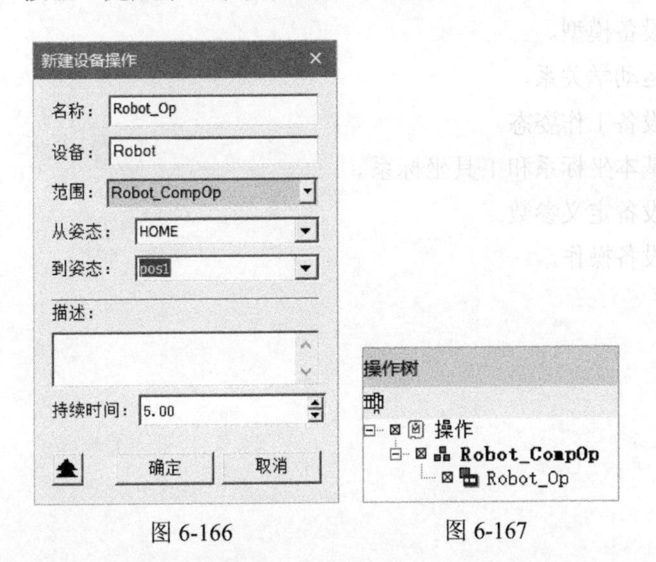

图 6-166　　图 6-167

④ 同理，如图 6-168 所示，创建如下设备操作：

- 机器人“Robot”从姿态“pos1”到姿态“pos2”的操作，名称为“Robot_Op1”。
- 机器人“Robot”从姿态“pos2”到姿态“HOME”的操作，名称为“Robot_Op2”。

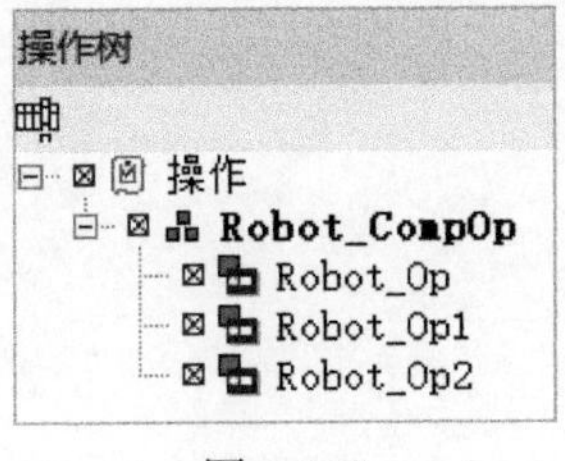

图 6-168

⑤ 如图 6-169 所示，在“序列编辑器”查看器中，将所创建的设备操作关联起来，单击播放按钮，就可以看到机器人操作动作。

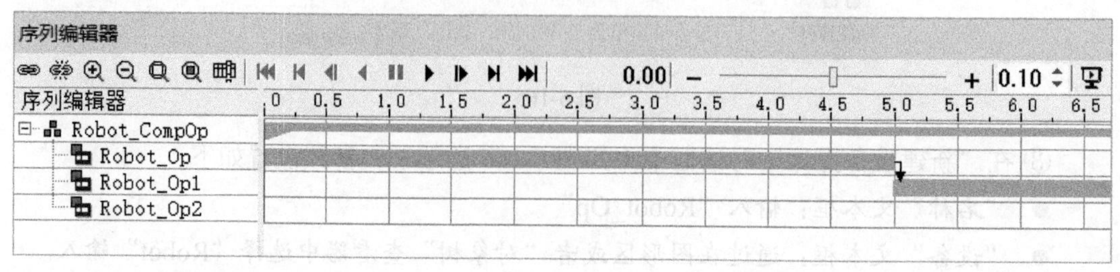

图 6-169

至此，本章通过实例分别讲解了工装夹具、抓手、焊枪、机器人等常用设备的定义。完成设备定义通常需要经过以下步骤：

（1）新建（或者已有）一个研究。

（2）导入设备模型。

（3）创建运动学关系。

（4）创建设备工作姿态。

（5）创建基本坐标系和工具坐标系。

（6）编辑设备定义参数。

（7）创建设备操作。

第7章

Process Simulate 人因仿真

Process Simulate 的 Process Simulate Human 是专业的人因工程分析仿真模块，可以对人体在特定工作环境下会遇到的问题和表现进行仿真，例如，在人机交互过程中的可视性及可达性问题、产品设备的可维护性问题、工人操作过程中的身体舒适度问题、产品设备的可装配性问题、工位布局的合理性及优化问题，以及工时定额的研究及评估问题等。

Process Simulate Human 提供了参数化的人体模型（性别、地区、体重、身高等）、预定义的人体关节属性（上下肢、头部、脊柱等）、预定义的人体及手部姿态、常用的人体工程学分析标准（OWAS/RULA/NOIS 等）等功能。通过 Process Simulate Human 模块，可以轻松地完成人员可达性分析、可视性分析、可维修性分析、舒适度分析、力量评估、能量消耗分析、疲劳强度分析、工作姿态分析等。

7.1 人因仿真主要功能介绍

如图 7-1 所示，Process Simulate 的“人体”菜单就是其人因工程仿真模块，该菜单提供了多种类型的人因仿真功能，通过这些功能可以创建人体类型、人体姿势、手型，也可以模拟抓放物件、行走、上下楼梯等动作，还可以对人体进行可视性、可达性及人体工程学分析。

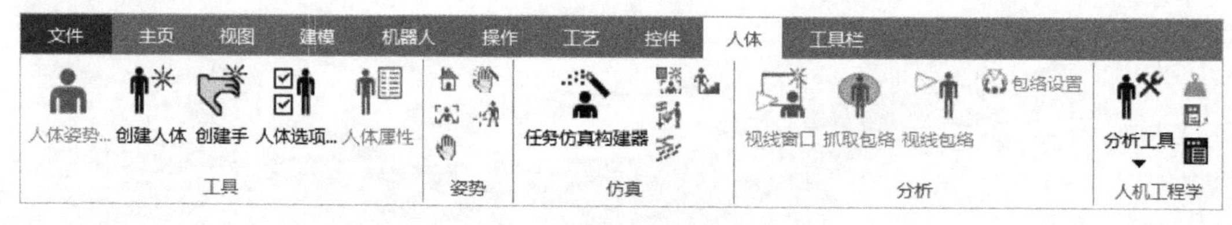

图 7-1

- “创建人体”按钮：单击此按钮，会弹出如图 7-2 所示的对话框，既可以通过选择或者输入人体参数创建人体模型，也可以通过文件加载的方式将人体模型导入到研究中。

  选中“通过参数创建”单选按钮，然后可以在“性别”下拉列表中选择是创建“男性”还是“女性”人体模型，在“外观”下拉列表中选择人体模型“着衣”或者“穿靴和戴手套”等外观要求，在“数据库”下拉列表中选择创建不同国家或者区域的人体模型，在“高度”和“重量”下拉列表中定义人体模型的身高、体重；选中“从 .flg 文件加载参数”单选按钮，可以将其他研究创建的人体模型导入到现在的研究中。

可以将人体模型保存为 .flg 格式的文件，便于重复引用。

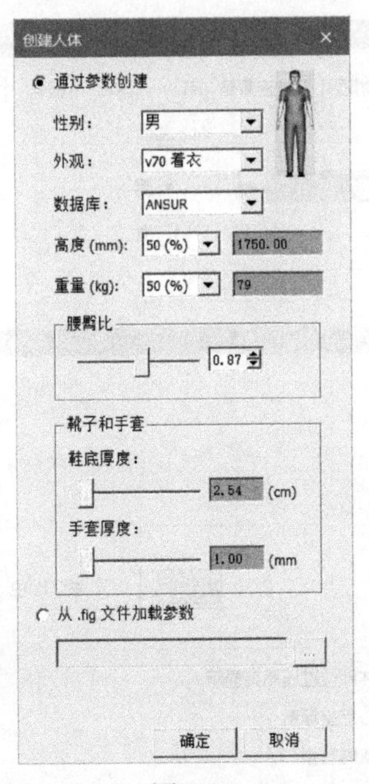

图 7-2

● “人体姿势”按钮：单击此按钮，会弹出如图 7-3 所示的对话框，可以用来控制人体姿态、定义视线目标、锁定人体部位、设置载荷、创建操作等。

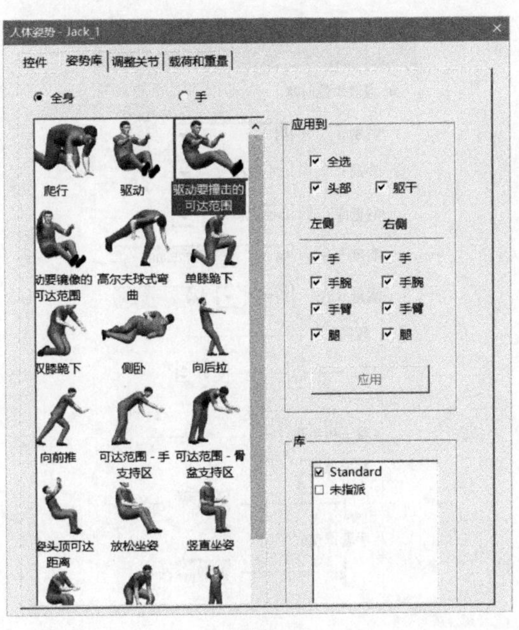

图 7-3

● “人体选项”按钮 ：单击此按钮，会弹出如图 7-4 所示的对话框，可以预设置人体相关参数，例如行走速度、人体外观颜色（衣服、眼睛、虹膜、头发、指甲等）等。

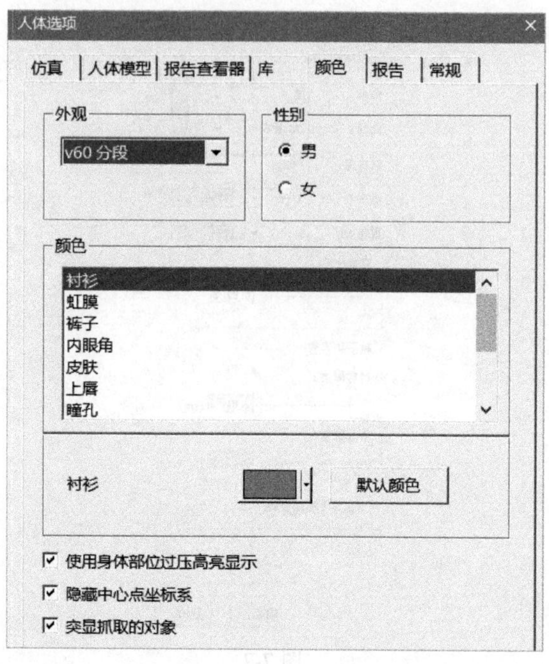

图 7-4

● “人体属性”按钮 ：单击此按钮，会弹出如图 7-5 所示的对话框，可以在其中更改所选人体的属性参数，例如身高、体重、性别、外观等。

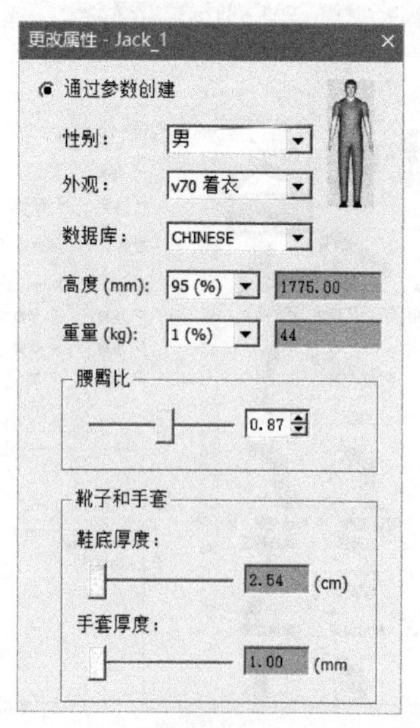

图 7-5

- “默认姿势”按钮：单击此按钮，可以将所选人体重置为默认站立姿势。
- “抓取向导”按钮：单击此按钮，会弹出如图 7-6 所示的对话框，可以设置左右手姿势及抓取的对象，并创建操作。

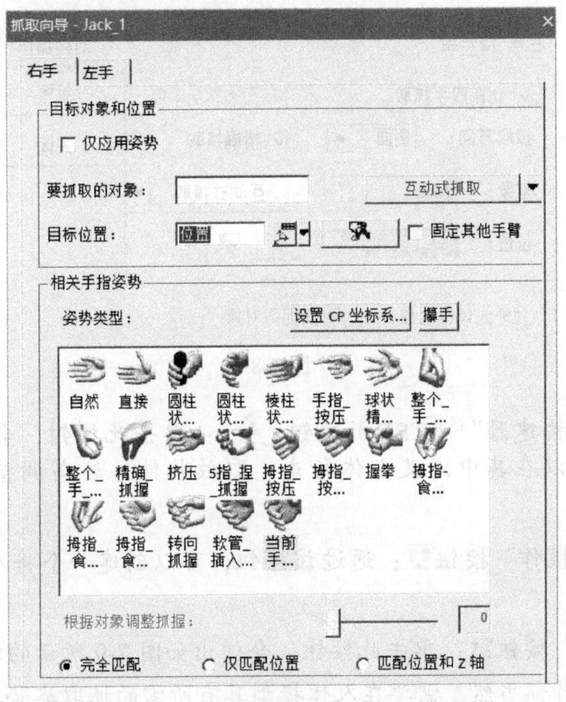

图 7-6

- “保存当前姿势”按钮：单击此按钮，可以存储所选人体的当前姿势，并将它添加到姿势库中。
- “达到目标”按钮：单击此按钮，会弹出如图 7-7 所示的对话框，可以设置人体要达到的目标位置及抓取的对象，并创建操作。

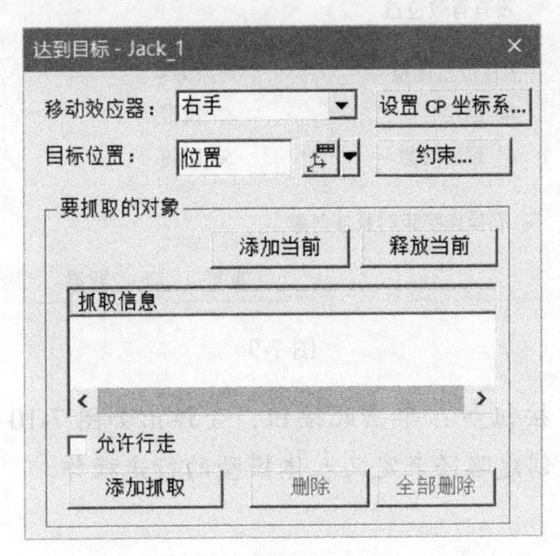

图 7-7

- "自动抓取"按钮：单击此按钮，会弹出如图 7-8 所示的对话框，可以定义人体左右手抓取的对象、方向及位置，并创建操作。

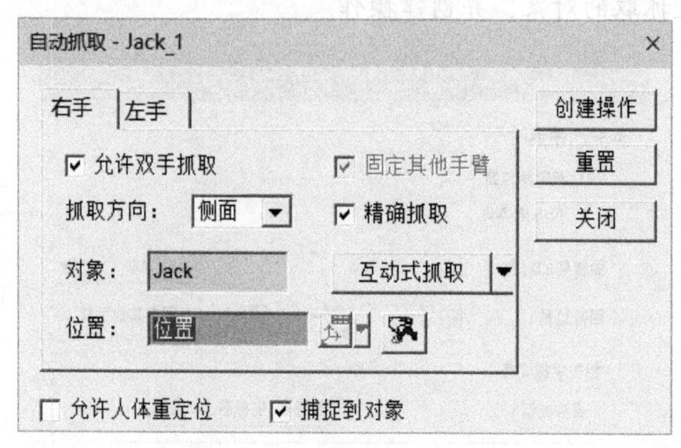

图 7-8

- "任务仿真构建器"（TSB）按钮：单击此按钮，会弹出一个向导式的对话框，可以在其中定义人体行走、取放物件、姿态调整等一系列人因仿真操作。
- "创建姿势操作"按钮：通过该按钮，可以创建一个将人体模型变换到指定姿势的操作。
- "放置对象"按钮：单击此按钮，会弹出如图 7-9 所示的对话框，可以创建放置对象的操作，当然，需要在人体模型具有所需的抓取姿势之后创建。

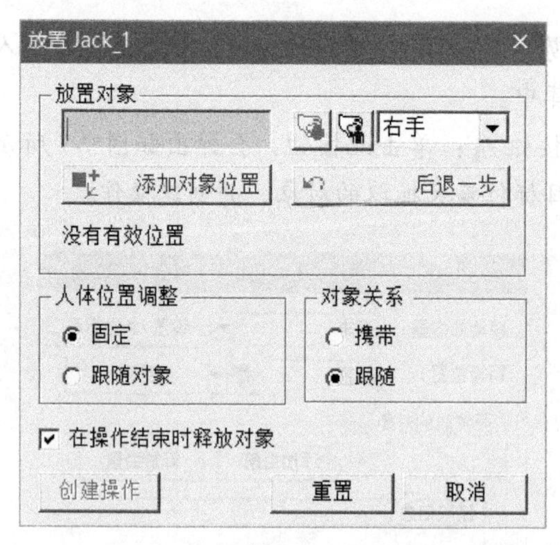

图 7-9

- "行走创建器"按钮：单击此按钮，会弹出如图 7-10 所示的对话框，可以通过选择位置或者创建路径来定义人体模型的行走操作。

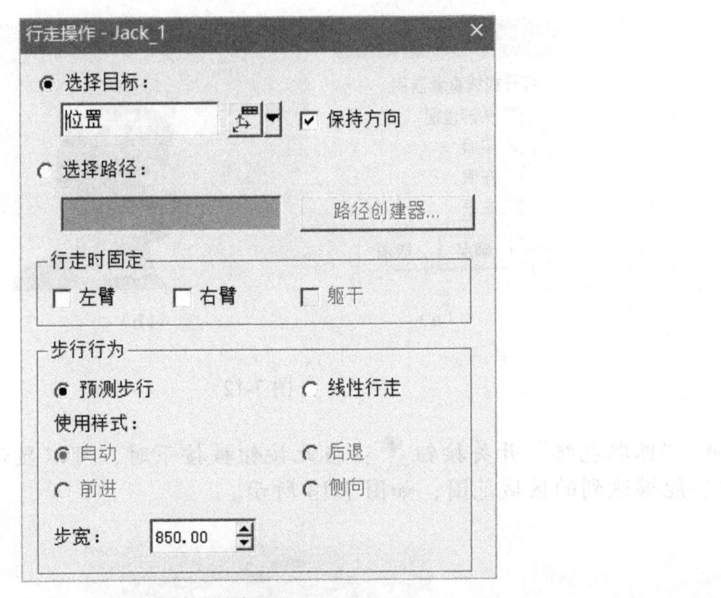

图 7-10

- “创建高度过渡操作”按钮：单击此按钮，会弹出如图 7-11 所示的对话框，可以创建上下坡及上下楼梯的人体仿真操作。

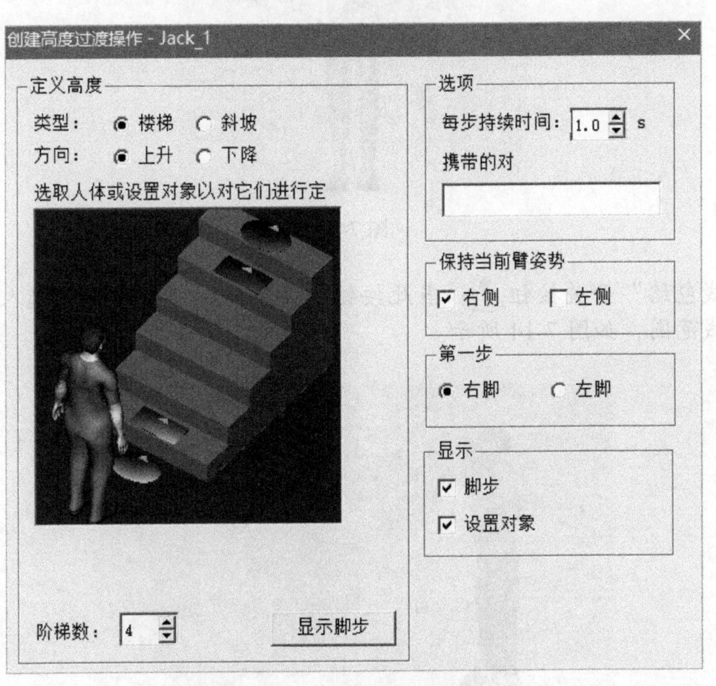

图 7-11

- “视线窗口”按钮：单击此按钮，会弹出如图 7-12（a）所示的对话框，可以选择以头部直视、中眼、左眼及右眼等视角来显示对象内容，图 7-12（b）所示为正中眼位视图的情况。

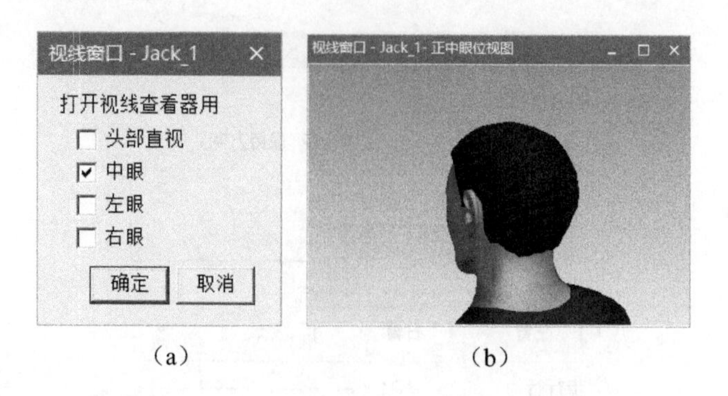

（a）　　　　　　　　（b）

图 7-12

- “抓取包络”开关按钮：当此按钮被按下时，可以显示出所选人体模型双手能够达到的区域范围，如图 7-13 所示。

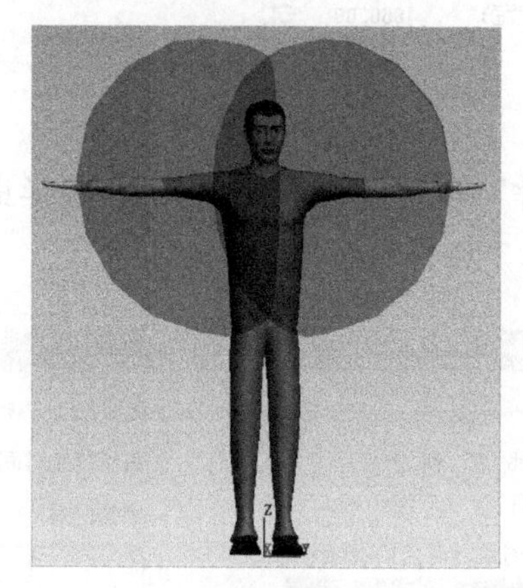

图 7-13

- “视线包络”开关按钮：当此按钮被按下时，可以显示所选人体模型能看到的区域范围，如图 7-14 所示。

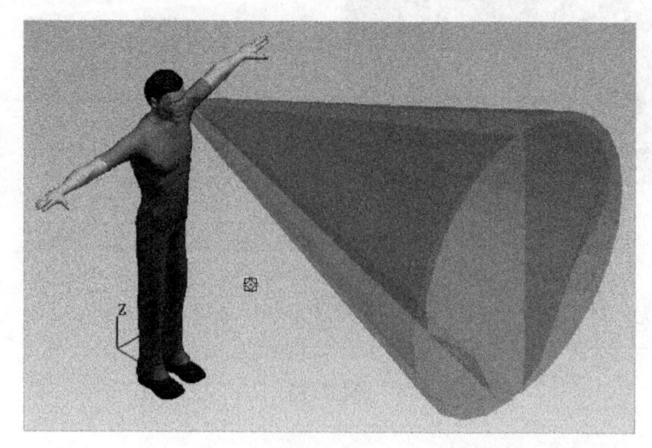

图 7-14

- “包络设置”按钮：单击此按钮，会弹出如图 7-15 所示的对话框，可以设置人体模型“抓取包络”和“视线包络”的区域范围。

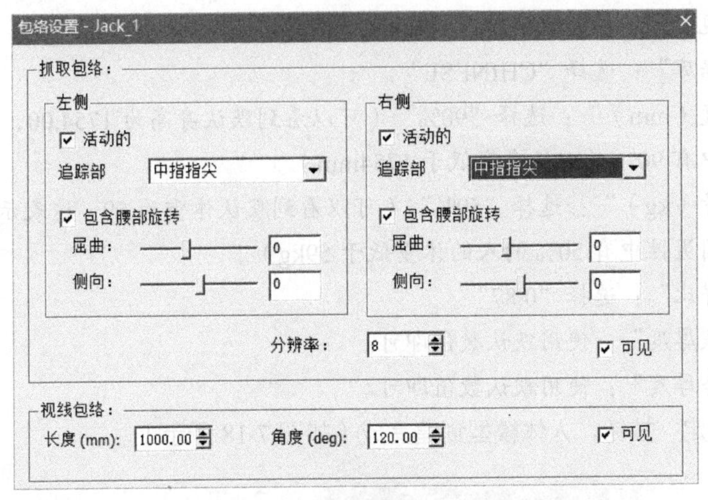

图 7-15

- “分析工具”按钮：在此按钮的下拉菜单中，通过选择不同的选项，可以对所选人体模型进行舒适度、力量、能量消耗、疲劳强度等项目的评估分析。
- “创建人机分析报告”按钮：单击此按钮，可以创建人体模型的分析评估报告。

7.2 创建人体姿态操作（一）

01 新建一个研究，创建一个人体模型。

① 如图 7-16（a）所示，在“文件”菜单下，依次单击“断开的研究”→“新建研究”，弹出“新建研究”对话框（如图 7-16（b）所示），单击“创建”按钮，完成新研究的创建。

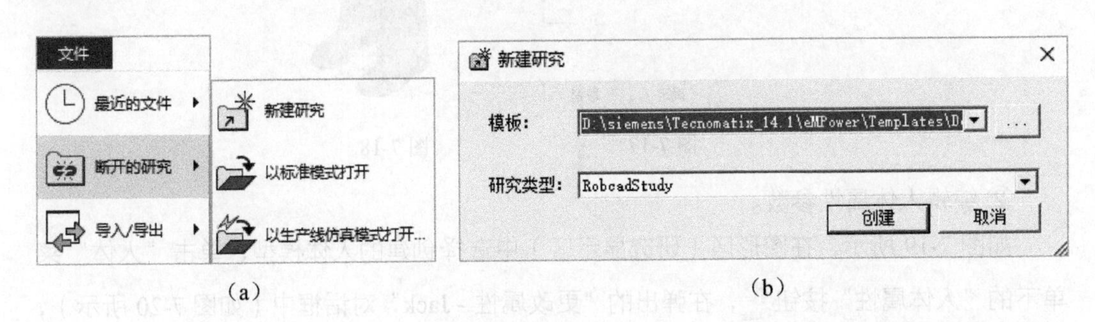

（a） （b）

图 7-16

单击“人体”菜单下的“创建人体”按钮，弹出“创建人体”对话框（如图 7-17 所示），参数设置如下：

- “性别”：选择“男”。

- “外观”：选择“靴子和手套”。
- “数据库”：选择“CHINESE”。
- “高度（mm）”：选择“90%”（可以看到默认身高为 1754.00，这表示中国男性当中有 90% 的人的身高低于 1754mm）。
- “重量（kg）”：选择“50%”（可以看到默认体重为 59，这表示身高 1754mm 的中国男性中有 50% 的人的体重低于 59kg）。
- “腰臀比”：选择“0.87”。
- “靴底厚度”：使用默认数值即可。
- “手套厚度”：使用默认数值即可。

单击“确定”按钮，人体模型创建完成（如图 7-18 所示）。

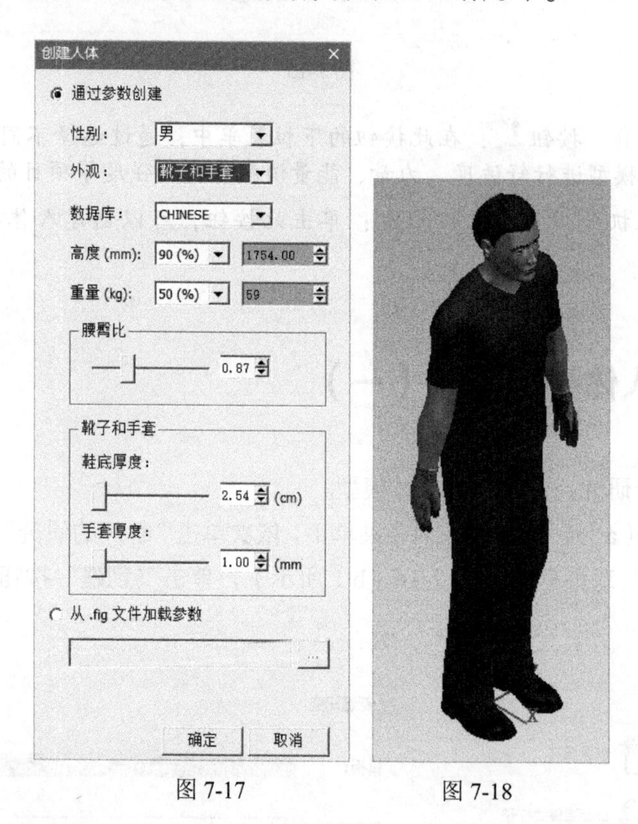

图 7-17　　图 7-18

② 编辑人体属性参数。

如图 7-19 所示，在图形区（研究显示区）中选择创建的人体模型，单击“人体”菜单下的“人体属性”按钮，在弹出的“更改属性 - Jack”对话框中（如图 7-20 所示），更改参数如下：

- “性别”：更改为“女”。
- “高度（mm）”和“重量（kg）”：选择的比例值不变，不过可以看到右面的默认值会自动更改。
- “腰臀比”：更改为“0.58”。

如图 7-21 所示，如果创建的人体模型经常用到，可以单击“更改属性 - Jack”对话框中的“导出人体模型”按钮，将人体模型保存起来，以便重复调用，最后单击“确定”按钮，完成人体模型的编辑。

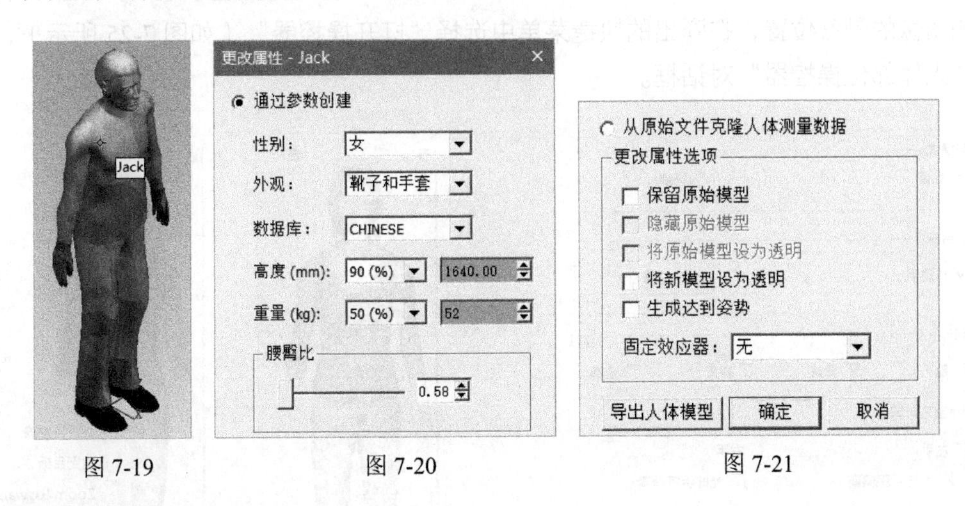

图 7-19　　图 7-20　　图 7-21

02 创建人体姿势操作。

① 单击“人体”菜单下的“人体姿势”按钮，在弹出的“人体姿势 - Jack”对话框中（如图 7-22 所示），单击“创建操作”按钮，在弹出的“操作范围”对话框中（如图 7-23 所示），在“名”文本框中输入“姿态 1”，在“范”下拉列表中选择“操作根目录”，单击“确定”按钮，完成初始姿势操作的创建。

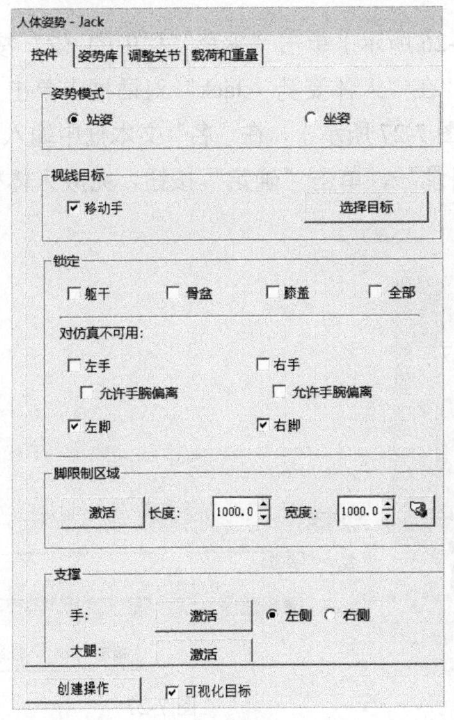

图 7-22　　图 7-23

② 继续创建一个下蹲的姿势。如图 7-24 所示，在“姿势模式”对话框的“锁定”栏中勾选“骨盆”复选框，此时在右侧图像的骨盆位置会出现一把黑色小锁，表示骨盆位置被锁定（直接单击右侧图像的骨盆位置，同样会出现一把黑色小锁）；然后，右击右侧图像的骨盆位置，在弹出的快捷菜单中选择“打开操控器”（如图 7-25 所示），弹出“人体部位操控器”对话框。

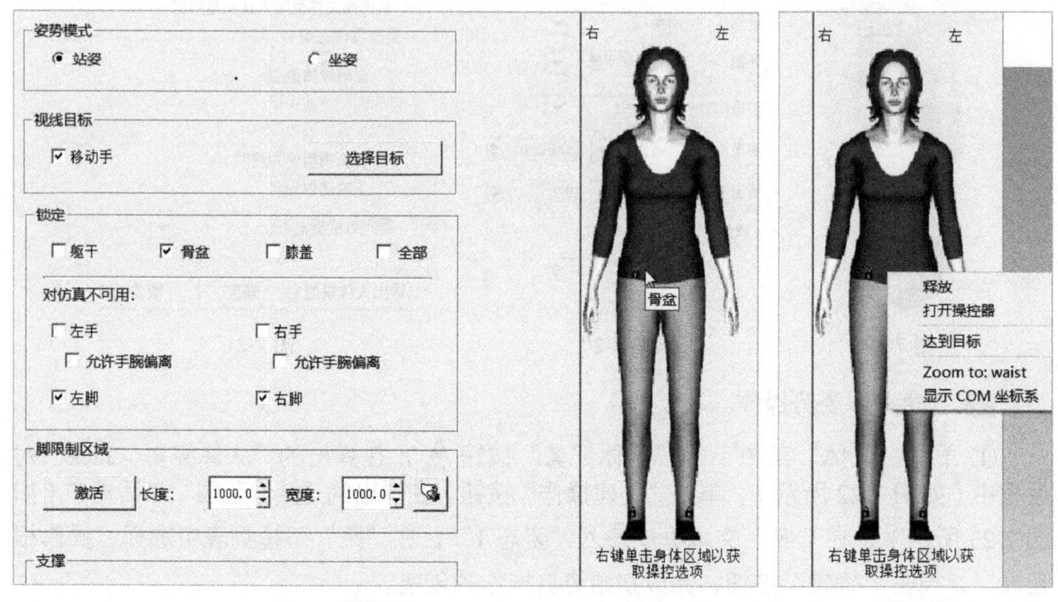

图 7-24　　　　图 7-25

在“人体部位操控器”对话框中（如图 7-26 所示）单击“平移”栏中的“Z”按钮，在右边的文本框中输入“-300”，按回车键；在“人体姿势 - Jack”对话框中单击“创建操作”按钮，弹出“操作范围”对话框（如图 7-27 所示），在“名”文本框中输入“姿态 2”，在“范”下拉列表中选择“操作根目录”，单击“确定”按钮，完成人体模型下蹲姿态操作的创建。

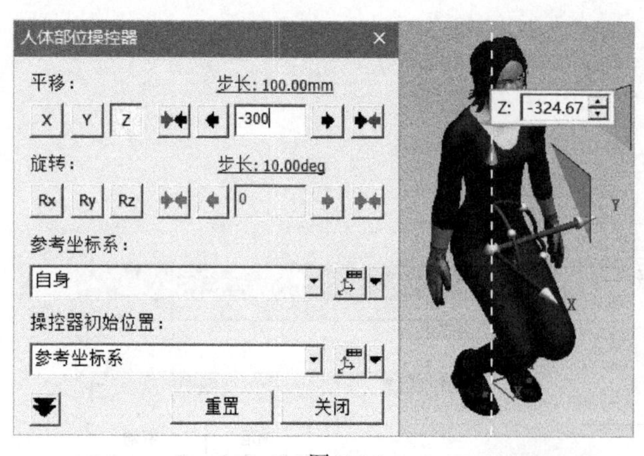

图 7-26

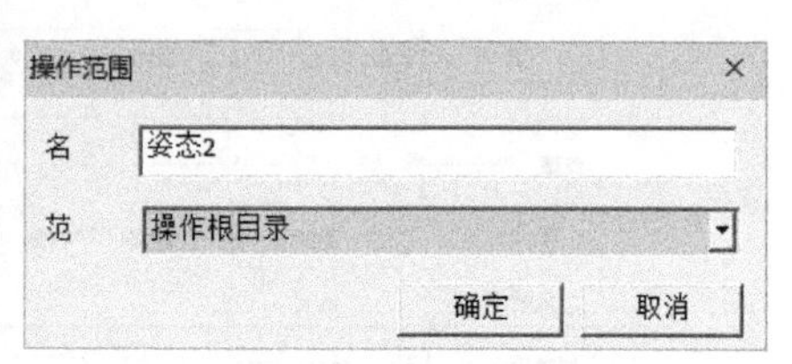

图 7-27

最后，在“人体部位操控器”对话框中单击“重置”按钮，人体模型恢复到初始站立姿态（如图 7-28 所示），关闭“人体部位操控器”对话框。

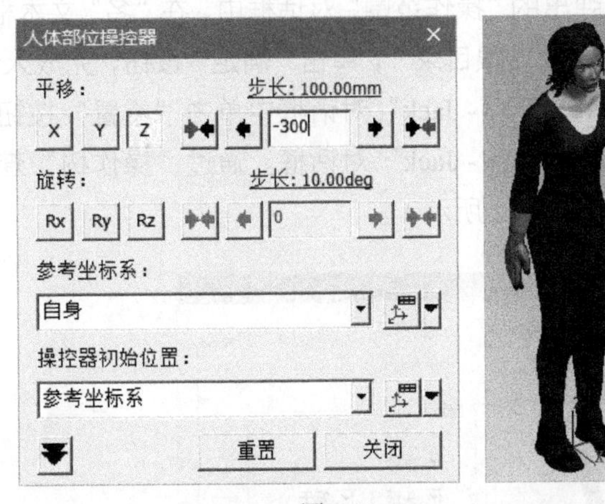

图 7-28

③ 创建一个踢腿的姿势。在“人体姿势 - Jack”对话框中，右击右侧图像的右脚踝位置（如图 7-29 所示），在弹出的快捷菜单中选择“打开操控器”，弹出“人体部位操控器”对话框，单击“平移”栏中的“X”按钮，在右边的文本框中输入“−380”，按回车键（如图 7-30（a）所示）。在“人体姿势 - Jack”对话框中单击“创建操作”按钮，弹出“操作范围”对话框，在“名”文本框中输入“姿态 3”，在“范”下拉列表中选择“操作根目录”，单击“确定”按钮，完成人体模型踢腿姿势操作的创建（如图 7-30（b）所示）。最后，在“人体部位操控器”对话框中单击“重置”按钮，人体模型恢复到初始站立姿态。关闭“人体部位操控器”对话框。

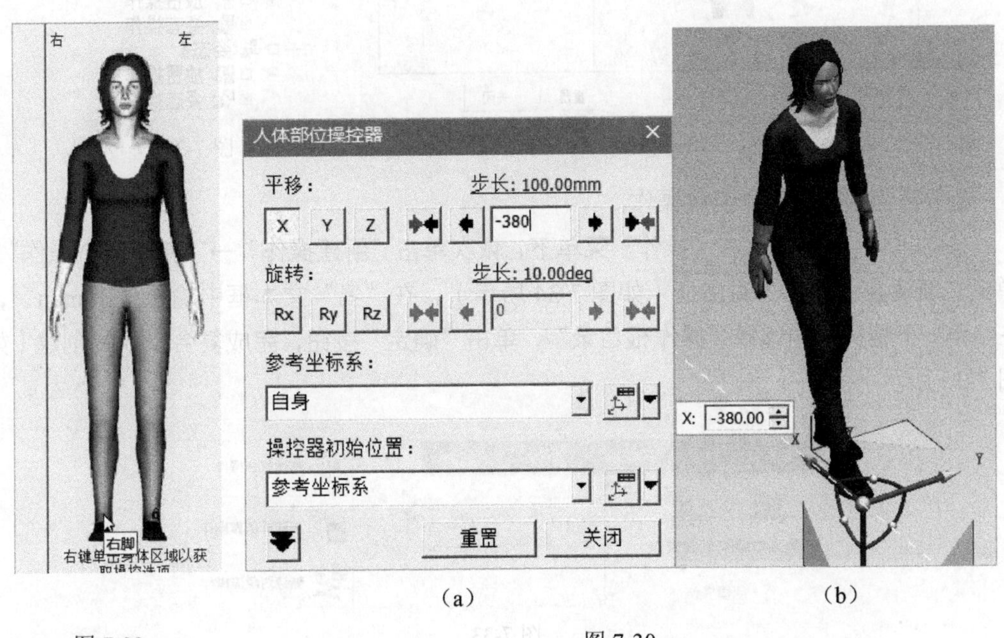

（a）　（b）

图 7-29　图 7-30

④ 最后，通过人体“姿态库”再创建一个“站立工作”姿势。在“人体姿势 - Jack”对话框中（如图 7-31 所示）单击“姿态库”选项卡，双击“站立工作”姿势，单击“创建操作”按钮，在弹出的“操作范围”对话框中，在“名”文本框中输入“姿态 4”，在“范”下拉列表中选择“操作根目录”，单击“确定”按钮，完成人体模型“站立工作”姿态操作的创建。在“人体姿势 - Jack”对话框中单击“重置”按钮，人体模型恢复到初始站立姿势，关闭“人体姿势 - Jack”对话框。通过“操作树”查看器可以看到创建的 4 种人体姿态操作（如图 7-32 所示）。

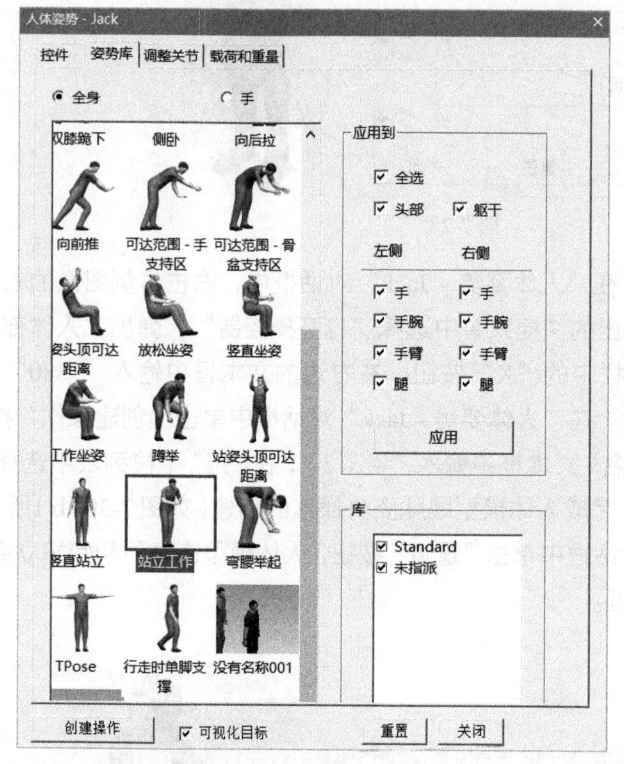

图 7-31

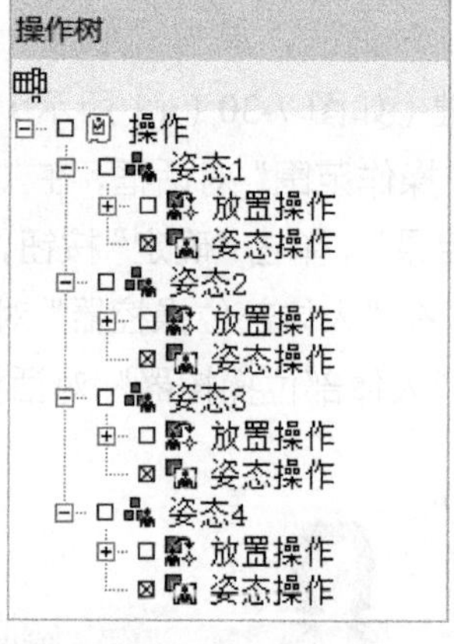

图 7-32

03 整合并播放人体姿态操作。

① 如图 7-33 所示，在“操作”菜单下，依次单击“新建操作”→“新建复合操作”，弹出“新建复合操作”对话框（如图 7-34 所示），在“名”文本框中输入“Human”，在“范”下拉列表中选择“操作根目录”，单击“确定”按钮，完成复合操作的创建（如图 7-35 所示）。

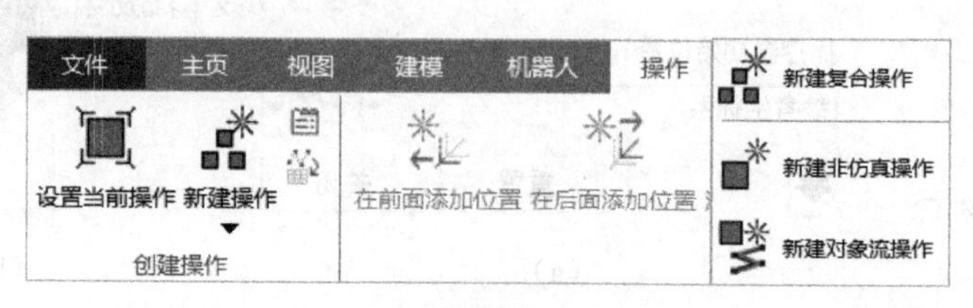

图 7-33

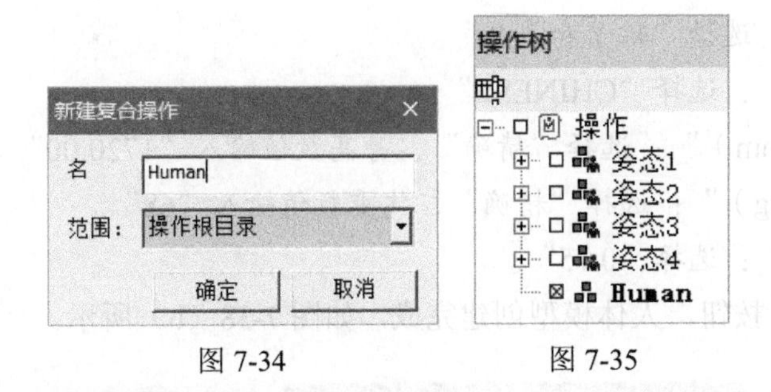

图 7-34　　　　图 7-35

② 在“操作树”查看器中，将“姿态 1”“姿态 2”“姿态 3”“姿态 4”拖曳到“Human”操作中，如图 7-36 所示。在“序列编辑器”中，将 4 种姿态链接在一起，如图 7-37 所示；然后，单击“正向播放仿真”按钮 ▶，就可以看到人体模型的完整姿态动作。

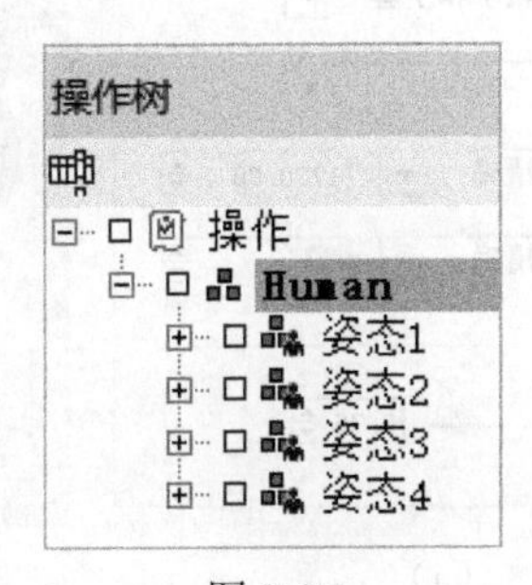

图 7-36

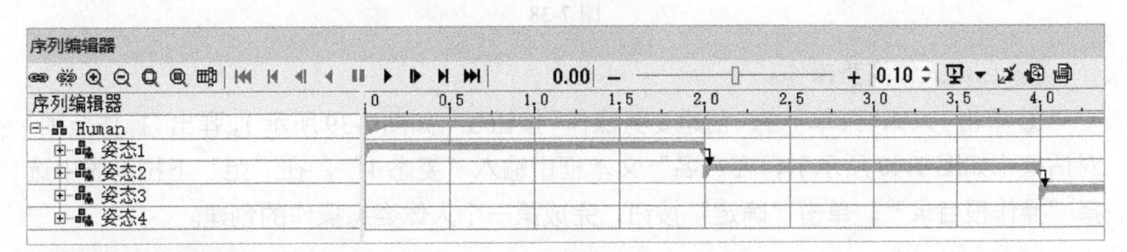

图 7-37

至此，人体姿态操作（一）创建完成。

7.3　创建人体姿态操作（二）

01 新建一个研究，创建一个人体模型。

① 在“文件”菜单下，依次单击“断开的研究”→“新建研究”，在弹出的“新建研究”对话框中单击“创建”按钮，完成新研究的创建。

② 在“命令”菜单下，依次单击“人体”→“创建人体”，弹出“创建人体”对话框（如图 7-38（a）所示），参数设置如下：

- “性别”：选择“男”。

- “外观”：选择“靴子和手套”。
- “数据库”：选择“CHINESE”。
- “高度（mm）”：选择“精确”，身高数值输入“1720.00”。
- “重量（kg）”：选择“精确”，体重数值输入“68”。
- “腰臀比”：选择“0.75”。

单击“确定”按钮，人体模型创建完成，如图 7-38（b）所示。

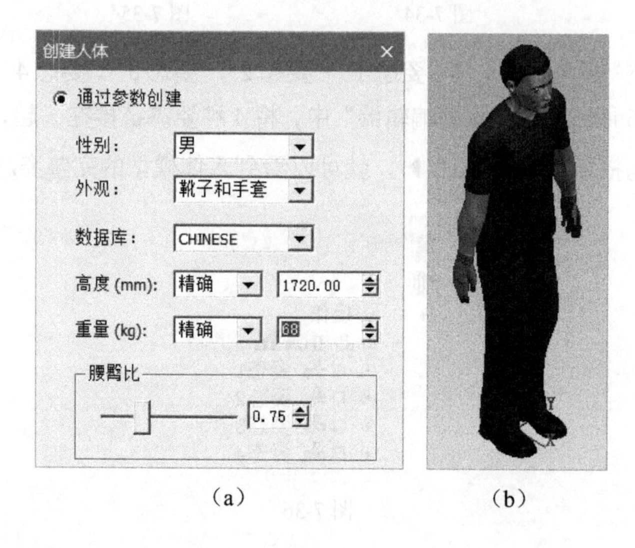

（a）　　　　（b）

图 7-38

02 创建人体姿势操作。

① 单击“人体”菜单下的“创建姿势操作”按钮（如图 7-39 所示），弹出“操作范围”对话框（如图 7-40 所示），在“名”文本框中输入“姿态 1”，在“范”下拉列表中选择“操作根目录”，单击“确定”按钮，完成第一个人体姿态操作的创建。

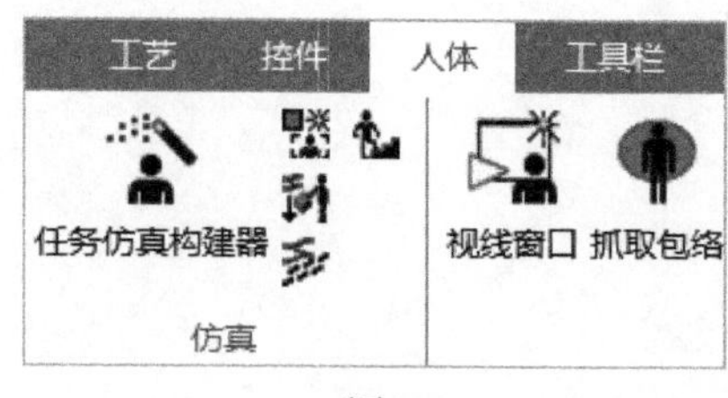

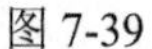

图 7-39

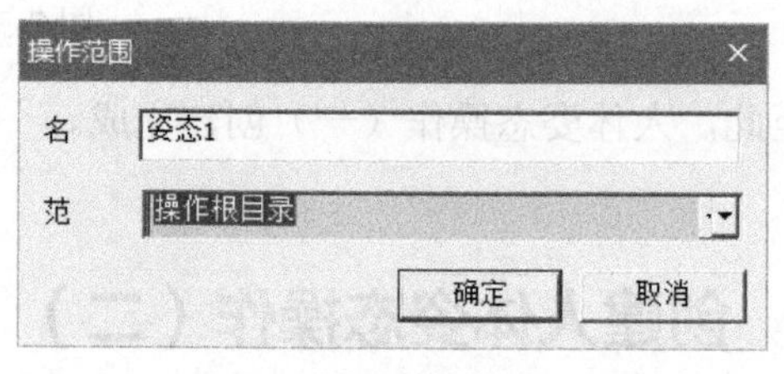

图 7-40

② 单击“人体”菜单下的“人体姿势”按钮，弹出“人体姿势 - Jack”对话框（如图 7-41 所示），单击“姿态库”选项卡，双击“TPose”姿态；然后单击“创建姿势操作”按钮，弹出“操作范围”对话框（如图 7-42 所示），在“名”文本框中输入“姿态 2”，在“范”下拉列表中选择“操作根目录”，单击“确定”按钮，完成第二个人体姿态操作的创建；最后，在“人体姿势 - Jack”对话框中单击“重置”按钮，人体模型恢复到初始姿势。

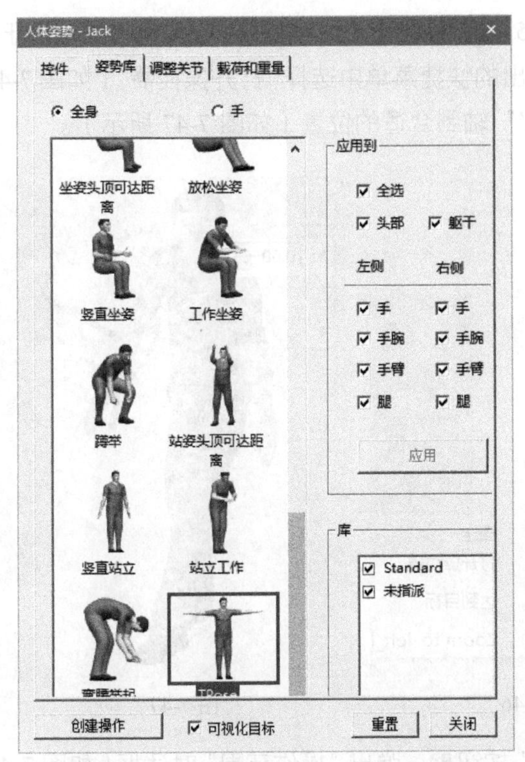

图 7-41

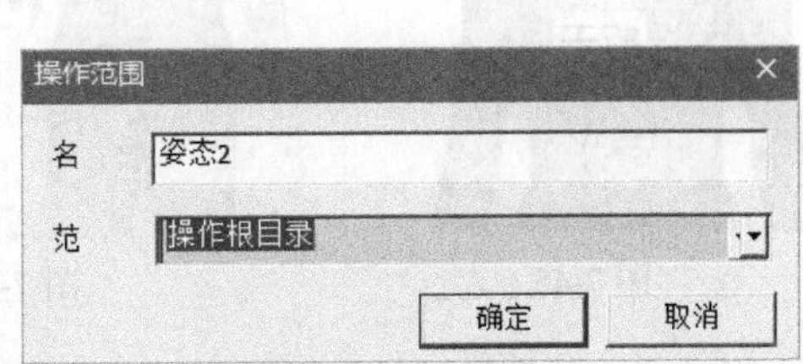

图 7-42

③ 在“人体姿势 - Jack”对话框中单击“控件”选项卡，右击右侧图像的右脚踝位置，如图 7-43 所示，在弹出的快捷菜单中选择“打开操控器”，弹出“人体部位操控器”对话框（如图 7-44 所示），单击“平移”栏中的“X”按钮，在右边的文本框中输入“-350”，按回车键，关闭“人体部位操控器”对话框。

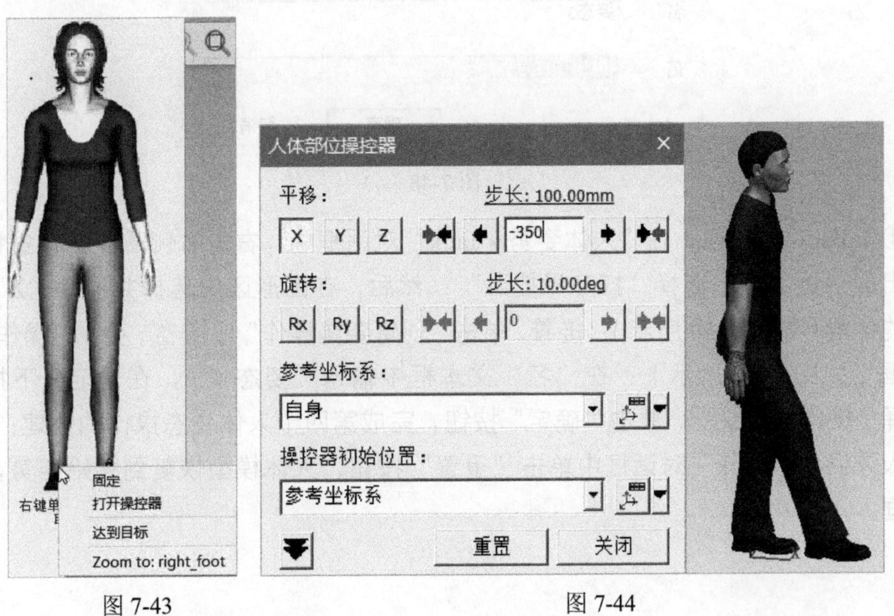

图 7-43　　图 7-44

单击右侧图像的“躯干”位置(如图 7-45 所示)，会出现一把黑色小锁，用于锁定躯干;然后，右击右侧图像的左肘关节位置，在弹出的快捷菜单中选择“打开操控器”(如图 7-46 所示)；然后，在图形区中选择并拉动“Y”轴到合适的位置(如图 7-47 所示)。

图 7-45

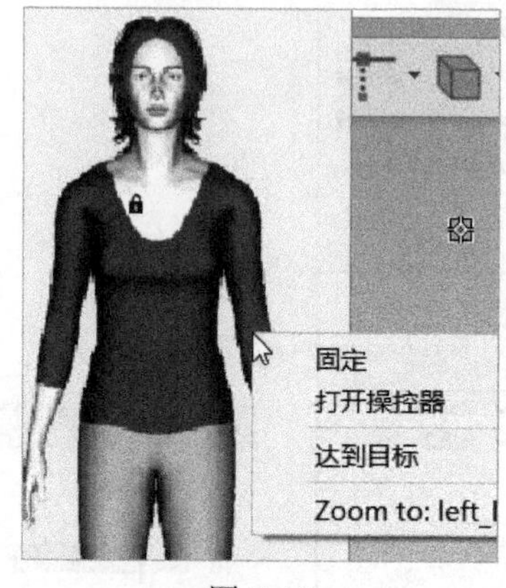

图 7-46

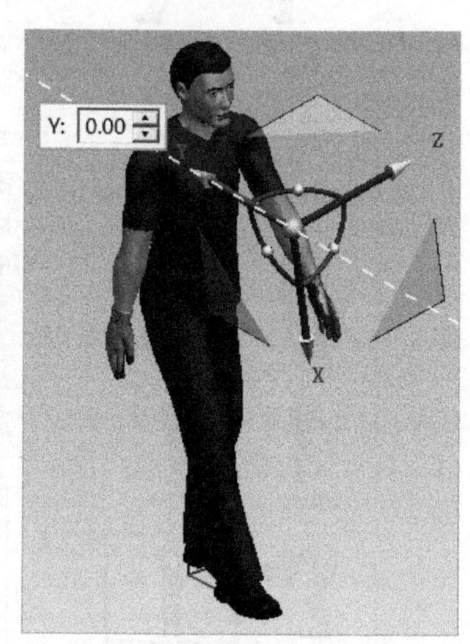

图 7-47

单击“人体”菜单下的“创建姿势操作”按钮，弹出“操作范围”对话框(如图 7-48 所示)，在“名”文本框中输入“姿态 3”，在“范”下拉列表中选择“操作根目录”，单击“确定”按钮，完成第三个人体姿态操作的创建。最后，在“人体姿势 - Jack”对话框中单击“重置”按钮，人体模型恢复到初始姿势。

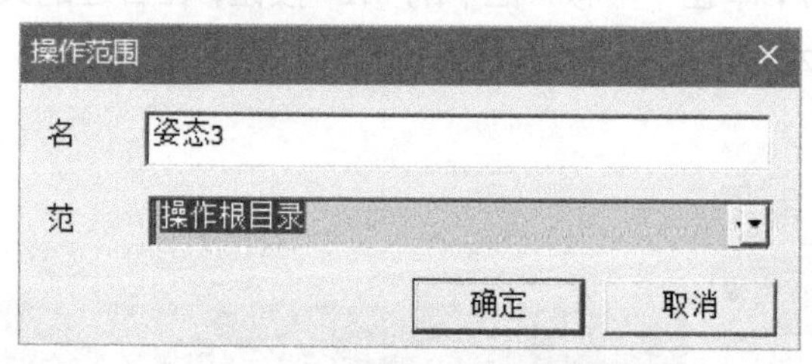

图 7-48

④ 如图 7-49 所示，在“人体姿势 - Jack”对话框中，右击右侧图像的骨盆位置，在弹出的快捷菜单中选择“打开操控器”；然后，在图形区中选择并拉动“Z”轴到适当的位置(如图 7-50 所示)；接着，单击“创建姿势操作”按钮，弹出“操作范围”对话框(如图 7-51 所示)；在“名”文本框中输入“姿态 4”，在“范”下拉列表中选择“操作根目录”，单击“确定”按钮，完成第四个人体姿态操作的创建；最后，在“人体姿势 - Jack”对话框中单击“重置”按钮，人体模型恢复到初始姿势，关闭对话框。

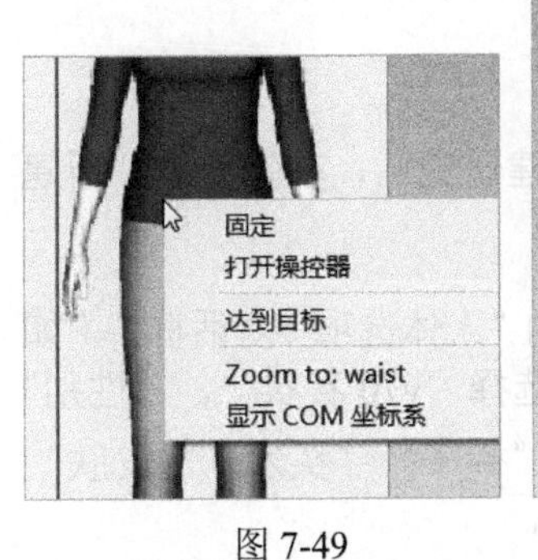

图 7-49

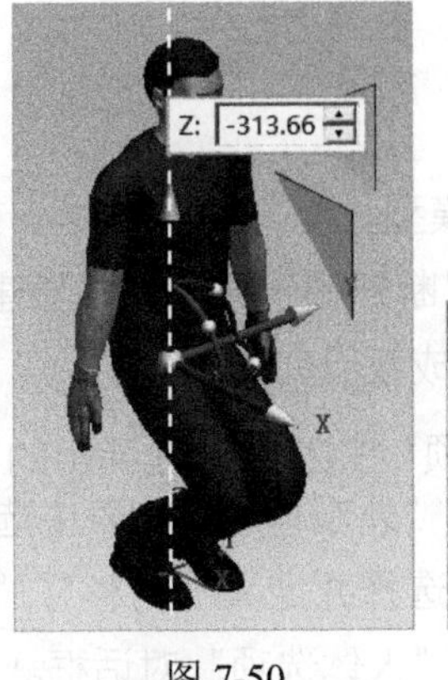

图 7-50

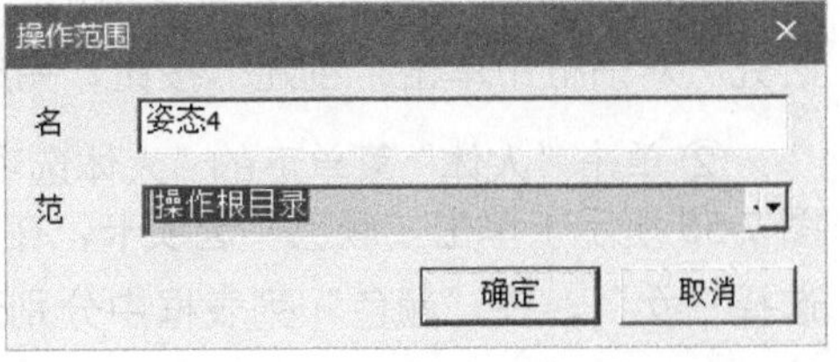

图 7-51

03 整合并播放人体姿态操作。

① 在“操作”菜单下，依次单击“新建操作”→“新建复合操作”，弹出“新建复合操作”对话框，在“名”文本框中输入“Human”，在“范”下拉列表中选择“操作根目录”，单击“确定”按钮，完成复合操作的创建（如图 7-52 所示）。

图 7-52

② 在“操作树”查看器中，将“姿态 1”“姿态 2”“姿态 3”“姿态 4”拖曳到“Human”操作中，如图 7-53 所示。在“序列编辑器”中，将 4 种姿态链接在一起，如图 7-54 所示，然后单击“正向播放仿真”按钮 ▶，就可以看到人体模型的完整姿态动作。

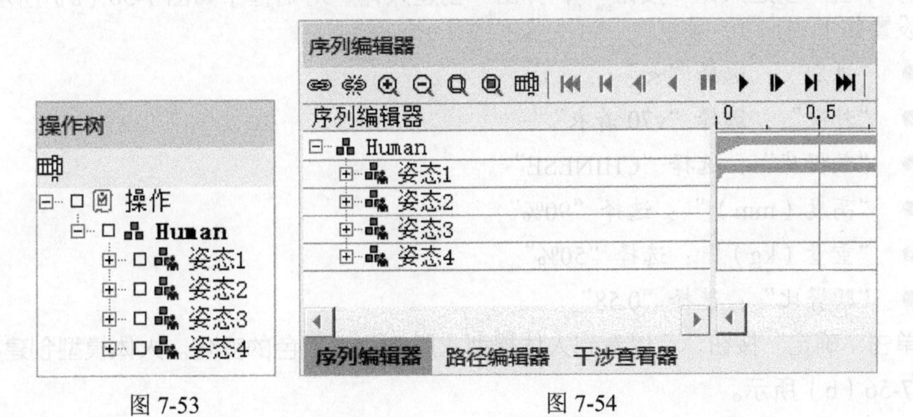

图 7-53　图 7-54

至此，人体姿态操作（二）创建完成。

7.4 创建行走操作（一）

01 新建一个研究，创建一个人体模型。

① 在“文件”菜单下，依次单击“断开的研究”→“新建研究”，在弹出的“新建研究”对话框中单击“创建”按钮，完成新研究的创建。

② 单击“人体”菜单下的“人体选项”按钮，在弹出的“人体选项”对话框中（如图 7-55 所示）单击“颜色”选项卡，在“外观”下拉列表中选择“v70 着衣”，“性别”选择“女”，在“颜色”列表框中分别选择并定义“衬衫”“裤子”“头发”“皮肤”的颜色，最后单击“确定”按钮，退出“人体选项”对话框。

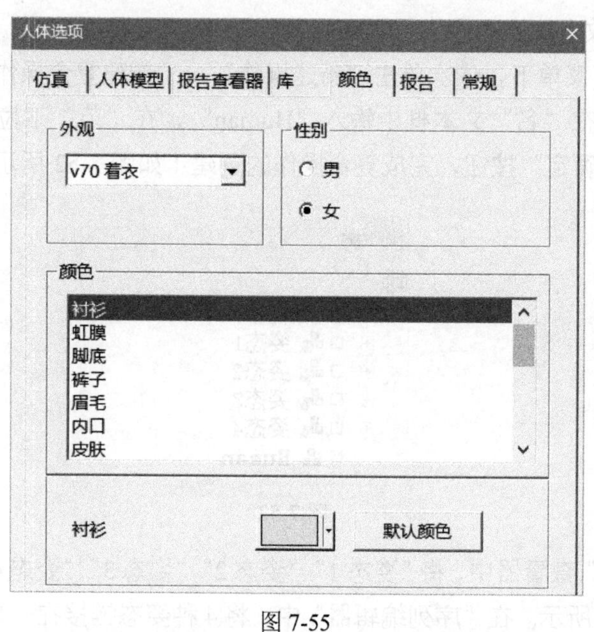

图 7-55

③ 单击“创建人体”按钮，弹出“创建人体”对话框（如图 7-56（a）所示），参数设置如下：

- “性别”：选择“女”。
- “外观”：选择“v70 着衣”。
- “数据库”：选择“CHINESE”。
- “高度（mm）”：选择“90%”。
- “重量（kg）”：选择“50%”。
- “腰臀比”：选择“0.58”。

单击“确定”按钮，可以看到人体模型衣服及头发颜色的变化。人体模型创建完成，如图 7-56（b）所示。

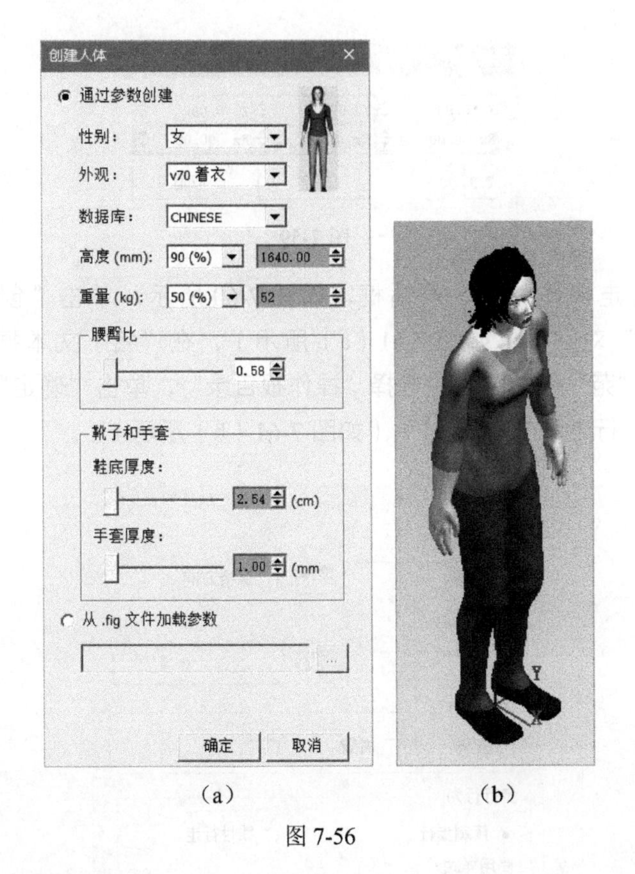

（a）　　　　　（b）

图 7-56

02 创建人体模型行走操作。

① 如图 7-57 所示，单击“人体”菜单下的“行走创建器”按钮，在弹出的“行走操作 - Jill”对话框中（如图 7-58 所示）选中“选择目标”单选按钮，单击右侧的“创建参考坐标系”按钮（注意取消勾选“保持方向”复选框），弹出“位置”对话框，如图 7-59 所示，在“Rz”微调框中输入值“90.00”，按回车键，单击“确定”按钮。

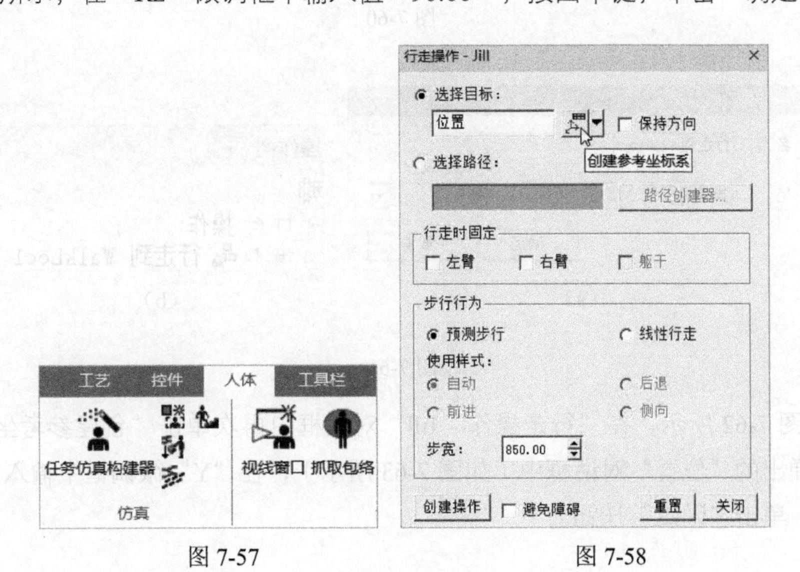

图 7-57　　　　　图 7-58

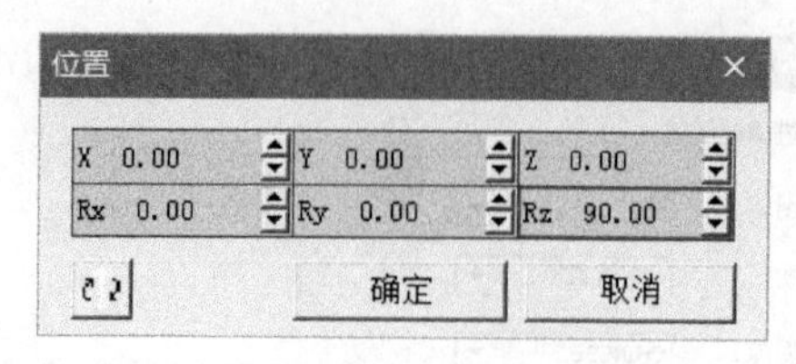

图 7-59

② 回到“行走操作 - Jill”对话框，如图 7-60 所示，单击“创建操作”按钮，弹出“操作范围”对话框（如图 7-61（a）所示），在“名”文本框中输入“行走到 WalkLoc1”，在“范”下拉列表中选择“操作根目录”，单击“确定”按钮。可以看到操作树下出现了“行走到 WalkLoc1”（如图 7-61（b）所示）。

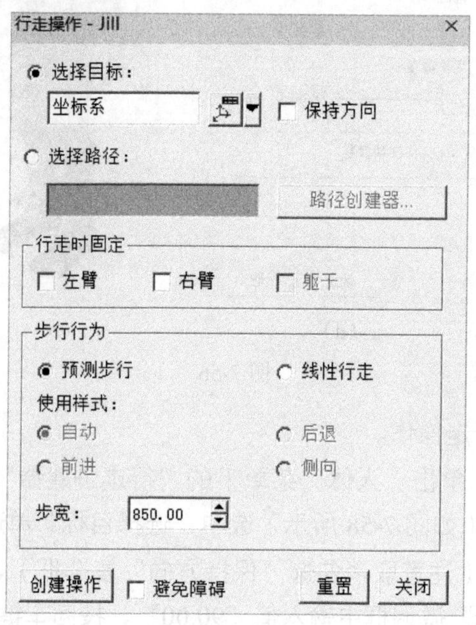

图 7-60

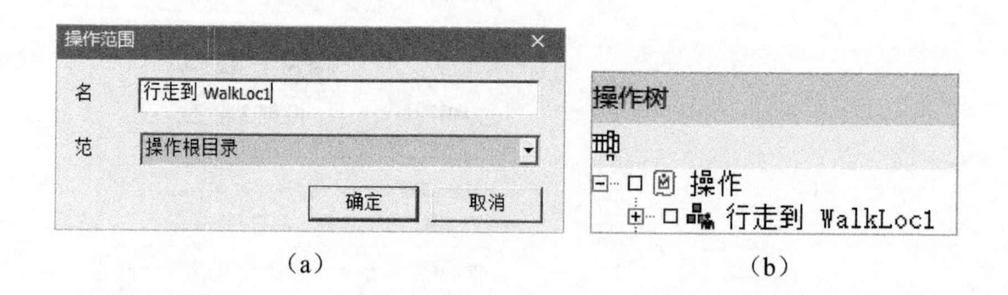

（a）　（b）

图 7-61

③ 如图 7-62 所示，在“行走操作 - Jill”对话框中再次单击“创建参考坐标系”按钮，在弹出的“位置”对话框中（如图 7-63 所示），在“Y”微调框中输入“1000”，按回车键，单击“确定”按钮。

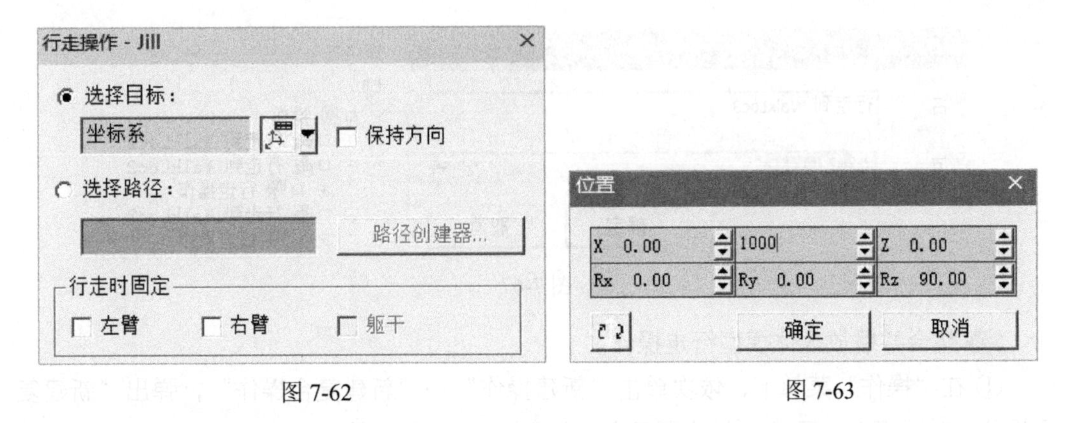

图 7-62　　　　　　　　　　图 7-63

④ 在“行走操作 - Jill”对话框中单击“创建操作”按钮，弹出“操作范围”对话框（如图 7-64 所示），在“名”文本框中输入“行走到 WalkLoc2”，在“范”下拉列表中选择“操作根目录”，单击“确定”按钮。

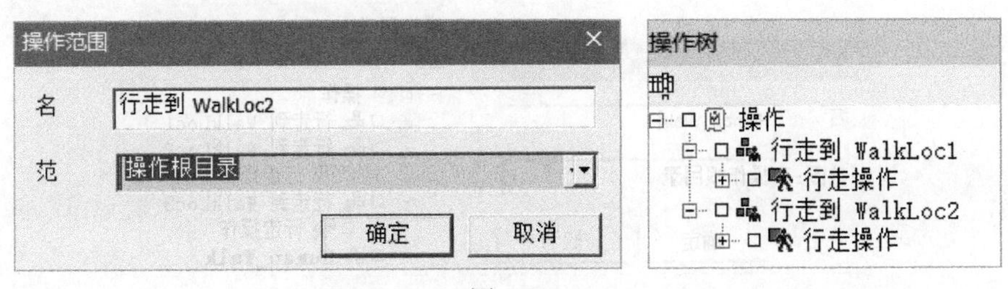

图 7-64

⑤ 如图 7-65 所示，在“行走操作 - Jill”对话框中再次单击“创建参考坐标系”按钮，弹出“位置”对话框（如图 7-66 所示），在“Rz”微调框中输入“0.00”，按回车键；在“X”微调框中输入“1000”，按回车键；单击“确定”按钮。

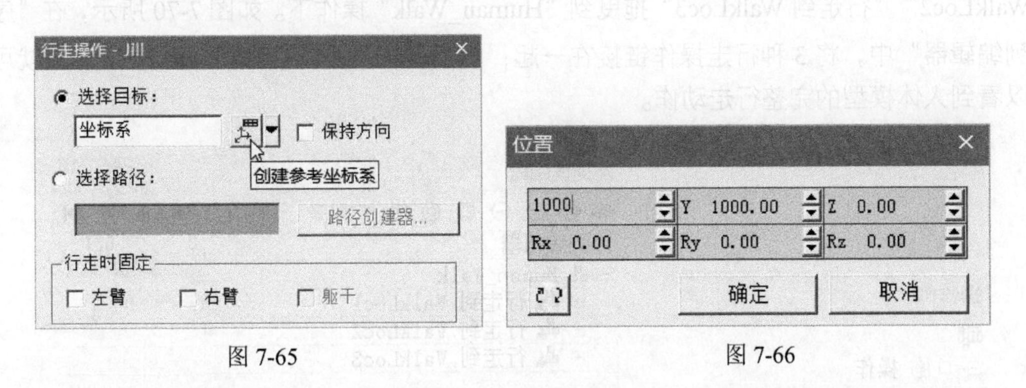

图 7-65　　　　　　　　　　图 7-66

⑥ 在“行走操作 - Jill”对话框中单击“创建操作”按钮，弹出“操作范围”对话框（如图 7-67 所示），在“名”文本框中输入“行走到 WalkLoc3”，在“范”下拉列表中选择“操作根目录”，单击“确定”按钮；最后，在“行走操作 - Jill”对话框中单击“重置”按钮，再单击“关闭”按钮，退出“行走操作 - Jill”对话框。

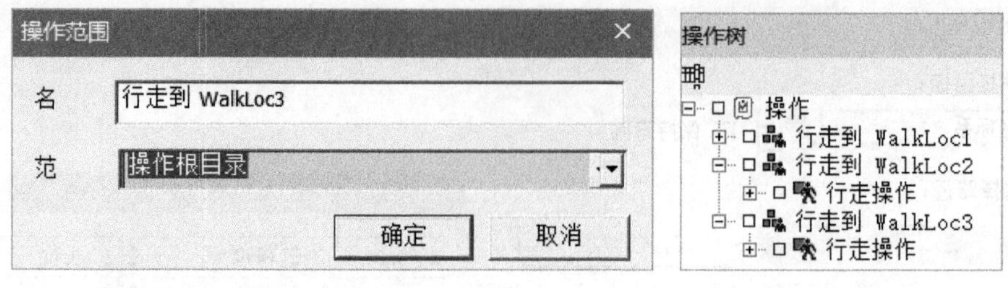

图 7-67

03 整合并播放人体模型行走操作。

① 在“操作”菜单下，依次单击“新建操作”→“新建复合操作”，弹出“新建复合操作”对话框（如图 7-68（a）所示），在“名”文本框中输入“Human_Walk”，在“范围”下拉列表中选择“操作根目录”，单击“确定”按钮，完成复合操作的创建（如图 7-68（b）所示）。

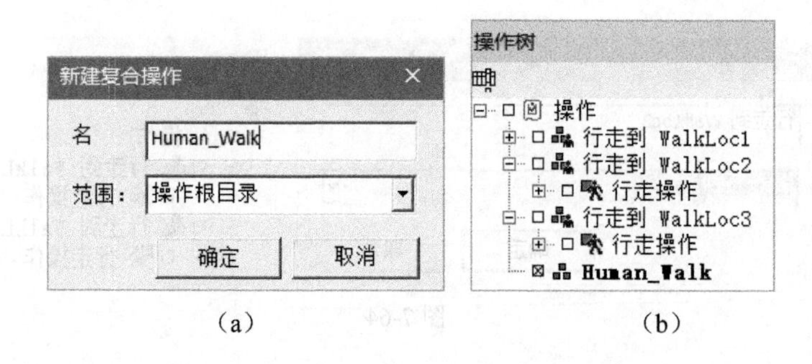

（a）　　　　　　（b）

图 7-68

② 如图 7-69 所示，在“操作树”查看器中，将“行走到 WalkLoc1”“行走到 WalkLoc2”“行走到 WalkLoc3”拖曳到“Human_Walk”操作下。如图 7-70 所示，在“序列编辑器”中，将 3 种行走操作链接在一起；然后单击“正向播放仿真”按钮 ▶，就可以看到人体模型的完整行走动作。

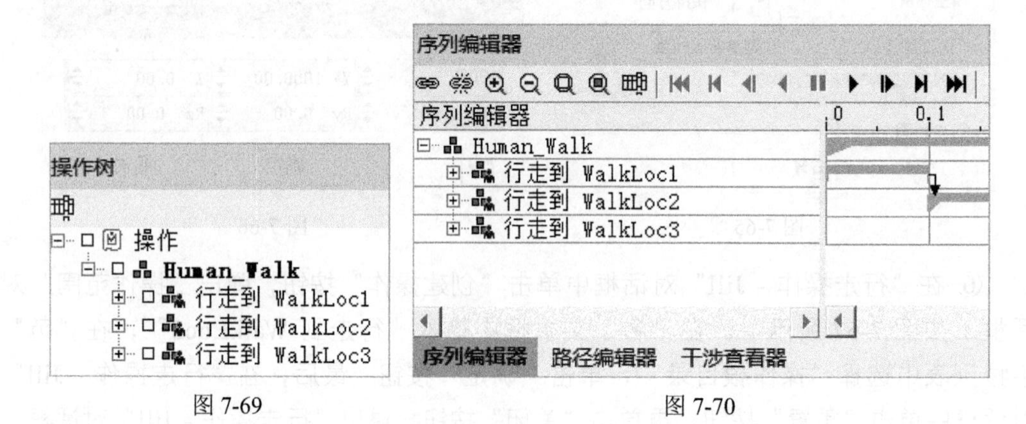

图 7-69　　　　　　图 7-70

至此，人体模型行走操作（一）创建完成。

7.5 创建行走操作（二）

01 新建一个研究，创建一个人体模型。

① 在“文件”菜单下，依次单击“断开的研究”→“新建研究”，在弹出的“新建研究”对话框中单击“创建”按钮，完成新研究的创建。

② 单击“人体”菜单下的“创建人体”按钮，弹出“创建人体”对话框（如图 7-71（a）所示），参数设置如下：

- “性别”：选择“男”。
- “外观”：选择“靴子和手套”。
- “数据库”：选择“CHINESE”。
- “高度（mm）”：选择“90%”。
- “重量（kg）”：选择“50%”。
- “腰臀比”：选择“0.75”。

单击“确定”按钮，人体模型创建完成，如图 7-71（b）所示。

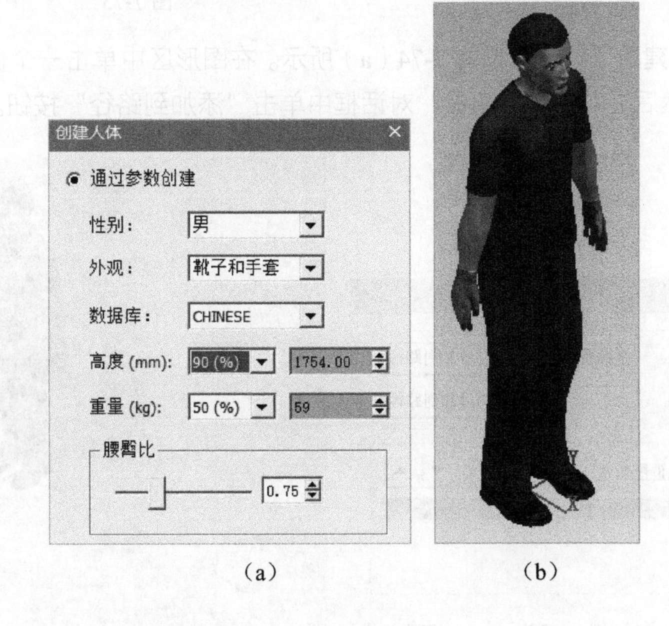

（a）　（b）

图 7-71

02 创建人体模型行走操作。

① 如图 7-72 所示，单击“人体”菜单下的“行走创建器”按钮，在弹出的“行走操作 - Jack”对话框中（如图 7-73 所示）选中“选择路径”单选按钮；然后，单击“路径创建器”按钮，弹出“路径创建器”对话框。

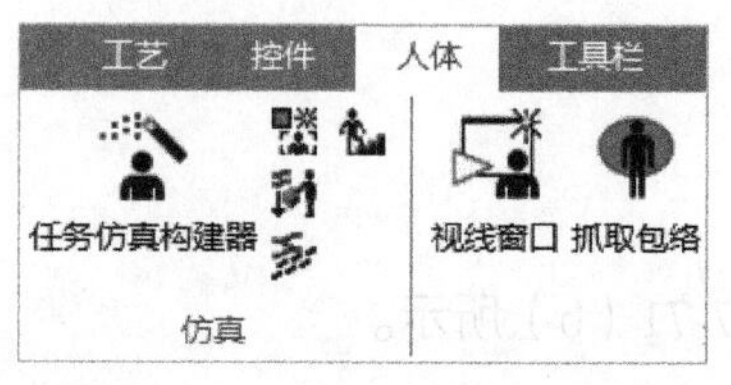

图 7-72

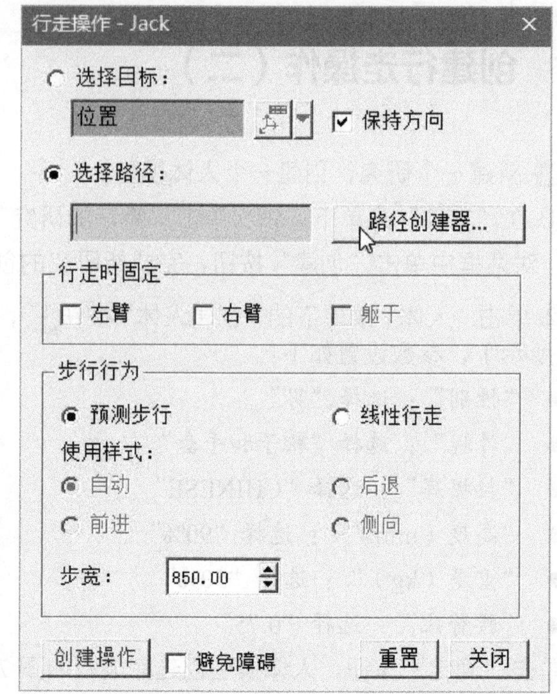

图 7-73

② “路径创建器”对话框如图 7-74（a）所示。在图形区中单击一个位置（如图 7-74（b）所示），然后在“路径创建器”对话框中单击“添加到路径”按钮。

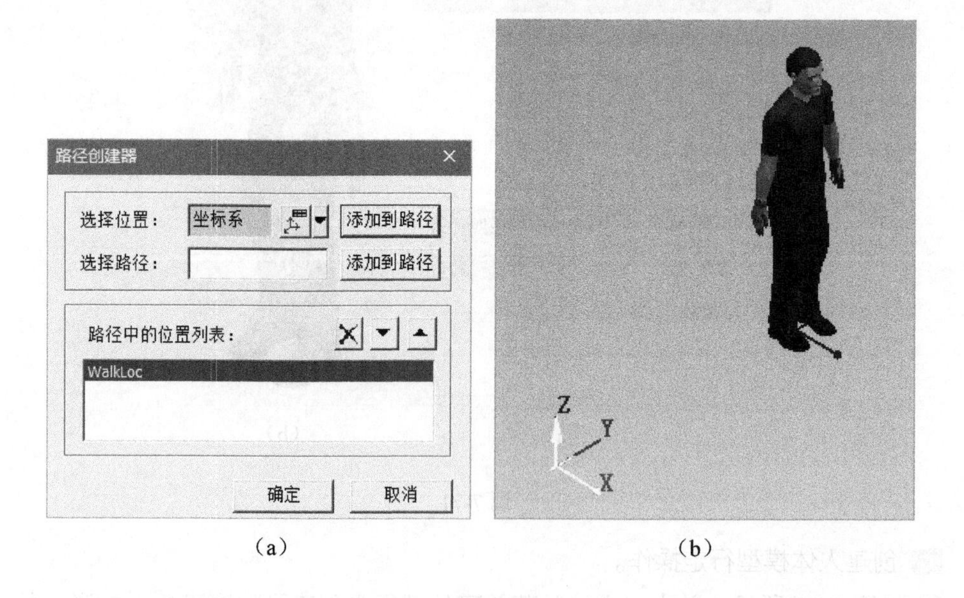

（a）　　（b）

图 7-74

同理，如图 7-75（a）和图 7-75（b）所示，再将多个位置添加到路径中。最后，单击“确定”按钮，退出“路径创建器”对话框。

（a）

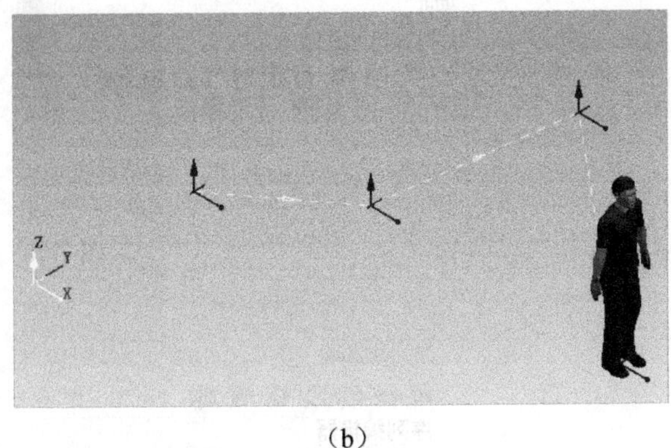

（b）

图 7-75

③ 如图 7-76 所示，在“行走操作 - Jack”对话框中单击“创建操作”按钮，弹出“操作范围”对话框（如图 7-77 所示），在“名”文本框中输入“行走到 WalkLoc”，在“范”下拉列表中选择“操作根目录”，单击“确定”按钮；最后，在“行走操作 - Jack”对话框中单击“重置”按钮，再单击“关闭”按钮，退出“行走操作 - Jack”对话框。

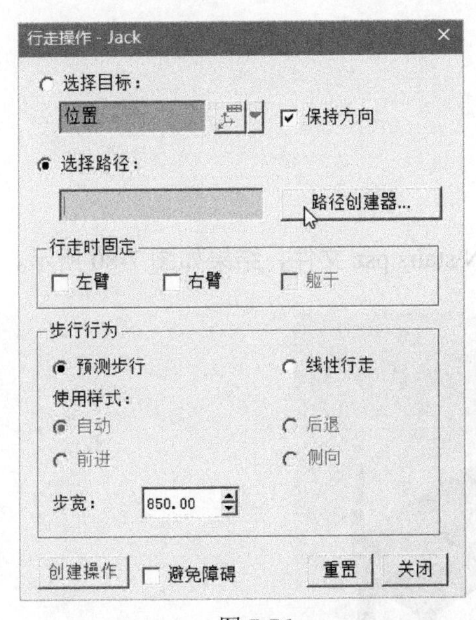

图 7-76

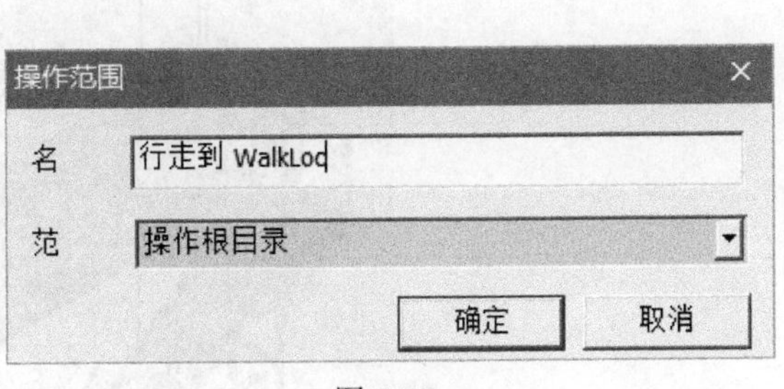

图 7-77

03 播放人体模型行走操作。

在“操作树”查看器中，将“行走到 WalkLoc”设置为当前操作，并将“行走操作”全部显示（如图 7-78（a）和图 7-78（b）所示）。在“序列编辑器”中单击“正向播放仿真”按钮 ▶，如图 7-79 所示，就可以看到人体模型的完整行走动作。

（a）　　（b）

图 7-78

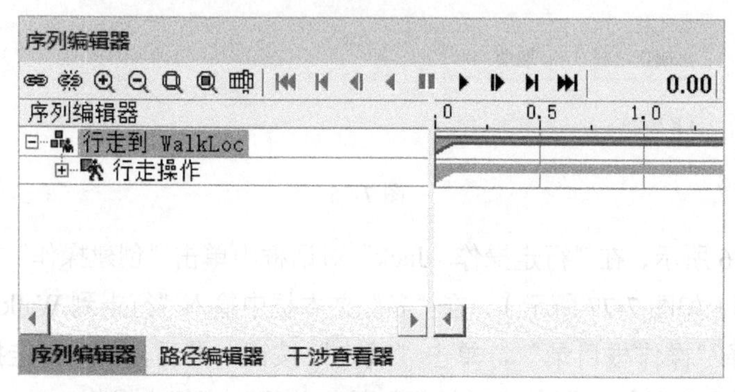

图 7-79

至此，人体模型行走操作（二）创建完成。

7.6 创建上楼梯操作

01 打开 Tecnomatix\Exercise_data\6_HUMAN\stairs.psz 文件，结果如图 7-80 所示。

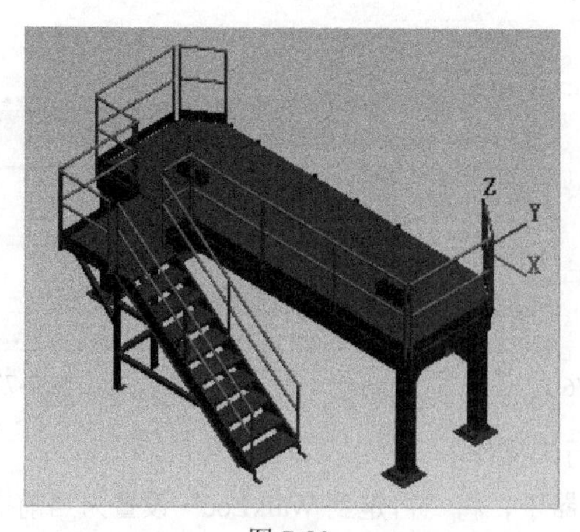

图 7-80

02 如图 7-81（a）所示，单击“视图”菜单下的“显示 / 隐藏地板”按钮，可以看到地板在图形区中被显示出来了，如图 7-81（b）所示。

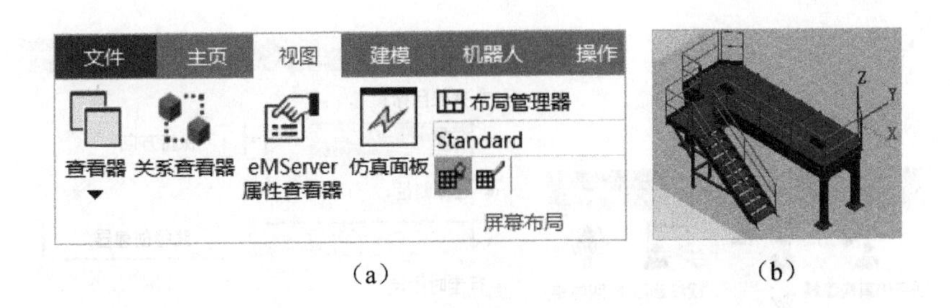

（a）（b）

图 7-81

03 创建人体模型。

单击“人体”菜单下的“创建人体”按钮，弹出“创建人体”对话框，如图 7-82（a）所示，参数设置如下：

- “性别”：选择“男”。
- “外观”：选择“靴子和手套”。
- “数据库”：选择“CHINESE”。
- “高度（mm）”：选择“90%”。
- “重量（kg）”：选择“精确”，体重数值输入“68”。
- “腰臀比”：选择“0.75”。

单击“确定”按钮，人体模型创建完成，如图 7-82（b）所示。

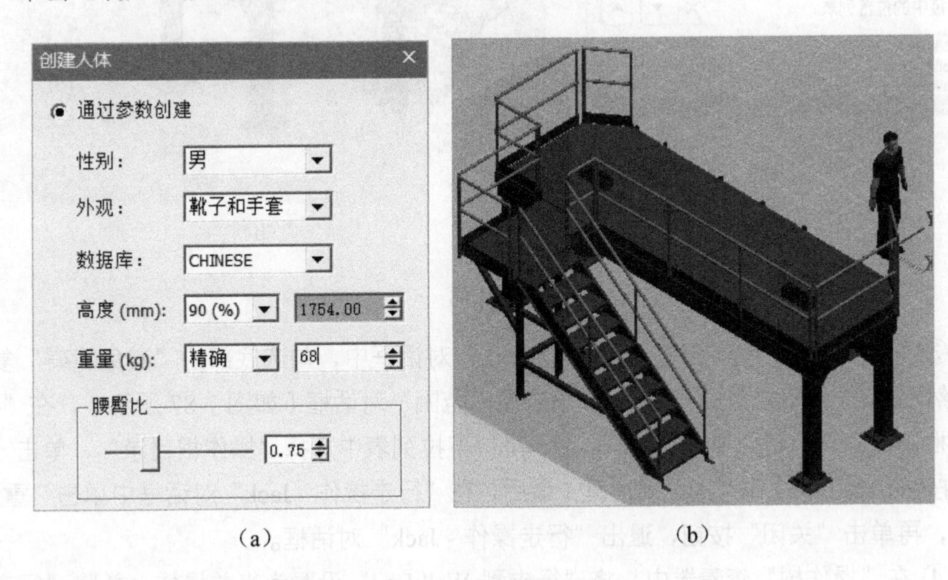

（a）（b）

图 7-82

04 创建走到楼梯口的行走操作。

① 如图 7-83 所示，单击“人体”菜单下的“行走创建器”按钮，弹出“行走操作 - Jack”对话框（如图 7-84 所示），取消勾选“保持方向”复选框，选中“选择路径”单选按钮，然后单击“路径创建器”按钮，弹出“路径创建器”对话框。

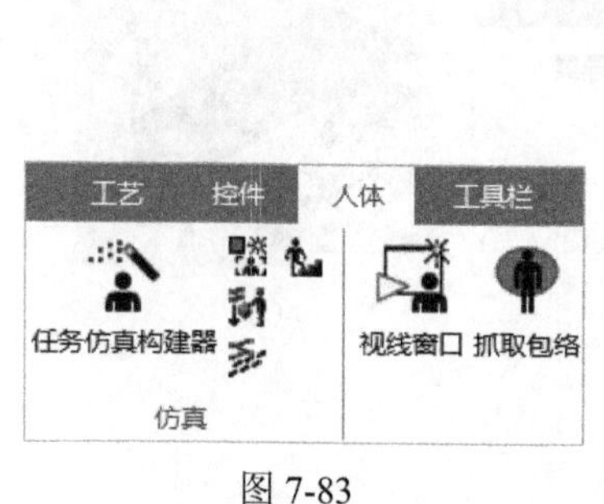

图 7-83

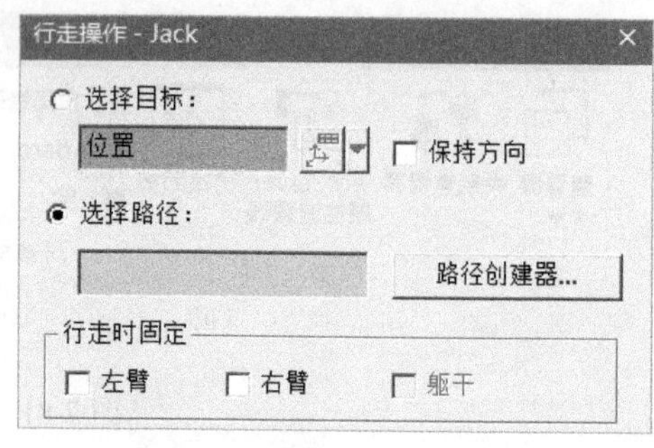

图 7-84

② “路径创建器”对话框如图 7-85（a）所示。在图形区中单击一个位置，然后在“路径创建器”对话框中单击“添加到路径”按钮，一共添加“WalkLoc”“WalkLoc1”“WalkLoc2”“WalkLoc3”四个位置坐标点，如图 7-85（b）所示；然后单击“确定”按钮，退出“路径创建器”对话框。

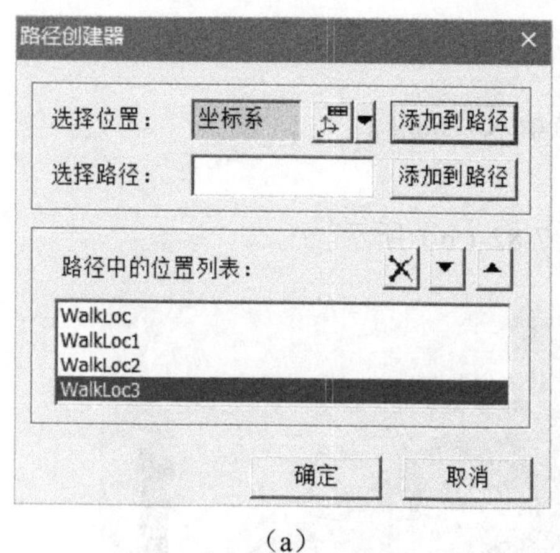

（a）

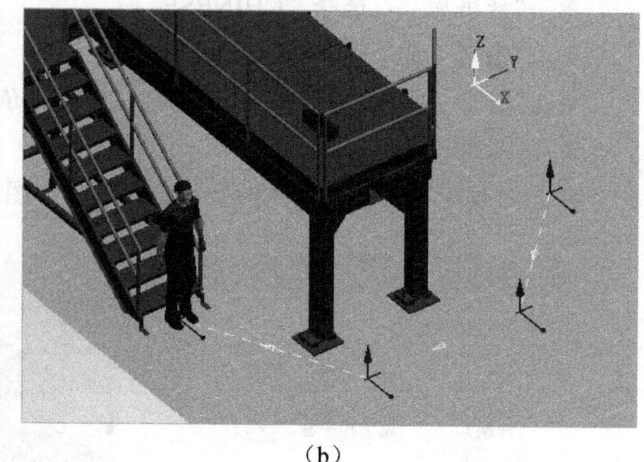

（b）

图 7-85

③ 如图 7-86 所示，在“行走操作 - Jack”对话框中，勾选底部的“避免障碍”复选框，然后单击“创建操作”按钮，弹出“操作范围”对话框（如图 7-87 所示），在“名”文本框中输入“行走到 WalkLoc”，在“范”下拉列表中选择“操作根目录”，单击“确定”按钮，退出“操作范围”对话框；最后，在“行走操作 - Jack”对话框中单击“重置”按钮，再单击“关闭”按钮，退出“行走操作 - Jack”对话框。

④ 在“操作树”查看器中，将“行走到 WalkLoc”设置为当前操作，并将“行走操作”全部显示，如图 7-88（a）和图 7-88（b）所示。

⑤ 如图 7-89 所示，在“序列编辑器”中单击“正向播放仿真”按钮▶，就可以看到人体模型的完整行走动作。如图 7-90 所示，现在人体模型背对着楼梯口，接下来对其进行调整。

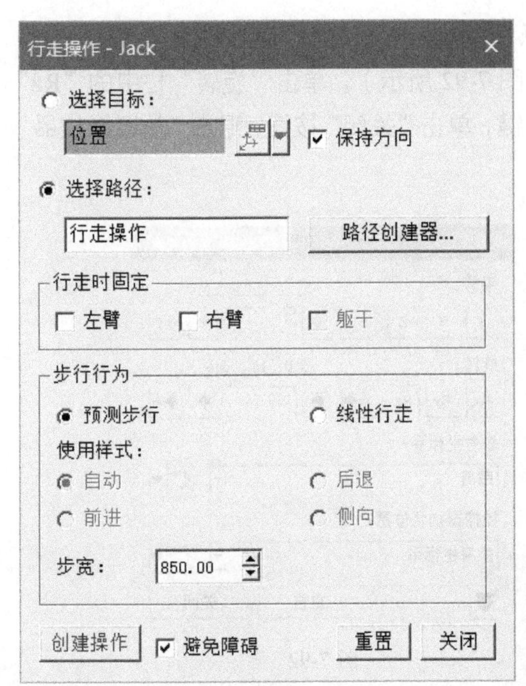

图 7-86

图 7-87

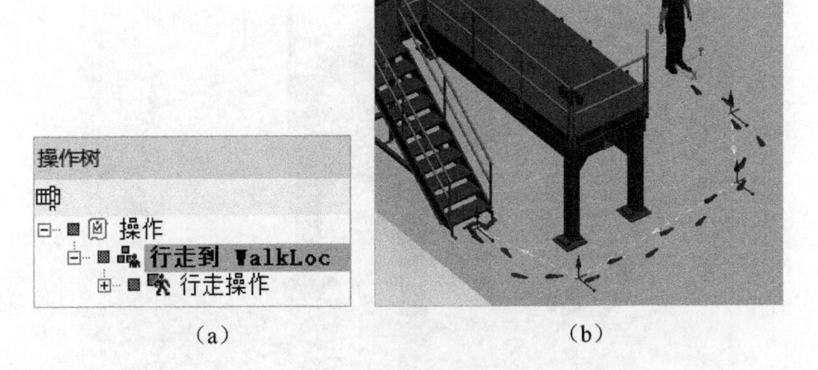

（a）　　（b）

图 7-88

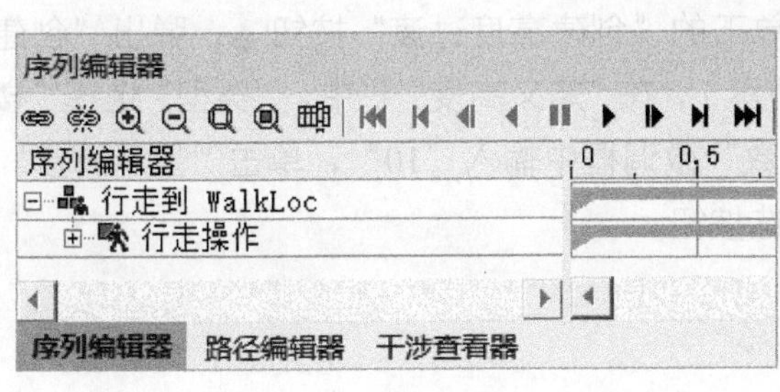

图 7-89

图 7-90

⑥ 如图 7-91 所示，在图形区中右击坐标点“WalkLoc3”，在弹出的快捷菜单中选择“放置操控器”，弹出“放置操控器”对话框（如图 7-92 所示），单击“旋转”栏中的“Rz”按钮，在右边的文本框中输入“180”，按回车键，单击“关闭”按钮，退出“放置操控器”对话框。

图 7-91

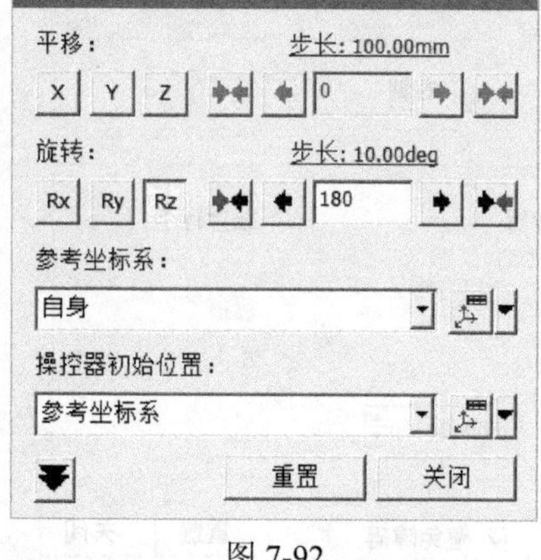

图 7-92

⑦ 在“序列编辑器”中单击“正向播放仿真”按钮▶，如图 7-93 所示，现在人体模型正对着楼梯口，调整完成。

图 7-93

05 创建上楼梯操作。

① 如图 7-94 所示，单击“人体”菜单下的“创建高度过渡”按钮，弹出“创建高度过渡操作 - Jack”对话框（如图 7-95 所示），在“定义高度”栏中，“类型”选择“楼梯”，“方向”选择“上升”，在“阶梯数”微调框中输入“10”，单击“显示脚步”按钮，在“第一步”栏中选中“右脚”单选按钮。

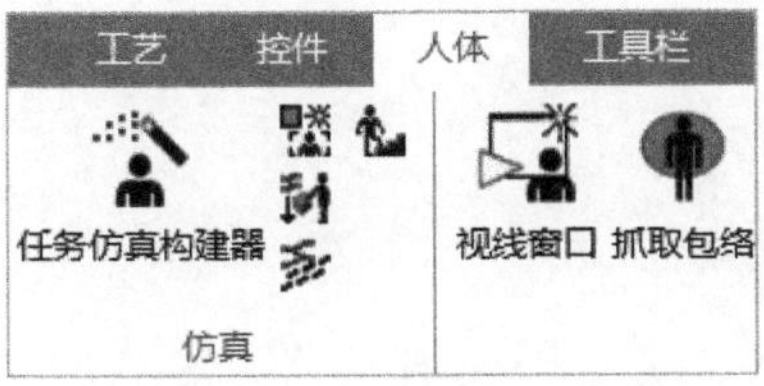

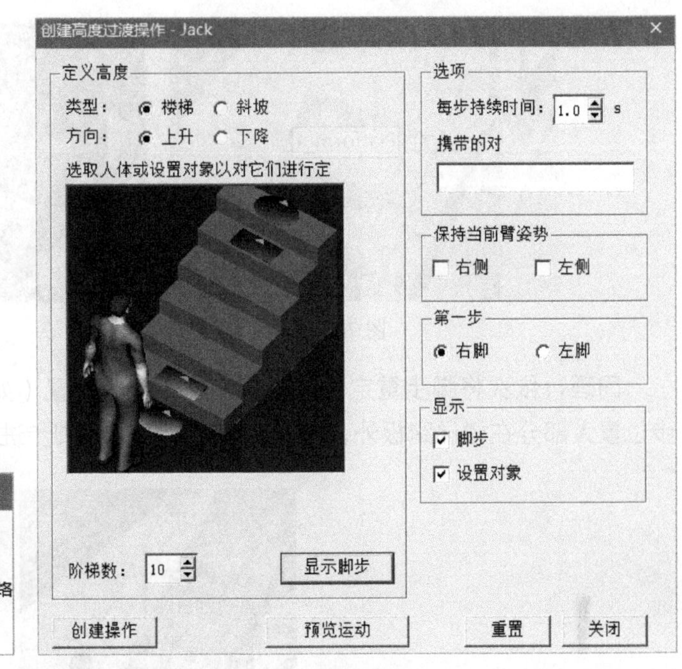

图 7-94

图 7-95

如图 7-96 所示，在图形区中右击脚步，在弹出的快捷菜单中选择“重定位”，弹出“重定位”对话框（如图 7-97 所示），勾选“保持方向”复选框；在“到坐标系”组合框中输入 Platform_1，这是通过选择最高一级台阶的边缘中点来实现的（如图 7-98 所示）；单击“应用”按钮，最后单击“关闭”按钮，退出“重定位”对话框，完成脚步位置的初步调整，如图 7-99 所示。

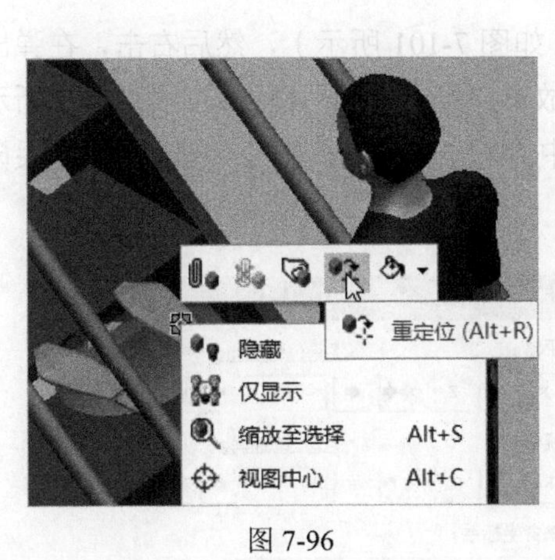

图 7-96

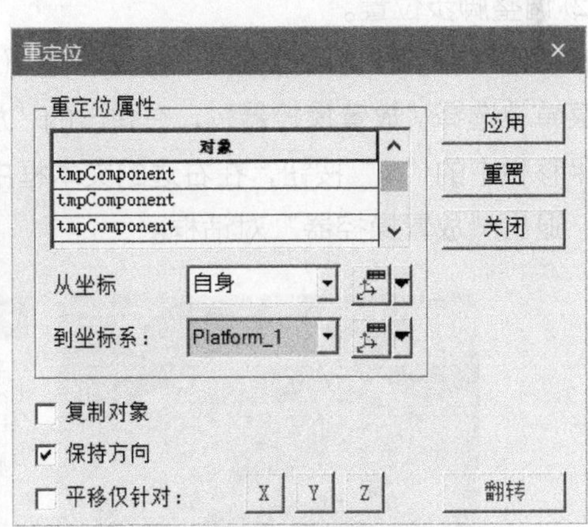

图 7-97

图 7-98　　　　图 7-99

同理，依次将脚步重定位到对应的楼梯台阶位置（如图 7-100 所示），可以看到脚步位置大部分在楼梯踏板外，需要调整。接下来对脚步进行位置调整。

图 7-100

② 调整脚步位置。

在图形区中，先选择楼梯上的全部脚步（如图 7-101 所示），然后右击，在弹出的快捷菜单中选择“放置操控器”，在弹出的“放置操控器”对话框中（如图 7-102 所示）单击平移栏中的“X”按钮，在右边的文本框中输入“-200”，按回车键，单击“关闭”按钮，退出“放置操控器”对话框。

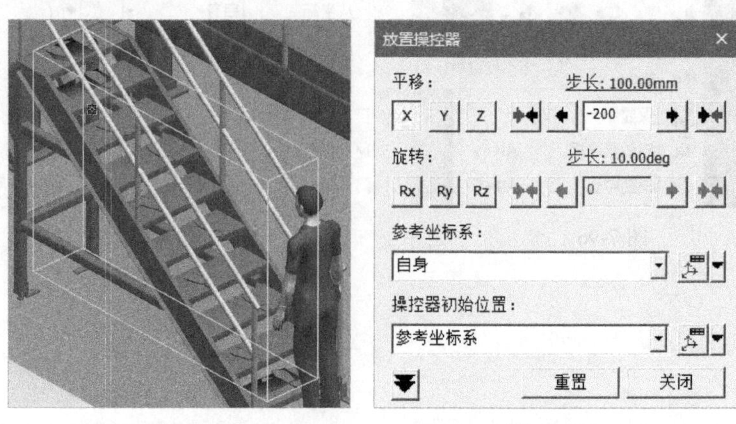

图 7-101　　　　图 7-102

同理，再单独调整位置不合适的脚步，结果如图 7-103 所示。

图 7-103

③ 如图 7-104 所示，在“创建高度过渡操作 - Jack”对话框中单击“创建操作”按钮，弹出“操作范围”对话框（如图 7-105 所示），在“名”文本框中输入“上楼梯过渡”，在“范”下拉列表中选择“操作根目录”，单击“确定”按钮，在“创建高度过渡操作 - Jack”对话框中单击“关闭”按钮，退出“创建高度过渡操作 - Jack”对话框。

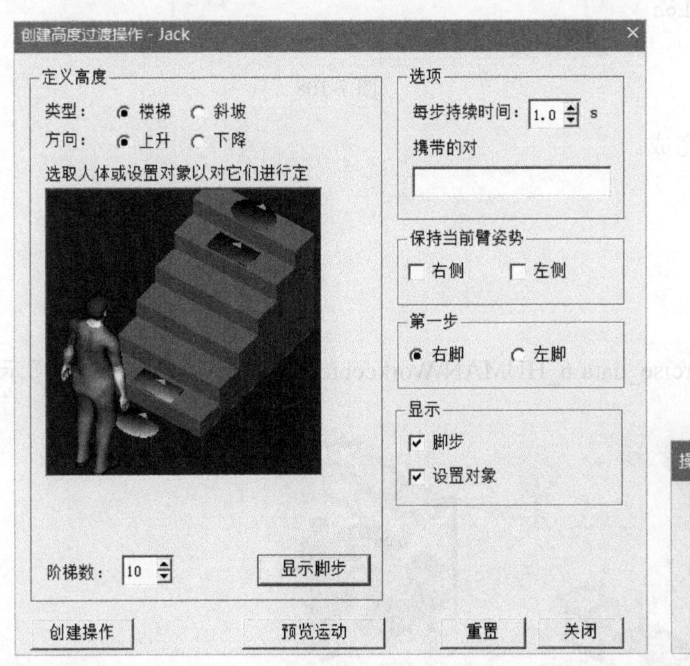

图 7-104

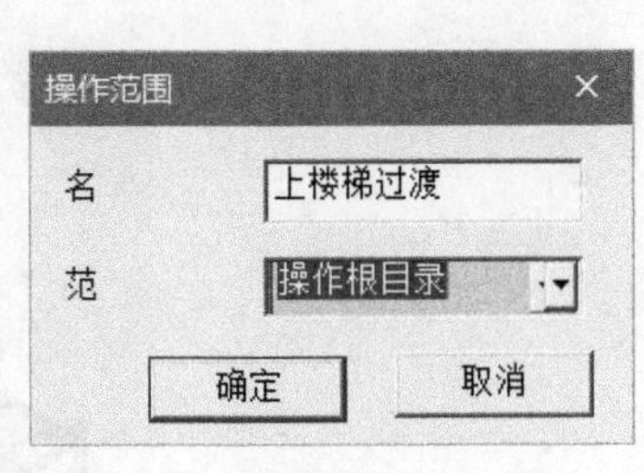

图 7-105

06 整合并播放上楼梯操作。

① 在“操作”菜单下，依次单击“新建操作”→“新建复合操作”，弹出“新建复合操作”对话框（如图 7-106 所示），在“名”文本框中输入“HUMAN”，在“范围”下拉列表中选择“操作根目录”，单击“确定”按钮，完成复合操作的创建。

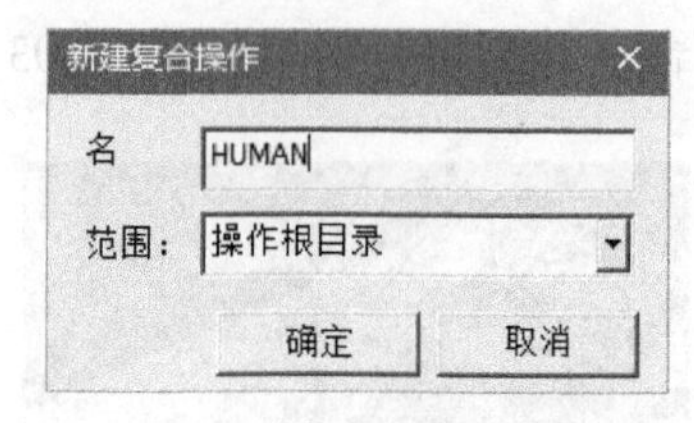

图 7-106

② 如图 7-107 所示，在“操作树”查看器中，将操作“行走到 WalkLoc”和“上楼梯过渡”拖曳到“HUMAN”操作中。如图 7-108 所示，在“序列编辑器”中，将两种操作链接在一起，然后单击“正向播放仿真”按钮 ▶，就可以看到完整的行走及上楼梯动作。

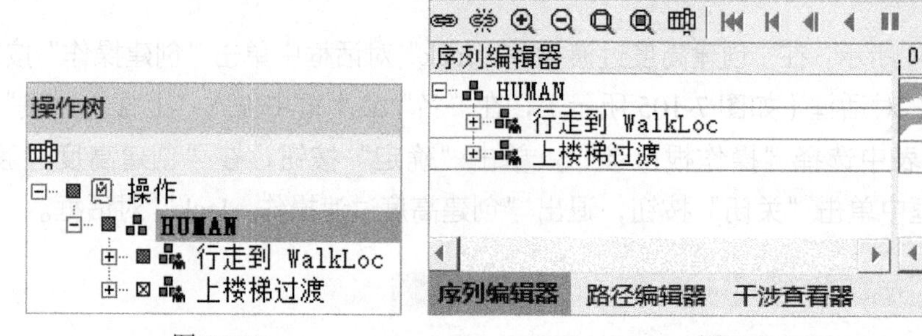

图 7-107　　图 7-108

至此，上楼梯操作创建完成。

7.7　创建抓取操作

01 打开 Tecnomatix\Exercise_data\6_HUMAN\Workcenter.psz 文件，如图 7-109 所示。

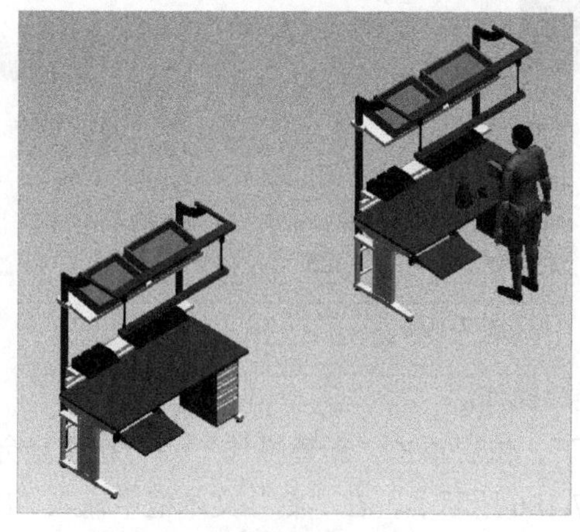

图 7-109

02 创建抓取操作。

① 如图 7-110 所示，单击“人体”菜单下的“自动抓取”按钮，在弹出的“自动抓取 - Human（Jack）”对话框中（如图 7-111 所示）单击“左手”选项卡，参数设置如下：

- 取消勾选“允许双手抓取”复选框，勾选“固定其他手臂”“精确抓取”复选框。
- “抓取方向”：选择“侧面”。
- “对象”：输入“thermos”，这是通过在图形区中选择“thermos”侧面的把手实现的（如图 7-112 所示）。

接下来单击“ManJog 左手”按钮，如图 7-113 所示；然后，通过弹出的“人体部位操控器”调整手部形态及位置（如图 7-114 所示）。

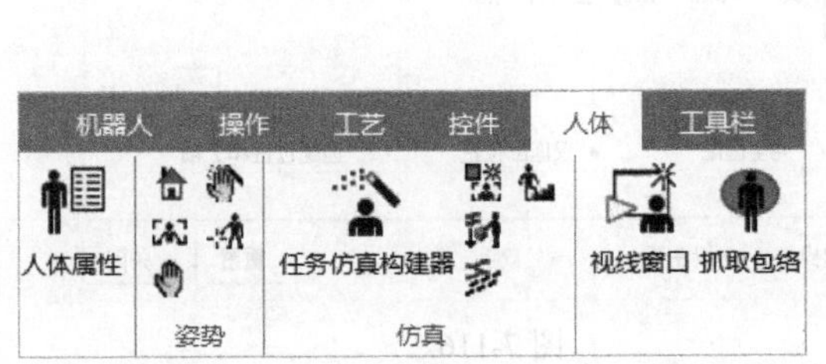

图 7-110

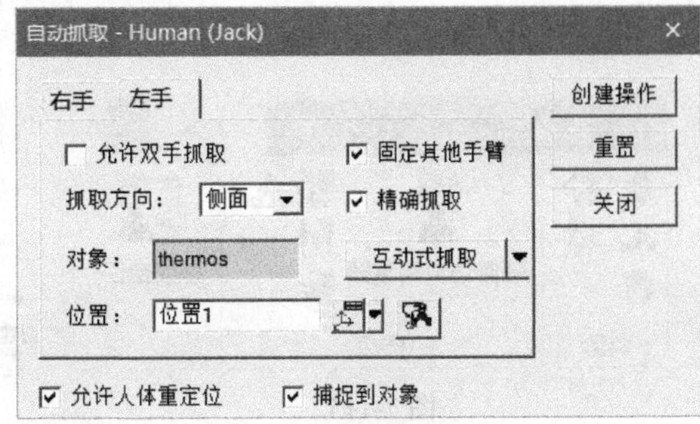

图 7-111

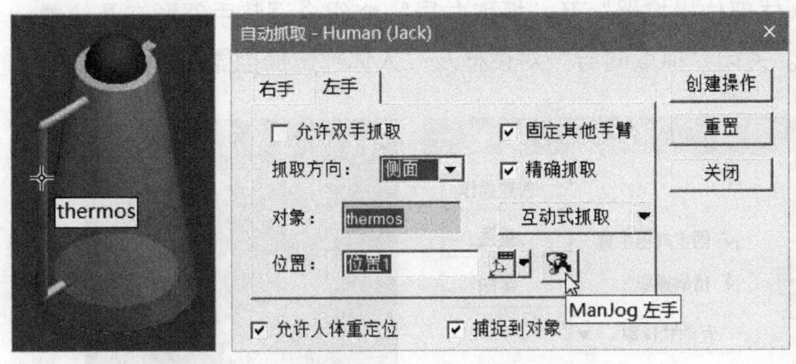

图 7-112　　图 7-113　　图 7-114

② 通过“人体部位操控器”调整手部形态很不方便，可以通过“抓取向导”快速确定手型后，再调整位置。

如图 7-115 所示，单击“人体”菜单下的“抓取向导”按钮，在弹出的“抓取向导”对话框中（如图 7-116 所示）单击“左手”选项卡，然后勾选“固定其他手臂”复选框，选中“仅匹配位置”和“仅左手”单选按钮，最后双击“整个 _ 手 _ 用力 _ 抓握 _0.5 英寸 _ 直径”手型，可以在图形区中看到人体左手手型的变化。

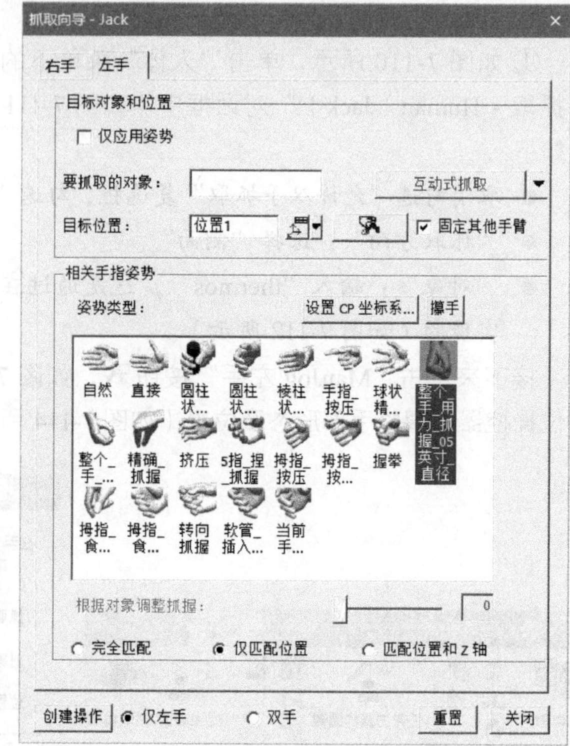

图 7-115　　　　　　　　　　　图 7-116

③ 如图 7-117 所示，在“自动抓取 - Human（Jack）”对话框中单击“ManJog 左手”按钮；通过弹出的“人体部位操控器”及“抓取向导”组合调整手部形态及位置，调整结果如图 7-118 所示。关闭“抓取向导”对话框及“人体部位操控器”对话框。

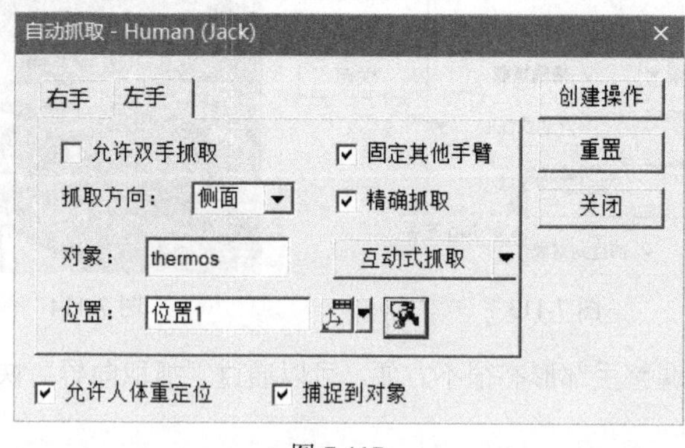

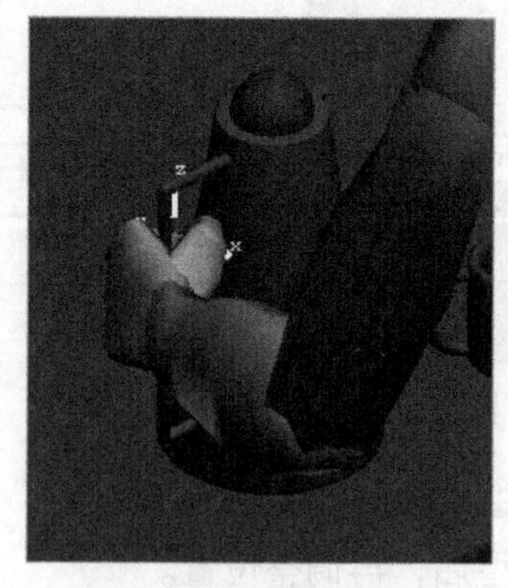

图 7-117　　　　　　　　　　　图 7-118

在“自动抓取 - Human（Jack）”对话框中（参见图 7-117）单击“创建操作”按钮，弹出“操作范围”对话框（如图 7-119 所示），在“范”下拉列表中选择“操作根目录”，单击“确定”按钮，完成抓取操作（如图 7-120 所示）。最后，在“自动抓取 - Human（Jack）”对话框中单击“重置”按钮，人体恢复到初始姿势（如图 7-121 所示），单击“关闭”按钮，退出“自动抓取 - Human（Jack）”对话框。

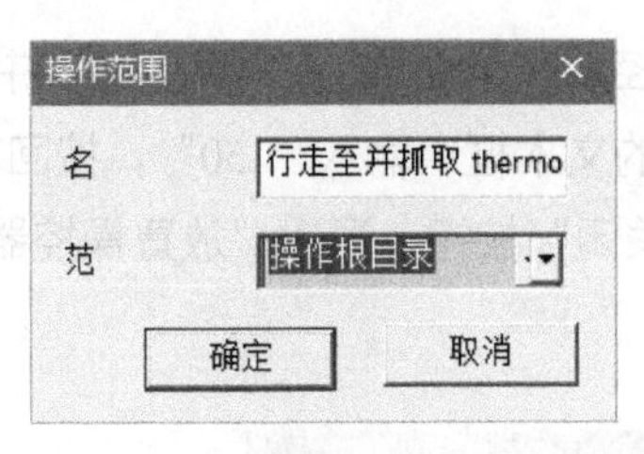

图 7-119

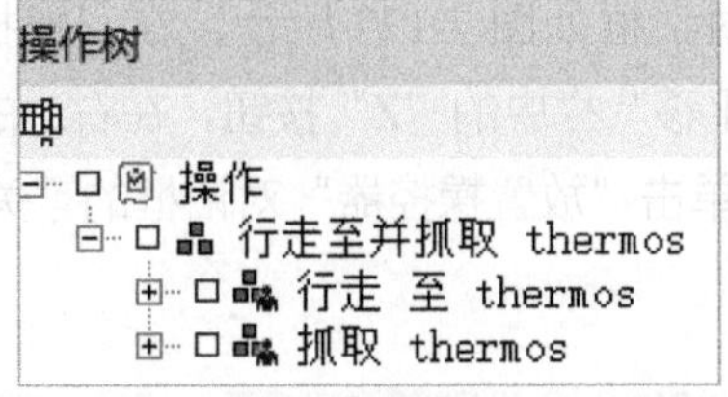

图 7-120

图 7-121

03 播放抓取操作。

如图 7-122 所示，在“操作树”查看器中，将“行走至并抓取 thermos”设置为当前操作。如图 7-123 所示，在“序列编辑器”中单击“正向播放仿真”按钮▶，就可以看到人体抓取物件的动作。

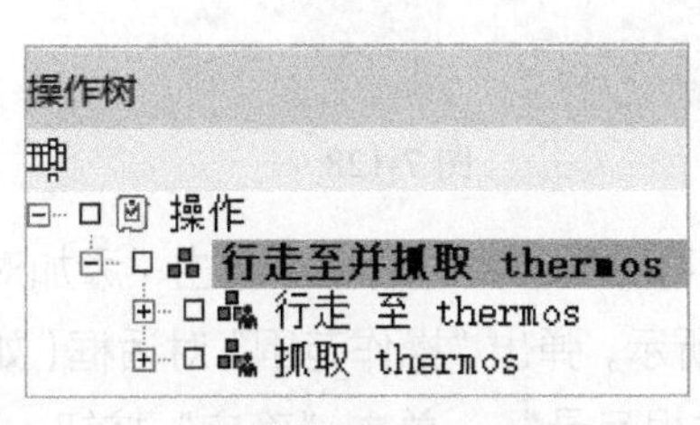

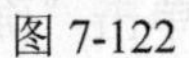

图 7-122

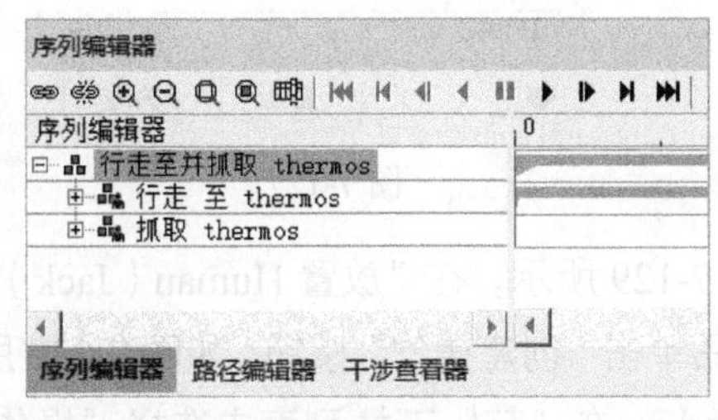

图 7-123

至此，创建完成抓取操作。接下来创建放置操作。

7.8 创建放置操作

01 如图 7-124 所示，单击“人体”菜单下的“放置对象”按钮，在弹出的“放置 Human（Jack）- thermos”对话框中（如图 7-125 所示），选中“人体位置调整”栏中的“跟随对象”单选按钮，以及“对象关系”栏中的“携带”单选按钮；“放置对象”文本框中需要输入“thermos”，这是通过在图形区选择“thermos”来实现的（如图 7-126 所示），然后单击右侧的“打开对象的放置操控器”按钮，弹出“放置操控器”对话框。

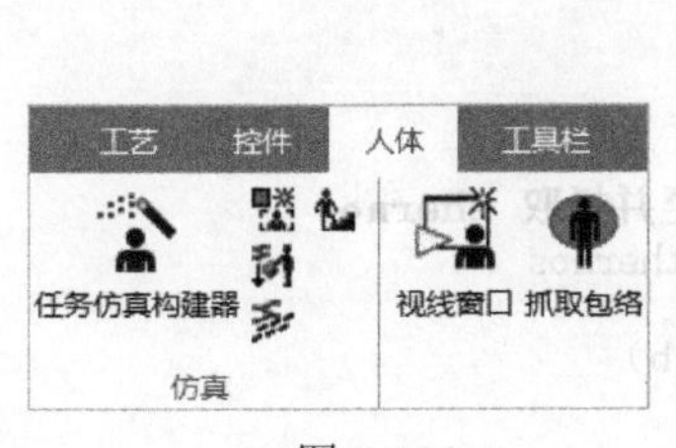

图 7-124

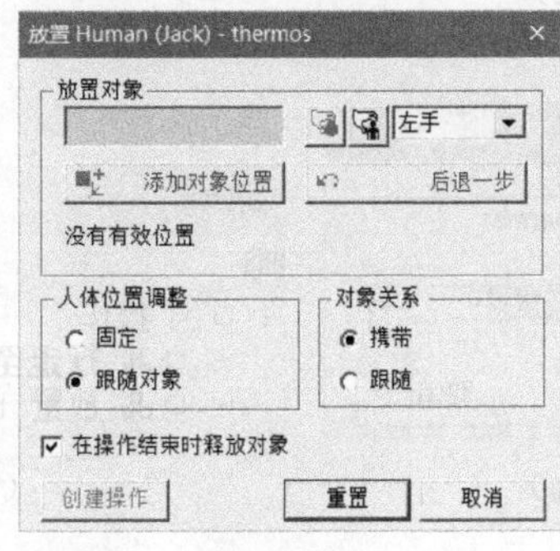

图 7-125

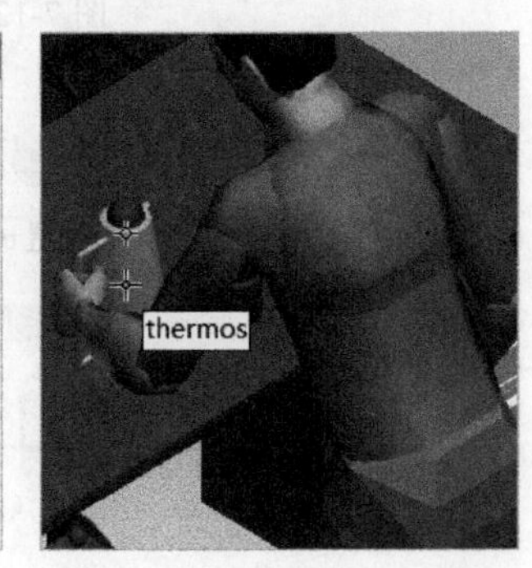

图 7-126

"放置操控器"对话框如图 7-127 所示，在"操控器初始位置"的下拉列表中选择"几何中心"；单击"平移"栏中的"Z"按钮，在右边的文本框中输入"150"，按回车键。结果如图 7-128 所示。单击"放置操控器"对话框的"关闭"按钮，退出"放置操控器"对话框。

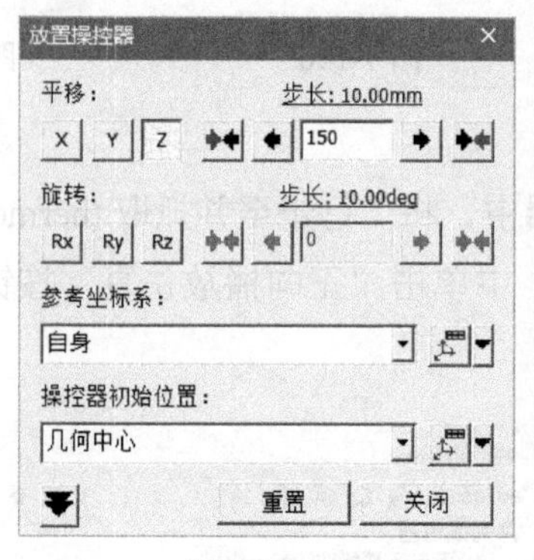

图 7-127

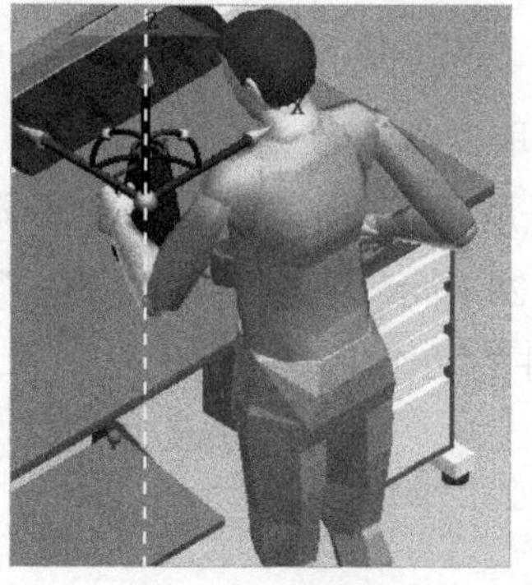

图 7-128

如图 7-129 所示，在"放置 Human (Jack) - thermos"对话框中单击"添加对象位置"按钮，然后单击"创建操作"按钮，如图 7-130 所示，弹出"操作范围"对话框（如图 7-131（a）所示），在"范"下拉列表中选择"操作根目录"，单击"确定"按钮，退出"操作范围"对话框，结果如图 7-131（b）所示。

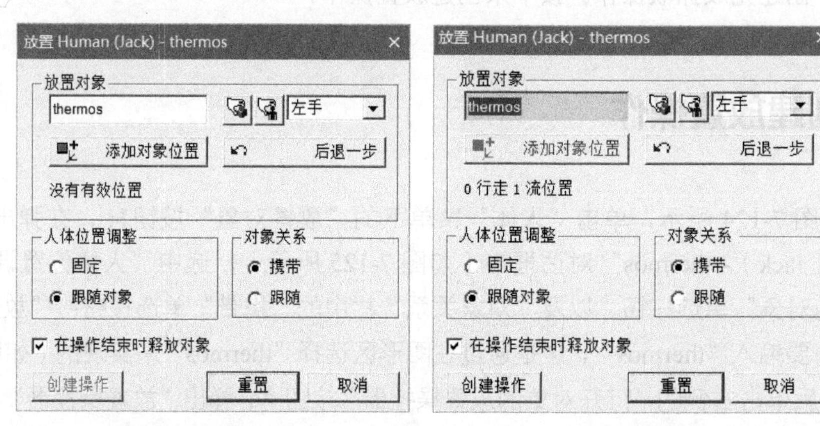

图 7-129　　　图 7-130

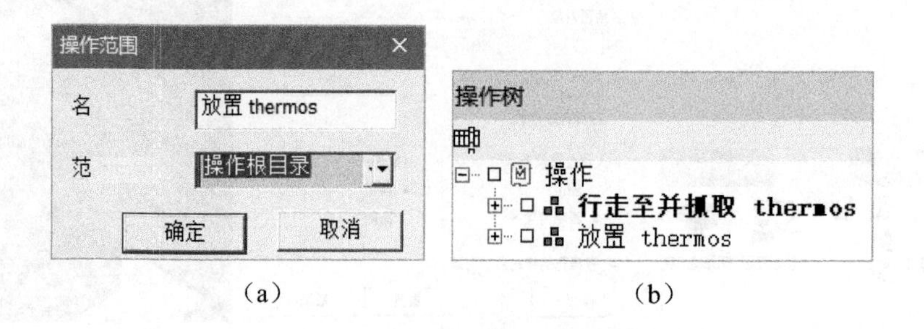

（a）　　　（b）

图 7-131

02 如图 7-132 所示，在“放置 Human（Jack）- thermos”对话框中，需要在“放置对象”文本框中输入“thermos”，这是通过在图形区选择“thermos”来实现的；单击“打开人体的放置操控器”按钮，在弹出的“人体部位操控器”对话框中（如图 7-133 所示），单击“旋转”栏中的“Rz”按钮，输入“90”，按回车键；单击“关闭”按钮，退出“人体部位操控器”对话框，结果如图 7-134 所示。

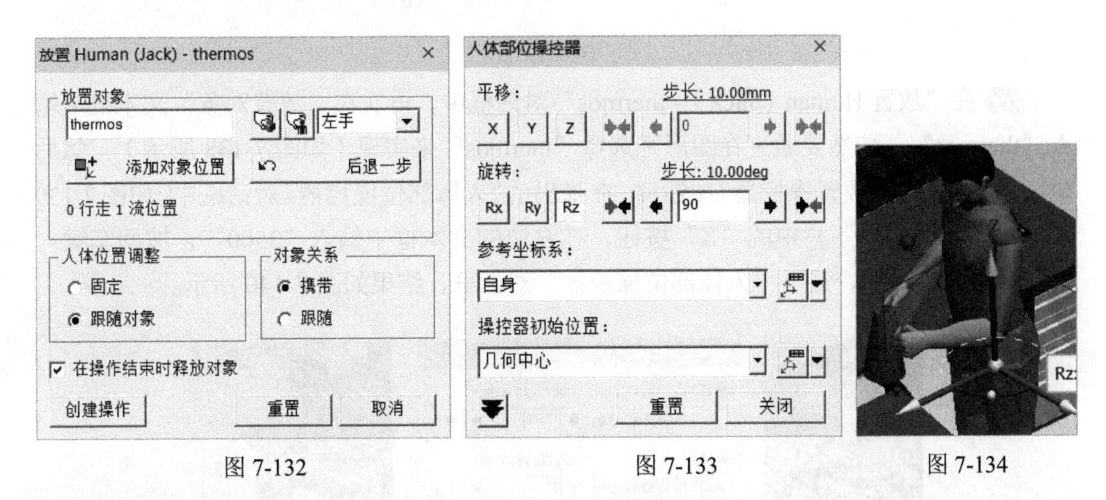

图 7-132　　图 7-133　　图 7-134

注意

也可以先旋转对象“thermos”，再调整人体位置。

在“放置 Human（Jack）- thermos”对话框中单击“添加对象位置”按钮，如图 7-135 所示；再单击“创建操作”按钮，如图 7-136 所示，在弹出的“操作范围”对话框中，在“范”下拉列表中选择“操作根目录”（如图 7-137（a）所示），单击“确定”按钮，退出“操作范围”对话框，结果如图 7-137（b）所示。

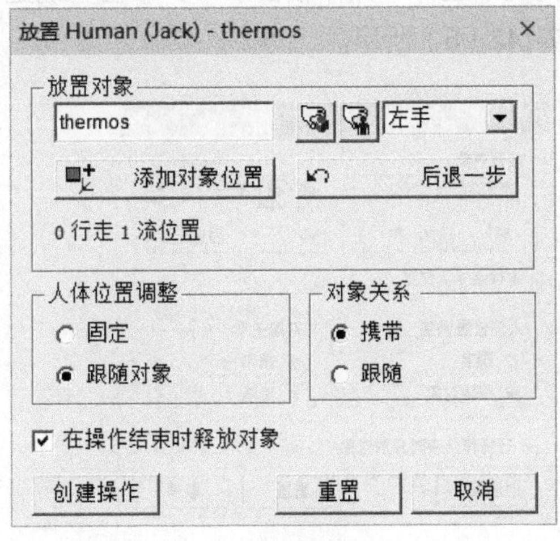

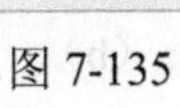

图 7-135

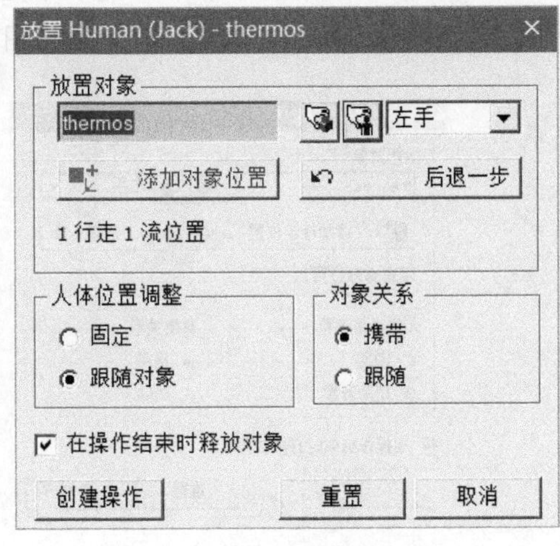

图 7-136

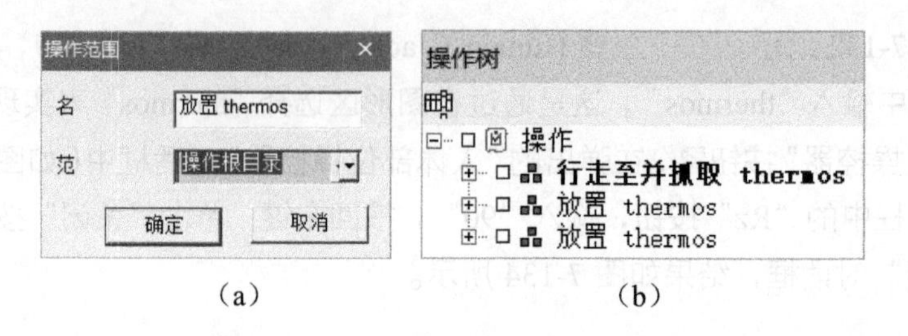

（a）　　　　　　（b）

图 7-137

03 在“放置 Human（Jack）- thermos”对话框中，再次在“放置对象”文本框中输入“thermos”，依然要通过在图形区选择“thermos”来实现（如图 7-138 所示）；然后单击“打开人体的放置操控器”按钮，在弹出的“人体部位操控器”对话框中（如图 7-139 所示）单击“平移”栏中的“X”按钮，在右边的文本框中输入“3500”，按回车键；单击“关闭”按钮，退出“人体部位操控器”对话框，结果如图 7-140 所示。

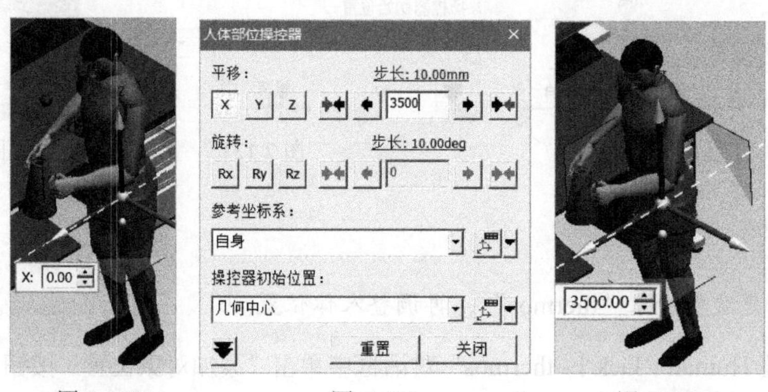

图 7-138　　　　图 7-139　　　　图 7-140

在“放置 Human（Jack）- thermos”对话框中单击“添加行走位置”按钮，如图 7-141（a）所示；再单击“创建操作”按钮，如图 7-141（b）所示，在弹出的“操作范围”对话框中（如图 7-142（a）所示），在“范”下拉列表中选择“操作根目录”，单击“确定”按钮，退出“操作范围”对话框，结果如图 7-142（b）所示。

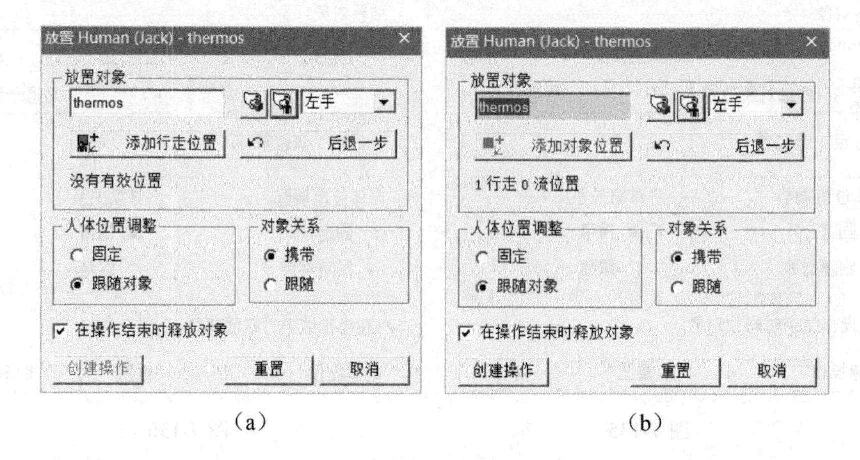

（a）　　　　　　（b）

图 7-141

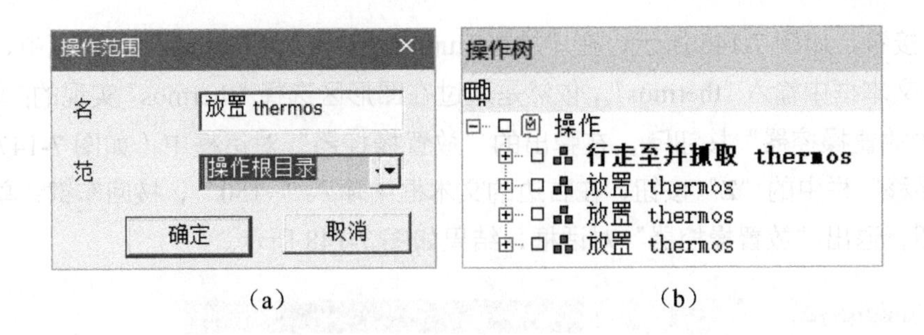

（a）　　（b）

图 7-142

04 如图 7-143 所示，在“放置 Human（Jack）- thermos”对话框中，在“放置对象”文本框中输入“thermos”，依然是通过在图形区选择“thermos”实现的；单击“打开人体的放置操控器”按钮，在弹出的“人体部位操控器”对话框中（如图 7-144 所示）单击“旋转”栏中的“Rz”按钮，在右边的文本框中输入“-90”，按回车键；单击“关闭”按钮，退出“人体部位操控器”对话框。

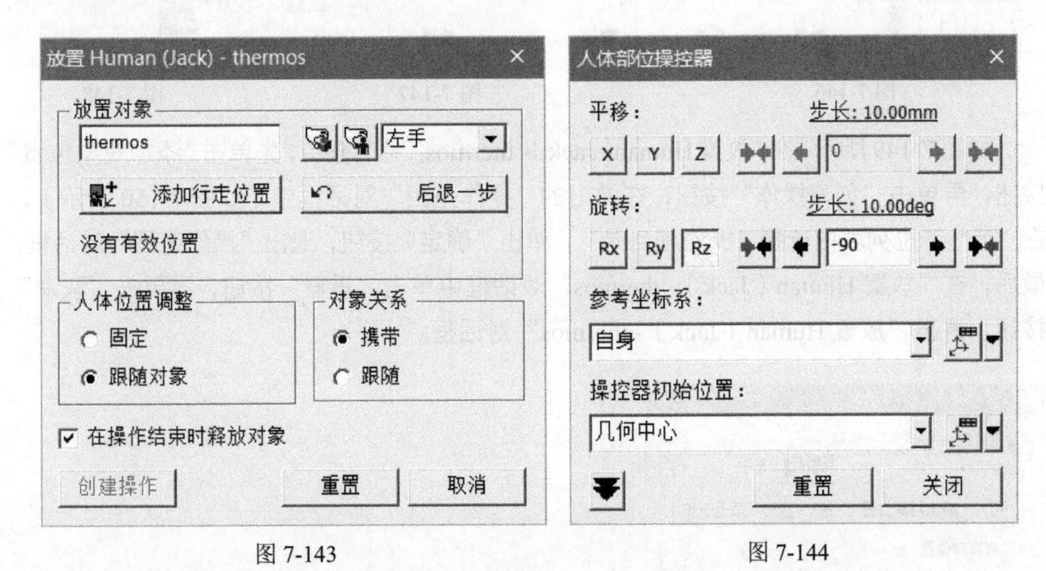

图 7-143　　图 7-144

在“放置 Human（Jack）- thermos”对话框中，先单击“添加行走位置”按钮，再单击“创建操作”按钮，在弹出的“操作范围”对话框中（如图 7-145 所示），在“范”下拉列表中选择“操作根目录”，单击“确定”按钮，退出“操作范围”对话框。

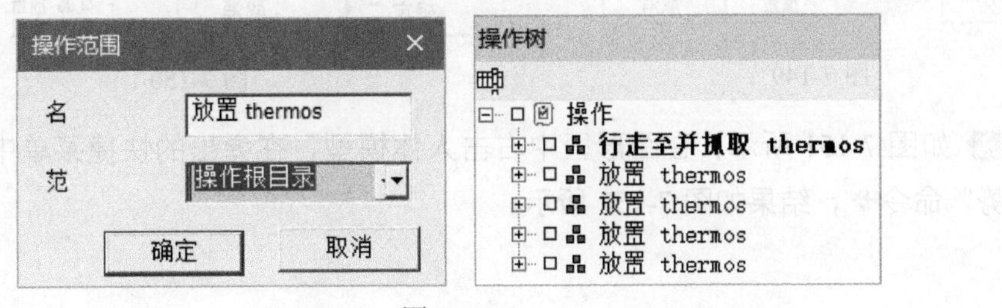

图 7-145

05 接着，如图 7-146 所示，在“放置 Human（Jack）- thermos”对话框中，在“放置对象”文本框中输入“thermos”，依然是通过在图形区选择“thermos”实现的；单击“打开对象的放置操控器”按钮，在弹出的“放置操控器”对话框中（如图 7-147 所示）单击“平移”栏中的“Z”按钮，在右边的文本框中输入“–150”，按回车键；单击“关闭”按钮，退出“放置操控器”对话框，结果如图 7-148 所示。

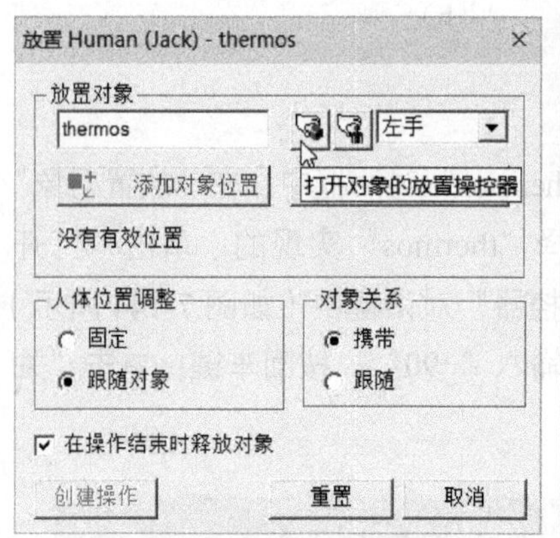

图 7-146

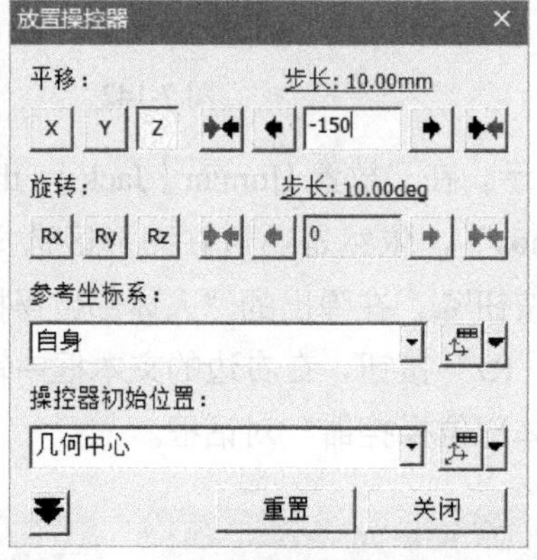

图 7-147

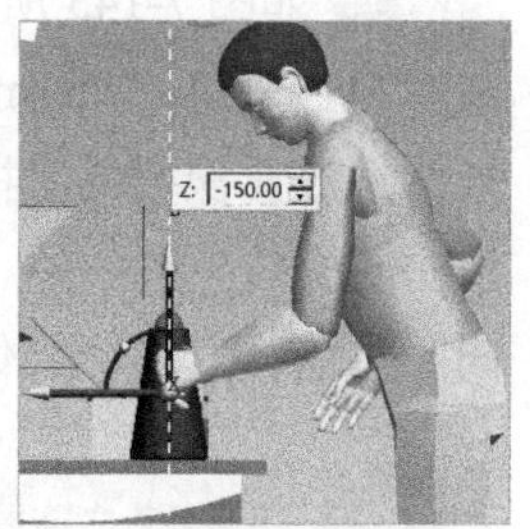

图 7-148

如图 7-149 所示，在“放置 Human（Jack）- thermos”对话框中，先单击“添加对象位置”按钮，再单击“创建操作”按钮，在弹出的“操作范围”对话框中（如图 7-150 所示），在“范”下拉列表中选择“操作根目录”，单击“确定”按钮，退出“操作范围”对话框；最后，在“放置 Human（Jack）- thermos”对话框中单击“重置”按钮，再单击“取消”按钮，退出“放置 Human（Jack）- thermos”对话框。

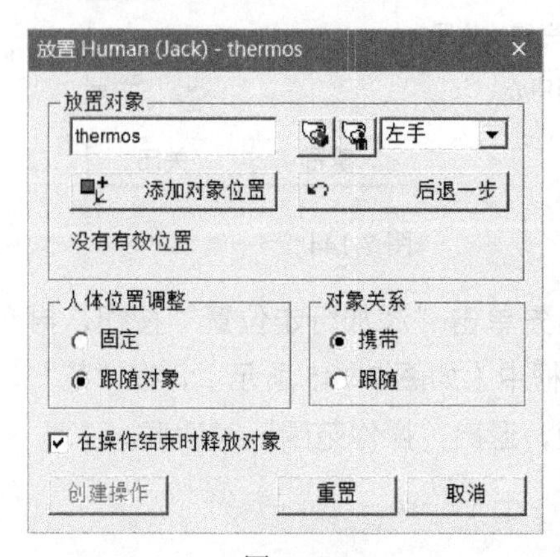

图 7-149

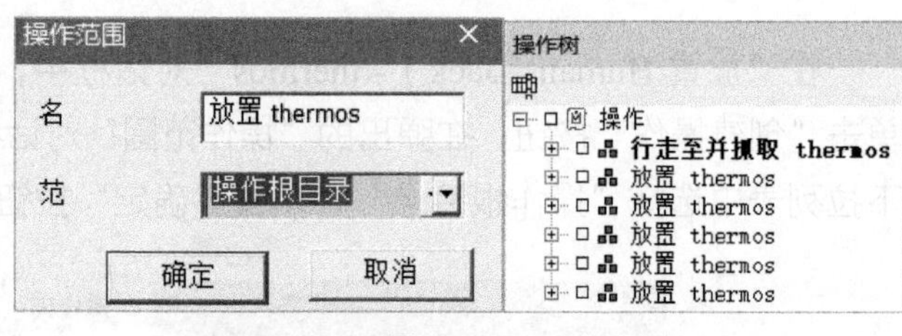

图 7-150

06 如图 7-151 所示，在图形区中右击人体模型，在弹出的快捷菜单中在选择“默认姿势”命令，结果如图 7-152 所示。

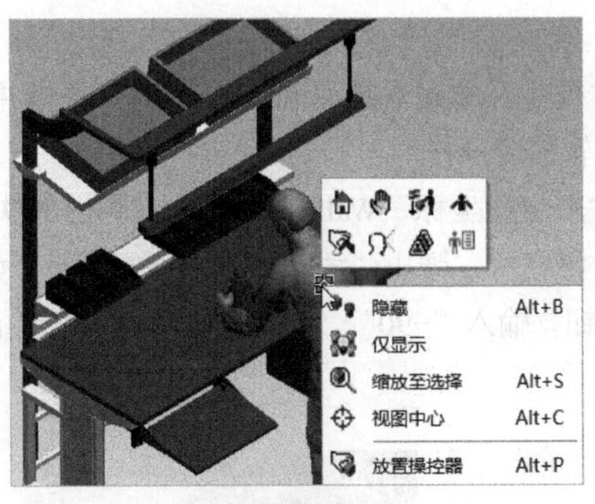

图 7-151

图 7-152

07 整合并播放放置操作。

在“操作”菜单下，依次选择“新建操作”→“新建复合操作”，弹出“新建复合操作”对话框（如图 7-153（a）所示），在“名”文本框中输入“HUMAN”，在“范围”下拉列表中选择“操作根目录”，单击“确定”按钮，完成复合操作的创建；然后，在“操作树”查看器中，将“HUMAN”设置为当前操作，如图 7-153（b）所示。

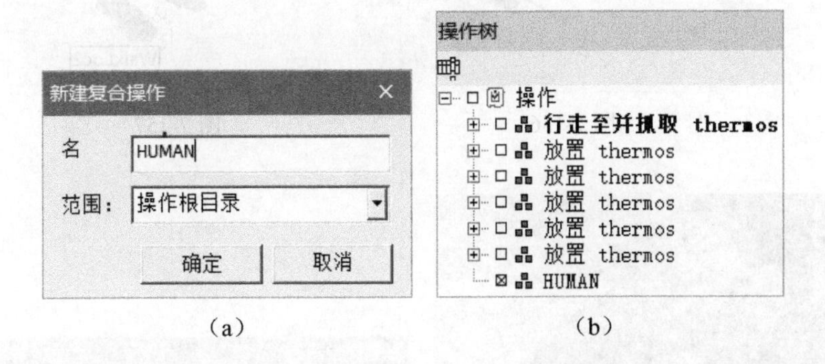

（a） （b）

图 7-153

如图 7-154 所示，在“操作树”查看器中，将“行走至并抓取 thermos”操作和所有的“放置 thermos”操作都拖曳到“HUMAN”操作中。如图 7-155 所示，在“序列编辑器”中将所有操作链接在一起，然后单击“正向播放仿真”按钮▶，就可以看到完整的放置操作。

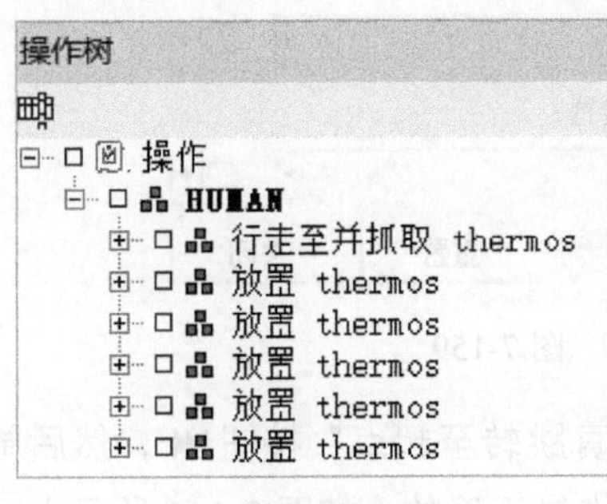

图 7-154

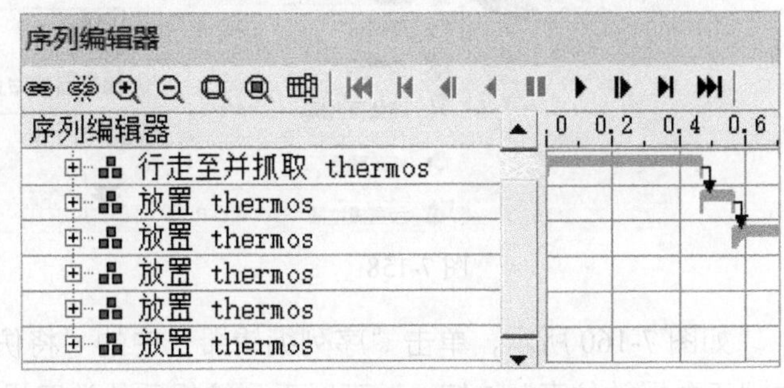

图 7-155

08 编辑放置操作。

通过播放放置操作，可以看到人体模型在放置对象“thermos”时，身体并没有转向桌子（如图 7-156 所示），所以需要编辑放置操作。

如图 7-157 所示，在图形区中，右击位置坐标“WalkLoc2”，在弹出的快捷菜单中（如图 7-158 所示）单击“放置操控器”按钮，弹出“放置操控器”对话框（如图 7-159 所示），单击“旋转”栏中的“Rz”按钮，输入“-90”，按回车键；单击“关闭”按钮，退出“放置操控器”对话框。

图 7-156

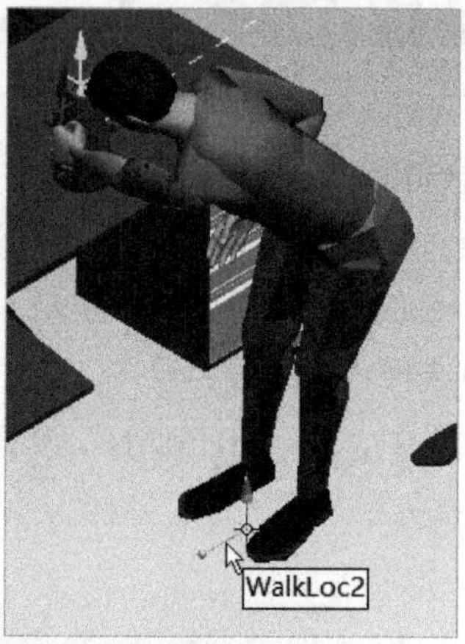

WalkLoc2

图 7-157

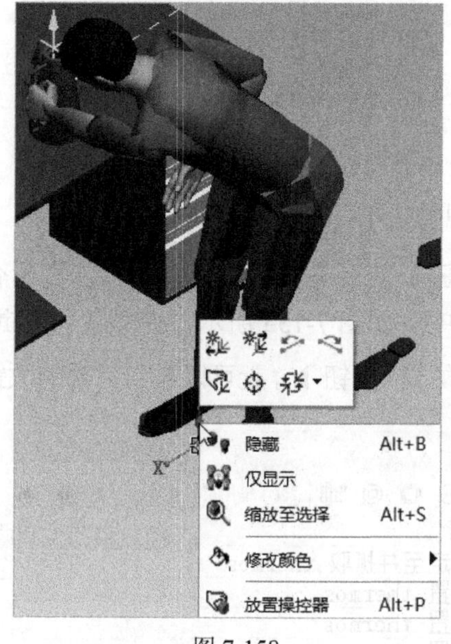

图 7-158

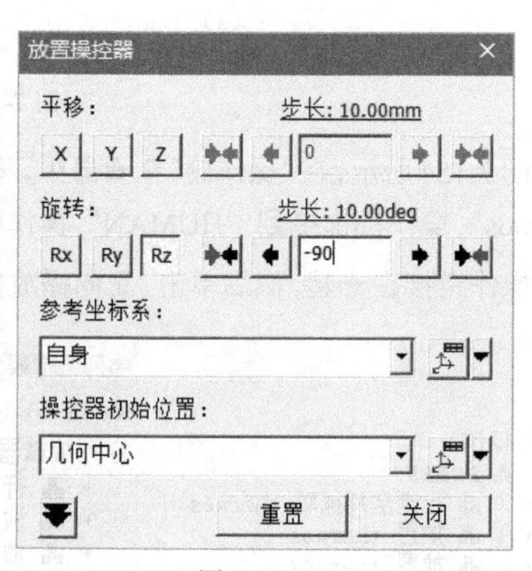

图 7-159

如图 7-160 所示，单击“序列编辑器”中的“将仿真跳转至起点”按钮，然后单击“正向播放仿真”按钮，可以看到编辑后的放置操作是正确的（如图 7-161 所示）。

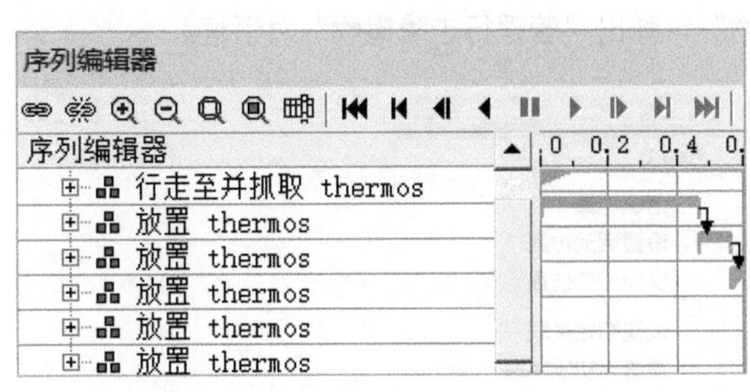

图 7-160

图 7-161

至此，放置操作创建完成。

7.9 通过“任务仿真构建器”（TSB）创建人机操作

01 打开 Tecnomatix\Exercise_data\6_HUMAN\ Structure.psz 文件，如图 7-162 所示。单击“人体”菜单下的“任务仿真构建器”按钮，如图 7-163 所示，弹出“任务仿真构建器 - 没有活动的仿真”对话框。

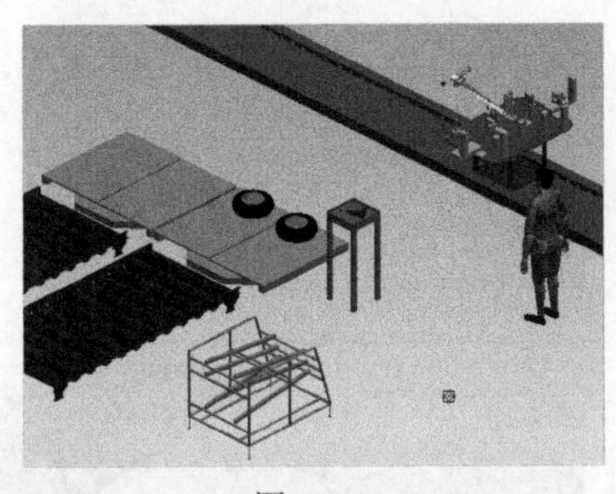

图 7-162

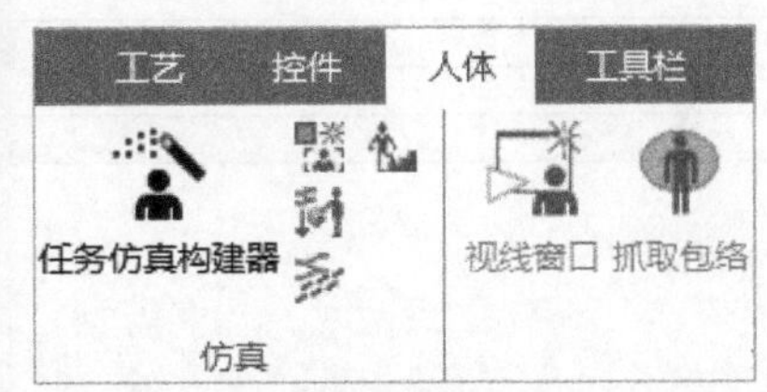

图 7-163

02 如图 7-164 所示，在“任务仿真构建器 - 没有活动的仿真”对话框中单击“新建仿真”按钮，在弹出的“新建仿真”对话框中（如图 7-165 所示），“名”文本框和“范”下拉列表中都为默认值，单击“确定”按钮，退出“新建仿真”对话框。

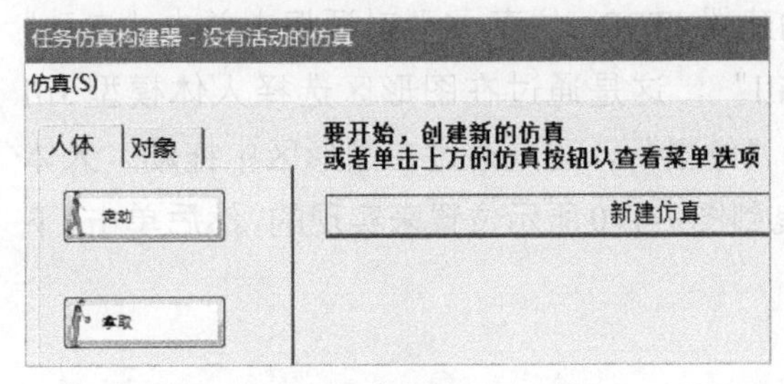

图 7-164

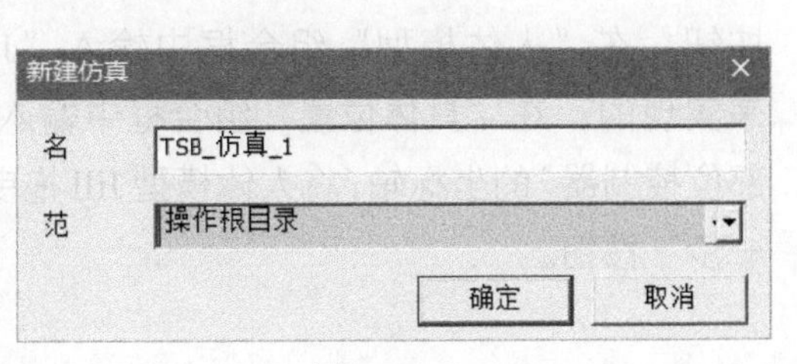

图 7-165

03 如图 7-166 所示，选择“任务仿真构建器 -TSB_ 仿真 _1”中的“仿真”，在下拉菜单中选择“管理行走障碍物”，弹出“管理行走障碍物”对话框。

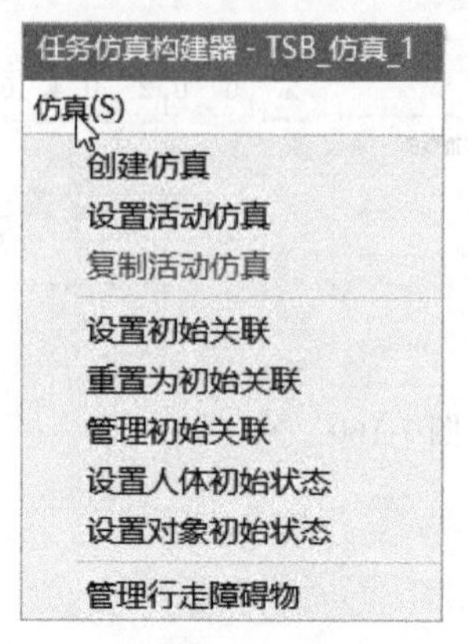

图 7-166

如图 7-167 所示，在“管理行走障碍物”对话框中，管理行走障碍物列表是通过在图形区选择物体对象来输入的，如图 7-168 所示，被暗红色包住的对象代表人体在行走时需要规避的障碍物；然后单击“管理行走障碍物”对话框中的“确定”按钮，退出“管理行走障碍物”对话框。

管理行走障碍物

conveyor
assembly2
tray
pallet1
pallet2

注意：当对象设为不可见时，仍旧被视为行走障碍。

删除　全部删除　确定

图 7-167

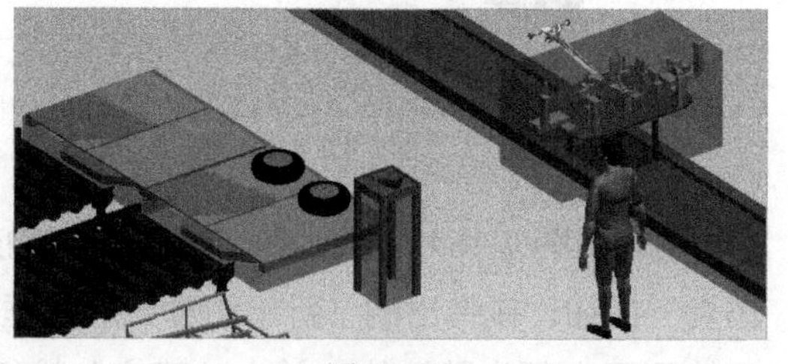

图 7-168

04 如图 7-169 所示，在“任务仿真构建器 -TSB_ 仿真 _1”对话框中单击“走动”按钮，在“人体模型”组合框中输入“Jill”，这是通过在图形区选择人体模型 Jill 来实现的；在“具体位置”组合框中输入“位置”，这是通过在图形区中拖动“人体部位控制器”的坐标轴，将人体模型 Jill 拖曳到图 7-170 所示位置来实现的，然后单击“下一步”按钮。

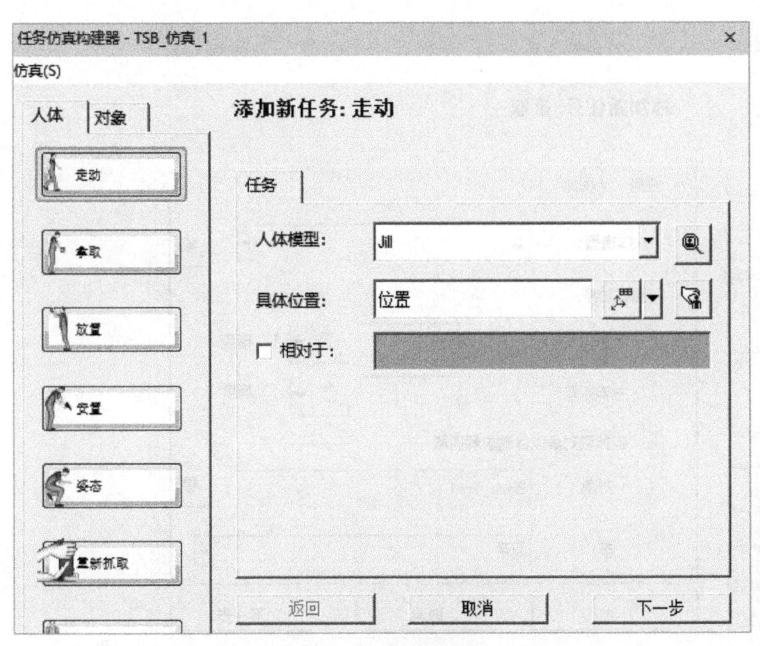

图 7-169

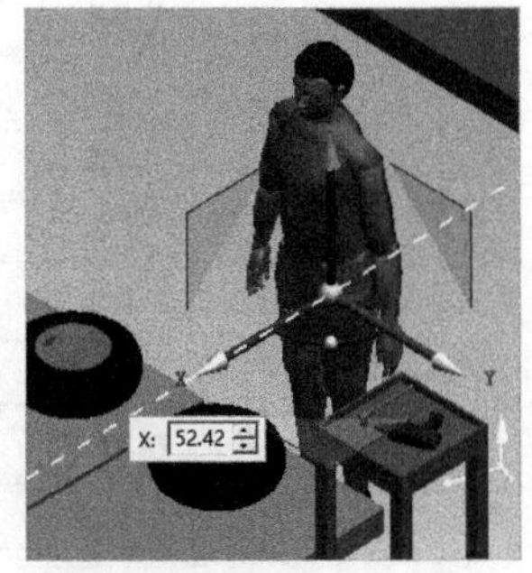

图 7-170

如图 7-171 所示，单击“编辑”栏中的播放按钮▶，播放人体走动操作，可以观察人体走动的姿态及线路；然后可以单击“更改行走姿势”“添加行走经由点”按钮并进行编辑修改。在此例中不需要进行编辑修改，单击“完成”按钮，完成走动操作的创建。

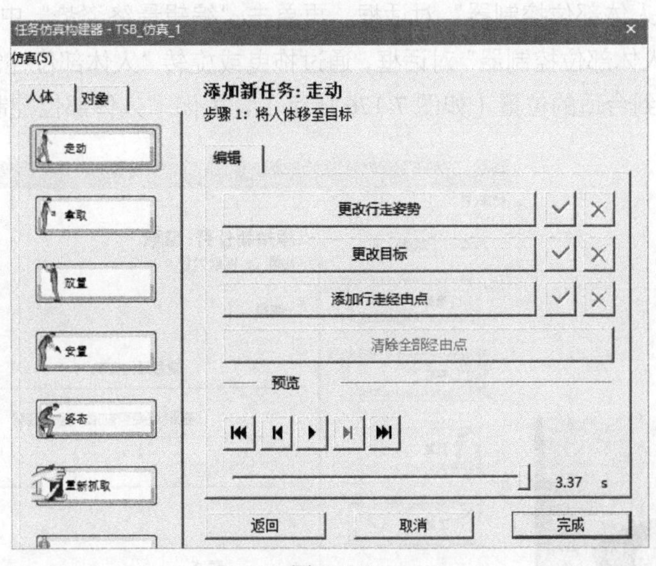

图 7-171

05 如图 7-172 所示，在“任务仿真构建器 -TSB_ 仿真 _1”对话框中单击“拿取”按钮，需要在“对象”文本框中输入“Black_Tire1”，这是通过在图形区选择轮胎模型 Black_Tire1 来实现的；在“手”下拉列表中选择“双手”，单击“下一步”按钮。在下一个对话框中，继续单击“下一步”按钮。

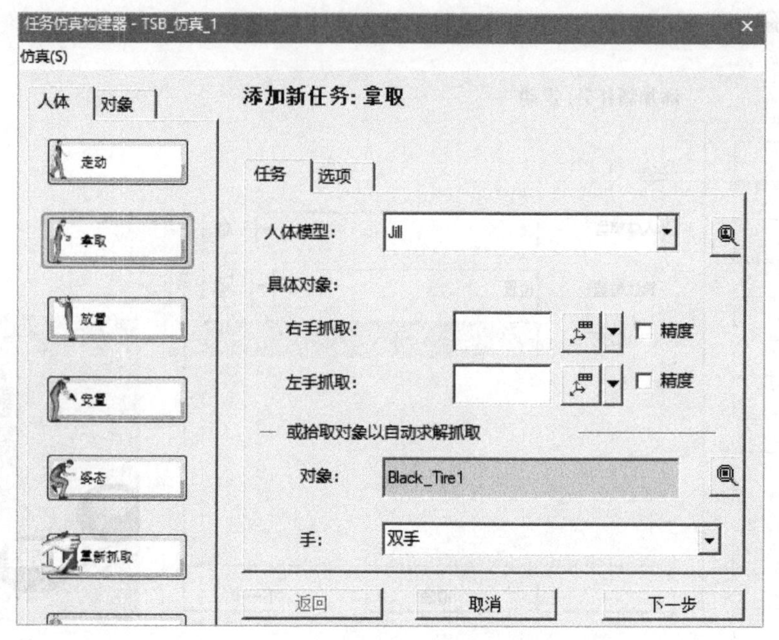

图 7-172

如图 7-173 所示，人体模型的左右手位置需要调整。如图 7-174 所示，先单击“编辑最终姿势”中的“移动左手”按钮，弹出“人体部位控制器”对话框，通过拖曳或旋转“人体部位控制器”的坐标轴，将人体模型的左手调整到合适的位置（如图 7-175 所示），关闭“人体部位控制器”对话框。再单击“编辑最终姿势”中的“移动右手”按钮，弹出“人体部位控制器”对话框，通过拖曳或旋转“人体部位控制器”的坐标轴，将人体右手调整到合适的位置（如图 7-176 所示），关闭“人体部位控制器”对话框。

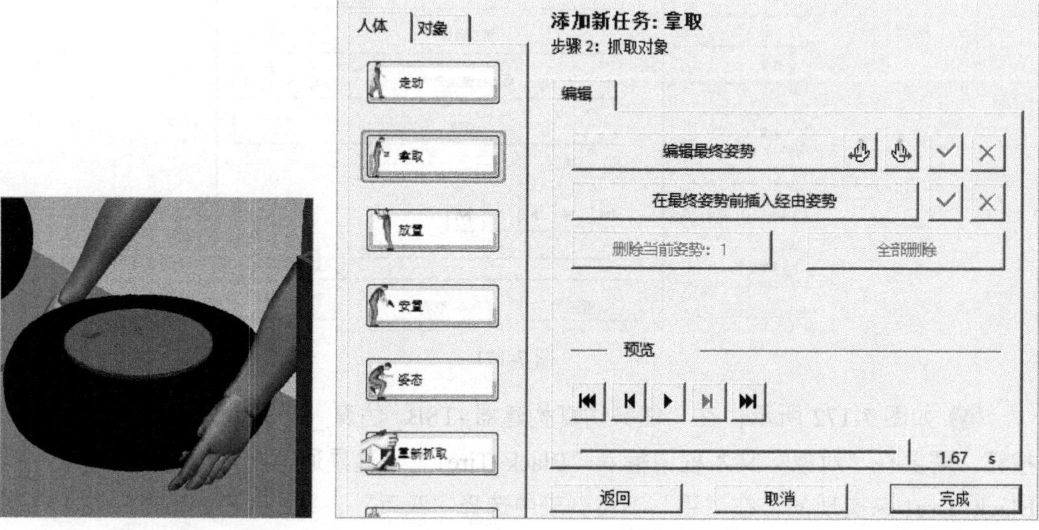

图 7-173　　　　图 7-174

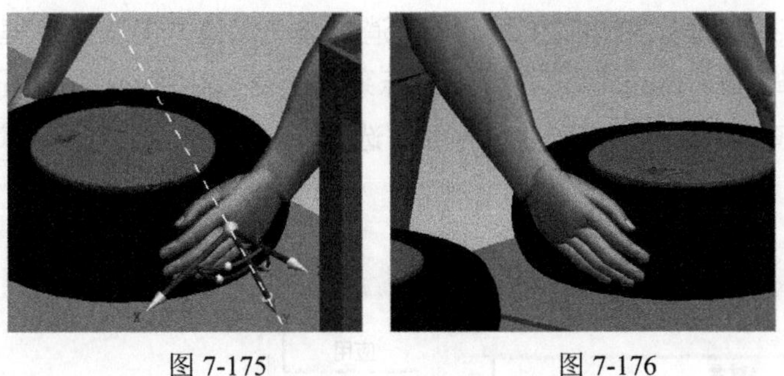

图 7-175　　　　图 7-176

如图 7-177 所示，单击“批准”按钮，然后单击“完成”按钮（参见图 7-174），完成拿取操作的创建。

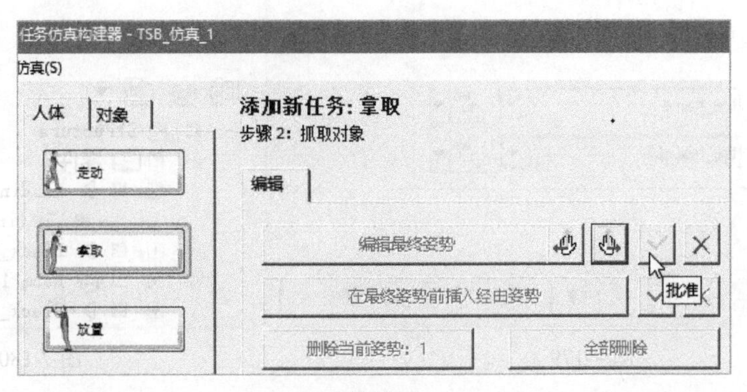

图 7-177

06 如图 7-178 所示，在“任务仿真构建器 -TSB_ 仿真 _1”对话框中单击“放置”按钮；然后单击“具体对象”文本框右边的“重定位对象”按钮，弹出“重定位”对话框。

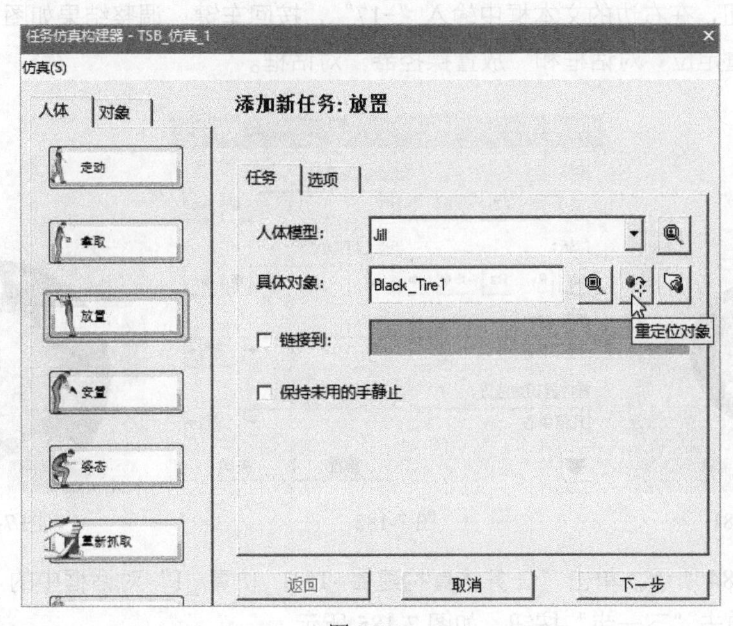

图 7-178

“重定位”对话框如图 7-179 所示，取消勾选“保持方向”复选框，在“从坐标”下拉列表中选择“tire_frame”，在“到坐标系”组合框中输入“tire_mount”，这是通过在“对象树”查看器中（如图 7-180 所示）选择“tire_mount”坐标系实现的，单击“应用”按钮。

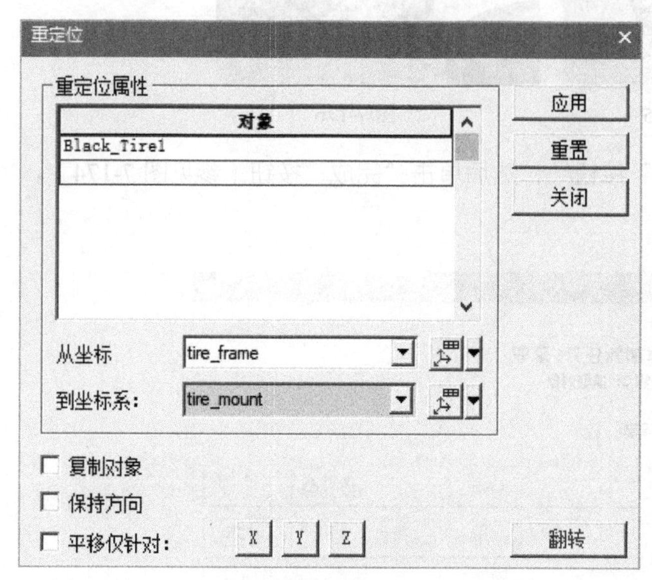

图 7-179

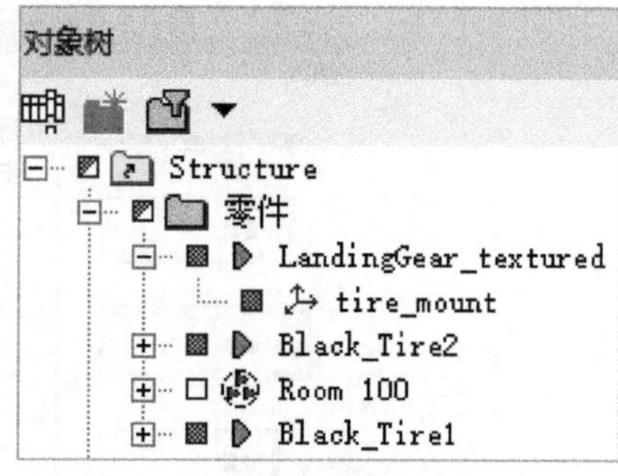

图 7-180

如图 7-181 所示，可以看见左右手位置一高一低，因此轮胎安装角度需要调整。如图 7-182 所示，在“放置操控器”对话框中，在“参考坐标系”的下拉列表中选择“几何中心”；在“操控器初始位置”的下拉列表中选择“几何中心”；单击“旋转”栏中的“Ry”按钮，在右边的文本框中输入“-17”，按回车键；调整结果如图 7-183 所示。分别关闭“重定位”对话框和“放置操控器”对话框。

图 7-181

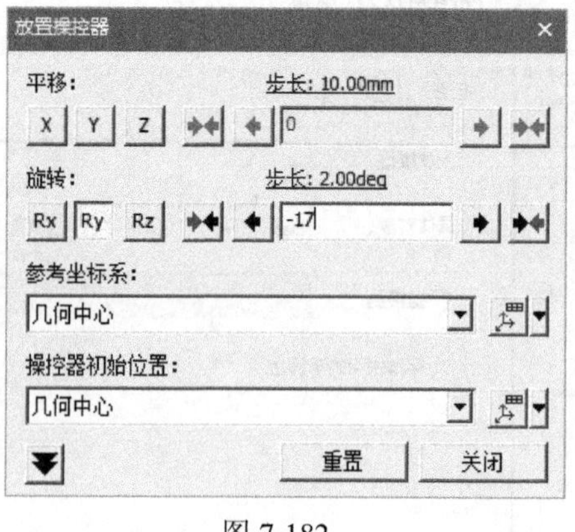

图 7-182

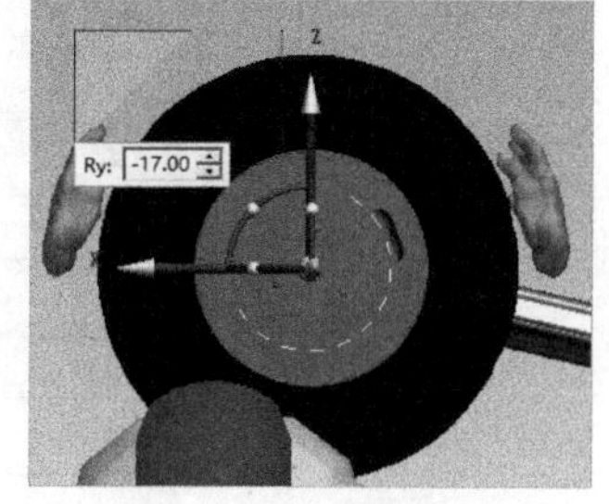

图 7-183

如图 7-184 所示，单击“任务仿真构建器 -TSB_ 仿真 _1”对话框中的“下一步”按钮，然后再单击“下一步”按钮，如图 7-185 所示。

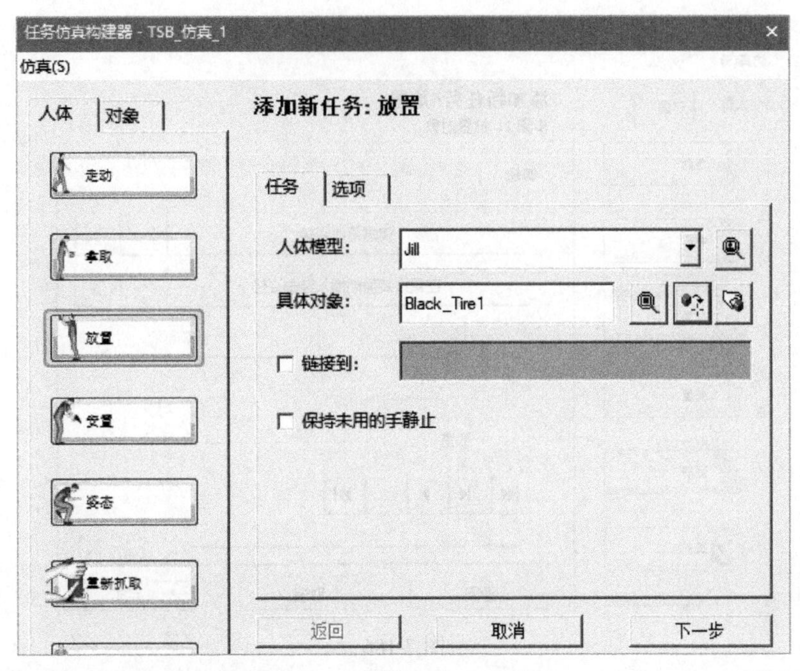

图 7-184

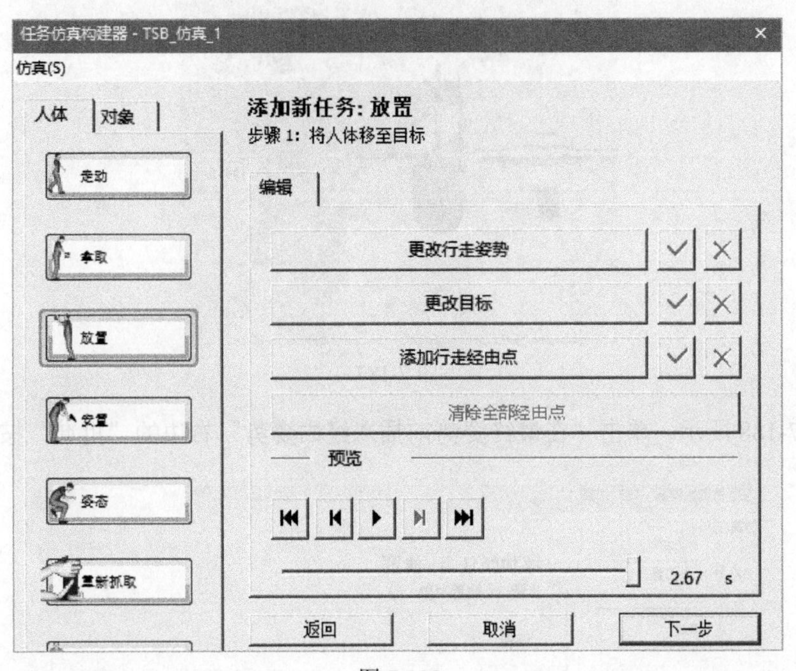

图 7-185

如图 7-186 所示，在“任务仿真构建器 -TSB_ 仿真 _1”对话框中单击“在最终姿势前插入经由姿势”按钮，弹出“放置操控器”对话框（参见图 7-182），在图形区中（如图 7-187 所示）单击“放置操控器”的移动“Y”轴，拉动到“58”的位置，关闭“放置操控器”对话框。

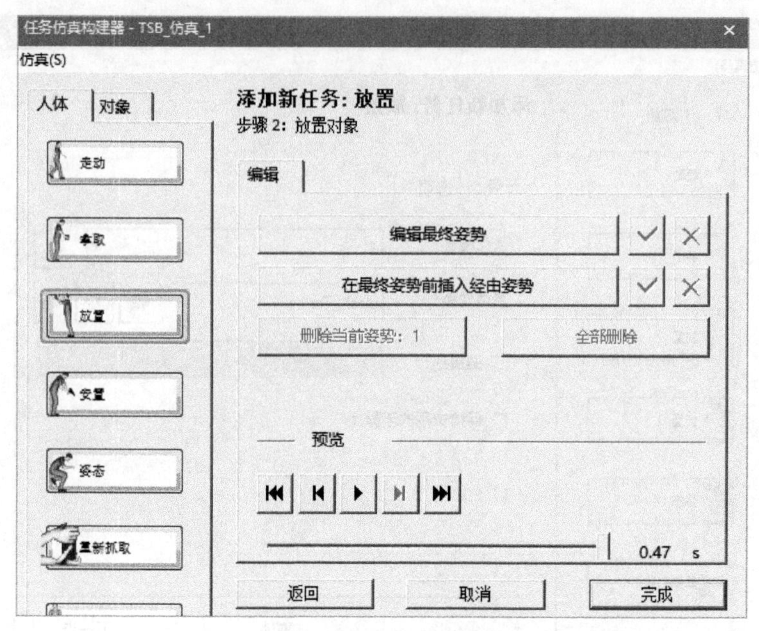

图 7-186

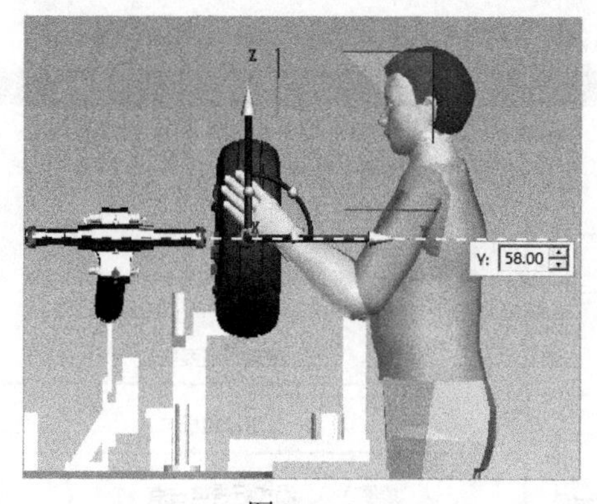

图 7-187

如图 7-188 所示，单击“在最终姿势前插入经由姿势”右边的“批准”按钮。

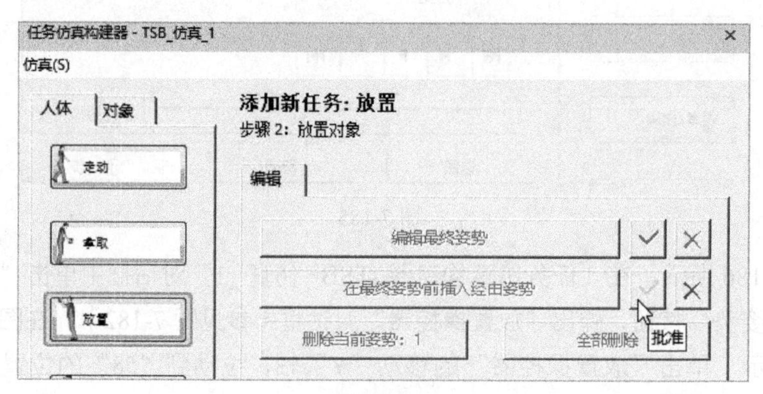

图 7-188

如图 7-189 所示，单击“编辑最终姿势”按钮，弹出“放置操控器”对话框，在图形区中（如图 7-190 所示）选择“放置操控器”的移动“Y”轴，拉动到“-15”的位置，关闭“放置操控器”对话框。

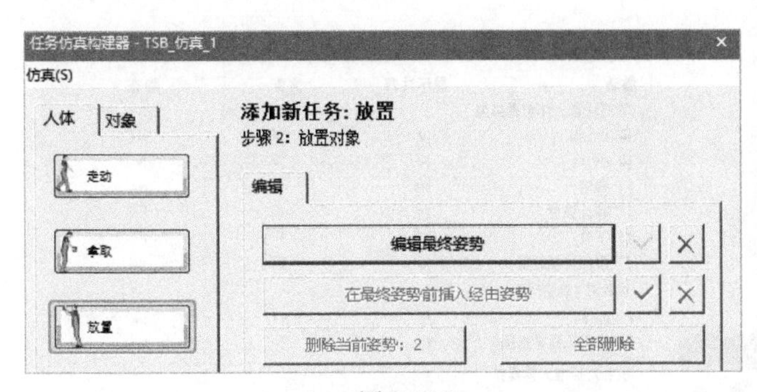

图 7-189

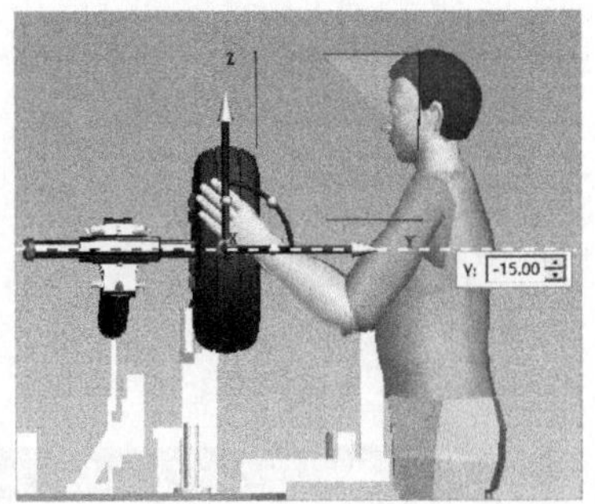

图 7-190

如图 7-191 所示，在“任务仿真构建器 -TSB_ 仿真 _1”对话框中单击“编辑最终姿势”右边的“批准”按钮，然后单击“完成”按钮（参见图 7-186），关闭“任务仿真构建器 -TSB_ 仿真 _1”对话框。

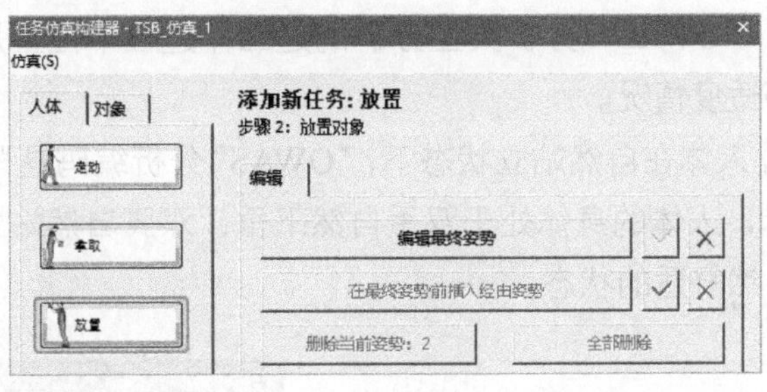

图 7-191

07 播放人体仿真操作。如图 7-192 所示，单击“正向播放仿真”按钮，可以看到创建的操作。

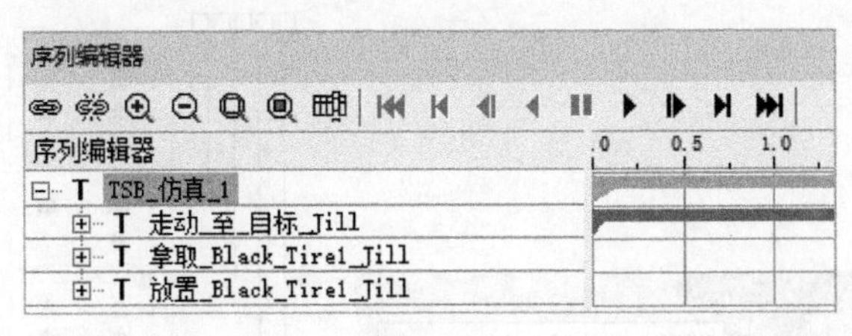

图 7-192

7.10 人因仿真分析

01 如图 7-193 所示，单击“人体”菜单下的“分析工具”按钮，选择下拉菜单中的“分析工具”![分析工具]。在弹出的“分析工具 -2 模型”对话框中提供了多种分析类型，本例选择“NIOSH”和“OWAS”（如图 7-194 所示），单击“确定”按钮，退出“分析工具 -2 模型”对话框。

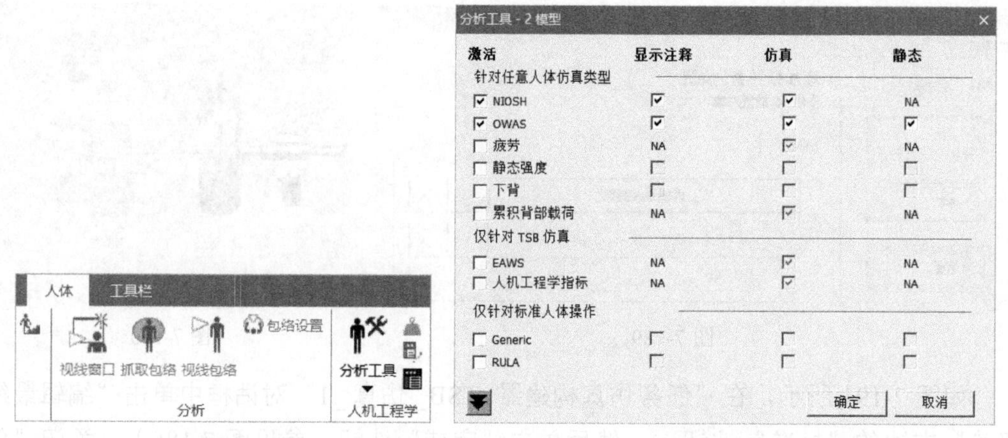

图 7-193　　　　图 7-194

需要说明的是，“NIOSH”分析类型分析的是人体进行举升活动时对身体，尤其是对腰背造成的影响；“OWAS”分析类型分析的是工作过程中位置是否合理和舒适，以及身体部位受力及舒适度情况。

如图 7-195 所示，人体在自然站立状态下，“OWAS”分析编码是“1121-1”；如图 7-196 对应的人体状态所示，人体的身体处于双手自然下垂、双脚自然站立、负重很轻、头部轻松的状态，属于自然舒适的状态。

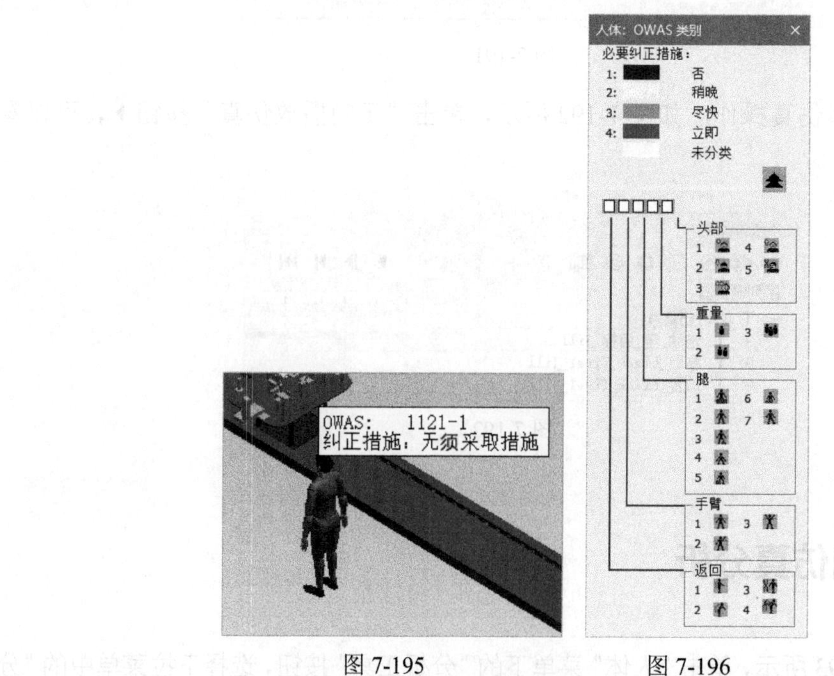

图 7-195　　　　图 7-196

02 如图 7-197 所示，在“序列编辑器”中单击“正向播放仿真”按钮▶。如图 7-198 所示，当播放到人体开始抬起轮胎的动作时，可以看到“OWAS”分析编码是“2141-1”，人体显示为“橙色”，同时注释的“纠正措施”中显示“尽快采取措施”。

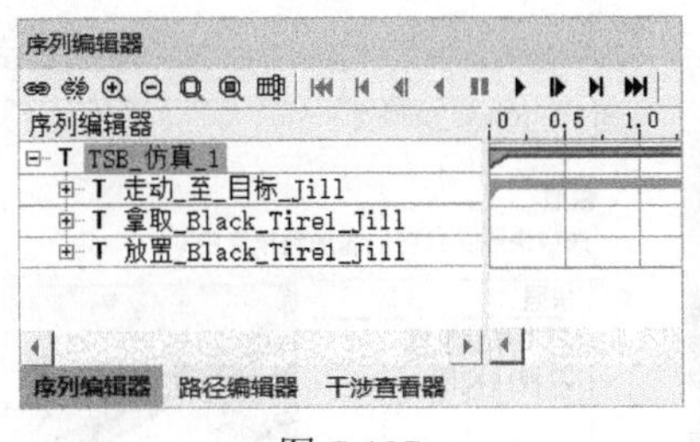

图 7-197

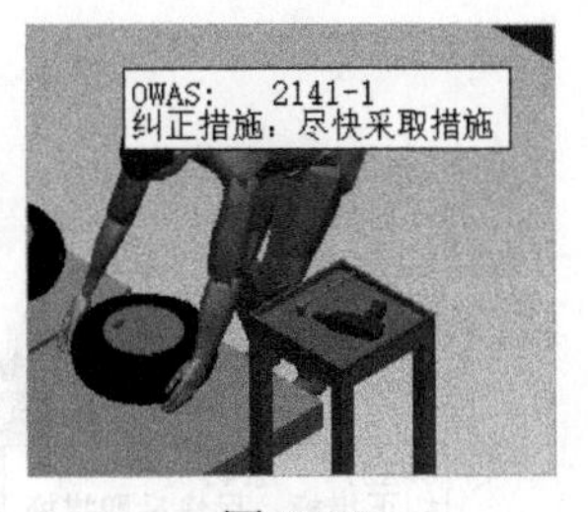

图 7-198

7.11 创建分析报告

01 如图 7-199 所示，在图形区中选择人体模型“Jill”；然后，如图 7-200 所示，单击“人体”菜单下的“创建人机工程报告”按钮，弹出“创建报告”对话框。

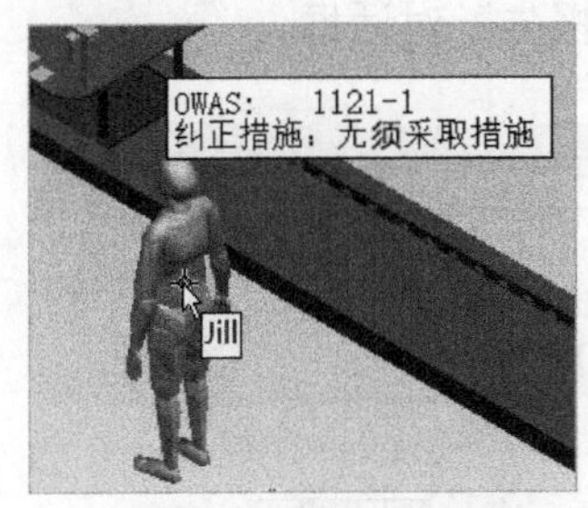

图 7-199

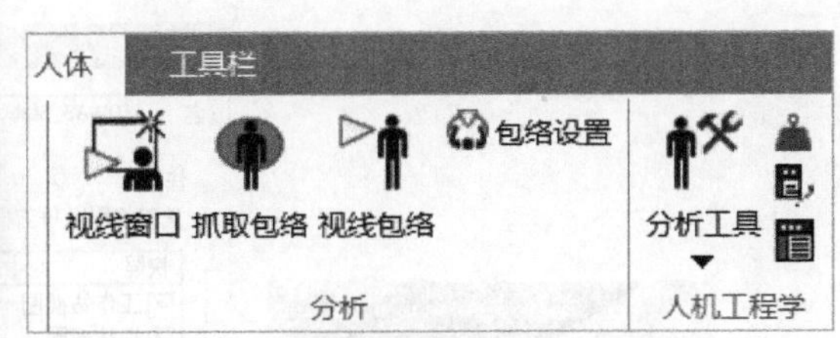

图 7-200

如图 7-201 所示，在“创建报告”对话框中，在“名”文本框中输入“OWAS_Static1”，单击“确定”按钮，退出“创建报告”对话框。

图 7-201

02 如图7-202所示，先选择人体模型，然后单击“人体”菜单下的“创建人机工程报告”按钮，在弹出的“创建报告”对话框中（如图7-203所示），在“名”文本框中输入“OWAS_Static 2”，单击“确定”按钮，退出“创建报告”对话框。

图 7-202

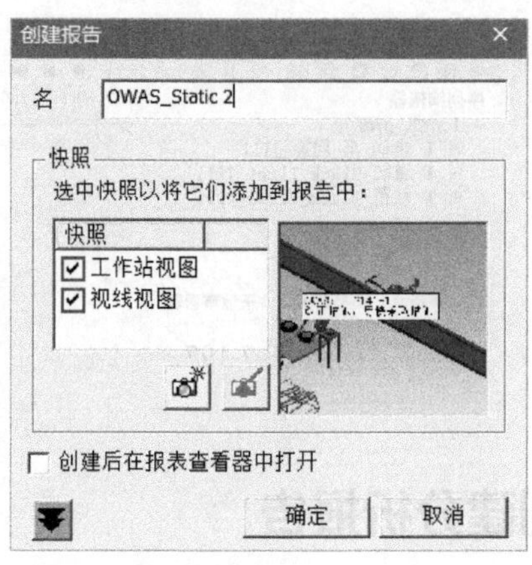

图 7-203

03 如图7-204所示，先选择人体模型，然后单击“人体”菜单下的“创建人机工程报告”按钮，在弹出的“创建报告”对话框中（如图7-205所示），在“名”文本框中输入“OWAS_Static 3”，单击“确定”按钮，退出“创建报告”对话框。

图 7-204

图 7-205

04 查看分析报告。

① 如图7-206所示，单击“人体”菜单下的“报告查看器”按钮，弹出“报告查看器”对话框。

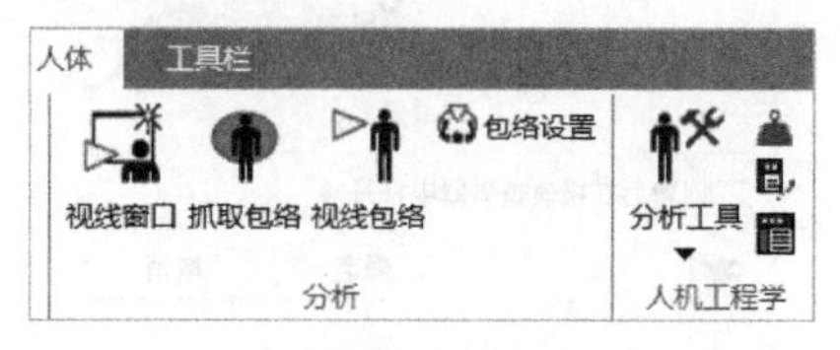

图 7-206

② 如图 7-207 所示，在“报告查看器”对话框中可以看到创建的分析报告。

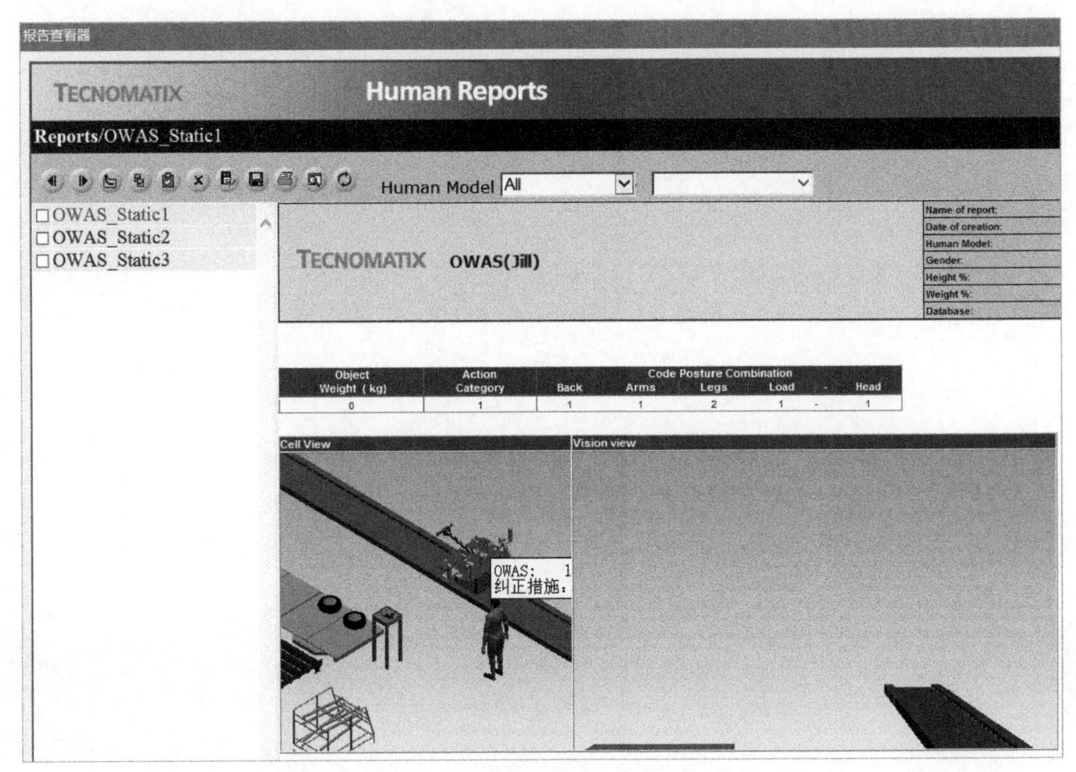

图 7-207

第8章

Process Simulate 机器人仿真

随着科技的发展进步，机器人已经被越来越多地应用到日常生活及生产制造过程当中，机器人可以替代操作工人准确地完成很多日常工作内容，例如焊接、喷涂、搬运、打磨、装配等。

Process Simulate 支持众多品牌的机器人仿真，例如 ABB、KUKA、FANUC、IBM、BOSCH 等。支持点焊、弧焊、激光焊、铆接、装配、包装、搬运、去毛刺、涂胶、抛光、喷涂、滚边等多种操作。Process Simulate 机器人仿真功能包括设计和优化机器人工艺操作过程、优化机器人路径、规划无干涉的机器人运动、设计机器人工位布局、生成经充分验证的机器人程序，以及实现多个机器人的协调工作等。

8.1 为机器人安装工具

要让机器人完成不同的工作任务，就需要给它安装与工作任务对应的工具。例如，要完成焊接操作，需要安装焊枪；要完成搬运操作，需要安装抓手（握爪），等等。下面就来讲一讲如何为机器人安装工具，通常有两种方法。需要注意的是，在为机器人安装工具之前，要确定该工具已经完成了“工具定义”，如果没有完成，则要先完成工具定义，具体操作如下。

01 打开 Tecnomatix\Exercise_data\7_Robot\Robot_station.psz 文件，如图 8-1 所示。

图 8-1

02 如图 8-2 所示，在“对象树”查看器中展开“资源”项，然后将“零件”项隐藏。在“资源”项中，只让“gun1”和“s420_1_1”两个对象显示，让其余对象都隐藏，结果如图 8-3 所示。

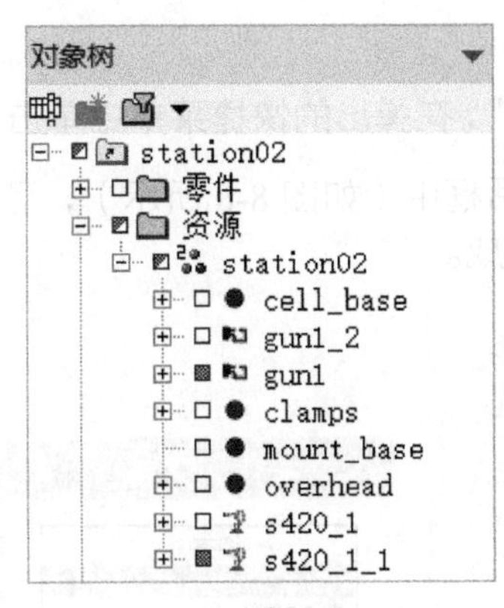

图 8-2

图 8-3

03 检查工具是否完成定义。

如图 8-4 所示，在图形区中右击焊枪“gun1”，在弹出的快捷菜单中单击“工具定义”按钮，弹出“工具定义”警示提示对话框（如图 8-5 所示），单击“确定”按钮，在弹出的“工具定义 - gun1”对话框中（如图 8-6 所示），可以看到“TCP 坐标”及“基准坐标”都已被定义好，说明焊枪“gun1”已完成工具定义。

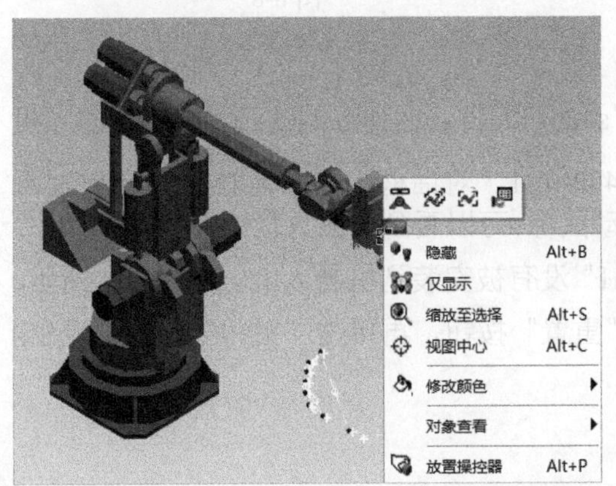

图 8-4

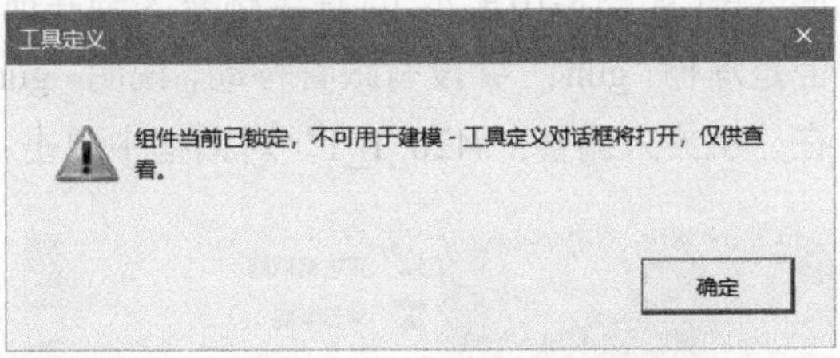

工具定义

组件当前已锁定，不可用于建模 - 工具定义对话框将打开，仅供查看。

确定

图 8-5

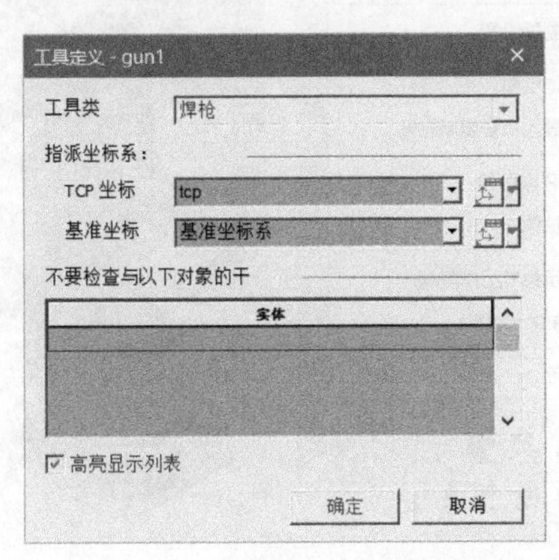

图 8-6

04 检查设备姿态是否完成定义。

如图 8-7 所示，在图形区中右击焊枪“gun1”，在弹出的快捷菜单中单击“姿态编辑器”按钮；在弹出的“姿态编辑器 - gun1”对话框中（如图 8-8 所示），可以看到已定义多种姿态，说明焊枪“gun1”姿态也已定义完成。

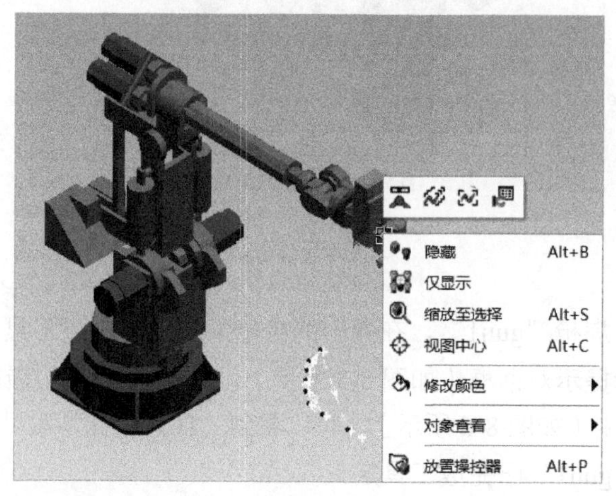

图 8-7

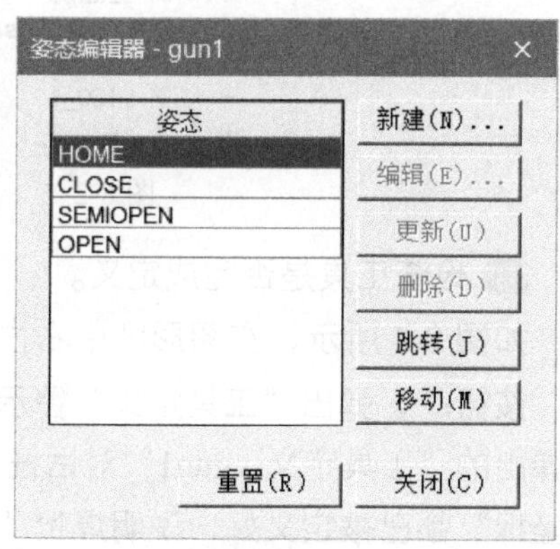

图 8-8

05 检查工具是否已经被安装在机器人身上了。

如图 8-9 所示，在图形区中右击机器人“s420_1_1”，在弹出的快捷菜单中单击“机器人调整”按钮，弹出“机器人调整：s420_1_1”对话框（如图 8-11 所示）；在图形区中（如图 8-10 所示）选择坐标系 X 轴并拖动鼠标，可以看到机器人能产生相应的动作，但是焊枪“gun1”并没有跟着移动，说明“gun1”没有被安装到机器人上。如图 8-11 所示，在“机器人调整：s420_1_1”对话框中单击“重置”按钮，再单击“关闭”按钮，退出。

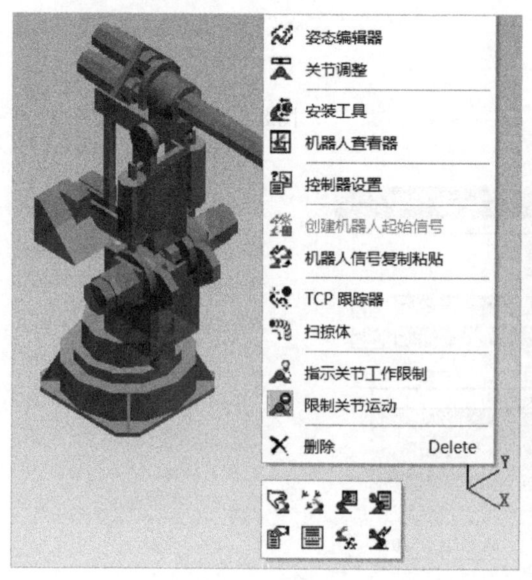

图 8-9

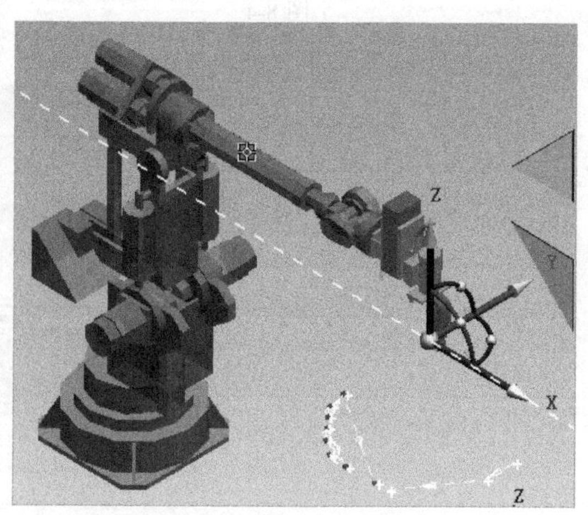

图 8-10

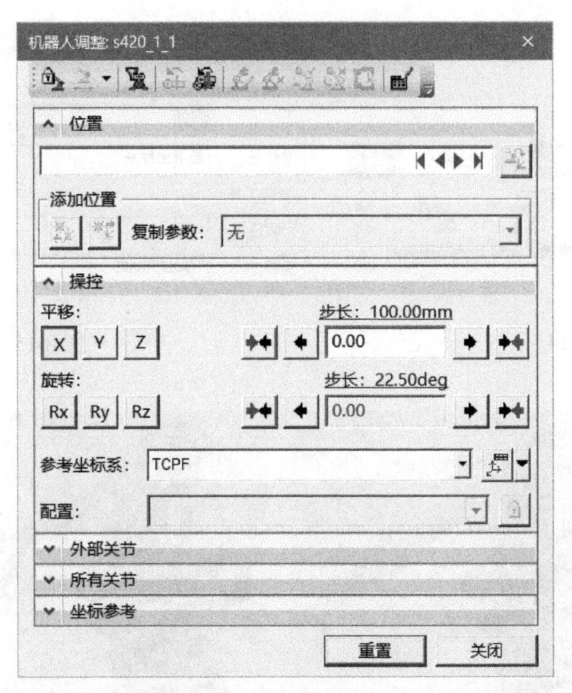

图 8-11

06 接下来将焊枪安装到机器人身上，有两种方法可以实现。

安装方法一如下。

① 在“对象树”查看器中选择机器人“s420_1_1”（如图 8-12 所示），或者在图形区中选择机器人“s420_1_1”（如图 8-13 所示）。

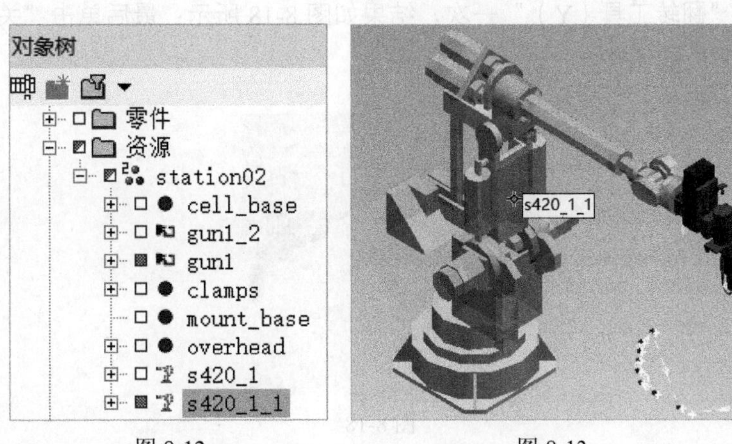

图 8-12　　图 8-13

② 如图 8-14 所示，单击“机器人”菜单下的“安装工具”按钮，弹出“安装工具 - 机器人 s420_1_1”对话框（如图 8-15 所示），在“工”文本框中输入“gun1”，这是通过在图形区选择“gun1”实现的（如图 8-16 所示）；在“坐标系”的下拉列表中选择“基准坐标系”，单击“应用”按钮，安装结果如图 8-17 所示，可以看到焊枪“gun1”的方位不对，需要调整。

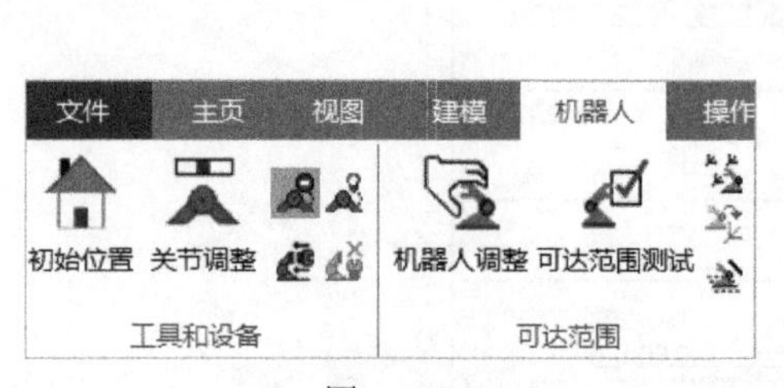

图 8-14

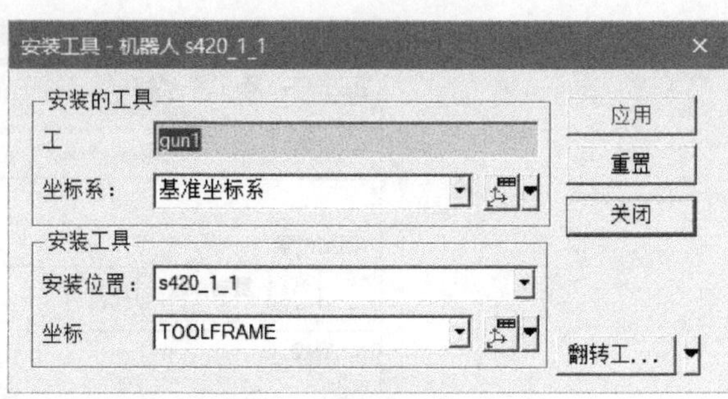

图 8-15

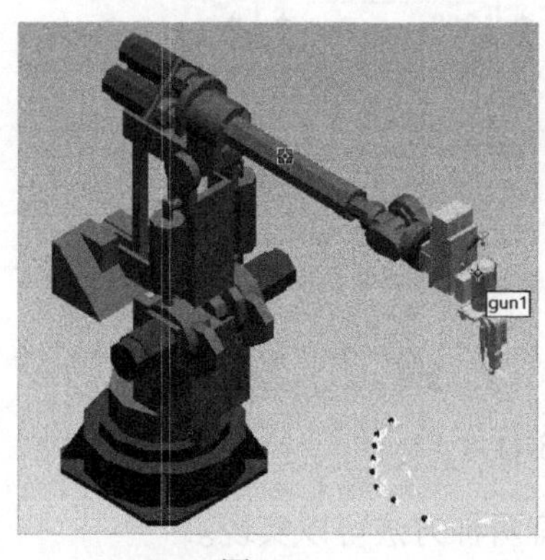

图 8-16

图 8-17

③ 接下来调整焊枪“gun1”的方位。在“安装工具 - 机器人 s420_1_1”对话框中单击“翻转工具”按钮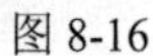右边的下三角按钮，在弹出的下拉列表中单击“翻转工具（Z）”两次，再单击“翻转工具（Y）”一次，结果如图 8-18 所示；最后单击“关闭”按钮，完成焊枪安装方位的调整。

图 8-18

注意

翻转工具（X）、翻转工具（Y）、翻转工具（Z）是根据右手法则进行旋转的，即右手大拇指伸出方向与翻转工具轴的正方向一致，右手其余四指的自然弯曲方向就是工具旋转方向，工具绕着选择的翻转工具轴旋转，每一次旋转的角度为 90°。

④ 再次检查工具是否已经安装到机器人身上。在图形区中右击机器人“s420_1_1”，在弹出的快捷菜单中单击“机器人调整”按钮，弹出“机器人调整: s420_1_1”对话框(如图 8-19（a）所示)，在图形区中（如图 8-19（b）所示）选择坐标系的 X 轴并拖动鼠标，可以看到机器人能产生相应的动作，焊枪“gun1”也跟随移动，说明工具已经被安装到机器人身上。在“机器人调整：s420_1_1”对话框中单击“重置”按钮，再单击“关闭”按钮，退出。

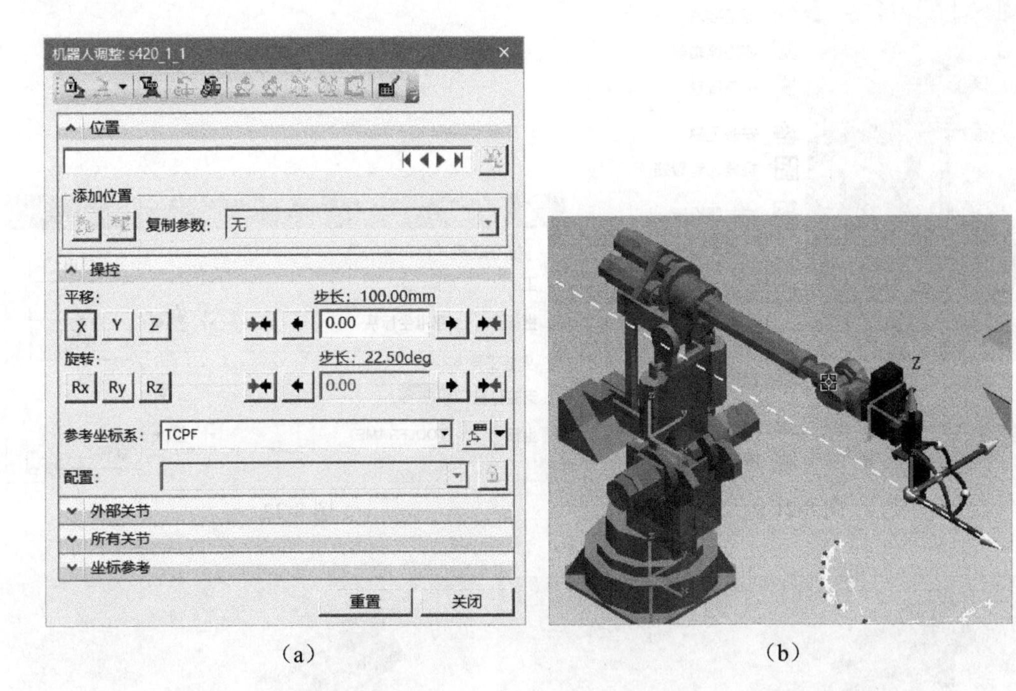

（a）　　（b）

图 8-19

安装方法二如下。

① 在“对象树”查看器的“资源”项中，只将“gun1_2”和“s420_1”两个对象显示，将其余对象都隐藏起来（如图 8-20 所示）。

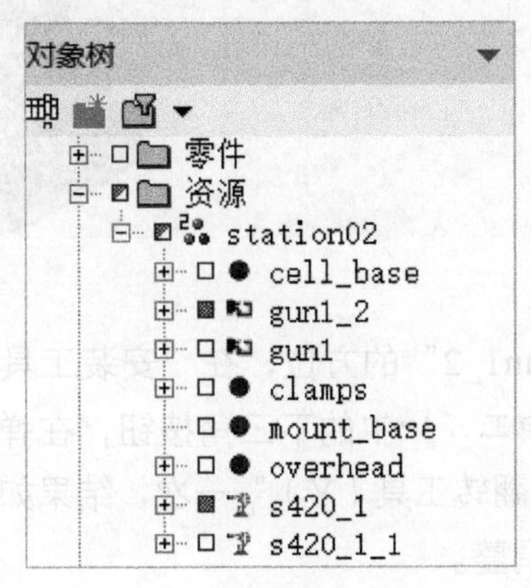

图 8-20

② 如图 8-21 所示，在图形区中右击机器人“s420_1”，在弹出的快捷菜单中选择“安装工具”，在弹出“安装工具 - 机器人 s420_1”对话框中（如图 8-22 所示），在“工”文本框中输入“gun1_2”，这是通过在图形区选择“gun1_2”实现的（如图 8-23 所示）；在“坐标系”下拉列表中选择“基准坐标系”；单击“应用”按钮，结果如图 8-24 所示，可以看到焊枪“gun1_2”的方位不对，需要调整。

图 8-21

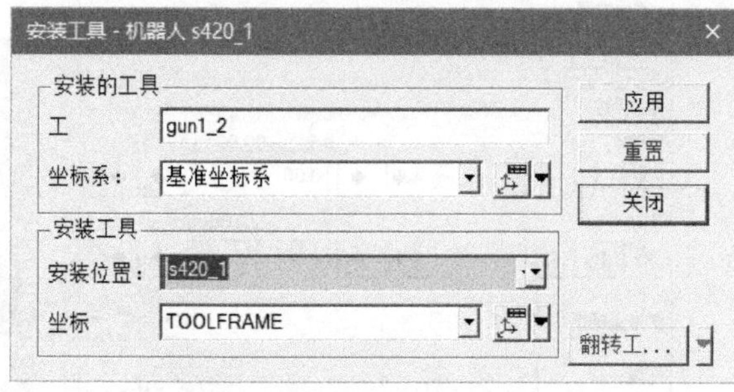

图 8-22

图 8-23

图 8-24

③ 接下来调整焊枪“gun1_2”的方位，在“安装工具 - 机器人 s420_1”对话框中单击“翻转工具…”按钮翻转工... 中的下三角按钮，在弹出的下拉菜单中单击“翻转工具（Z）”两次，再单击“翻转工具（Y）”一次，结果如图 8-25 所示；最后单击“关闭”按钮，完成焊枪方位的调整。

图 8-25

④ 再次检查工具是否已经被安装到机器人身上。在图形区中右击机器人“s420_1”，在弹出的快捷菜单中单击“机器人调整”按钮，弹出“机器人调整: s420_1”对话框（如图 8-26（a）所示）；在图形区中（如图 8-26（b）所示）选择坐标系的 X 轴并拖动鼠标，可以看到机器人能产生相应的动作，焊枪“gun1_2”也能跟随移动，说明工具已经被安装到机器人身上。在“机器人调整: s420_1”对话框中单击“重置”按钮，再单击“关闭”按钮，退出。

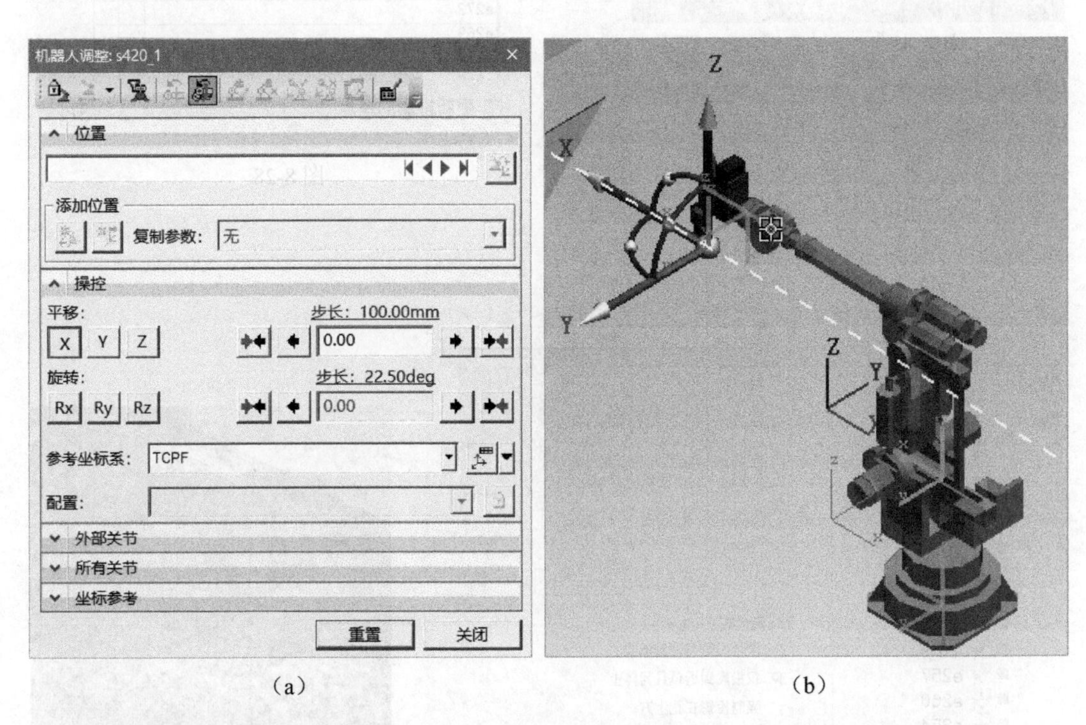

（a） （b）

图 8-26

将工具安装到机器人身上后，接下来开始创建机器人的相关操作。

8.2 创建机器人操作

1. 创建机器人点焊操作

01 投影焊点。

要完成点焊操作，就要先将焊接工艺点投影到零件表面上。如图 8-27 所示，单击“工艺”菜单下的“投影焊点”按钮。弹出“投影焊点”对话框，其中的“焊点”列表（如图 8-28 所示）是通过选择“操作树”查看器（如图 8-29 所示）里的焊点添加的；“投影焊点”对话框的下半部分如图 8-30 所示，选中“零件”栏中的“将每个焊点投影在所指派的零件上”单选按钮；勾选“投影选项”栏中的“仅投影到近似几何体上”复选框，单击“项目”按钮，完成将焊点投影到零件表面上的操作（如图 8-31 所示）；最后单击“关闭”按钮。

图 8-27

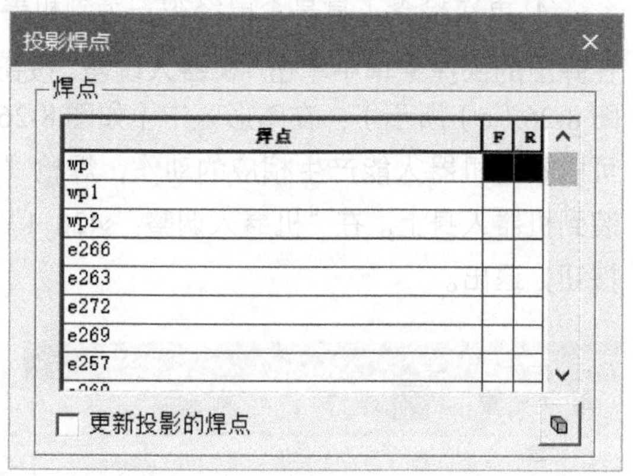

图 8-28

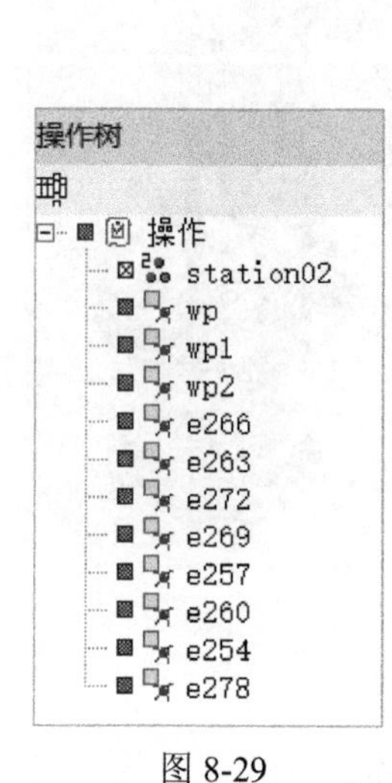

图 8-29

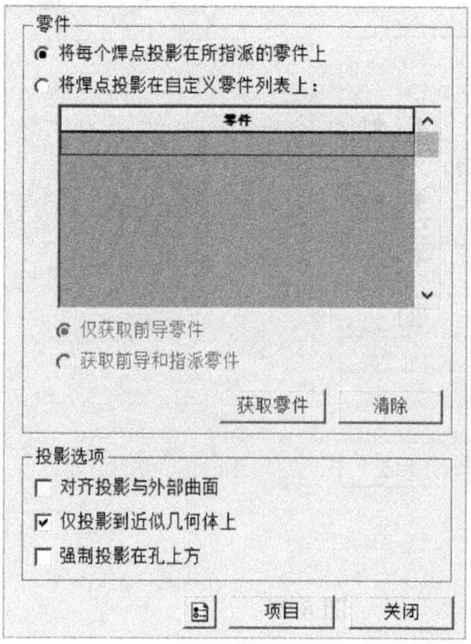

图 8-30

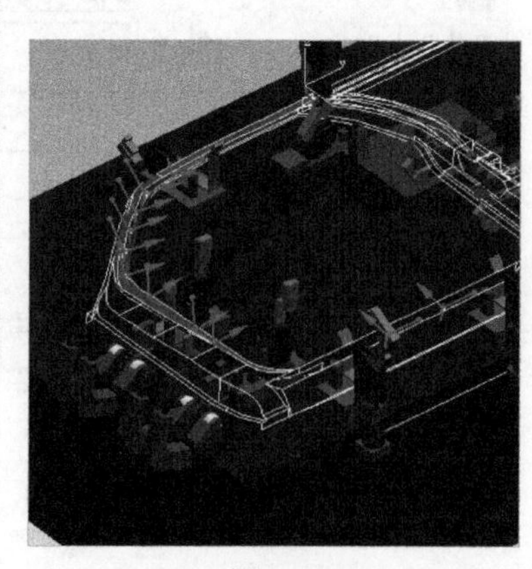

图 8-31

02 创建一个焊接操作。

如图 8-32 所示，在“操作”菜单下，依次单击“新建操作”→“新建焊接操作”，弹出“新建焊接操作”对话框（如图 8-33 所示），在“名称”文本框中输入“Weld_Op_1”，在“机器人”文本框中输入“s420_1_1”，这是通过在图形区中选择机器人“s420_1_1”来实现的（如图 8-34 所示），最后单击“确定”按钮，完成焊接操作的创建（如图 8-35 所示）。

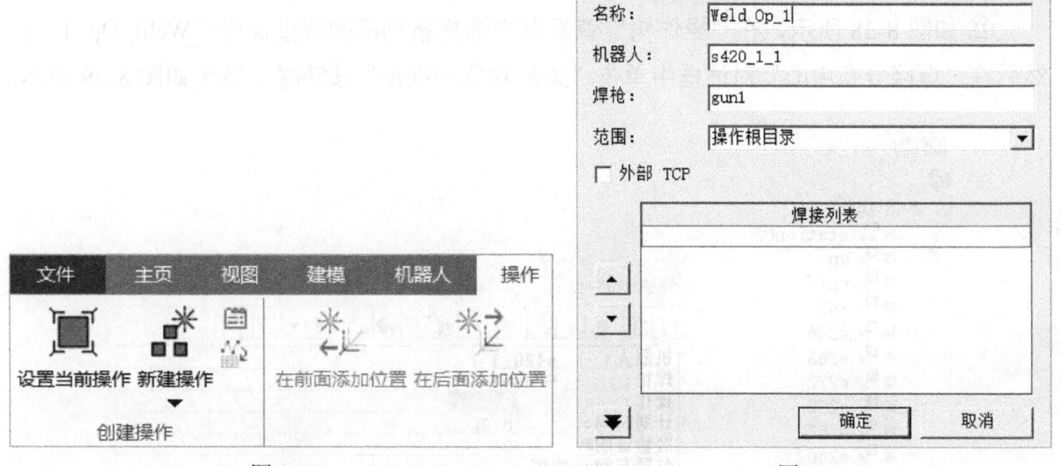

图 8-32　　图 8-33

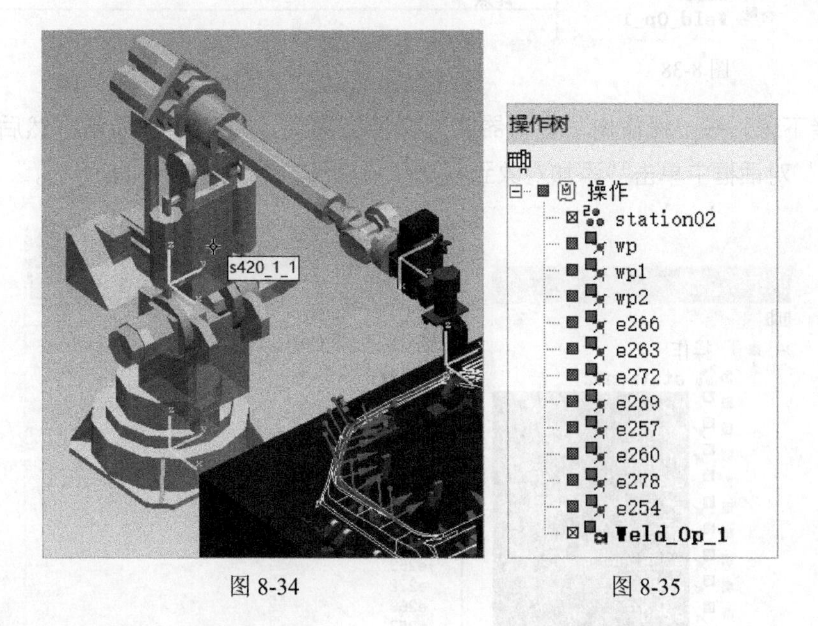

图 8-34　　图 8-35

03 将已投影的焊点指派给机器人。

① 如图 8-36 所示，单击“工艺”菜单下的“焊接分布中心”按钮，弹出“焊接分布中心”对话框（如图 8-37 所示）。

图 8-36　　　　　　　　　　　　　　　　图 8-37

② 如图 8-38 所示，在“操作树”查看器中选择新创建的焊接操作“Weld_Op_1”；然后在“焊接分布中心”对话框中单击“添加对象到视图”按钮，结果如图 8-39 所示。

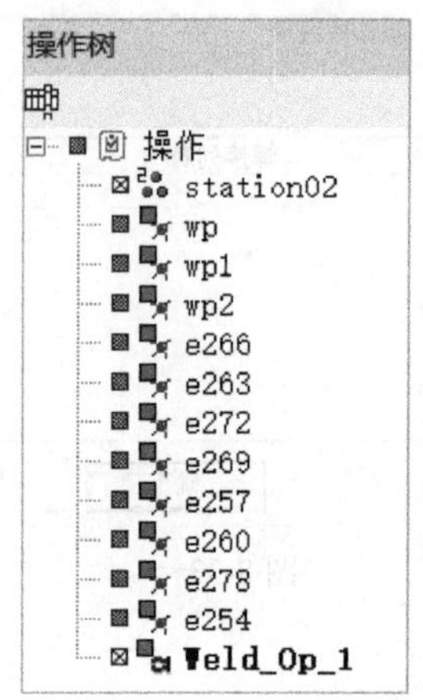

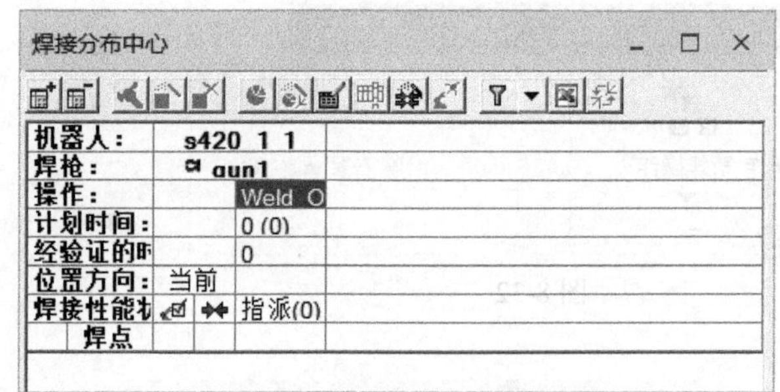

图 8-38　　　　　　　　　　　　　　　　图 8-39

③ 接下来，在“操作树”查看器中选择所有焊点，如图 8-40 所示；然后在“焊接分布中心”对话框中单击“添加对象到视图”按钮，结果如图 8-41 所示。

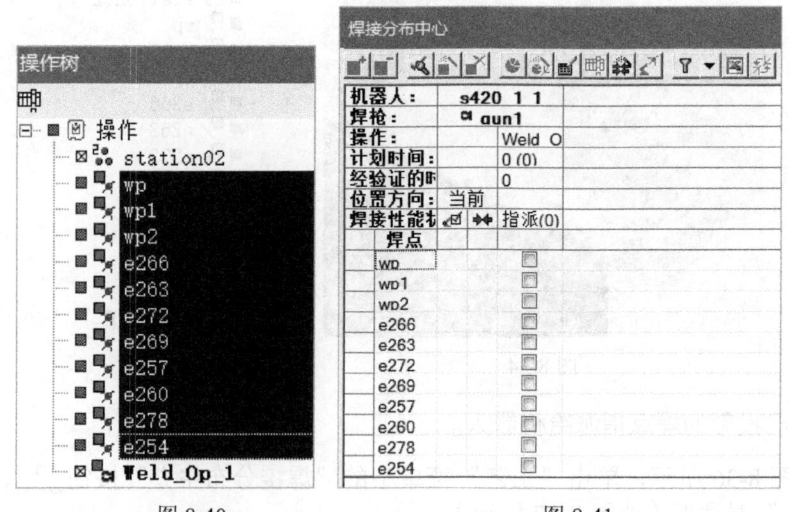

图 8-40　　　　　　　　　　　　　　　　图 8-41

④ 在“焊接分布中心”对话框中选择全部焊点（如图 8-42 所示）；然后单击“计算焊接性能”按钮，结果如图 8-43 所示，其中的图标含义如下：

- 表示机器人可以完全到达该位置并且不会发生干涉碰撞。
- 表示通过调整，机器人可以完全到达该位置并且不会发生干涉碰撞。
- 表示由于机器人可达性的限制或干涉碰撞，无法完成该位置的焊接。

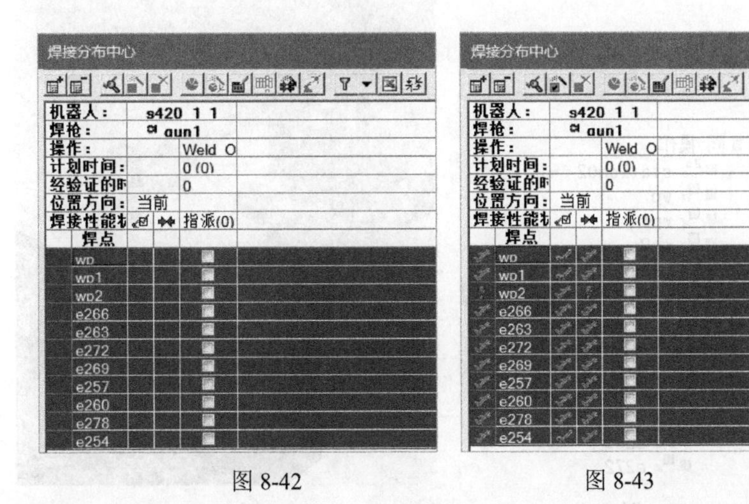

图 8-42　　图 8-43

⑤ 在“焊接分布中心”对话框中，各个焊点在“指派”列下都有一个复选框，按照从小到大的顺序依次勾选编号从“e254”到“e272”的焊点的“指派”复选框（如图 8-44 所示），表示将所选焊点指派给机器人“s420_1_1”；然后选择指派的焊点（如图 8-45 所示），接着单击“自动接近角”按钮，结果如图 8-46 所示，可以看到所指派的焊点已调整到完全可达并无干涉碰撞的状态。

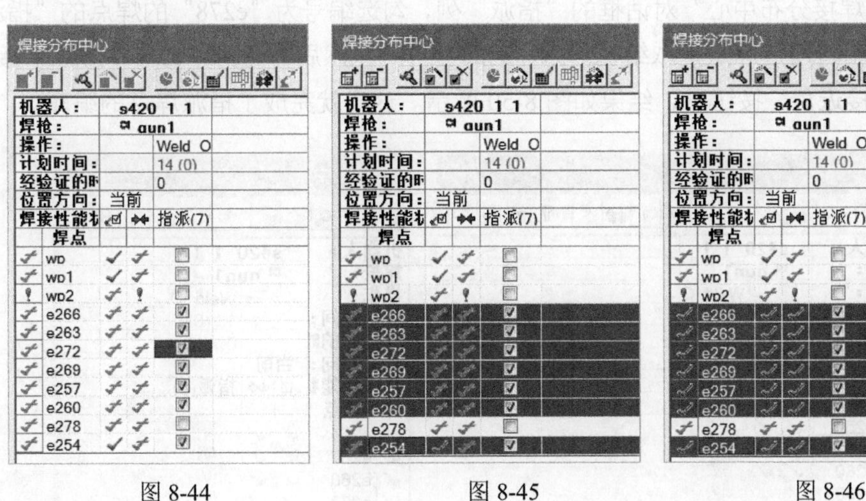

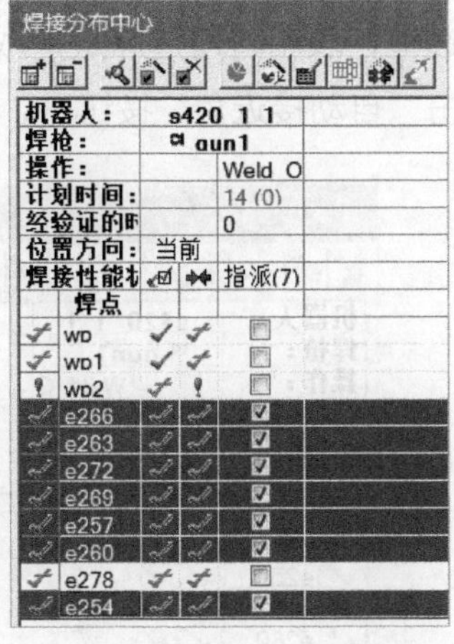

图 8-44　　图 8-45　　图 8-46

焊点选择的顺序就是实际焊接的顺序。

04 编辑指派焊点。

① 如图 8-47 所示，在“操作树”查看器中选择“Weld_Op_1”操作，在图形区则会将此焊接操作包括的焊点位置都显示出来（如图 8-48 所示）。可以发现，“e278”焊点也应该指派给机器人“s420_1_1”。接下来编辑指派焊点。

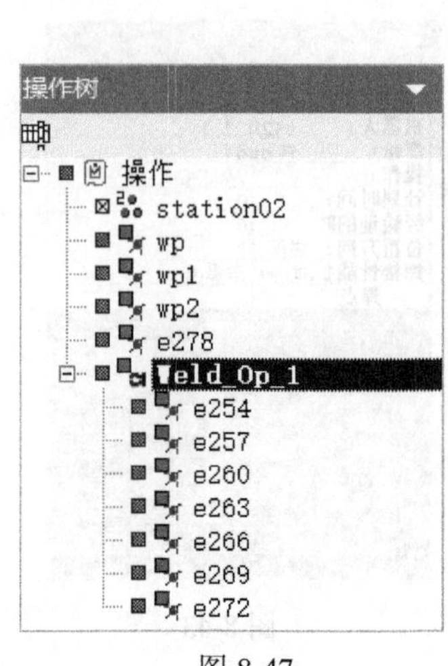

图 8-47

图 8-48

② 在“操作树”查看器中选择“Weld_Op_1”操作；然后单击“焊接分布中心”按钮，弹出“焊接分布中心”对话框，再选择“操作树”查看器中的焊点“e278”。接下来，在“焊接分布中心”对话框中单击“添加对象到视图”按钮，结果如图 8-49 所示。

③ 在“焊接分布中心”对话框的“指派”列，勾选编号为“e278”的焊点的“指派”复选框，表示将所选焊点指派给机器人“s420_1_1”；然后再选择“e278”焊点；接着单击“自动接近角”按钮，结果如图 8-50 所示。这样就完成了指派焊点的编辑。

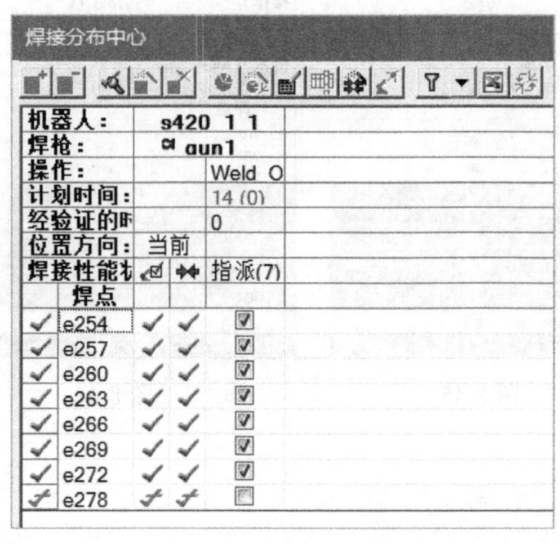

图 8-49

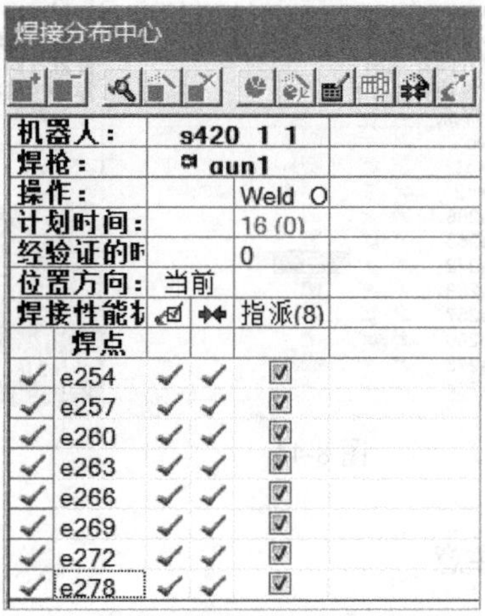

图 8-50

05 查看点焊操作过程。

如图 8-51 所示，在“操作树”查看器中右击“Weld_Op_1”操作，在弹出的快捷菜单中选择“设置当前操作”（如图 8-52 所示），“Weld_Op_1”操作被放入“序列编辑器”中（如图 8-53 所示）。在“序列编辑器”下方的空白处，选择鼠标右键，在弹出的快捷菜单中选择“树过滤器编辑器”（如图 8-54 所示），在弹出的“序列编辑器过滤器”对话框中勾选“焊接位置”选项（如图 8-55 所示），单击“确定”按钮，结果如图 8-56 所示。单击“正向播放仿真”按钮 ▶，播放操作过程。

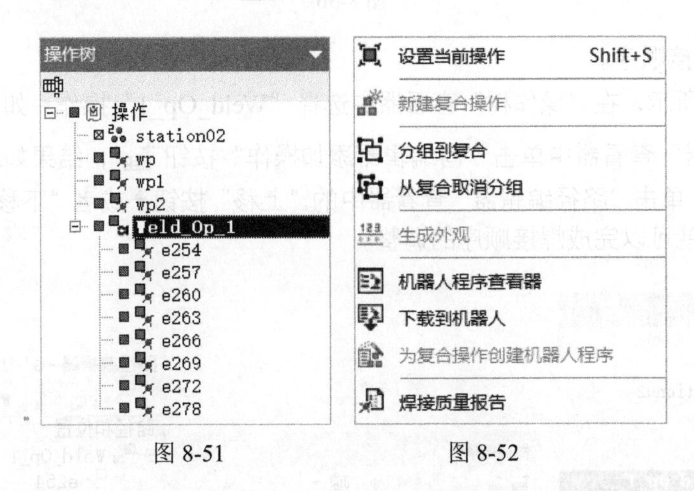

图 8-51　　图 8-52

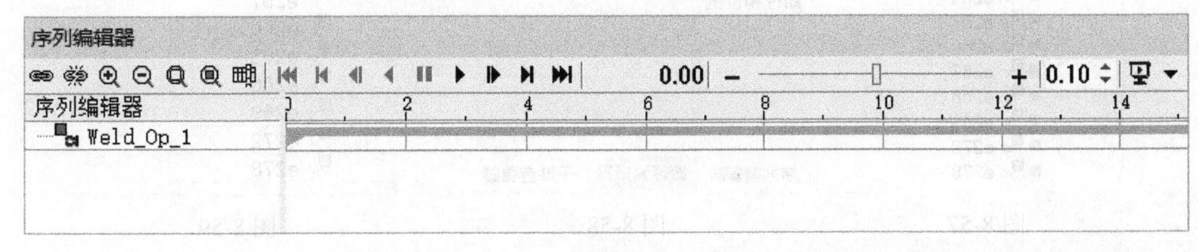

图 8-53

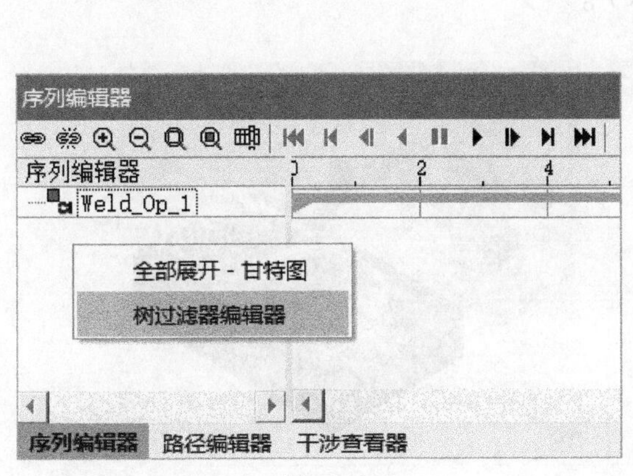

图 8-54

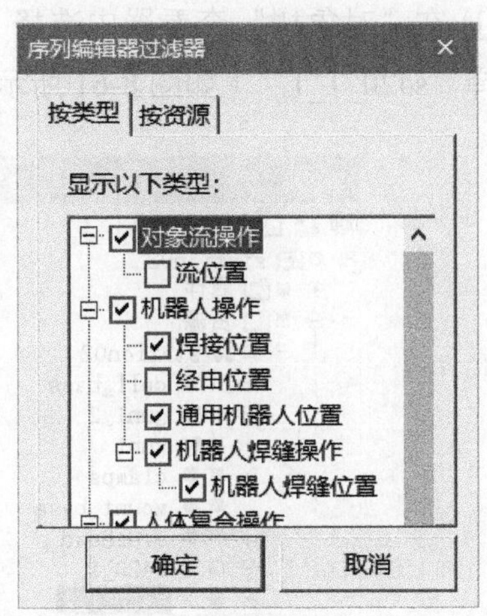

图 8-55

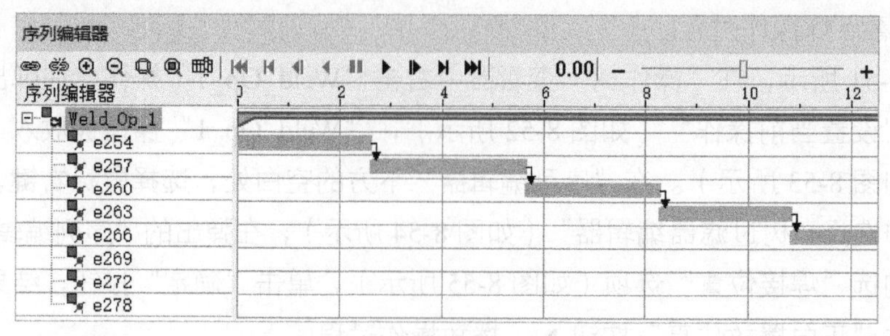

图 8-56

06 调整焊接顺序。

如图 8-57 所示，在“操作树”查看器中选择“Weld_Op_1”操作；如图 8-58 所示，在“路径编辑器”查看器中单击“向编辑器添加操作”按钮，结果如图 8-59 所示。选择一个焊点，单击“路径编辑器”查看器中的“上移”按钮或者“下移”按钮（如图 8-59 所示）就可以完成焊接顺序的调整。

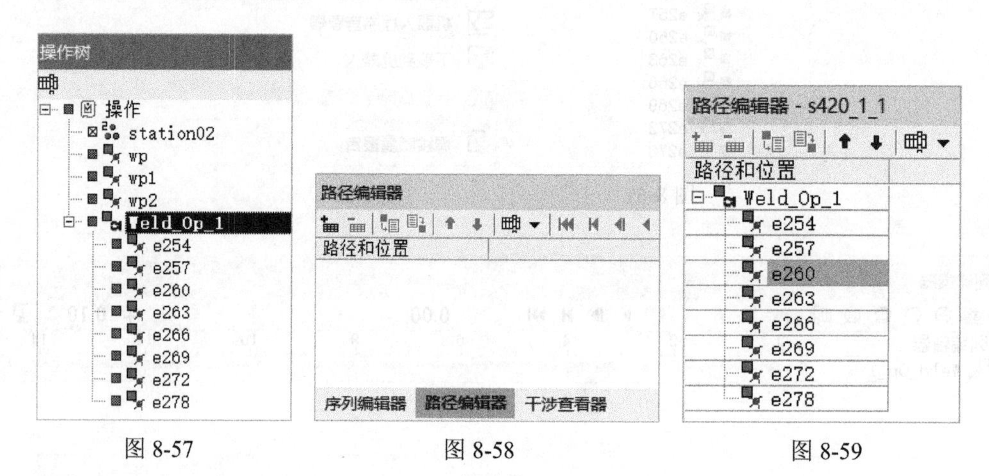

图 8-57　　图 8-58　　图 8-59

07 机器人位置调整。

① 在“对象树”查看器中选择“s420_1_1”（如图 8-60 所示），也可以在图形区中选择“s420_1_1”（如图 8-61 所示）。

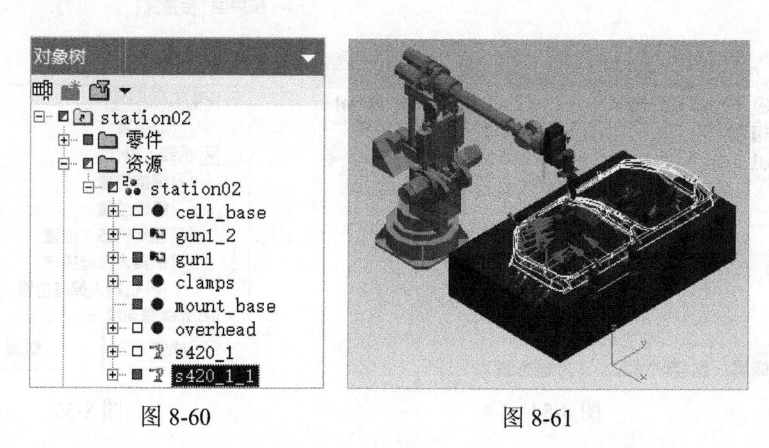

图 8-60　　图 8-61

② 如图 8-62 所示，单击“机器人”菜单下的“智能放置”按钮，弹出“智能放置”对话框（如图 8-63 所示），其中的“位置”列表通过选择“操作树”查看器中的“Weld_Op_1”操作输入；勾选“图例”栏中的“部分可达”和“干涉”复选框；单击“开始”按钮，结果如图 8-64 所示，“智能放置”对话框中的“搜索结果”里显示的红色、黄色、蓝色、绿色方块（如图 8-64（a）所示），分别对应图 8-64（b）中的红色、黄色、蓝色、绿色小十字位置，其中红色位置代表不可达，绿色位置代表部分可达，黄色位置代表干涉，蓝色位置代表完全可达。

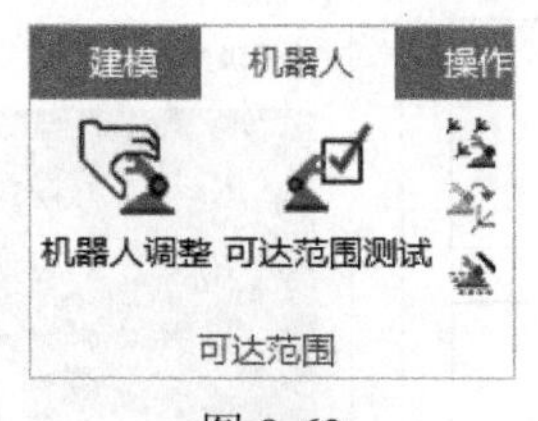

图 8-62

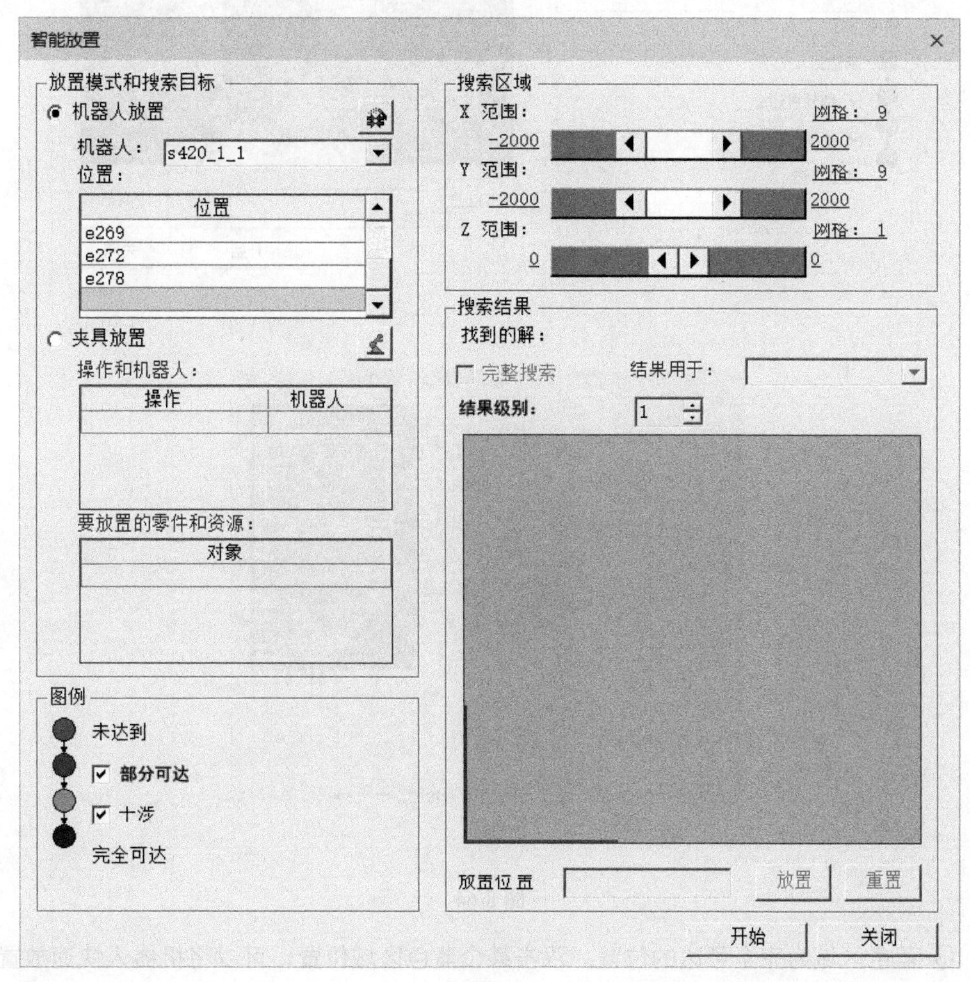

图 8-63

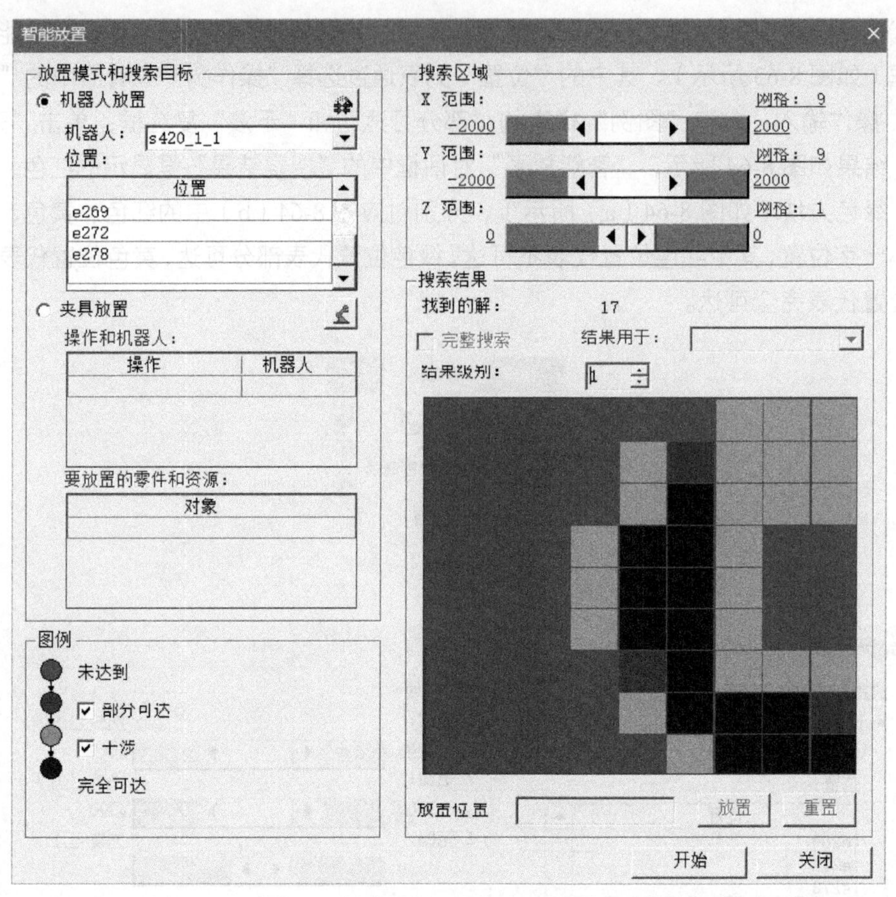

（a）

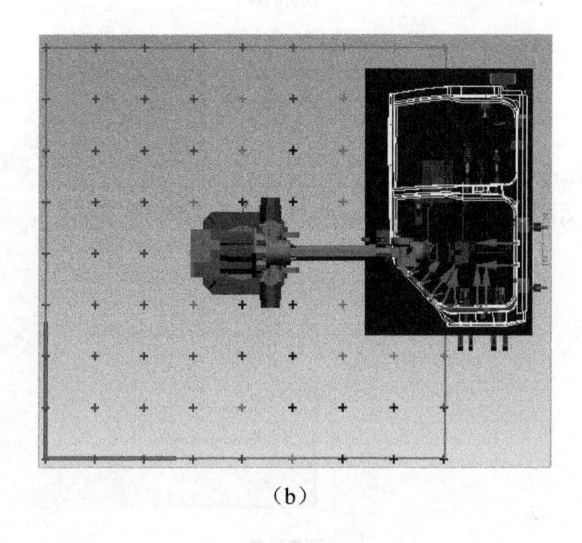

（b）

图 8-64

③ 蓝色区域为完全可达的位置。双击某个蓝色区域位置，可以将机器人快速放置到该位置（如图 8-65 所示）。

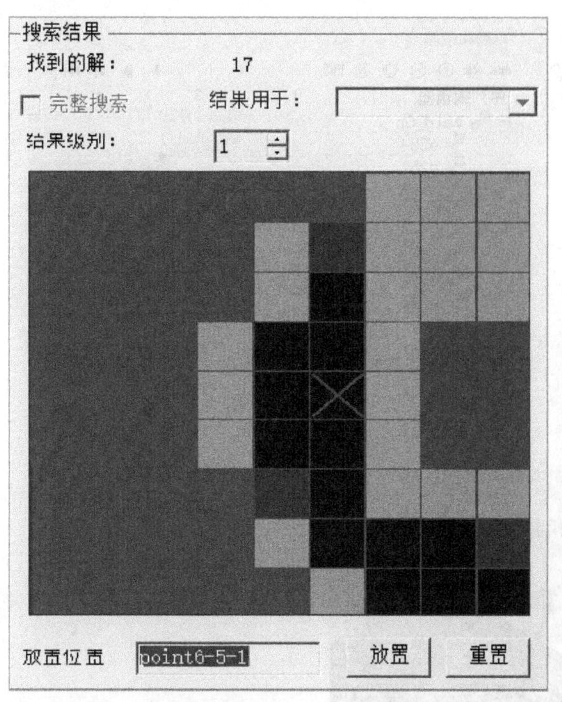

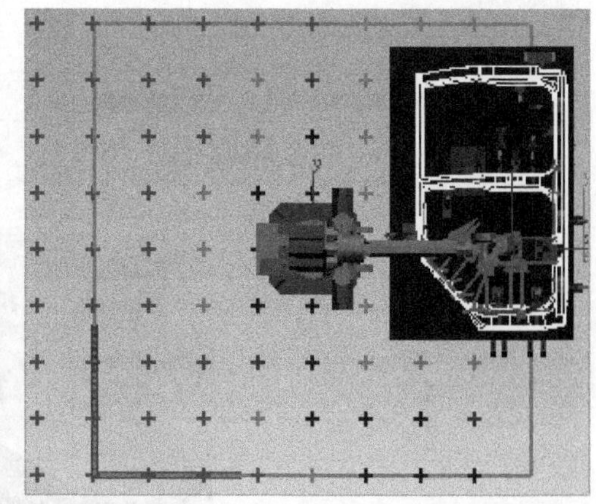

图 8-65

08 干涉碰撞检查。

如图 8-66 所示，在“干涉查看器”中单击“新建干涉集”按钮；在弹出的“干涉集编辑器”对话框中（如图 8-67 所示），“检查”栏中的“对象”列表通过在图形区选择“gun1”“s420_1_1”输入，“与”栏中的“对象”列表通过在图形区选择“door_fram”“clamps”输入，单击“确定”按钮。

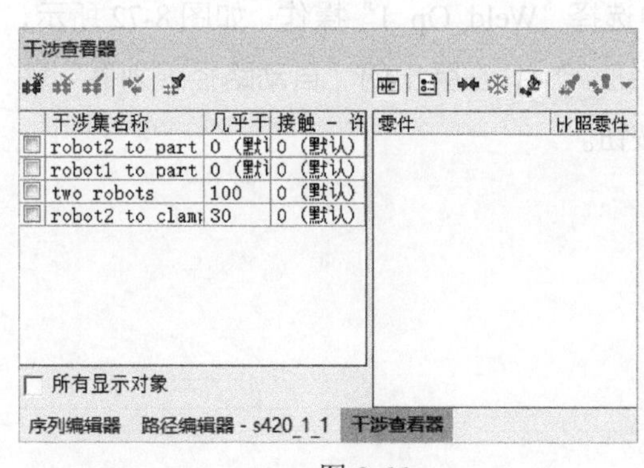

图 8-66

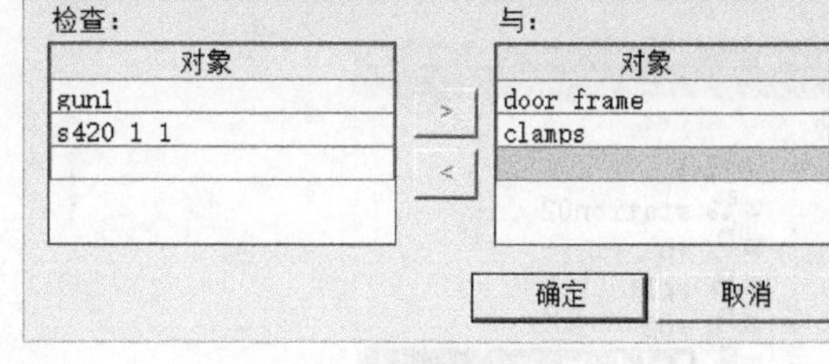

图 8-67

如图 8-68 所示，在“干涉查看器”中单击“打开 / 关闭干涉模式”按钮；如图 8-69 所示，再单击“序列编辑器”中的“正向播放仿真”按钮，可以发现机器人在完成点焊操作的过程中，有红色干涉碰撞情况出现（如图 8-70 所示），单击“序列编辑器”中的“将仿真跳转至起点”按钮。接下来进行操作路径的编辑。

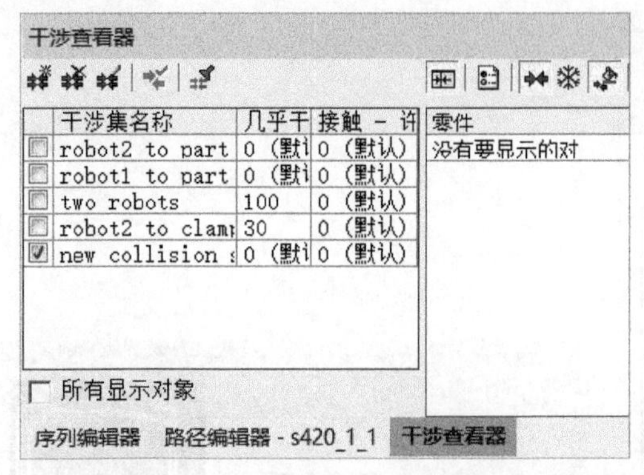

图 8-68

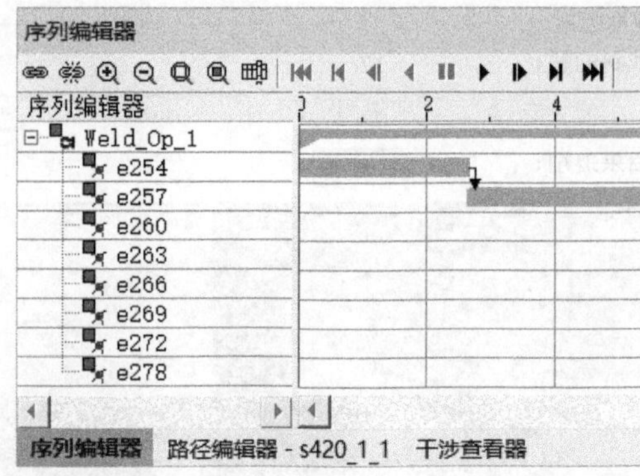

图 8-69

图 8-70

09 操作路径编辑。

操作路径可以通过自动路径规划和手动编辑路径的方式依次进行编辑。首先通过自动路径规划方式进行路径编辑。

① 如图 8-71 所示，在“操作树”查看器中选择“Weld_Op_1”操作；如图 8-72 所示，单击“操作”菜单下的“自动路径规划器”按钮，在弹出的“自动路径规划器”警告对话框中（如图 8-73 所示）单击“继续”按钮。

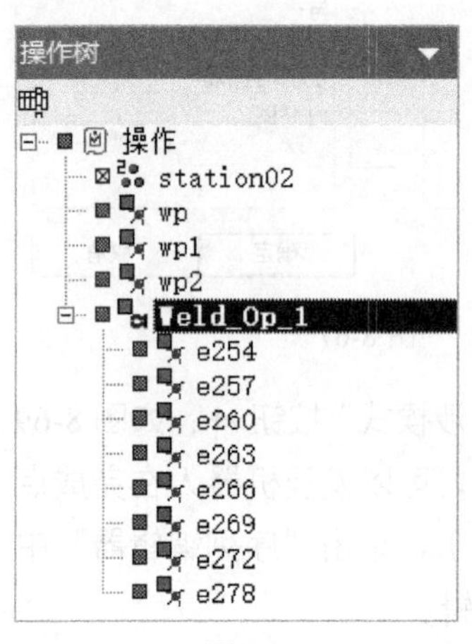

图 8-71

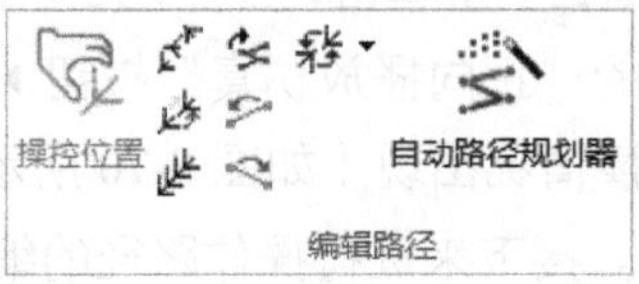

图 8-72

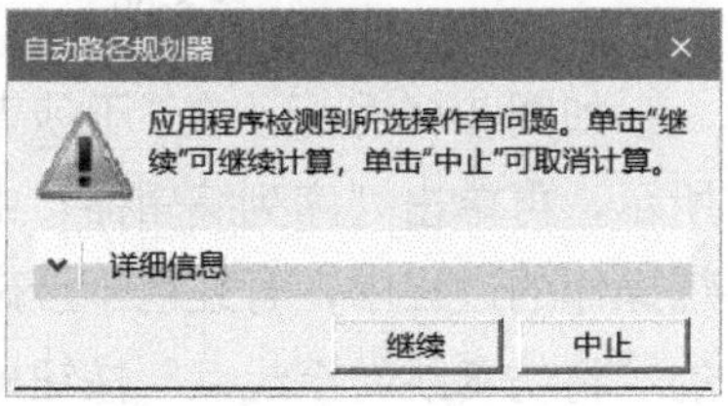

图 8-73

② 在“自动路径规划器”对话框中（如图 8-74（a）所示）单击“规划并优化”按钮，等待完成；单击右上角的关闭按钮，完成自动路径规划编辑。可以看到在焊点“e272”和“e278”之间，系统自动添加了“e272_1”“e272_2”“e272_3”“e272_4”四个位置点（如图 8-74（b）所示）。

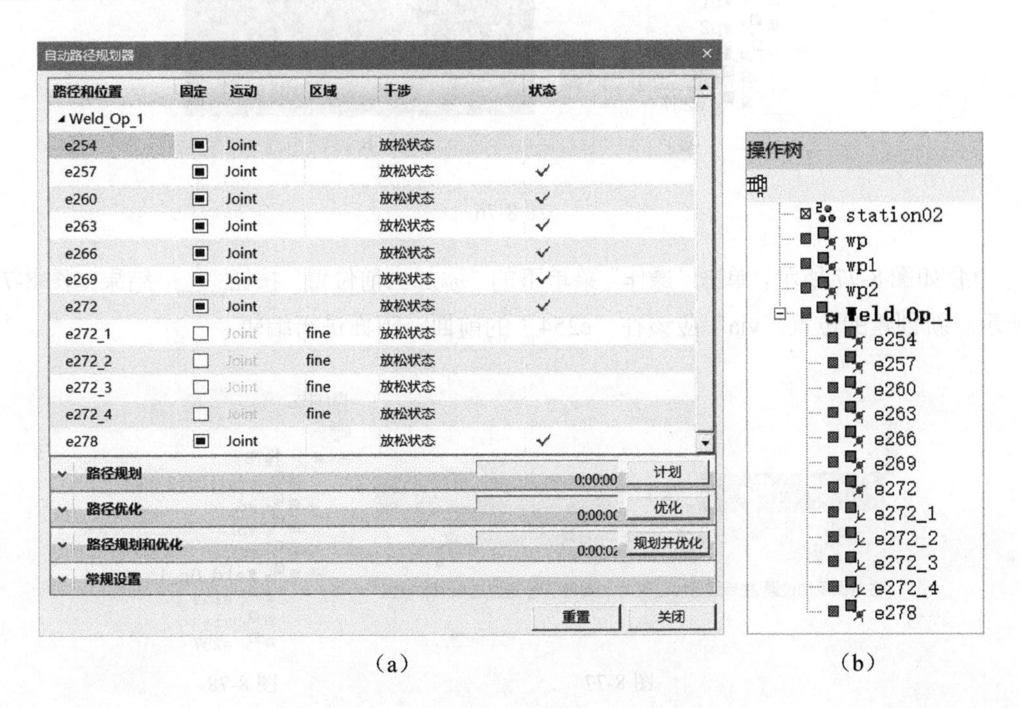

（a）（b）

图 8-74

播放自动编辑后的操作路径，如果依然存在问题，则继续通过手动编辑路径的方式来编辑操作路径。

③ 在“操作树”查看器中，先将“Weld_Op_1”操作中的“e272_1”“e272_2”“e272_3”“e272_4”四个位置点删除（如图 8-75 所示），然后选择“Weld_Op_1”操作下的“e254”（如图 8-76（a）所示）或者在图形区中选择它（如图 8-76（b）所示）。

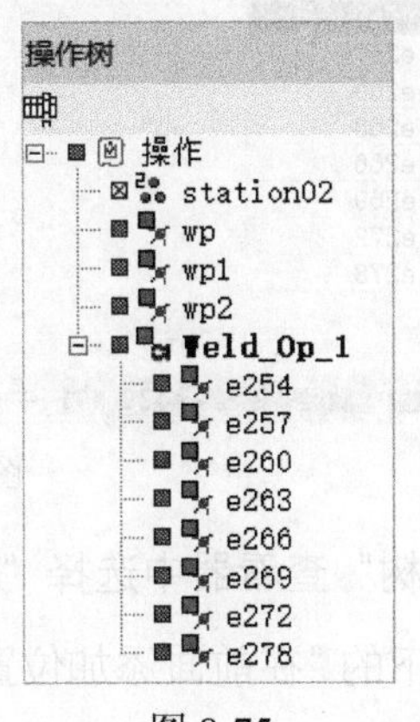

图 8-75

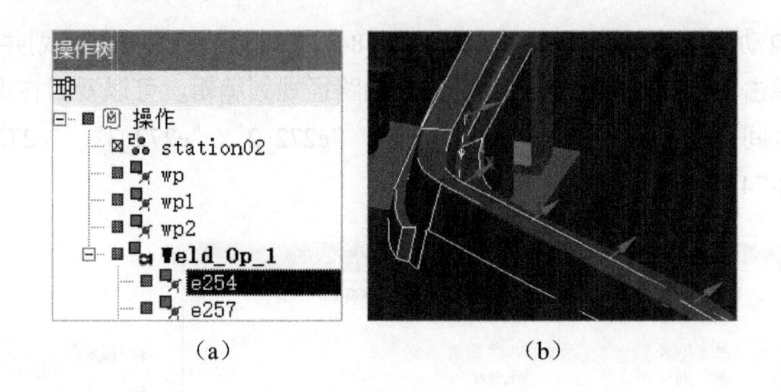

图 8-76

④ 如图 8-77 所示，单击“操作”菜单下的“添加当前位置”按钮，结果如图 8-78 所示。新创建的位置“via”应该在“e254”的前面，下面进行编辑。

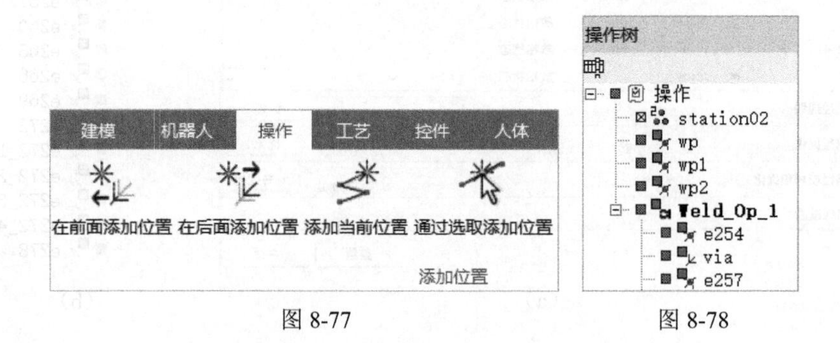

图 8-77　　　　图 8-78

⑤ 如图 8-79 所示，在“操作树”查看器中选择“Weld_Op_1”操作；然后，在“路径编辑器 -s420_1_1”查看器中单击“向编辑器添加操作”按钮；接下来选择“via”，再单击“上移”按钮，结果如图 8-80 所示，编辑完成。

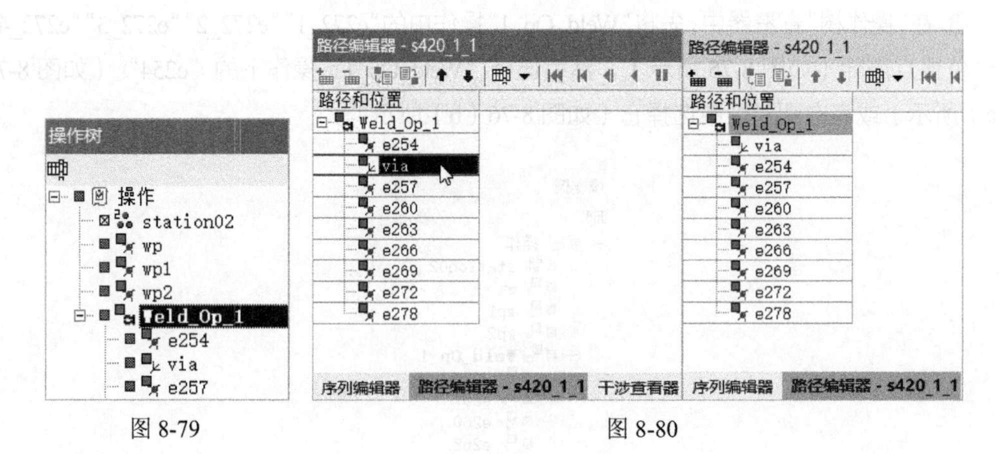

图 8-79　　　　图 8-80

⑥ 如图 8-81 所示，在“操作树”查看器中选择“Weld_Op_1”操作下的“e254”，如图 8-82 所示，单击“操作”菜单下的“在前面添加位置”按钮，弹出“机器人调整: s420_1_1”对话框。

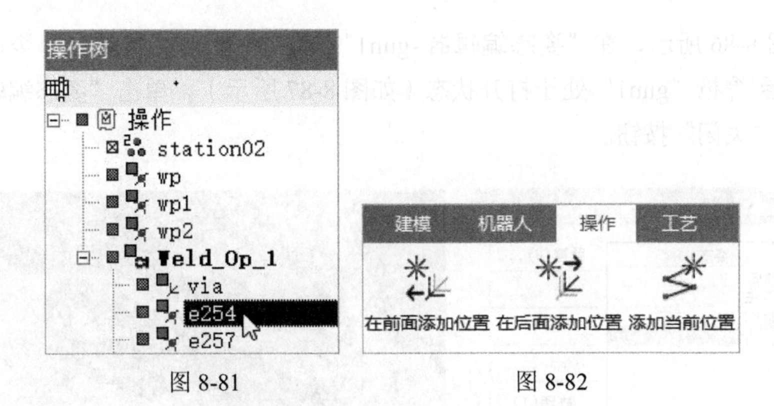

图 8-81　　　图 8-82

⑦ 在“机器人调整：s420_1_1”对话框中（如图 8-83 所示）单击“定义平移步长”选项，将“步长：100mm”改为“步长：5.00mm”，如图 8-84 所示，在“机器人调整：s420_1_1”对话框中选择“平移”栏中的“X”按钮，在右边的文本框中输入“35.00”，按回车键。

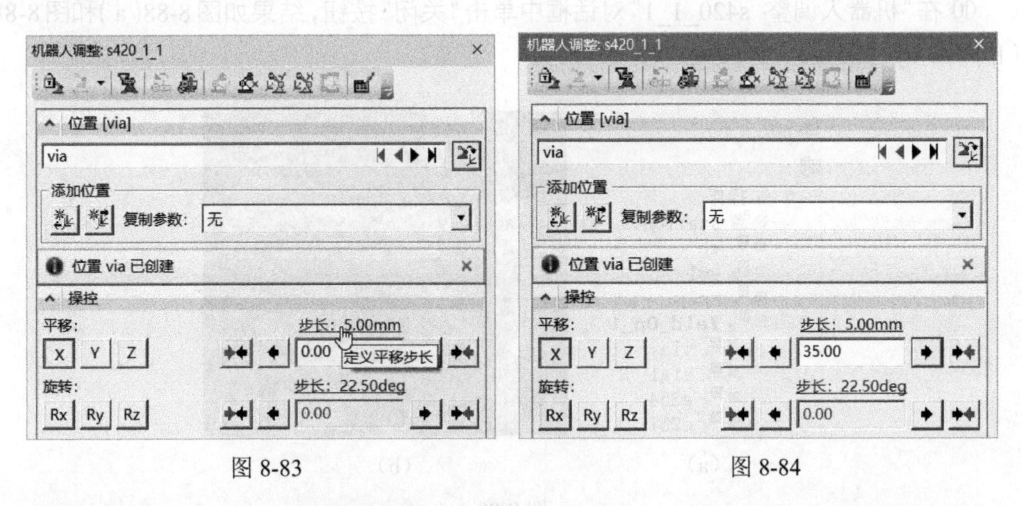

图 8-83　　　图 8-84

⑧ 如图 8-85 所示，在图形区中右击焊枪“gun1”，在弹出的快捷菜单中选择“姿态编辑器”，弹出“姿态编辑器 -gun1”对话框。

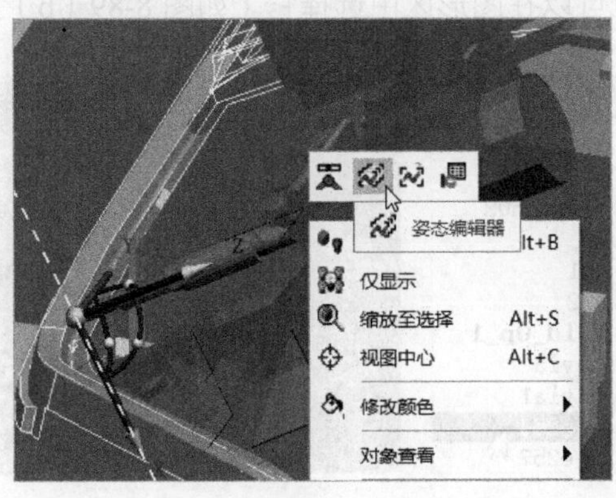

图 8-85

⑨ 如图 8-86 所示，在“姿态编辑器 -gun1”对话框中双击“OPEN”姿态，在图形区中可以看到焊枪“gun1”处于打开状态（如图 8-87 所示），单击“姿态编辑器 -gun1”对话框中的“关闭”按钮。

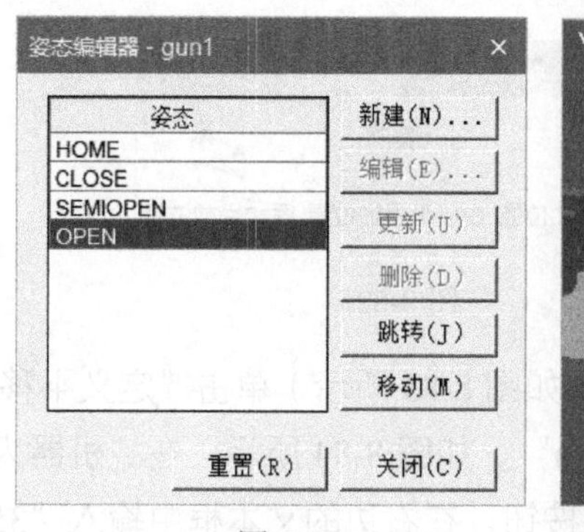

图 8-86

图 8-87

⑩ 在“机器人调整: s420_1_1”对话框中单击“关闭”按钮，结果如图 8-88（a）和图 8-88（b）所示。

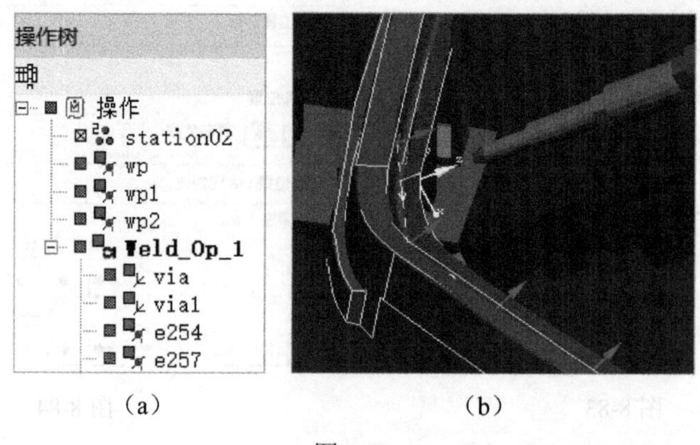

（a）　（b）

图 8-88

⑪ 如图 8-89 所示，在“操作树”查看器中选择“Weld_Op_1”操作下的“e254”（如图 8-89（a）所示），也可以在图形区中选择它（如图 8-89（b）所示）。

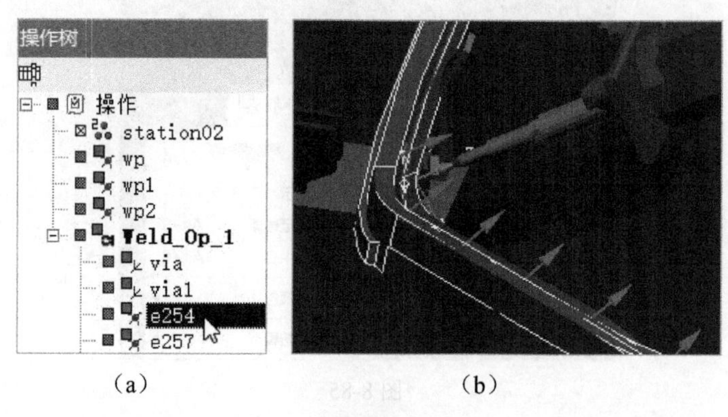

（a）　（b）

图 8-89

⑫ 如图 8-90 所示，单击“操作”菜单下的“在后面添加位置”按钮，在弹出的“机器人调整：s420_1_1”对话框中（如图 8-91 所示）单击“平移”栏中的“X”按钮，在右边的文本框中输入“35.00”，按回车键；单击右上角的关闭按钮，结果如图 8-92 所示。

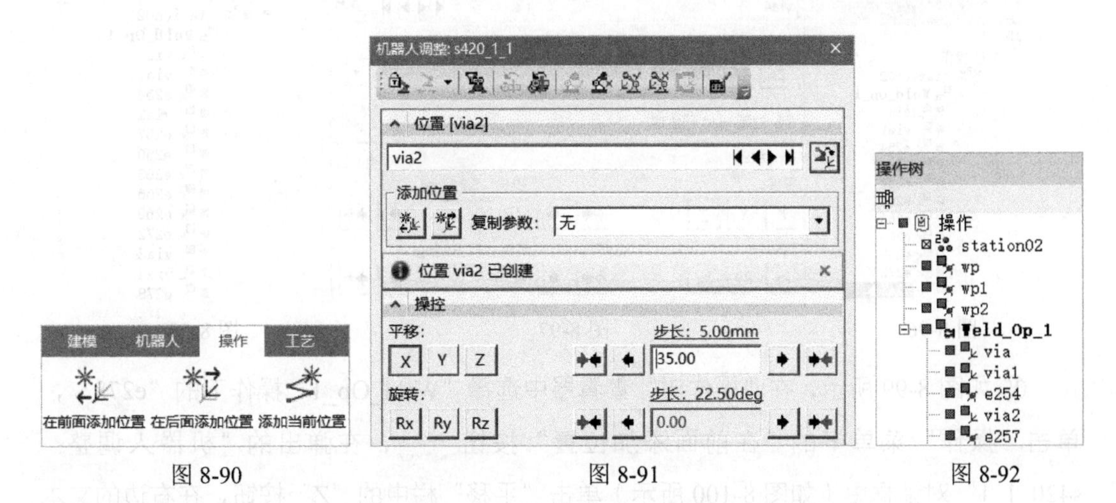

图 8-90　　图 8-91　　图 8-92

⑬ 如图 8-93 所示，在“操作树”查看器中选择“Weld_Op_1”操作下的“e272”，单击“操作”菜单下的“在后面添加位置”按钮。在弹出的“机器人调整：s420_1_1”对话框中（如图 8-94 所示）单击“平移”栏中的“X”按钮，在右边的文本框中输入“25.00”，按回车键；单击右上角的关闭按钮，结果如图 8-95 所示。

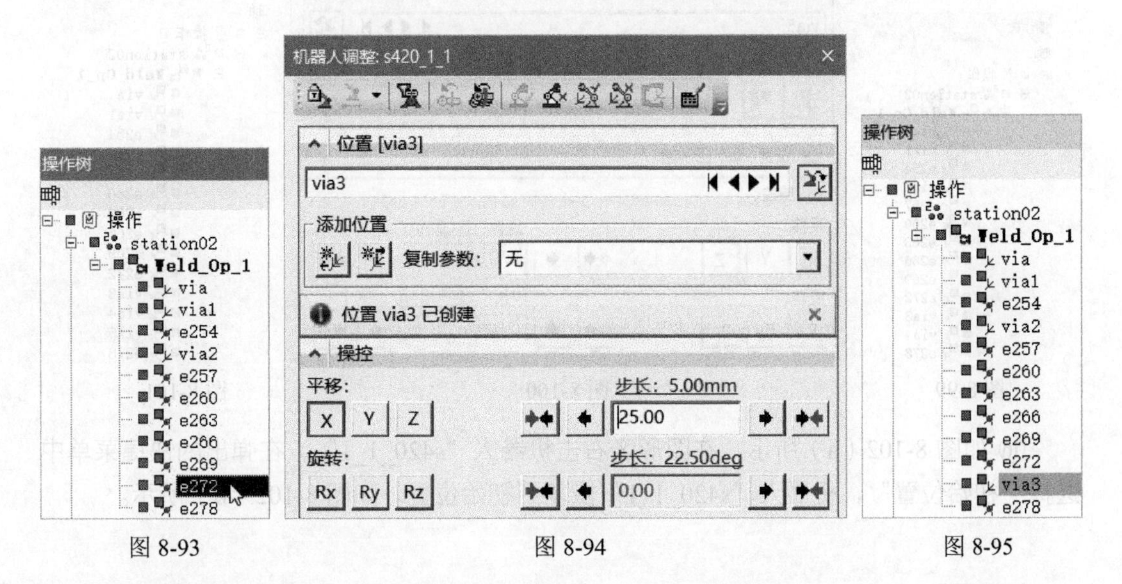

图 8-93　　图 8-94　　图 8-95

⑭ 如图 8-96 所示，在“操作树”查看器中选择“Weld_Op_1”操作下的“via3”，单击“操作”菜单下的“在后面添加位置”按钮，在弹出的“机器人调整”对话框中（如图 8-97 所示）单击“平移”项的“Z”按钮，输入值“270”，按回车键；在“机器人调整”对话框中单击“关闭”按钮，结果如图 8-98 所示。

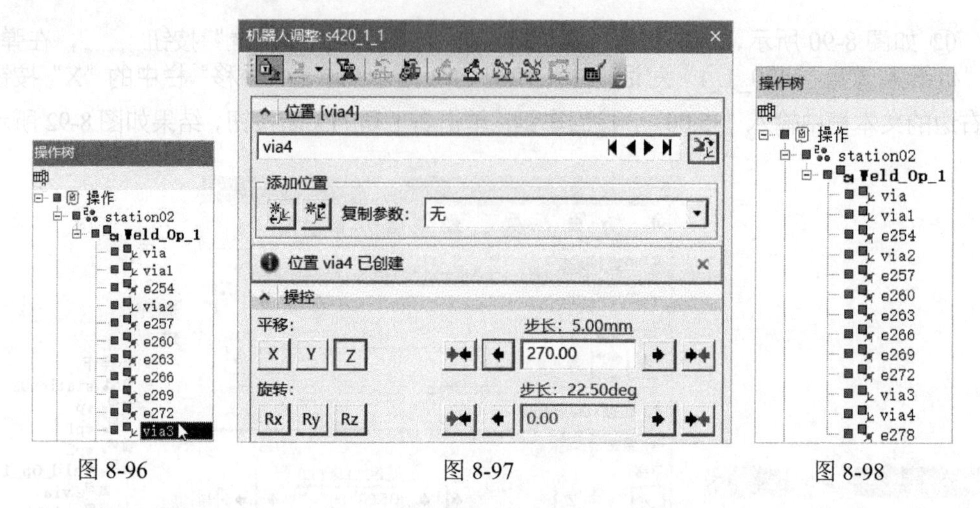

图 8-96　　图 8-97　　图 8-98

⑮ 如图 8-99 所示，在“操作树”查看器中选择“Weld_Op_1”操作下的“e278”，单击“操作”菜单下的“在前面添加位置”按钮 ，在弹出的“机器人调整: s420_1_1”对话框中（如图 8-100 所示）单击“平移”栏中的“Z”按钮，在右边的文本框中输入“270.00”，按回车键；单击右上角的关闭按钮，结果如图 8-101 所示。

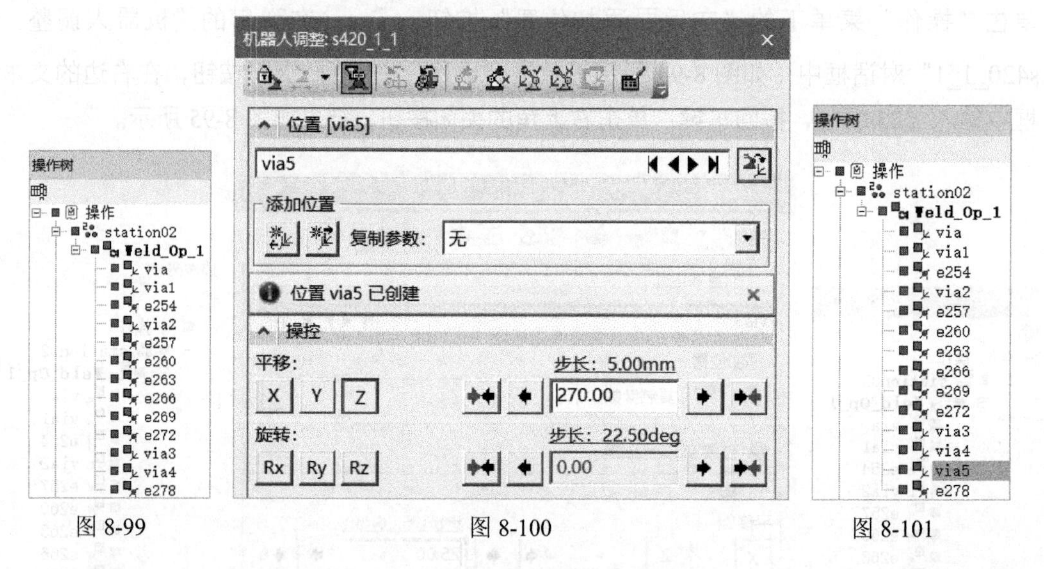

图 8-99　　图 8-100　　图 8-101

⑯ 如图 8-102（a）所示，在图形区右击机器人“s420_1_1”，在弹出的快捷菜单中选择“初始位置”，机器人“s420_1_1”恢复到初始位置，如图 8-102（b）所示。

(a)

(b)

图 8-102

⑰ 单击“序列编辑器”中的“正向播放仿真”按钮▶，可以发现机器人在完成点焊操作的过程中，没有干涉碰撞的情况出现（如图 8-103 所示）。至此，操作路径编辑完成。

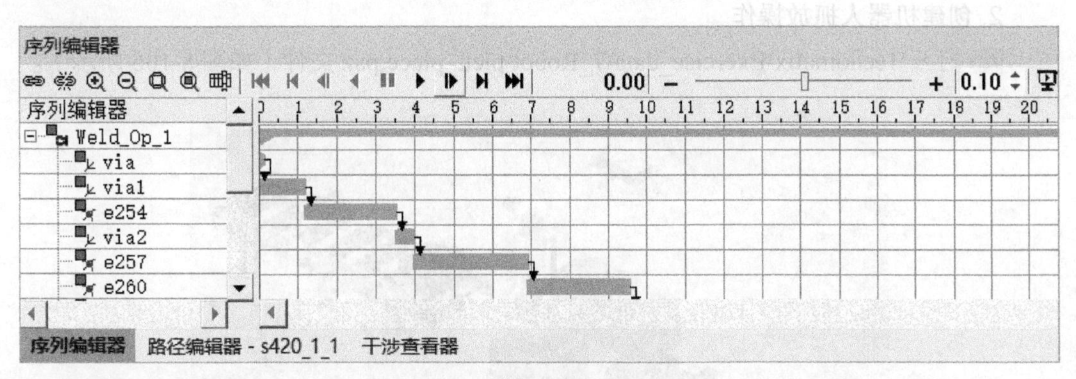

图 8-103

10 机器人可达范围测试。

如图 8-104 所示，单击“机器人”菜单下的“可达范围测试”按钮，在弹出的“可达范围测试：s420_1_1”对话框中（如图 8-105（a）所示），在“机器”文本框中输入“s420_1_1”，这是通过在图形区中选择机器人“s420_1_1”实现的；“位置”列表则通过选择“操作树”查看器中的“Weld_Op_1”操作及“WP”“WP1”“WP2”焊点输入（如图 8-105（b）所示）。其中☑表示位置可达；代表调整机器人位置后，工作位置可达。单击“关闭”按钮，退出对话框。

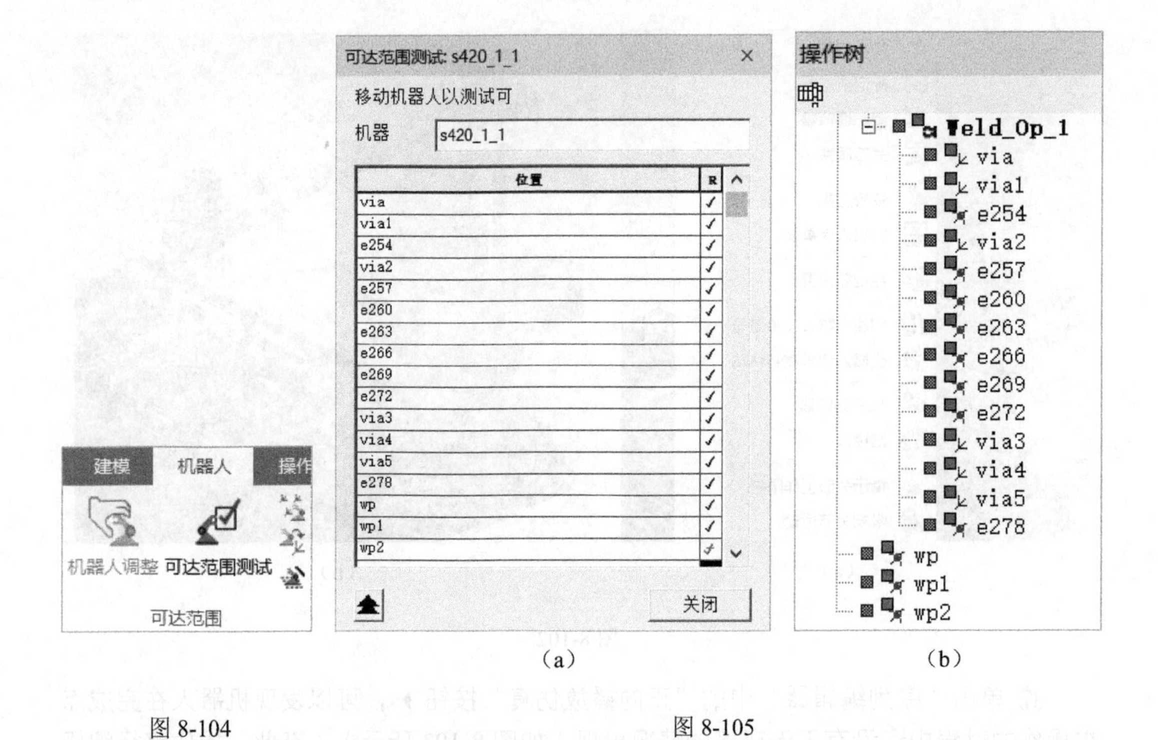

（a）　　（b）

图 8-104　　图 8-105

至此，机器人点焊操作创建完成。

2. 创建机器人抓放操作

01 打开 Tecnomatix\Exercise_data\7_Robot\pick_place.psz 文件（如图 8-106 所示）。

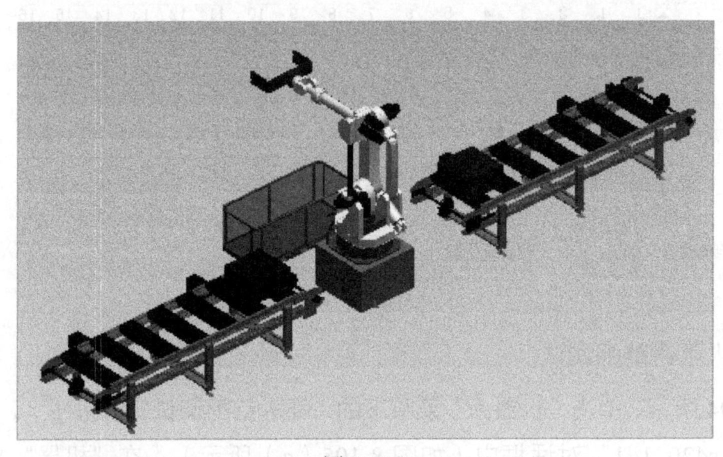

图 8-106

02 检查机器人、握爪（抓手）操作是否定义完成。

① 首先检查机器人是否完成定义。如图 8-107 所示，在“对象树”查看器中选择机器人“Kawasaki_uz100”；然后，如图 8-108 所示，单击“建模”菜单下的“设置建模范围”按钮；接下来，如图 8-109 所示，在“对象树”查看器中展开“Kawasaki_uz100”项，可以看到“TCPF”和“BASEFRAME”坐标系都已被创建。

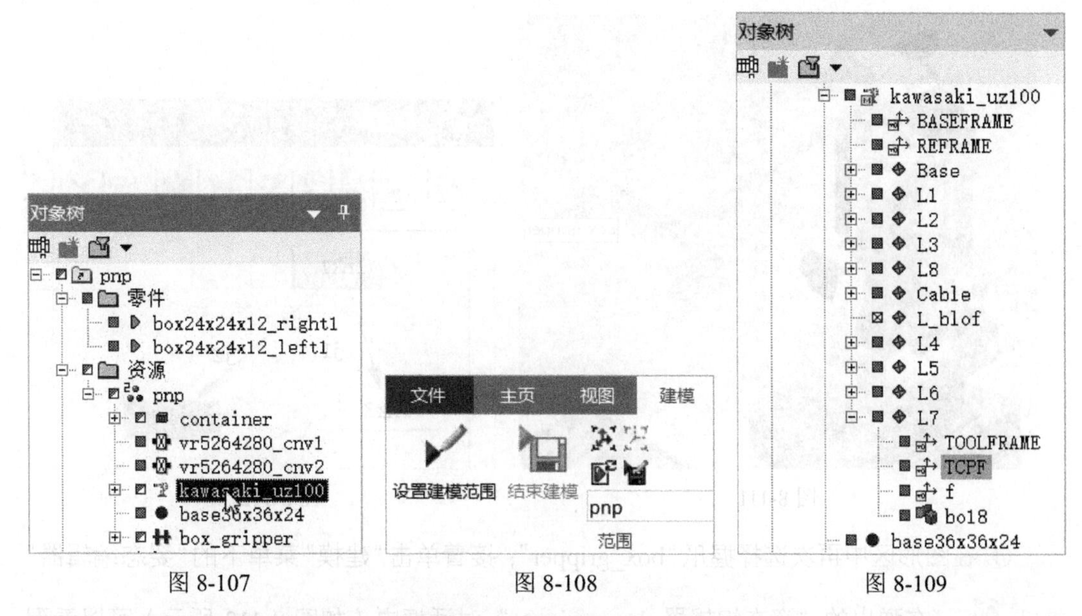

图 8-107　　图 8-108　　图 8-109

② 在“对象树”查看器中再次选择机器人“Kawasaki_uz100”；接着单击“建模”菜单下的“运动学编辑器”按钮，在弹出的“运动学编辑器 -Kawasaki_uz100”对话框中（如图 8-110 所示）可以看到机器人的运动学关系也已被定义完成。

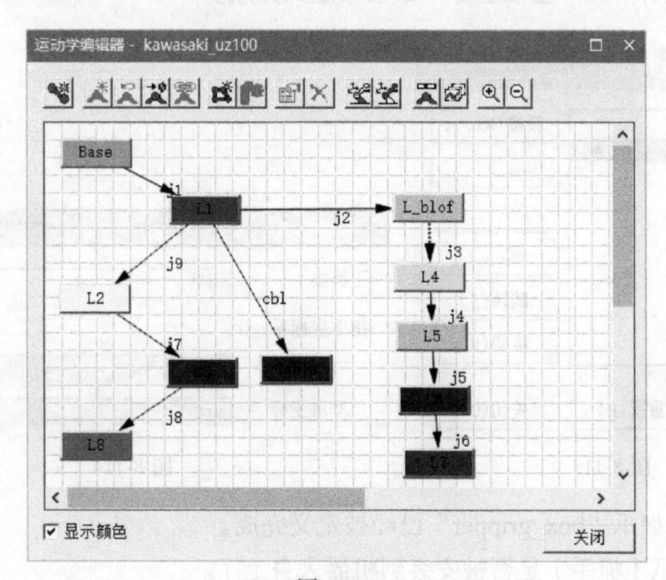

图 8-110

综上，说明机器人“Kawasaki_uz100”已经定义完成。

③ 接下来检查握爪（抓手）是否完成定义。如图 8-111 所示，在图形区中选择握爪“box_gripper”；接着单击“建模”菜单下的“运动学编辑器”按钮，在弹出的“运动学编辑器 -box_gripper”对话框中（如图 8-112 所示）可以看到握爪的运动学关系也已被定义完成。

图 8-111

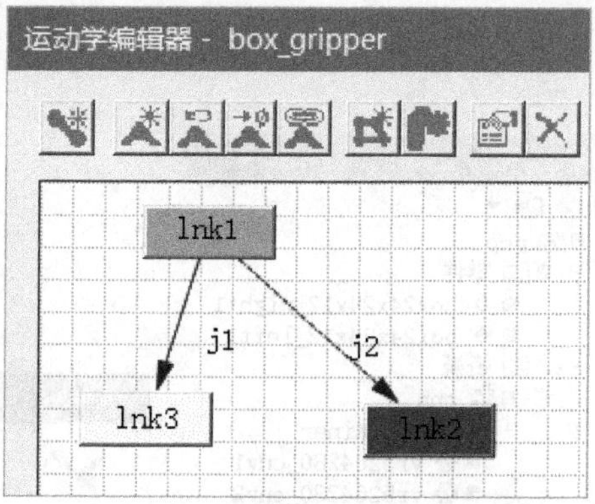

图 8-112

④ 在图形区中再次选择握爪“box_gripper”；接着单击“建模”菜单下的“姿态编辑器”按钮，在弹出的“姿态编辑器 -box_gripper”对话框中（如图 8-113 所示）可以看到握爪的工作姿态也已被定义完成，关闭“姿态编辑器 -box_gripper”对话框；再单击“工具定义”按钮，在弹出的“工具定义 -box_gripper”对话框中（如图 8-114 所示）可以看到“TCP 坐标”和“基准坐标”都已被定义完成。

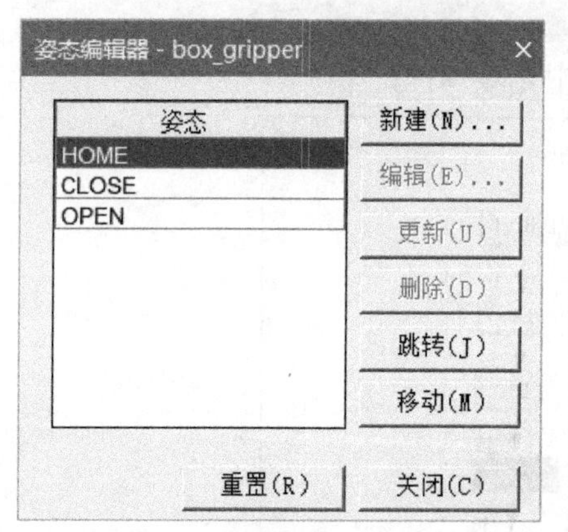

图 8-113

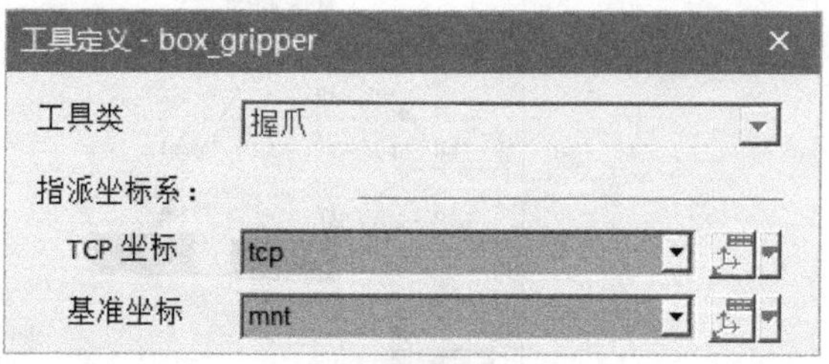

图 8-114

综上，说明握爪“box_gripper”已经被定义完成。

03 检查握爪（抓手）是否被安装到机器人身上了。

如图 8-115 所示，在图形区中右击机器人“Kawasaki_uz100”，在弹出的快捷菜单中选择“机器人调整”，弹出“机器人调整：Kawasaki_uz100”对话框，如图 8-116 所示。在图形区中选择坐标系的 Z 轴，并拖动鼠标，可以看到机器人产生相应的动作，但是握爪“box_gripper”并没有跟着移动，说明该工具没有安装到机器人身上。如图 8-117 所示，在“机器人调整：Kawasaki_uz100”对话框中单击“重置”按钮，然后单击“关闭”按钮，退出。

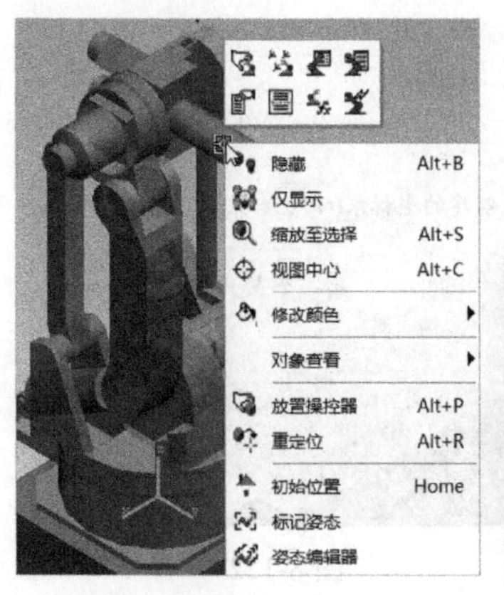

图 8-115

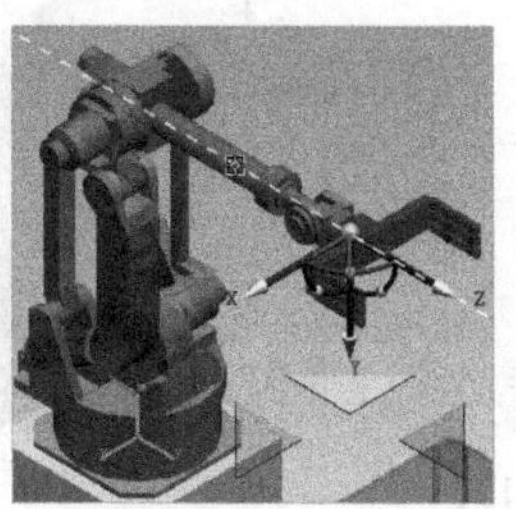
图 8-116

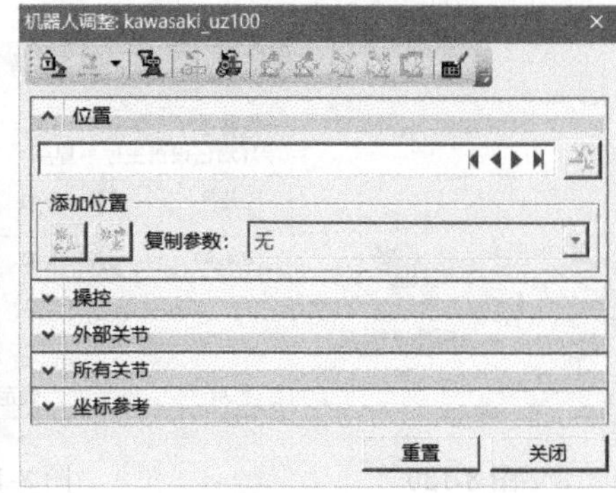

图 8-117

04 将握爪（抓手）安装到机器人身上。

如图 8-118 所示，在图形区中右击机器人“Kawasaki_uz100”，在弹出的快捷菜单中选择“安装工具”，弹出“安装工具 - 机器人 Kawasaki_uz100”对话框（如图 8-119 所示），在“工”文本框中输入“box_gripper”，这是通过在图形区选择握爪“box_gripper”实现的；在“坐标系”下拉列表中选择“mnt”；单击“应用”按钮，完成握爪的安装。

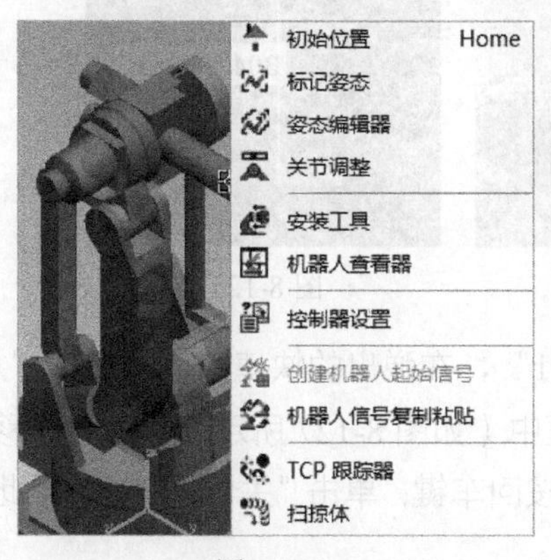

图 8-118

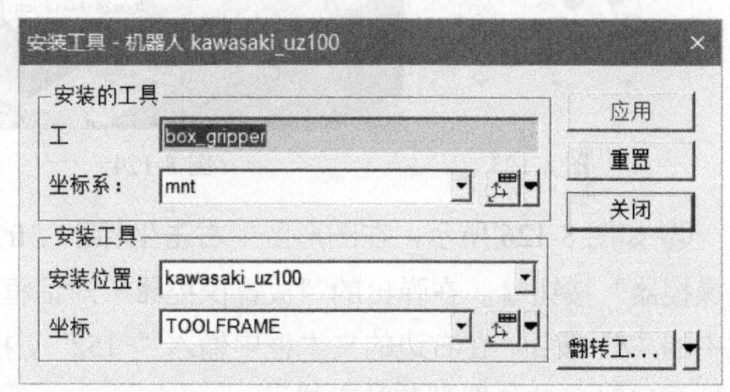

图 8-119

05 创建操作所需坐标系。

① 如图 8-120 所示，在“建模”菜单下，依次单击“创建坐标系”→“2 点定坐标系”，弹出“通过 2 点创建坐标系”对话框，如图 8-121 所示，需要在图形区中依次选择零件“box24×24×12_left1”的两条边线的中点（如图 8-122 所示），创建坐标系“fr1”，单击“确定”按钮，退出对话框。

注意

创建的坐标系方位决定了抓手抓取的方向，需要根据抓手 TCPF 方位进行调整。抓取时，两坐标系将重合。

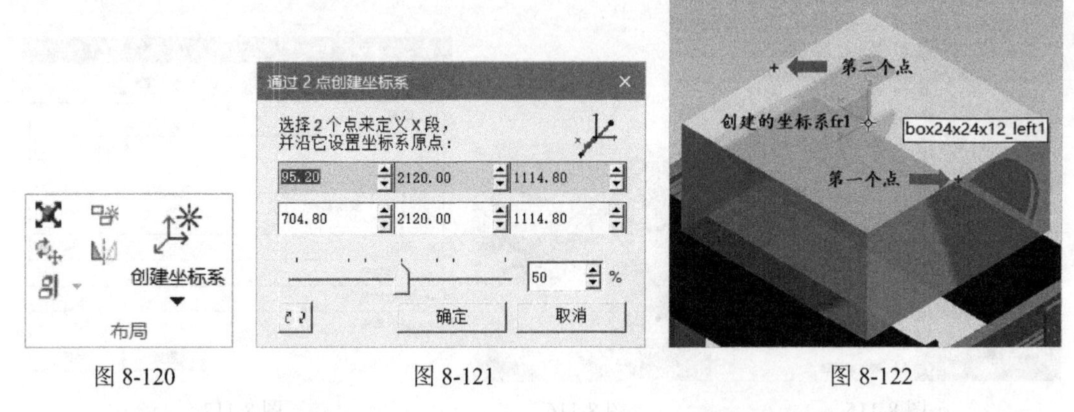

图 8-120　　图 8-121　　图 8-122

② 接下来，调整新创建的坐标系“fr1”的位置。先测量零件高度。如图 8-123 所示，在“建模”菜单下，依次单击“创建尺寸”→“点到点尺寸”；然后依次选择零件“box24×24×12_left1”边线的上下两个端点（如图 8-124 所示），结果如图 8-125 所示。

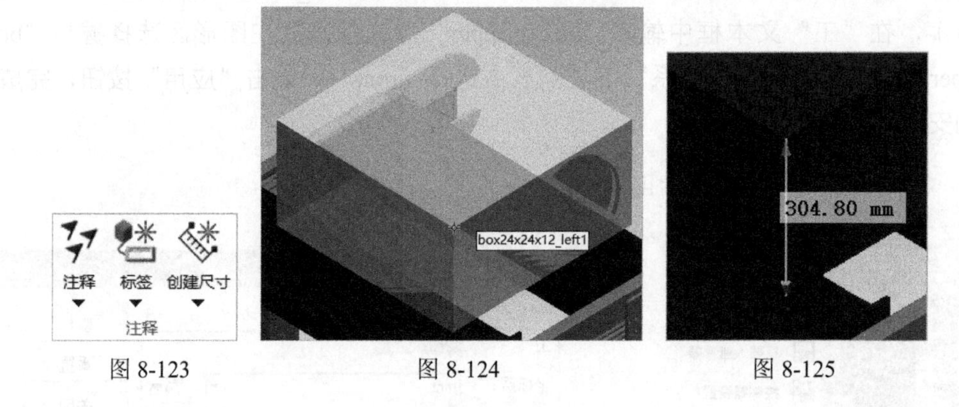

图 8-123　　图 8-124　　图 8-125

③ 如图 8-126 所示，在图形区中右击坐标系“fr1”，在弹出的快捷菜单中单击“放置操控器”按钮。在弹出的“放置操控器”对话框中（如图 8-127 所示）单击“平移”栏中的“Z”按钮，在右边的文本框中输入“-152”，按回车键；单击“关闭”按钮。至此，坐标系“fr1”的位置调整就完成了。

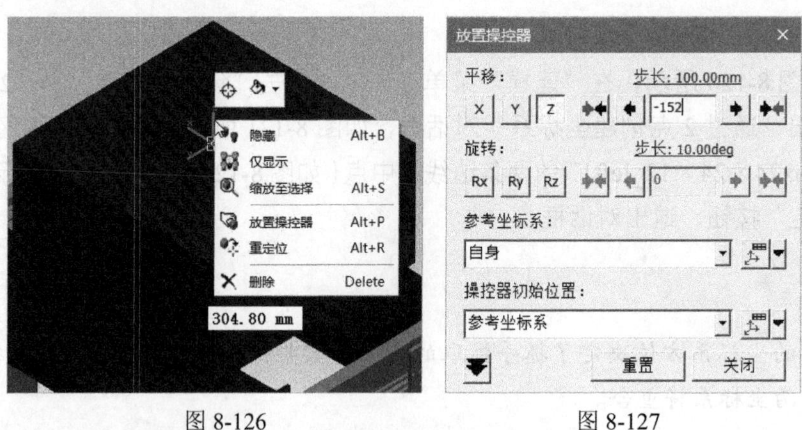

图 8-126　　图 8-127

06 创建其余所需坐标系。

① 在“建模”菜单下，依次单击“创建坐标系”→“6 值定坐标系”，弹出“6 值创建坐标系”对话框（如图 8-128 所示），在图形区选择坐标系“fr1”（如图 8-129（a）所示）；然后单击“6 值创建坐标系”对话框中的“确定”按钮，完成坐标系“fr2”创建，如图 8-129（b）所示。

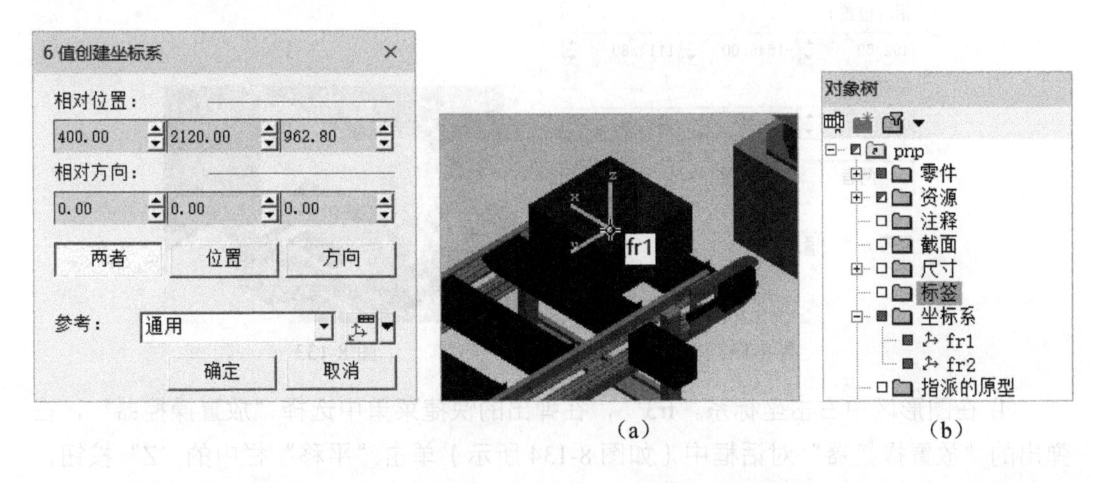

（a） （b）

图 8-128 图 8-129

② 在“对象树”查看器的“坐标系”类别中，右击坐标系“fr2”（如图 8-130 所示），在弹出的快捷菜单中选择“放置操控器”，在弹出的“放置操控器”对话框中（如图 8-131 所示）单击“平移”栏中的“Y”按钮，在右边的文本框中输入“2900”，按回车键，单击“关闭”按钮。至此，坐标系“fr2”的位置调整就完成了。

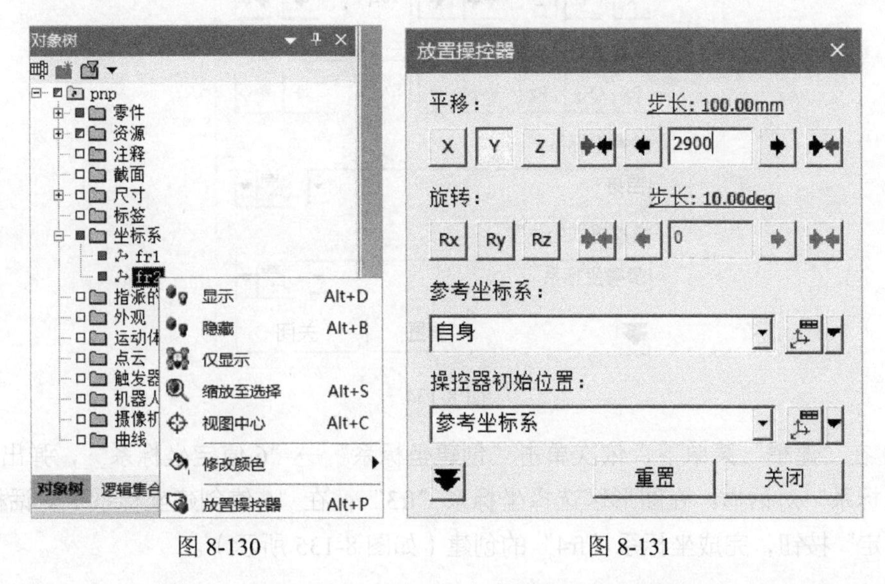

图 8-130 图 8-131

③ 同理，基于零件“box24×24×12_right1”创建其余所需坐标系。在“建模”菜单下，依次单击“创建坐标系”→“6 值定坐标系”，弹出“6 值创建坐标系”对话框（如图 8-132

所示）。在图形区中选择零件“box24×24×12_right1”上端面中心点（如图 8-133 所示），然后在“6 值创建坐标系”对话框的“相对位置”栏中，在“Rz”微调框中输入值“180.00”，按回车键，单击“确定”按钮，完成坐标系“fr3”的创建。

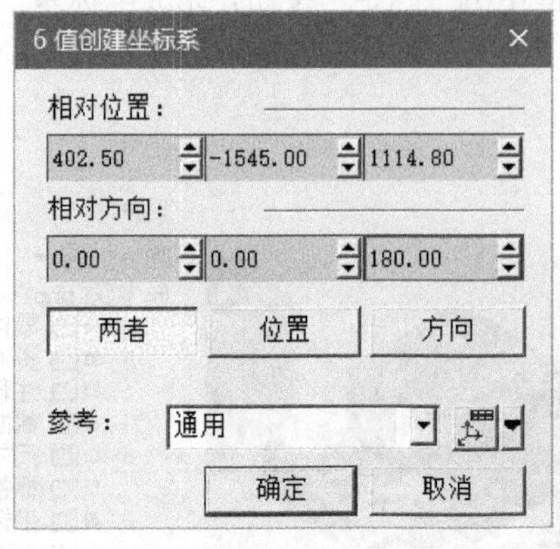

图 8-132

图 8-133

④ 在图形区中右击坐标系“fr3”，在弹出的快捷菜单中选择“放置操控器”，在弹出的“放置操控器”对话框中（如图 8-134 所示）单击“平移”栏中的“Z”按钮，在右边的文本框中输入“-152”，按回车键；单击“关闭”按钮。至此，坐标系“fr3”的位置调整就完成了。

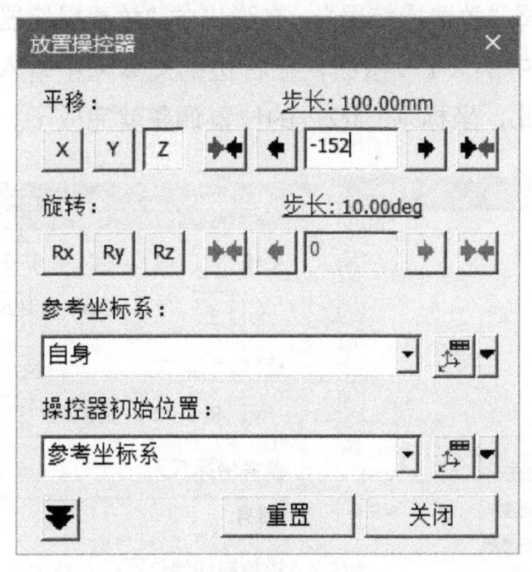

图 8-134

⑤ 在“建模”菜单下，依次单击“创建坐标系”→“6 值定坐标系”，弹出“6 值创建坐标系”对话框；在图形区选择坐标系“fr3”；在“6 值创建坐标系”对话框中单击“确定”按钮，完成坐标系“fr4”的创建（如图 8-135 所示）。

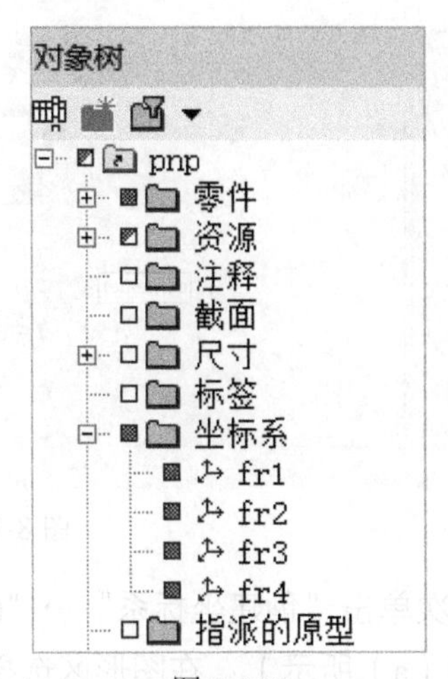

图 8-135

⑥ 在“对象树”查看器的“坐标系”类别中右击坐标系“fr4”，在弹出的快捷菜单中选择“放置操控器”，在弹出的“放置操控器”对话框中（如图 8-136（a）所示）单击“平移”栏中的“Y”按钮，在右边的文本框中输入“2900”，按回车键；单击“关闭”按钮。至此，坐标系“fr4”的位置调整就完成了，如图 8-136（b）所示。

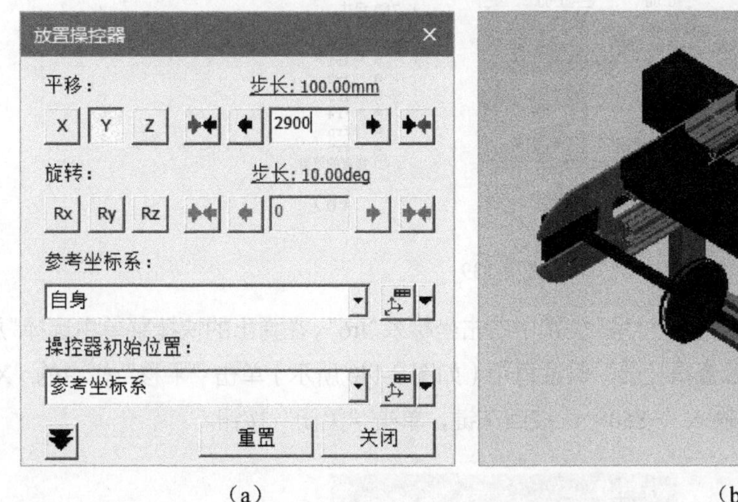

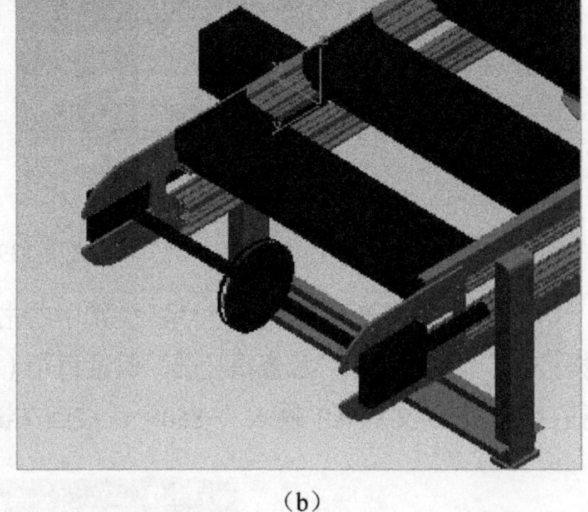

（a） （b）

图 8-136

07 创建放置位置坐标系。

① 在“建模”菜单下，依次单击“创建坐标系”→“6 值定坐标系”，弹出“6 值创建坐标系”对话框（如图 8-137 所示）；在图形区中选择零件“container”内端面上一点（如图 8-138 所示）；回到“6 值创建坐标系”对话框，在“相对方向”栏的“Rz”微调框中输入“90.00”，按回车键（如图 8-138 所示）；单击“确定”按钮，完成坐标系“fr5”的创建。

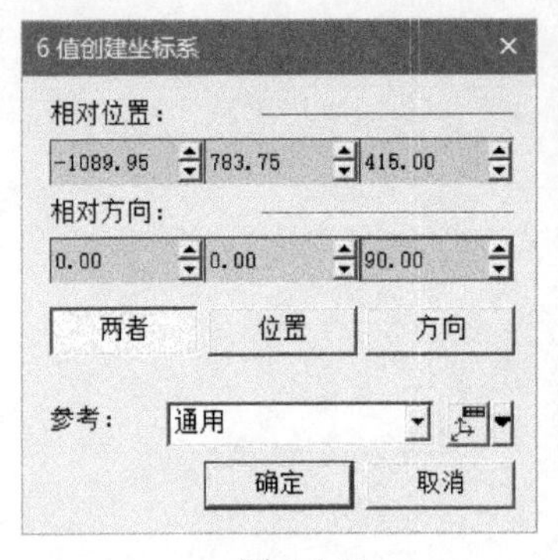

图 8-137

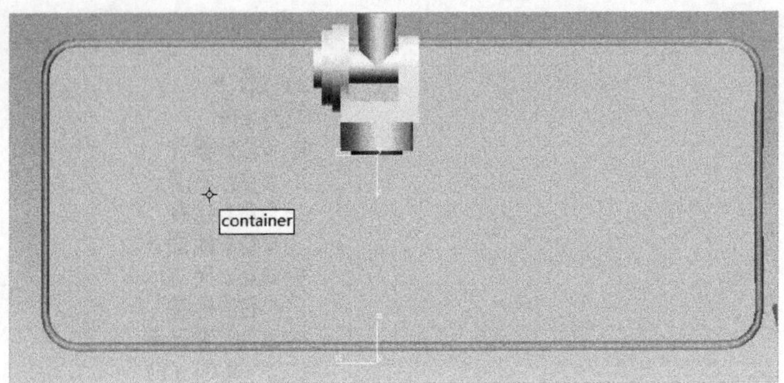

图 8-138

② 在“建模”菜单下，再次单击“创建坐标系”→“6 值定坐标系”，弹出“6 值创建坐标系”对话框（如图 8-139（a）所示）；在图形区选择坐标系“fr5”；回到“6 值创建坐标系”对话框中，单击“确定”按钮，完成坐标系“fr6”的创建（如图 8-139（b）所示）。

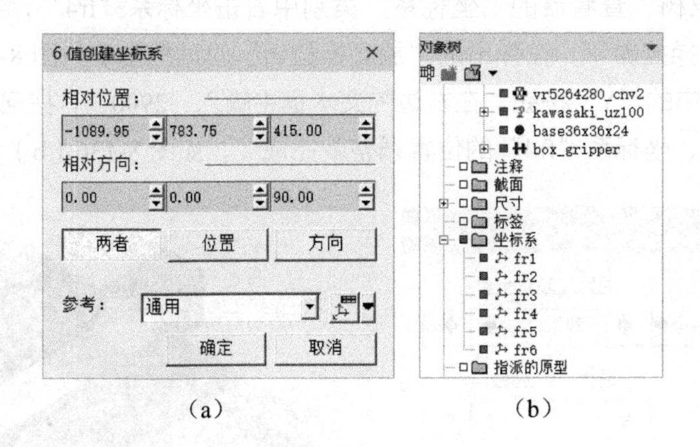

（a）　　　　（b）

图 8-139

③ 在“对象树”查看器的“坐标系”类别中右击坐标系“fr6”，在弹出的快捷菜单中选择“放置操控器”，在弹出的“放置操控器”对话框中（如图 8-140 所示）单击“平移”栏中的“X”按钮，在右边的文本框中输入“-850”，按回车键，单击“关闭”按钮。

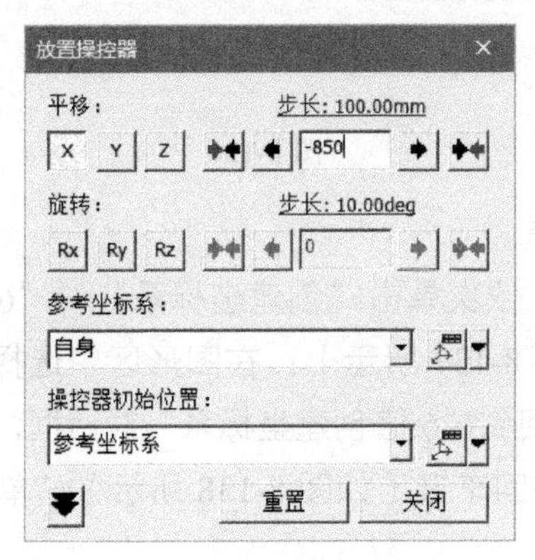

图 8-140

④ 最后，通过“放置操控器”按钮依次调整坐标系“fr5”和“fr6”的位置。在“放置操控器”对话框中选择“平移”栏中的“Z”按钮，在右边的文本框中输入“153”，按回车键；单击“关闭”按钮。分别完成坐标系“fr5”和“fr6”的位置调整（如图 8-141 所示）。

图 8-141

08 创建物流操作。

① 如图 8-142 所示，在图形区中右击零件“box24×24×12_left1”，在弹出的快捷菜单中选择“新建对象流操作”，在弹出的“新建对象流操作”对话框中（如图 8-143（a）所示），在“范围”文本框中输入“pnp”，这是通过选择“操作树”查看器中的“pnp”操作实现的（如图 8-143（b）所示）；在“起点”文本框中输入“fr2”，这是通过选择“对象树”查看器“坐标系”类别中的“fr2”实现的；在“终点”文本框中输入“fr1”，这是通过选择“坐标系”类别中的“fr1”实现的（如图 8-143（c）所示）；最后单击“确定”按钮，完成零件“box24×24×12_left1”的对象流操作的创建。

图 8-142

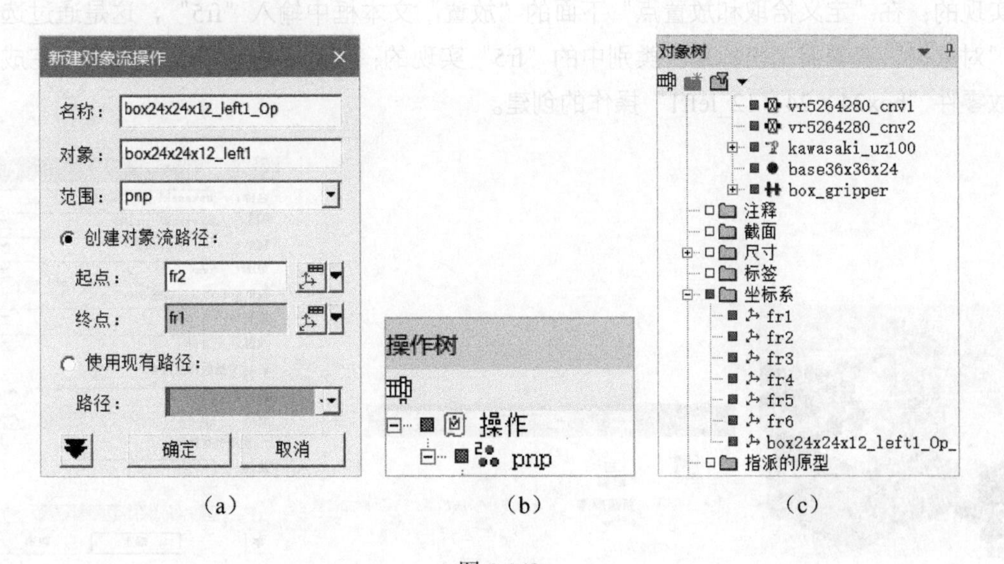

（a）（b）（c）

图 8-143

② 接下来，如图 8-144 所示，在图形区中右击零件“box24×24×12_right1”，在弹出的快捷菜单中选择“新建对象流操作”，在弹出的“新建对象流操作”对话框中（如图 8-145 所示），在“范围”文本框中输入“pnp”，这是通过选择“操作树”查看器中的“pnp”操作实现的；在“起点”文本框中输入“fr4”，这是通过选择“对象树”查看器“坐标系”类别中的“fr4”实现的；在“终点”文本框中输入“fr3”，这是通过选择“对象树”查看器“坐标系”类别中的“fr3”实现的；最后单击“确定”按钮，完成零件“box24×24×12_right1”的对象流操作的创建。

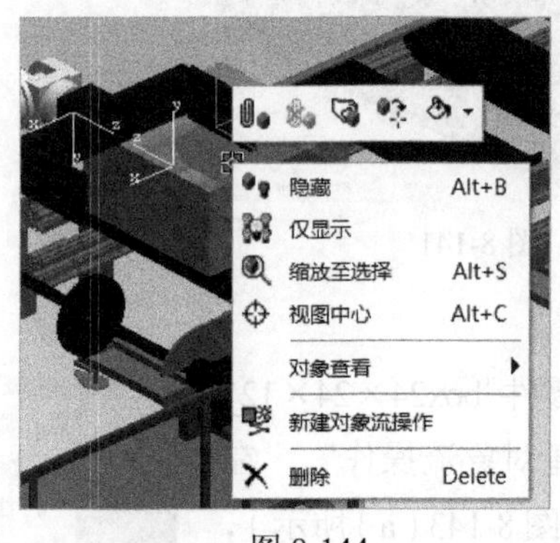

图 8-144

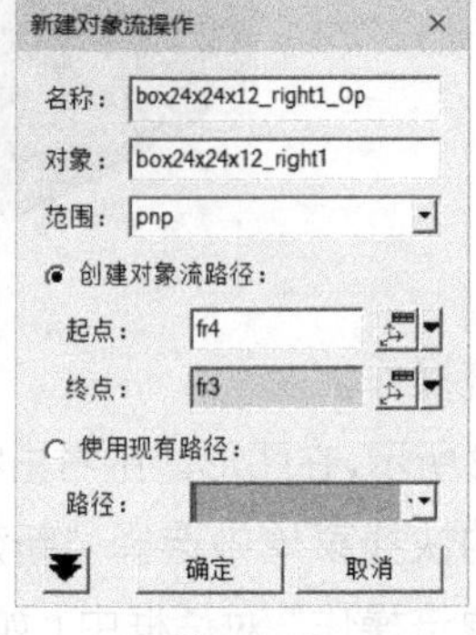

图 8-145

09 创建机器人抓放操作。

① 如图 8-146 所示，在图形区中选择机器人“Kawasaki_uz100”。如图 8-147 所示，在“操作”菜单下，依次单击“新建操作”→“新建拾放操作”，在弹出的“新建拾放操作”对话框中（如图 8-148 所示），在“范围”文本框中输入“pnp”，这是通过选择“操作树”查看器中的“pnp”操作实现的；选中“定义拾取和放置点”单选按钮，并在其下面的“拾取”文本框中输入“fr1”，这是通过选择“对象树”查看器“坐标系”类别中的“fr1”实现的；在“定义拾取和放置点”下面的“放置”文本框中输入“fr5”，这是通过选择“对象树”查看器“坐标系”类别中的“fr5”实现的；最后单击“确定”按钮，完成抓放零件“box24×24×12_left1”操作的创建。

图 8-146

图 8-147

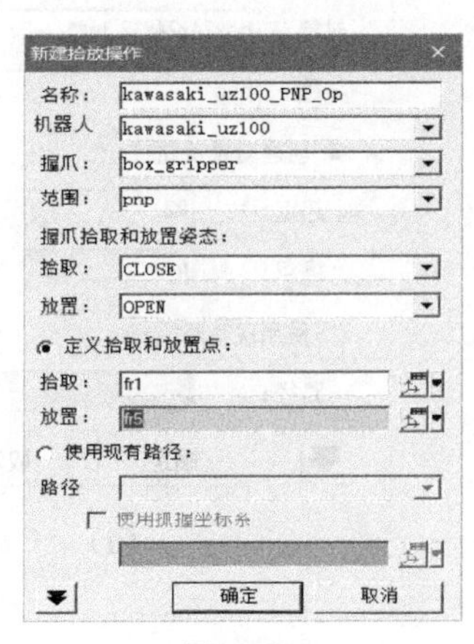

图 8-148

② 在图形区中再次选择机器人“Kawasaki_uz100”；在“操作”菜单下，依次单击“新建操作”→“新建拾放操作”，在弹出的“新建拾放操作”对话框中（如图 8-149 所示），在“范围”文本框中输入“pnp”，这是通过选择“操作树”查看器中的“pnp”操作实现的；选中“定义拾取和放置点”单选按钮，并在其下面的“拾取”文本框中输入“fr3”，这是通过选择“对象树”查看器“坐标系”类别中的“fr3”实现的；在“定义拾取和放置点”下面的“放置”文本框中输入“fr6”，这是通过选择“对象树”查看器“坐标系”类别中的“fr6”实现的；最后单击“确定”按钮，完成抓放零件“box24×24×12_right1”操作的创建（如图 8-150 所示）。

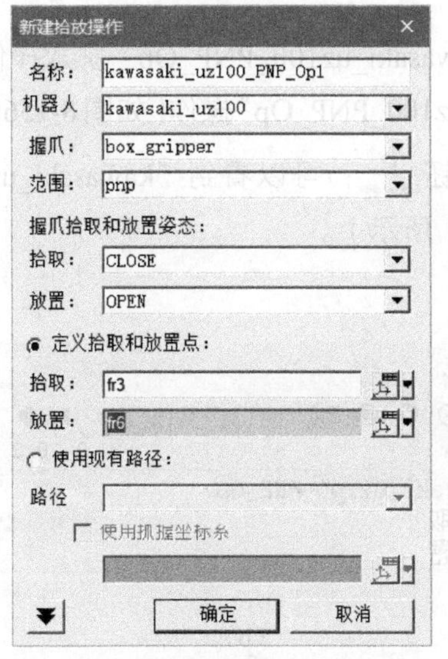

图 8-149

图 8-150

10 调整操作顺序。

如图 8-151 所示，选择“操作树”查看器中的“pnp”操作；如图 8-152 所示，单击“操作”菜单下的“设置当前操作”按钮；可以看到“pnp”操作已经被设为当前操作（如图 8-153 所示）。

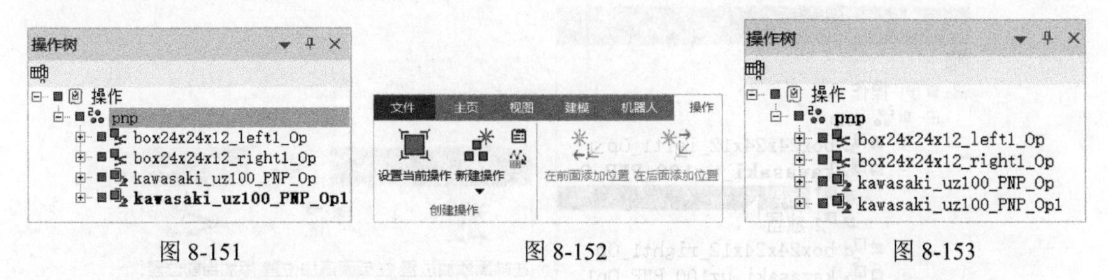

图 8-151　　图 8-152　　图 8-153

在“序列编辑器”查看器中选中“kawasaki_uz100_PNP_Op”操作并拖动鼠标至“box24×24×12_left1_Op”操作下方（如图 8-154 所示），松开鼠标左键，完成操作顺序的调整（如图 8-155 所示）。

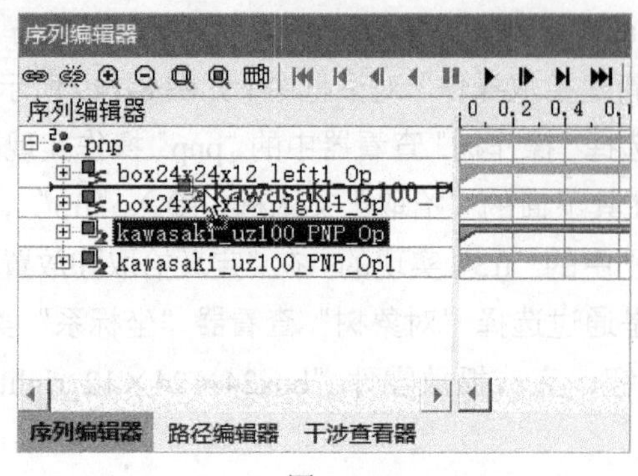

图 8-154

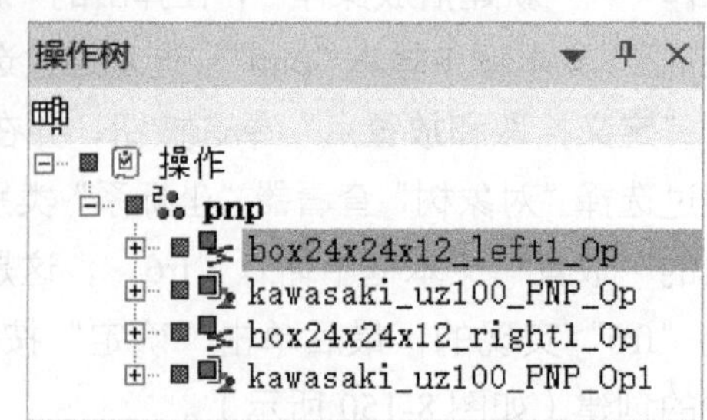

图 8-155

11 编辑机器人抓放操作，先来编辑“kawasaki_uz100_PNP_Op”抓放操作。

① 选择“操作树”查看器中的“kawasaki_uz100_PNP_Op”操作（如图 8-156（a）所示）；单击“操作”菜单下的“设置当前操作”按钮 设置当前操作；可以看到“kawasaki_uz100_PNP_Op”操作已被设为当前操作（如图 8-156（b）所示）。

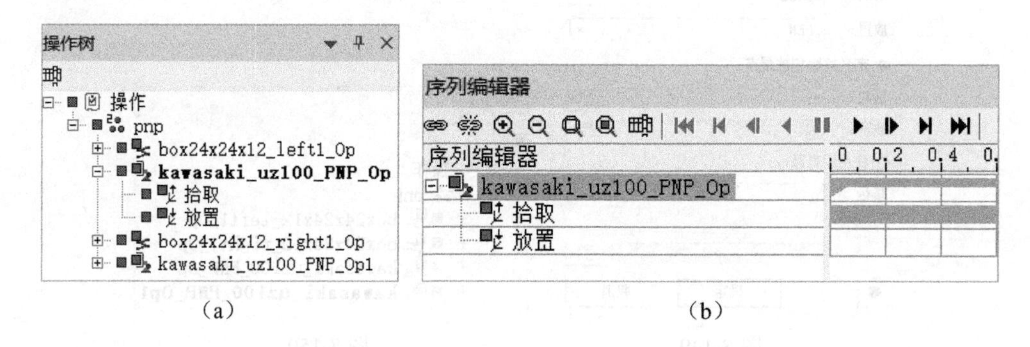

（a）　　（b）

图 8-156

② 如图 8-157 所示，在“操作树”查看器中选择“kawasaki_uz100_PNP_Op”操作下的“拾取”。如图 8-158 所示，单击“操作”菜单下的“在前面添加位置”按钮 在前面添加位置，弹出“机器人调整：kawasaki_uz100”对话框。

图 8-157　　图 8-158

③ 如图 8-159 所示，在“机器人调整：kawasaki_uz100”对话框中单击“平移”栏中的“Z”按钮，在右边的文本框中输入“200.00”，按回车键，结果如图 8-160 所示。

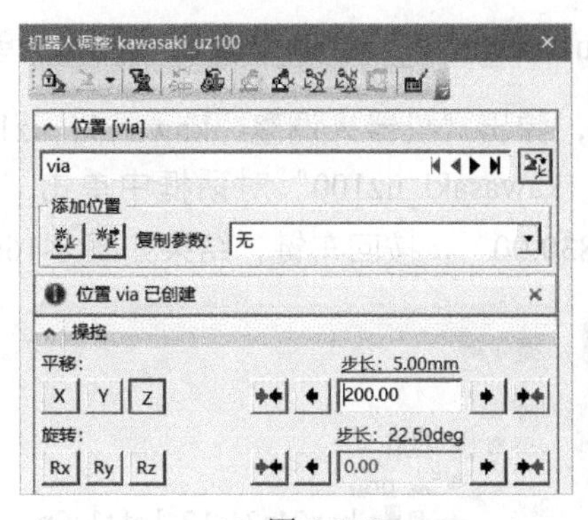

图 8-159

图 8-160

④ 在“操作树”查看器中选择“kawasaki_uz100_PNP_Op”操作下的“via”。单击“操作”菜单下的“在前面添加位置”按钮，弹出“机器人调整：kawasaki_uz100”对话框（如图 8-161 所示）。在“机器人调整：kawasaki_uz100”对话框中单击“平移”栏中的“Z”按钮，在右边的文本框中输入“330.00”，按回车键，结果如图 8-162 所示。

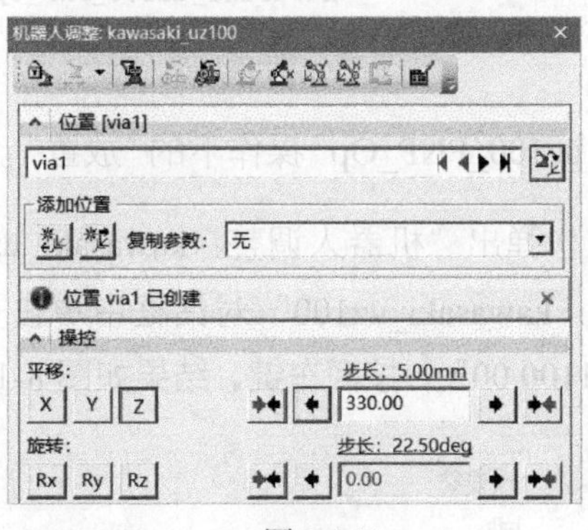

图 8-161

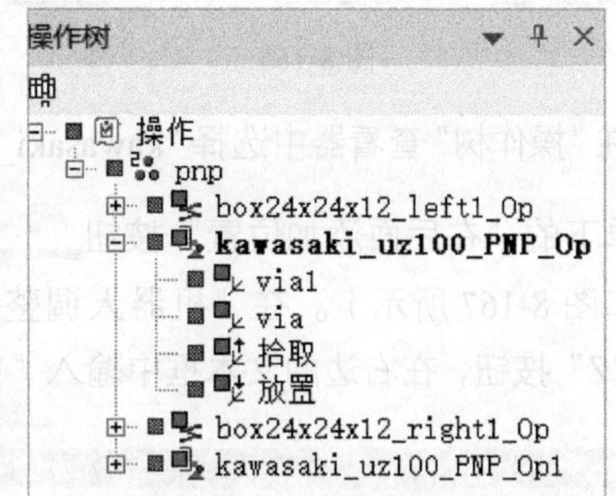

图 8-162

⑤ 在“操作树”查看器中选择“kawasaki_uz100_PNP_Op”操作下的“拾取”。单击“操作”菜单下的“在后面添加位置”按钮，弹出“机器人调整：kawasaki_uz100”对话框（如图 8-163 所示）。在“机器人调整：kawasaki_uz100”对话框中单击“平移”栏中的“Z”按钮，在右边的文本框中输入“530.00”，按回车键，结果如图 8-164 所示。

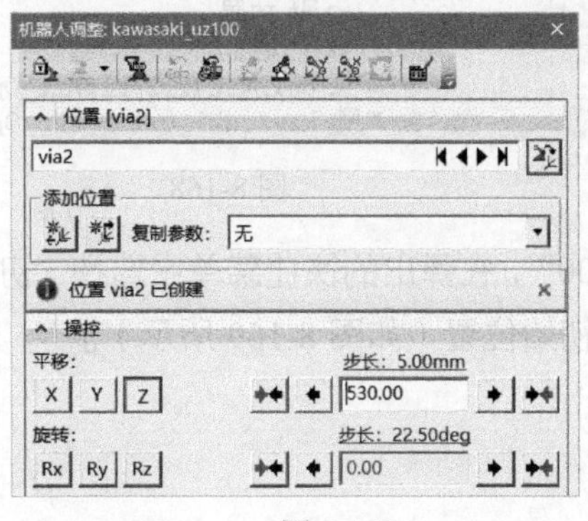

图 8-163

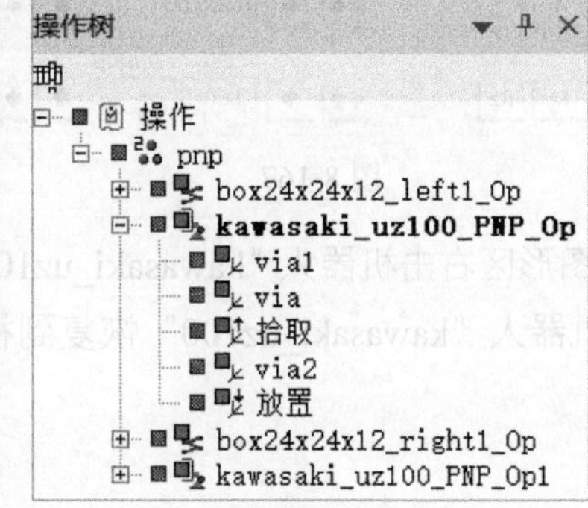

图 8-164

⑥ 在“操作树”查看器中选择“kawasaki_uz100_PNP_Op”操作下的“放置”。单击“操作”菜单下的“在前面添加位置”按钮，弹出“机器人调整：kawasaki_uz100”对话框（如图 8-165 所示）。在“机器人调整：kawasaki_uz100”对话框中单击“平移”栏中的“Z”按钮，在右边的文本框中输入“830.00”，按回车键，结果如图 8-166 所示。

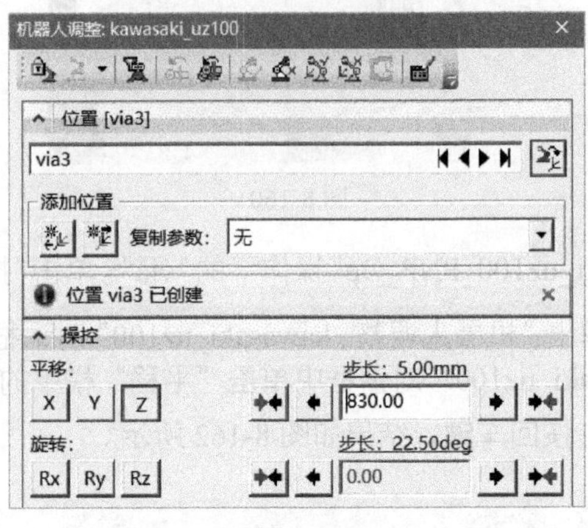

图 8-165

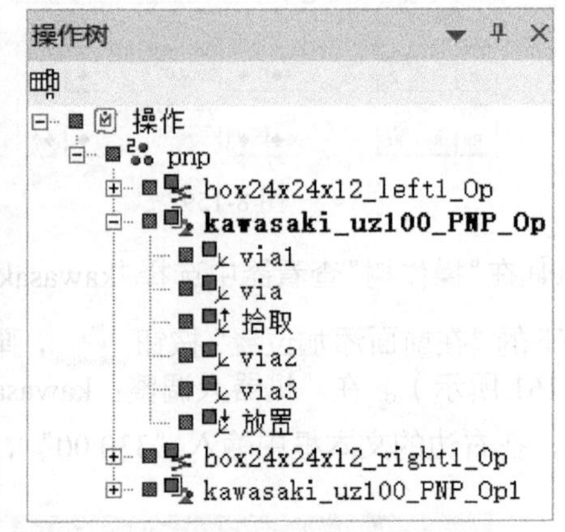

图 8-166

⑦ 在“操作树”查看器中选择“kawasaki_uz100_PNP_Op”操作下的“放置”。单击“操作”菜单下的“在后面添加位置”按钮，弹出“机器人调整：kawasaki_uz100”对话框（如图 8-167 所示）。在“机器人调整：kawasaki_uz100”对话框中单击“平移”栏中的“Z”按钮，在右边的文本框中输入“1100.00”，按回车键，结果如图 8-168 所示。

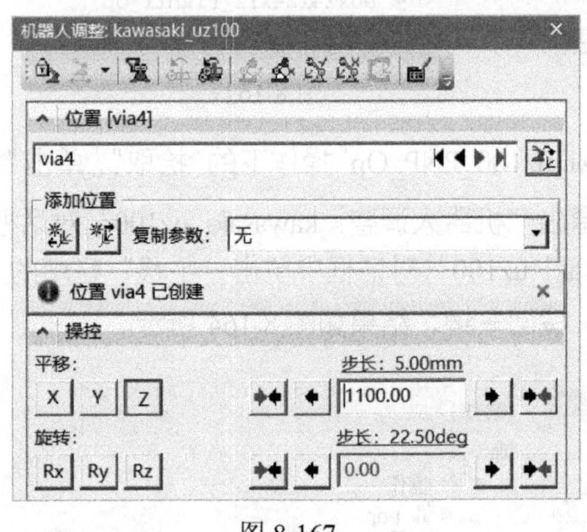

图 8-167

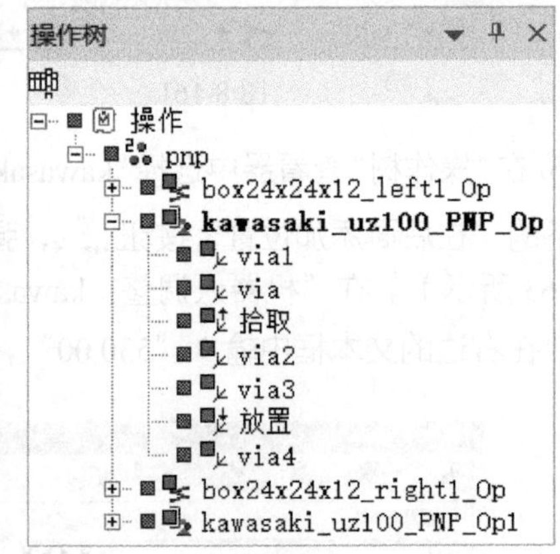

图 8-168

⑧ 在图形区右击机器人“kawasaki_uz100”，在弹出的快捷菜单中选择“初始位置”，可以看到机器人“kawasaki_uz100”恢复到初始位置（如图 8-169 所示）。

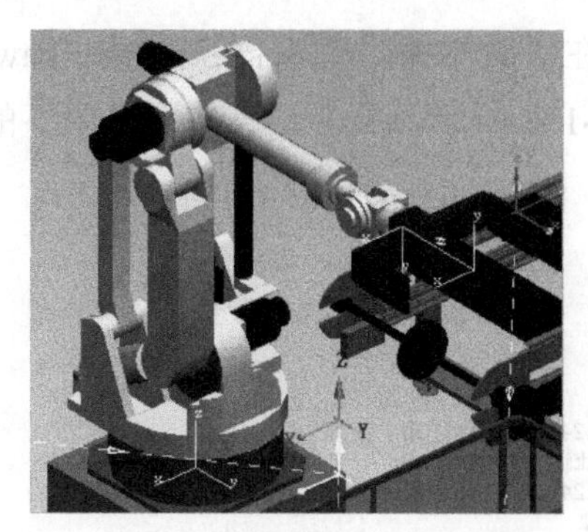

图 8-169

⑨ 在“操作树”查看器中选择“kawasaki_uz100_PNP_Op”操作下的“via4”（如图 8-170（a）所示）。单击“操作”菜单下的“添加当前位置”按钮，结果如图 8-170（b）所示。

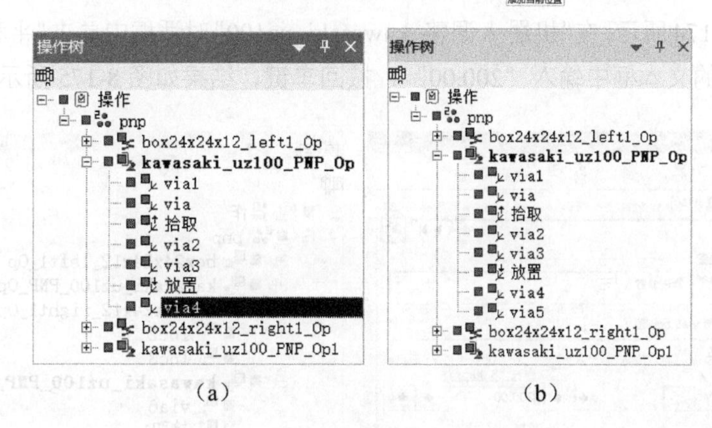

图 8-170

12 “kawasaki_uz100_PNP_Op” 抓放操作编辑完成后，接下来编辑 “kawasaki_uz100_PNP_Op1” 抓放操作。

① 选择“操作树”查看器中的 “kawasaki_uz100_PNP_Op1” 操作（如图 8-171（a）所示），单击 “操作” 菜单下的 “设置当前操作” 按钮，可以看到 “kawasaki_uz100_PNP_Op1” 操作被设为当前操作（如图 8-171（b）所示）。

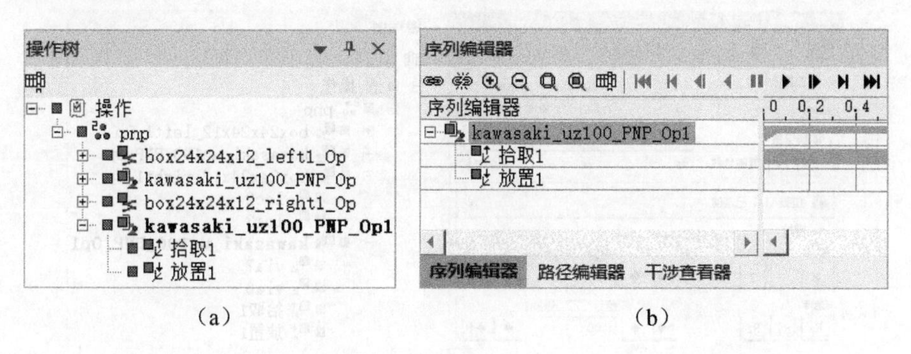

图 8-171

② 如图 8-172 所示，在“操作树”查看器中选择“kawasaki_uz100_PNP_Op1”操作下的“拾取 1”；如图 8-173 所示，单击“操作”菜单下的“在前面添加位置”按钮，弹出“机器人调整：kawasaki_uz100”对话框。

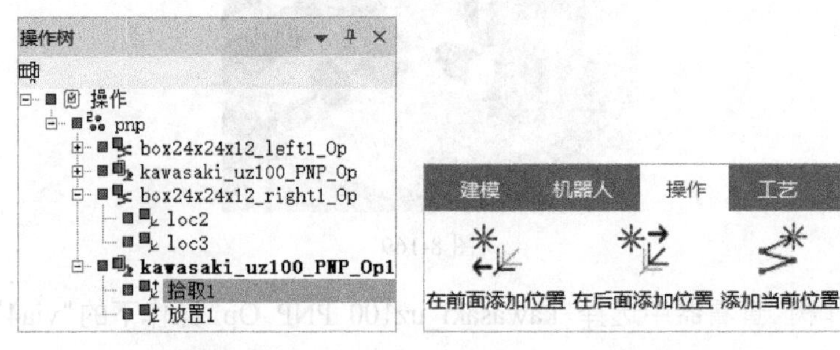

图 8-172　　　　图 8-173

③ 如图 8-174 所示，在“机器人调整：kawasaki_uz100”对话框中单击“平移”栏中的“Z”按钮，在右边的文本框中输入“200.00”，按回车键，结果如图 8-175 所示。

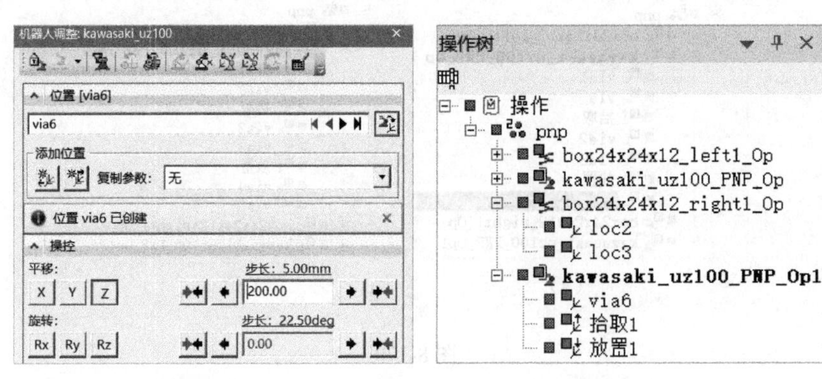

图 8-174　　　　图 8-175

④ 在“操作树”查看器中选择“kawasaki_uz100_PNP_Op1”操作下的“via6”，单击“操作”菜单下的“在前面添加位置”按钮，弹出“机器人调整：kawasaki_uz100”对话框（如图 8-176 所示）。在“机器人调整：kawasaki_uz100”对话框中单击“平移”栏中的“Z”按钮，在右边的文本框中输入“330”，按回车键，结果如图 8-177 所示。

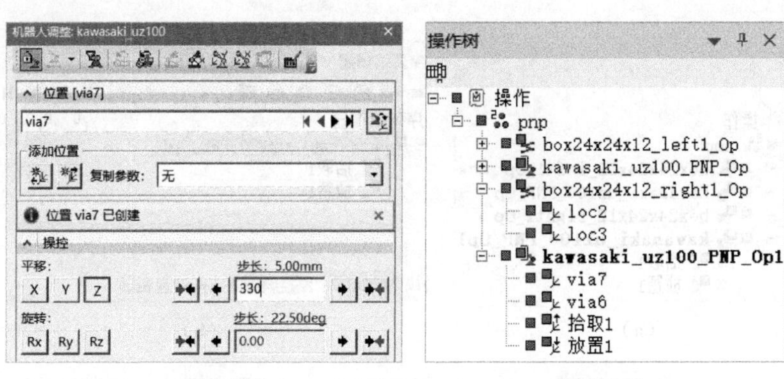

图 8-176　　　　图 8-177

⑤ 在“操作树”查看器中选择“kawasaki_uz100_PNP_Op1”操作下的“拾取 1”，单击“操作”菜单下的“在后面添加位置”按钮，弹出“机器人调整：kawasaki_uz100”对话框（如图 8-178 所示）。在“机器人调整：kawasaki_uz100”对话框中单击“平移”栏中的“Z”按钮，在右边的文本框中输入“400.00”，按回车键，结果如图 8-179 所示。

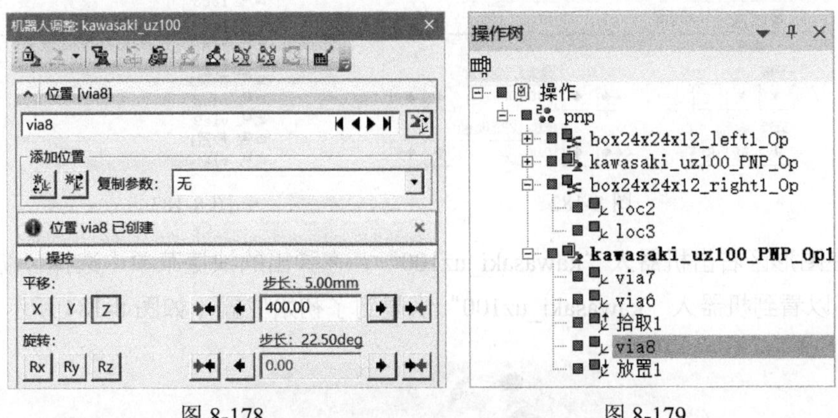

图 8-178　　　　图 8-179

⑥ 在“操作树”查看器中选择“kawasaki_uz100_PNP_Op1”操作下的“放置 1”，单击“操作”菜单下的“在前面添加位置”按钮，弹出“机器人调整：kawasaki_uz100”对话框（如图 8-180 所示）。在“机器人调整：kawasaki_uz100”对话框中单击“平移”栏中的“Z”按钮，在右边的文本框中输入“830.00”，按回车键，结果如图 8-181 所示。

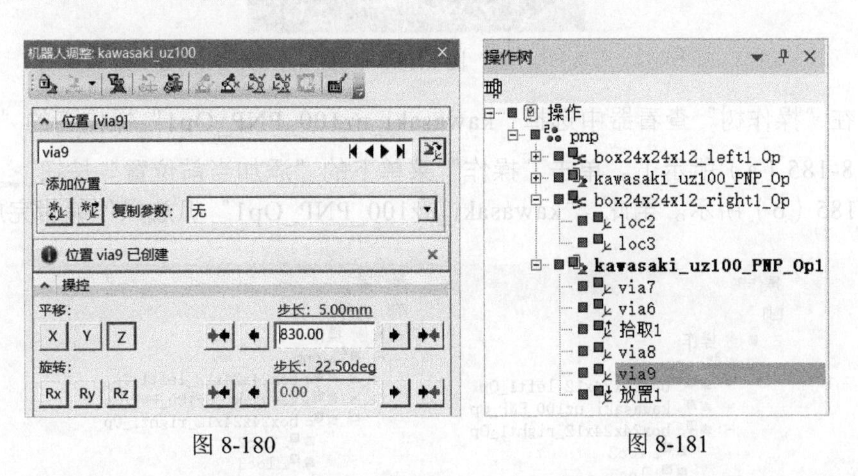

图 8-180　　　　图 8-181

⑦ 在“操作树”查看器中选择“kawasaki_uz100_PNP_Op1”操作下的“放置 1”，单击“操作”菜单下的“在后面添加位置”按钮，弹出“机器人调整：kawasaki_uz100”对话框（如图 8-182 所示）。在“机器人调整：kawasaki_uz100”对话框中单击“平移”栏中的“Z”按钮，在右边的文本框中输入“1100.00”，按回车键，结果如图 8-183 所示。

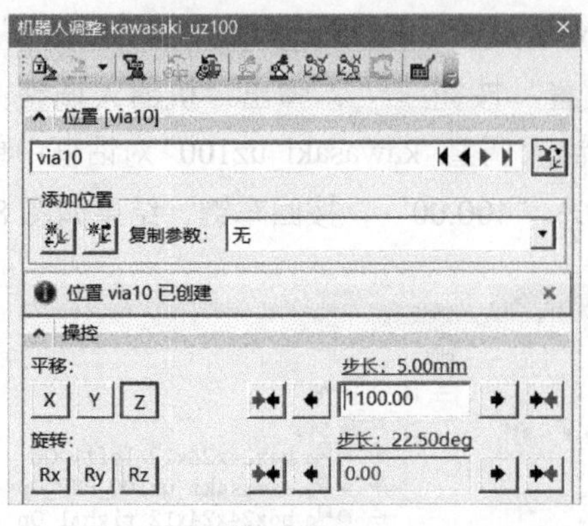

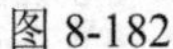

图 8-182

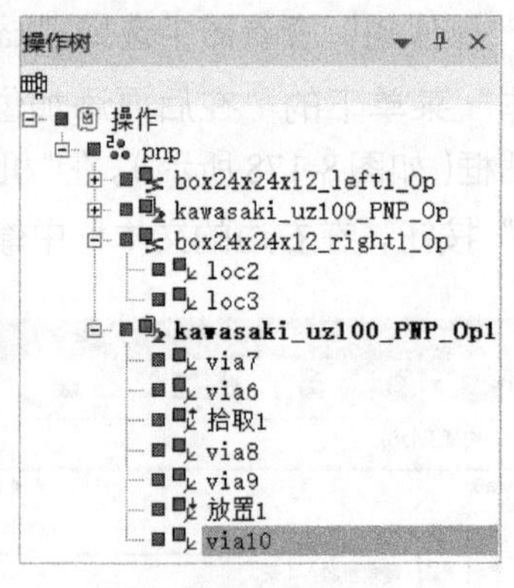

图 8-183

⑧ 在图形区右击机器人“kawasaki_uz100”，在弹出的快捷菜单中选择“初始位置”选项，可以看到机器人“kawasaki_uz100”恢复到了初始位置（如图 8-184 所示）。

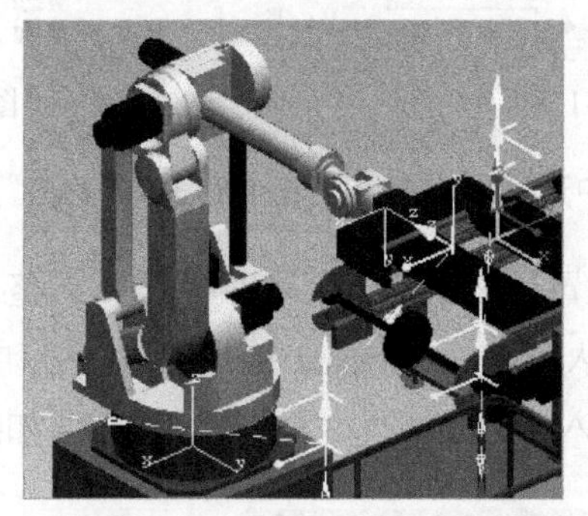

图 8-184

⑨ 在“操作树”查看器中选择“kawasaki_uz100_PNP_Op1”操作下的“via10”（如图 8-185（a）所示）。单击“操作”菜单下的“添加当前位置”按钮，结果如图 8-185（b）所示。至此，“kawasaki_uz100_PNP_Op1”抓放操作编辑完成。

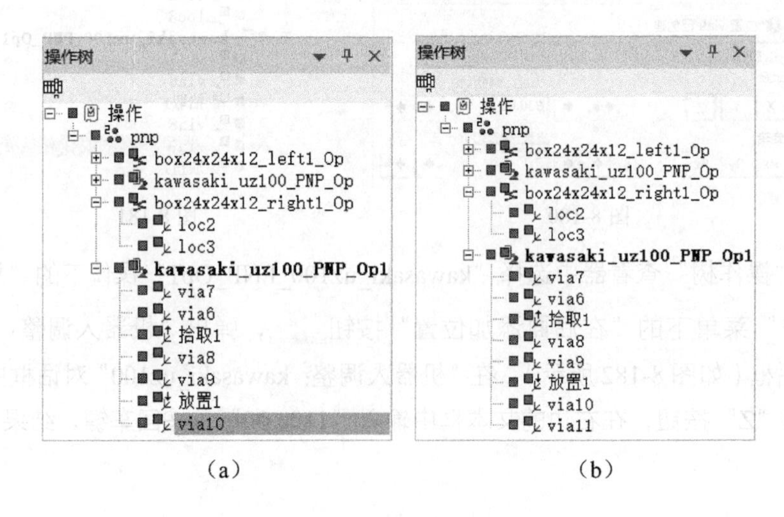

（a）　　（b）

图 8-185

13 调整抓放操作的顺序。

① 选择“操作树”查看器中的“pnp”操作，单击“操作”菜单下的“设置当前操作”按钮；可以看到“pnp”操作已被设为当前操作（如图 8-186 所示）。

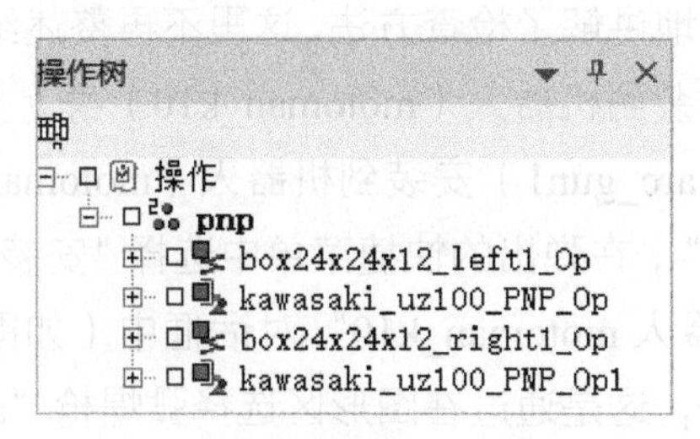

图 8-186

② 如图 8-187 所示，在“序列编辑器”查看器中将所创建的操作关联起来，单击播放按钮，就可以看到机器人抓放操作的完整过程。

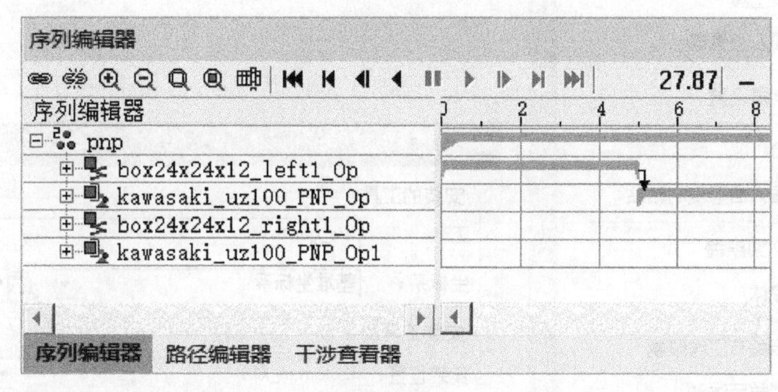

图 8-187

至此，机器人抓放操作创建完成。

3. 创建七轴机器人弧焊操作

01 打开 Tecnomatix\Exercise_data\7_Robot\arc_7th_axis.psz 文件（如图 8-188 所示）。

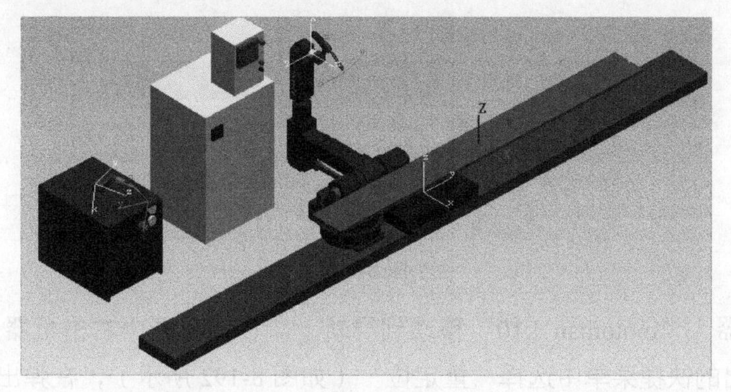

图 8-188

02 检查机器人（motoman_k10）、工具（弧焊枪：arc_gun1）是否完成定义。在前面的实例中已经详细地讲解了检查设备、工具是否完成定义的方法，这里就不再赘述细节过程。经检查，机器人（motoman_k10）和工具（弧焊枪：arc_gun1）都已完成定义。

03 检查工具（弧焊枪：arc_gun1）是否被安装到机器人（motoman_k10）身上了。同样，在前面的实例中详细地讲解了检查方法，这里不再赘述细节过程。经检查，工具（弧焊枪：arc_gun1）没有被安装到机器人（motoman_k10）身上。

04 将工具（弧焊枪：arc_gun1）安装到机器人（motoman_k10）身上。在图形区中右击机器人“motoman_k10”，在弹出的快捷菜单中选择“安装工具”（如图8-189所示），在弹出的“安装工具 - 机器人 motoman_k10”对话框中（如图8-190所示），在“工”文本框中输入“arc_gun1”，这是通过在图形区选择弧焊枪“arc_gun1”实现的，在“坐标”下拉列表中选择“TCPF”，单击“应用”按钮，完成工具的安装。

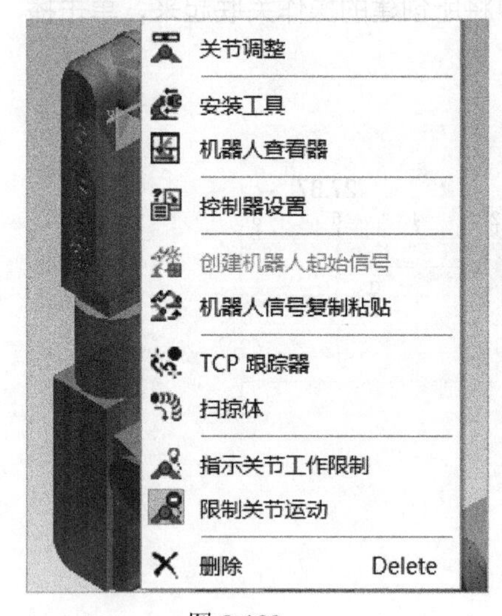

图 8-189

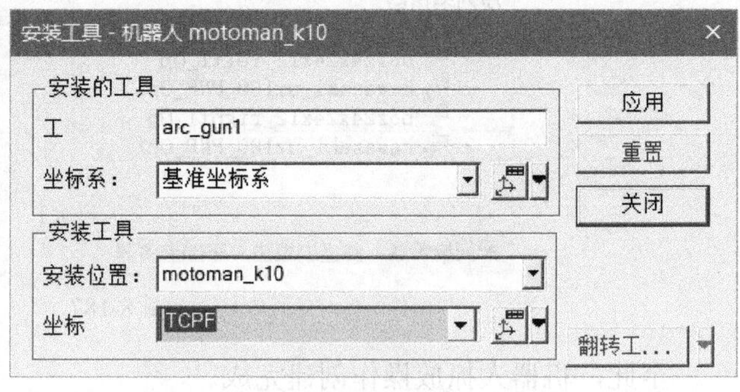

图 8-190

05 开启外部轴创建模式。如图8-191所示，单击“机器人”菜单下的“外部轴创建模式”按钮。

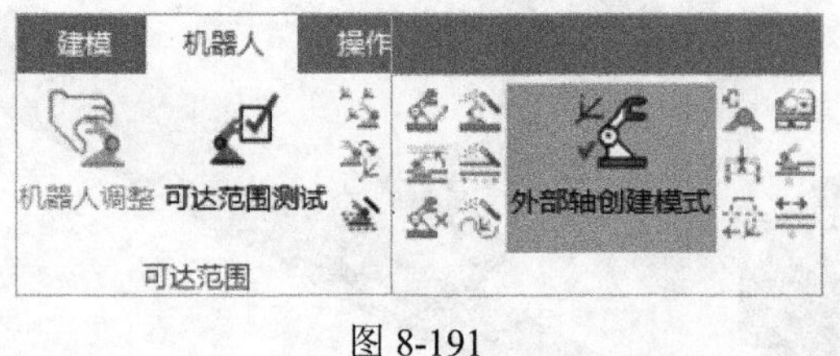

图 8-191

06 将机器人“motoman_k10”移动到导轨上。在图形区中右击机器人“motoman_k10”，在弹出的快捷菜单中选择“重定位”（如图8-192所示），在弹出的“重定位”对话框中（如图8-193所示），在“从坐标”下拉列表中选择“自身”，在“到坐标系”组合框中输入“fr”，这是通过在图形区中选择零件“Kas2”上的坐标系“fr”实现的，单击“应用”按钮，可以看到机器人已经被移动到导轨上（如图8-194所示）。

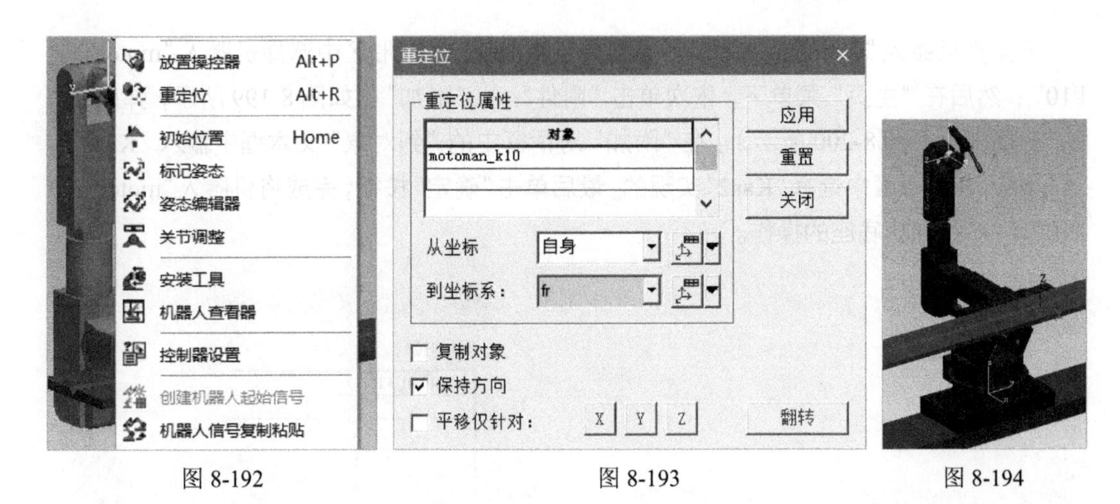

图 8-192　　图 8-193　　图 8-194

07 指定第七轴。在图形区中右击机器人“motoman_k10”，在弹出的快捷菜单中选择“机器人属性”(如图 8-195 所示)，在弹出的“机器人属性 motoman_k10”对话框中(如图 8-196 所示)选择“外部轴”选项卡，单击“添加”按钮，弹出“添加外部轴”对话框；在“添加外部轴”对话框中添加设备和设置关节(如图 8-197 所示)，单击“确定”按钮；回到“机器人属性 motoman_k10”对话框中，如图 8-198 所示，单击右上角的关闭按钮，完成第七轴的指定。

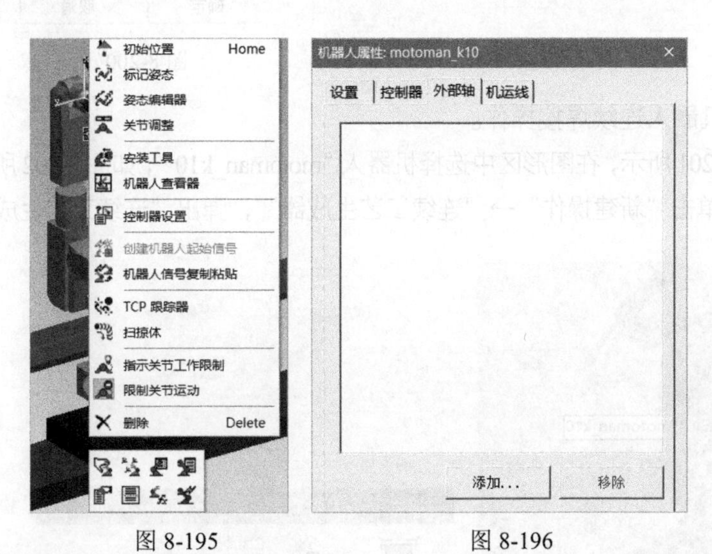

图 8-195　　图 8-196

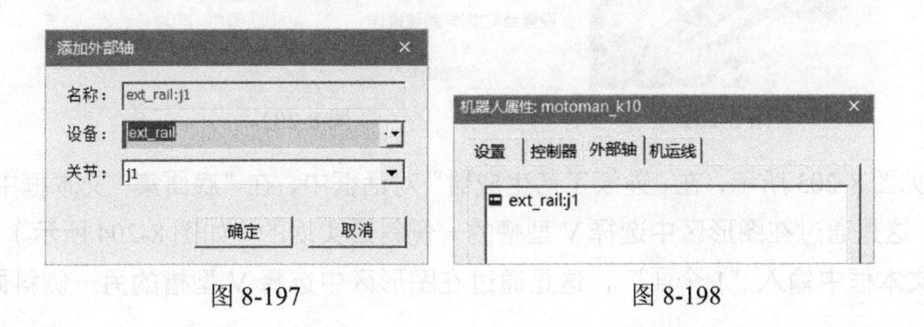

图 8-197　　图 8-198

08 将机器人“motoman_k10”附加到导轨底座上。在图形区中选择机器人“motoman_k10”；然后在“主页”菜单下，依次单击“附件”→“附加”，如图 8-199 所示，弹出“附加”对话框（如图 8-200 所示）。在“附加”对话框中的“到对象”文本框中输入“Kas2”，这是通过在图形区中选择“Kas2”实现的；最后单击“确定”按钮，完成将机器人“motoman_k10”附加到导轨底座的操作。

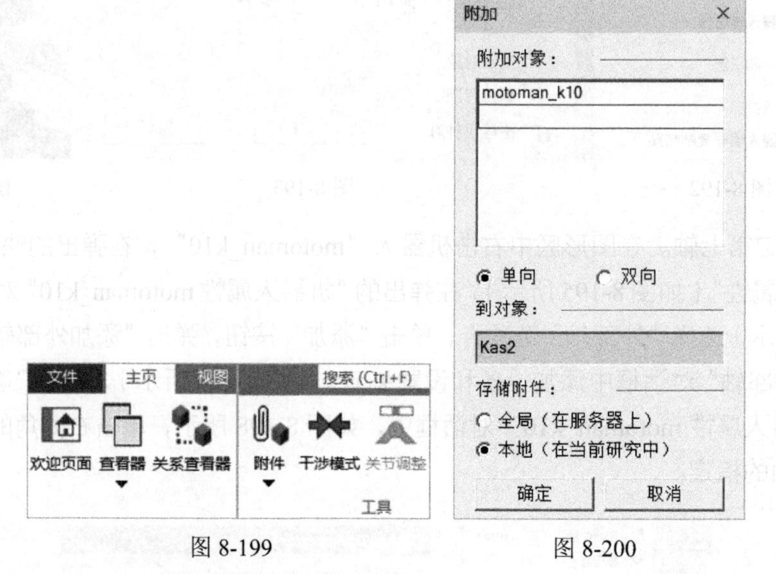

图 8-199　　图 8-200

09 创建机器人连续焊接操作。

① 如图 8-201 所示，在图形区中选择机器人“motoman_k10”，如图 8-202 所示，在“操作”菜单下，依次单击“新建操作”→“连续工艺生成器”，弹出“连续工艺生成器”对话框。

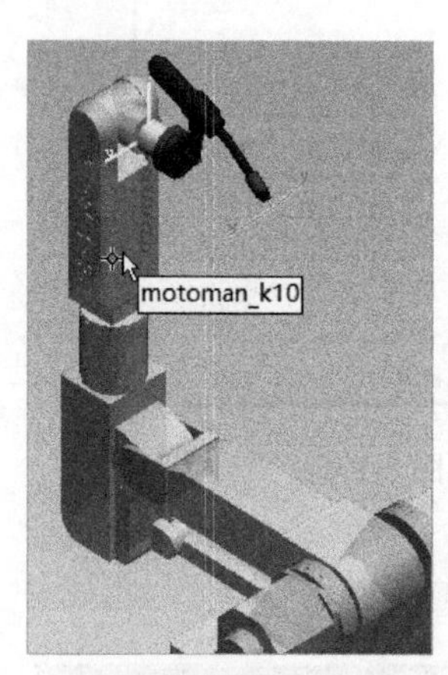

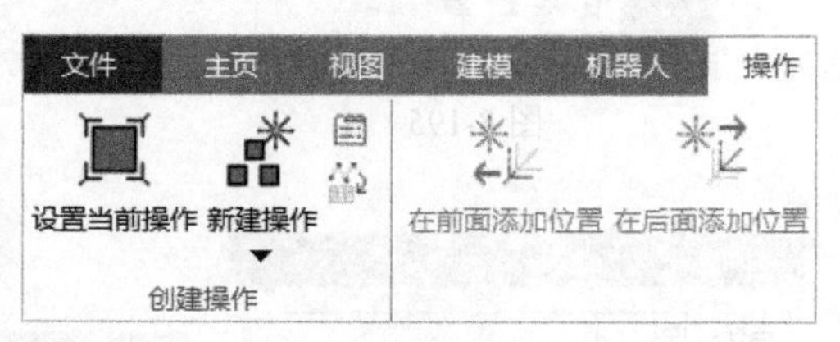

图 8-201　　图 8-202

② 如图 8-203 所示，在“连续工艺生成器”对话框中，在“底面集”文本框中输入“1 个面”，这是通过在图形区中选择 V 型槽的一侧斜面实现的（如图 8-204 所示）；在“侧面集”文本框中输入“1 个面”，这是通过在图形区中选择 V 型槽的另一侧斜面实现的

（如图 8-204 所示）；在“范围”组合框中输入“arc 7th axis”，这是通过选择“操作树”查看器中的“arc 7th axis”操作实现的。

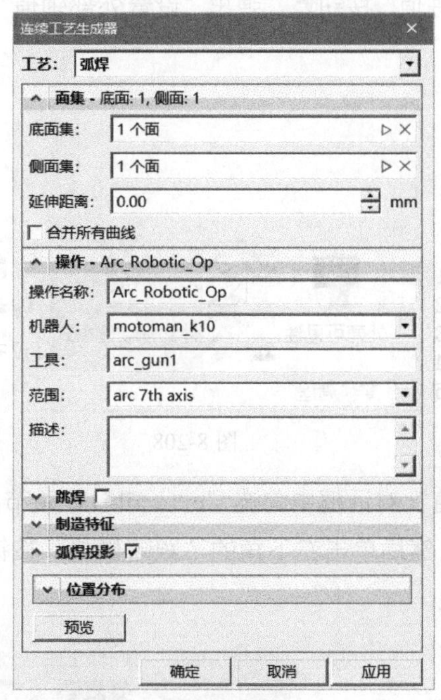

图 8-203

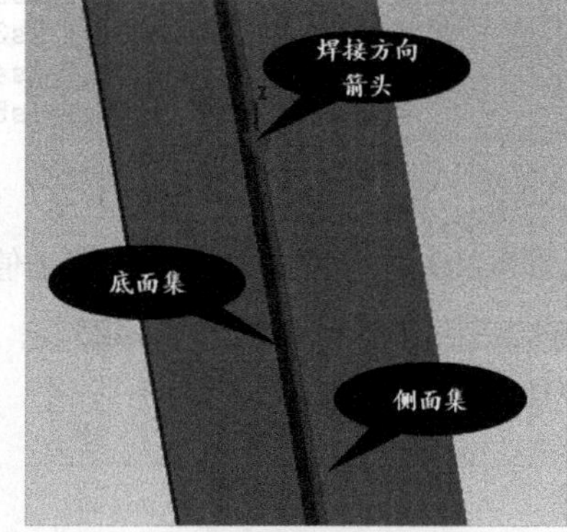

图 8-204

注意

如图 8-204 所示，双击焊接方向箭头，箭头会指向相反的方向。

③ 接下来，在“连续工艺生成器”对话框中勾选“弧焊投影”复选框（参见图 8-203）；展开“位置分布”选项（如图 8-205 所示），在“最大段长度”微调框中输入“800.00”，取消勾选“优化圆弧和直线段的位置创建”复选框，单击“预览”按钮，再单击“确定”按钮，结果如图 8-206 所示。

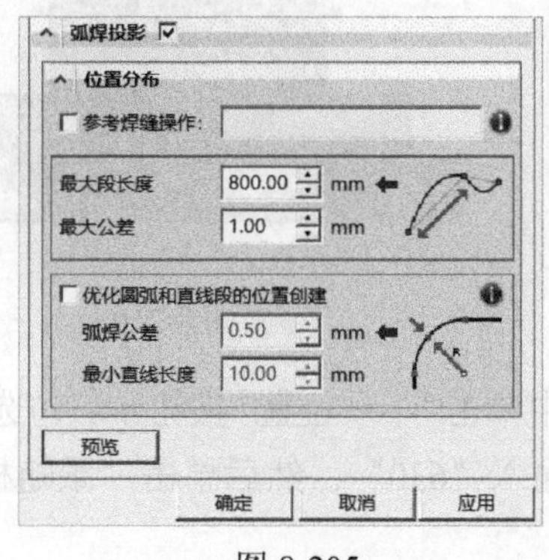

图 8-205

图 8-206

10 接下来，调整机器人的位置参数。

① 如图 8-207 所示，在“操作树”查看器中选择“Arc_Robotic_Op_1_ls1”，如图 8-208 所示，单击“机器人”菜单下的“设置外部轴值”按钮，弹出“设置外部轴值”对话框。

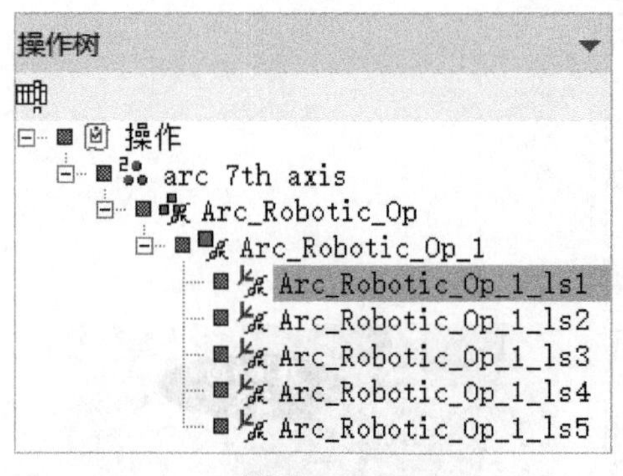

图 8-207

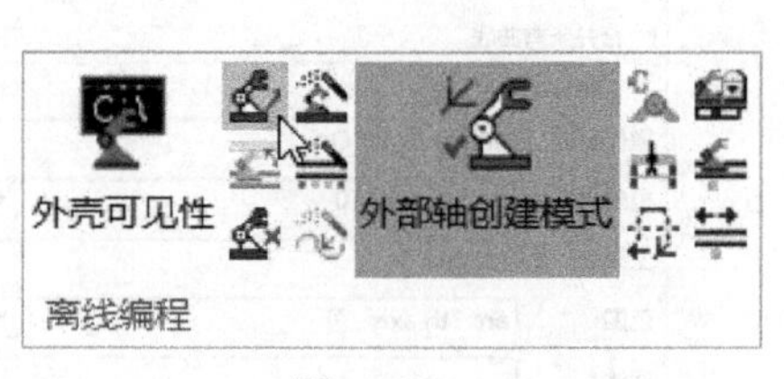

图 8-208

② 如图 8-209 所示，在“设置外部轴值”对话框中勾选“ext_rail:i1”关节的“接近值”复选框，并在文本框中输入“1425”；然后单击左下角的“跟随模式”按钮，结果如图 8-210 所示。

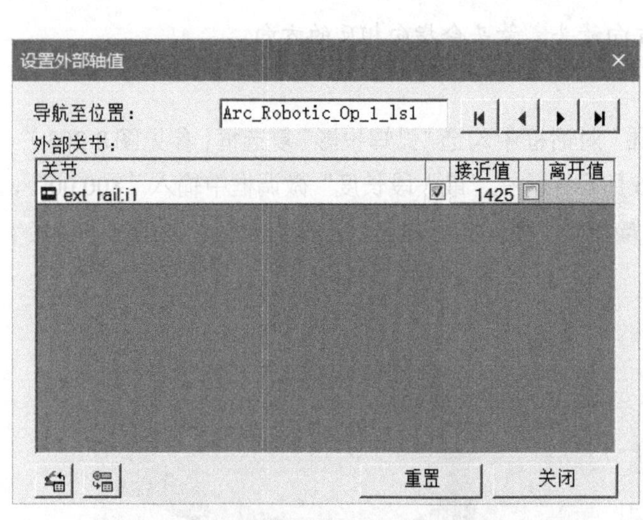

图 8-209

图 8-210

③ 如图 8-211 所示，在“设置外部轴值”对话框中单击“下一位置”按钮；勾选“ext_rail:i1”关节的“接近值”复选框，并在文本框中输入“630”；然后单击“跟随模式”按钮，结果如图 8-212 所示。

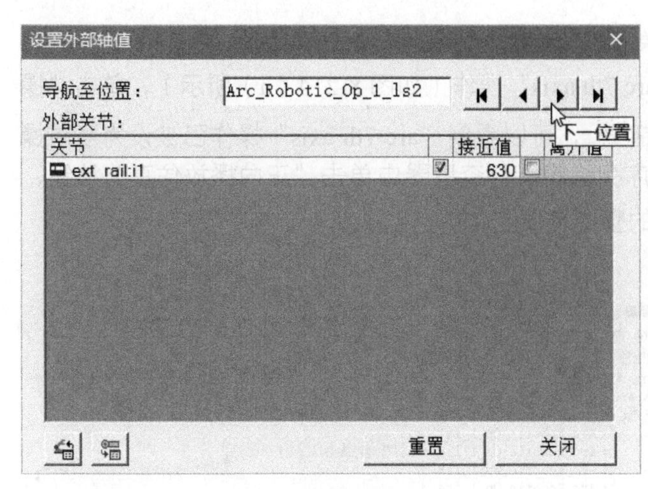

图 8-211

图 8-212

④ 同理，调整完成其余三个机器人的位置参数（分别如图 8-213（a）、图 8-213（b）、图 8-213（c）所示）。注意需要单击“跟随模式”按钮。调整完成后，在“设置外部轴值”对话框中单击“最前位置”按钮；最后单击“关闭”按钮，退出“设置外部轴值”对话框。

设置外部轴值
导航至位置：Arc_Robotic_Op_1_ls3
外部关节：

关节	接近值	离开值
ext rail:i1	-170	

（a）

设置外部轴值
导航至位置：Arc_Robotic_Op_1_ls4
外部关节：

关节	接近值	离开值
ext rail:i1	-980	

（b）

设置外部轴值
导航至位置：Arc_Robotic_Op_1_ls5
外部关节：

关节	接近值	离开值
ext rail:i1	-1630	

（c）

图 8-213

11 播放机器人连续焊接仿真操作。

选择“操作树”查看器中的“arc 7th axis”操作（如图 8-214（a）所示），单击“操作”菜单下的“设置当前操作”按钮，可以看到“arc 7th axis”操作已被设为当前操作（如图 8-214（b）所示）。在“序列编辑器”查看器中单击“正向播放仿真”按钮，可以看到机器人连续焊接仿真操作的整个过程。

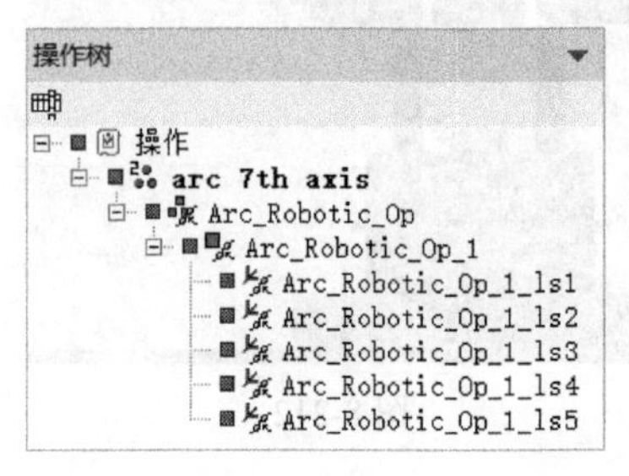

（a）

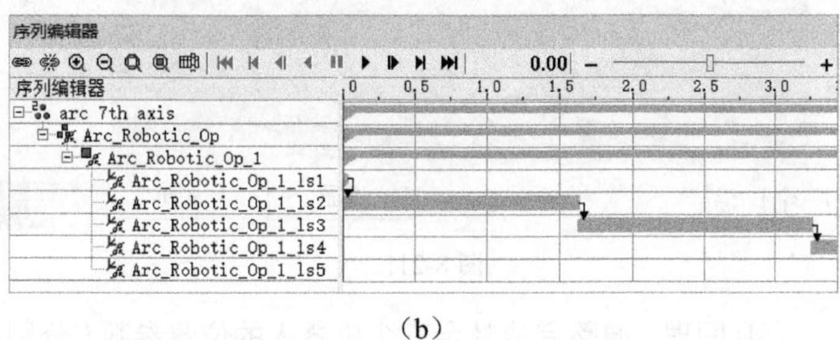

（b）

图 8-214

12 编辑机器人连续焊接仿真操作。

① 更改焊接方向。

如图 8-215 所示，在“操作树”查看器中选择“Arc_Robotic_Op_1”，如图 8-216 所示，单击“操作”菜单下的“反转操作”按钮，结果如图 8-217（a）和图 8-217（b）所示。

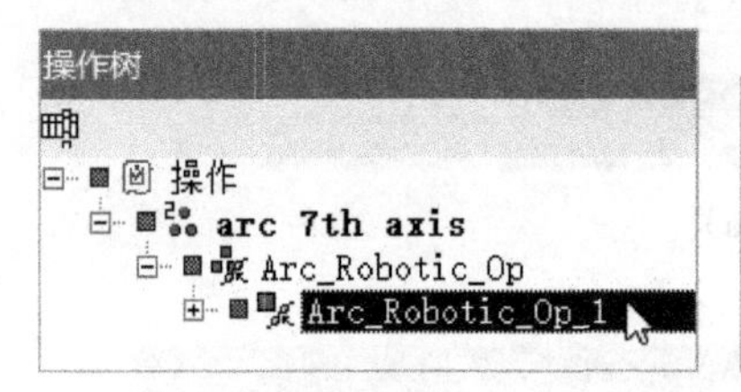

图 8-215

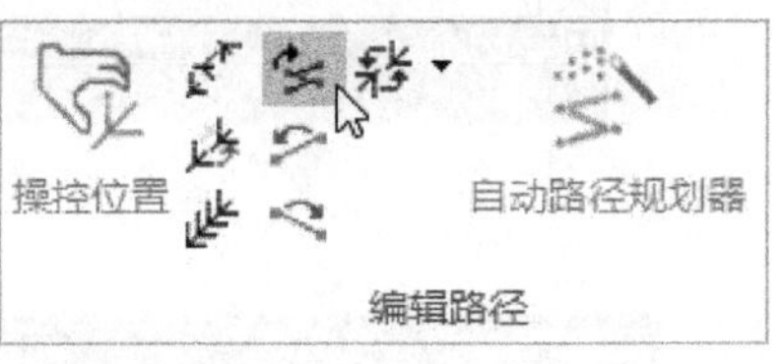

图 8-216

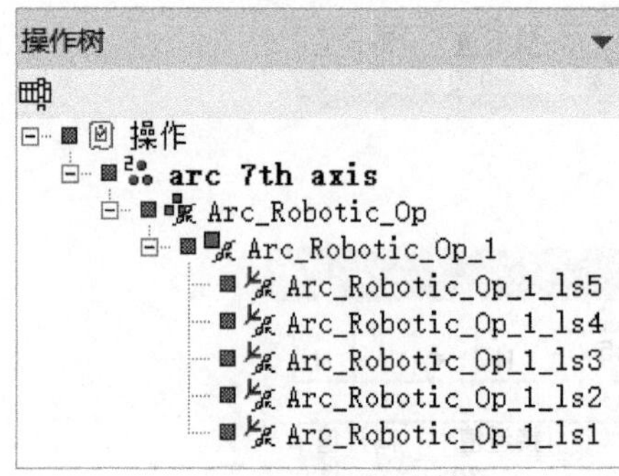

（a）

（b）

图 8-217

在“操作树”查看器中再次选择“Arc_Robotic_Op_1”，单击“机器人”菜单下的“设置外部轴值”按钮，在弹出的“设置外部轴值”对话框（如图 8-218（a）所示）中单击“最前位置”按钮（注意还需要单击“跟随模式”按钮），最后单击“关闭”按钮。至此，焊接方向更改完成，如图 8-218（b）所示。

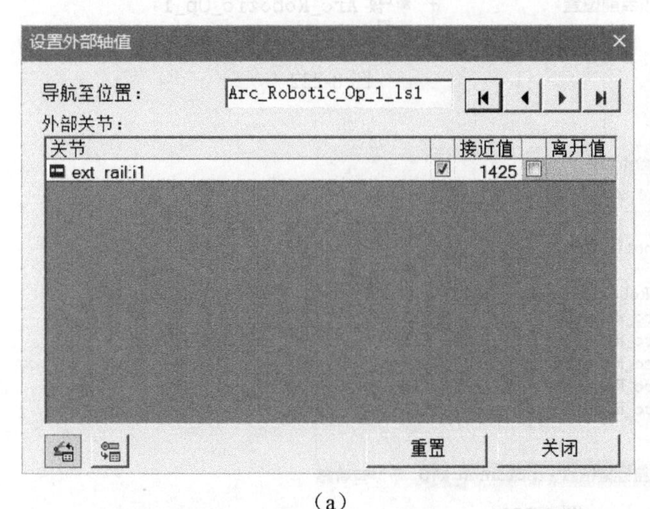

（a）

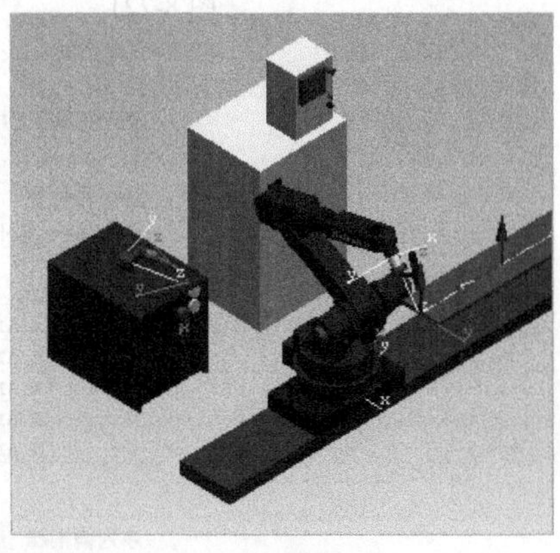

（b）

图 8-218

② 添加操作位置。

在图形区中右击机器人“motoman_k10”，在弹出的快捷菜单中（如图 8-219 所示）选择“初始位置”，然后在“操作树”查看器中选择“Arc_Robotic_Op_1”，如图 8-220 所示。

图 8-219

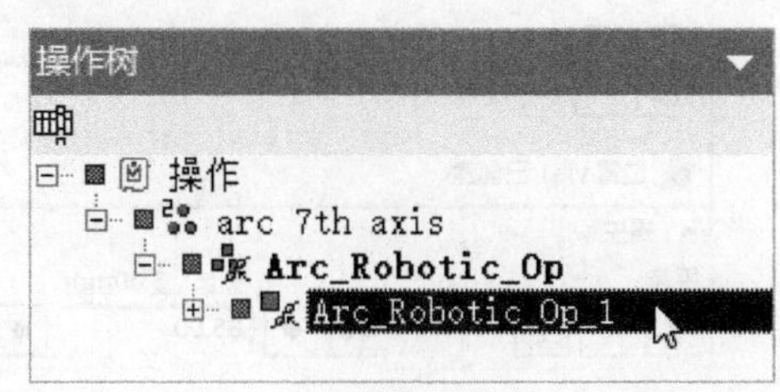

图 8-220

接下来，如图 8-221 所示，单击“操作”菜单下的“添加当前位置”按钮，结果如图 8-222 所示；在“路径编辑器 -motoman_k10”查看器中将位置“via”上移到最前面（如图 8-223 所示）。

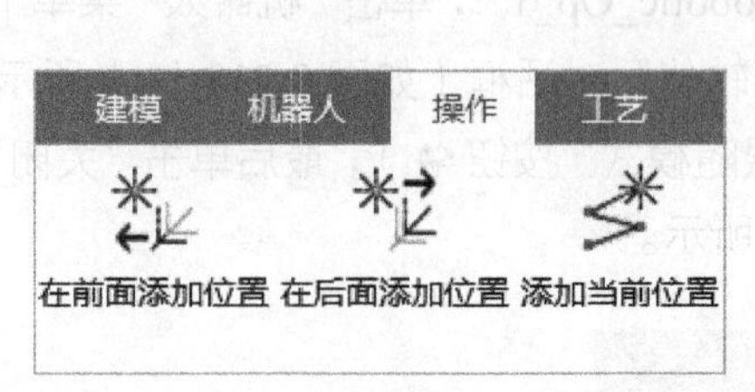

图 8-221

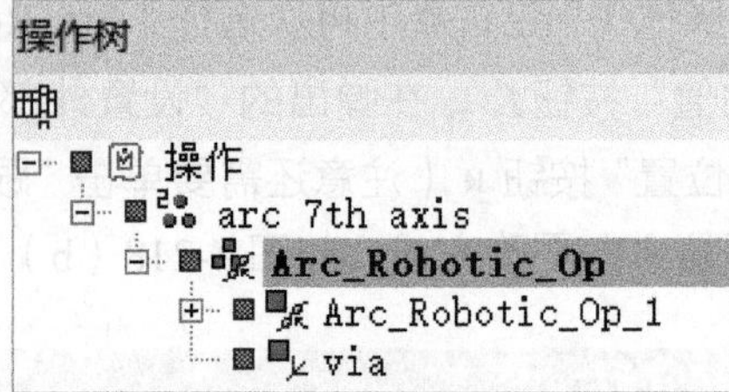

图 8-222

路径编辑器 - motoman_k10

路径和位置	Motion Type
Arc_Robotic_Op	
via	PTP
Arc_Robotic_Op_1	
Arc_Robotic...	LIN
Arc_Robotic...	LIN
Arc_Robotic...	LIN
Arc_Robotic...	LIN
Arc_Robotic...	LIN

序列编辑器　路径编辑器 - motoman_k10　干涉查看器

图 8-223

在“操作树”查看器中再次选择“Arc_Robotic_Op_1”，单击“操作”菜单下的“在前面添加位置”按钮，弹出“机器人调整：motoman_k10”对话框（如图 8-224 所示）。在“机器人调整：motoman_k10”对话框中单击“平移”栏中的“Z”按钮，在右边的文本框中输入“85.00”，按回车键；单击右上角的关闭按钮，结果如图 8-225 所示。在图形区中右击机器人“motoman_k10”，在弹出的快捷菜单中选择“初始位置”，机器人回到初始位置。

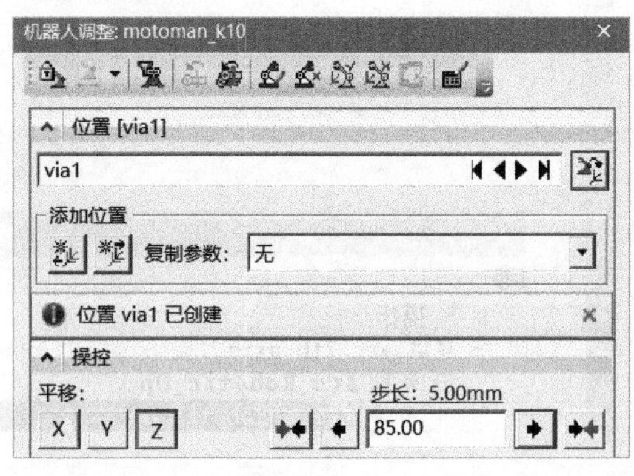

图 8-224

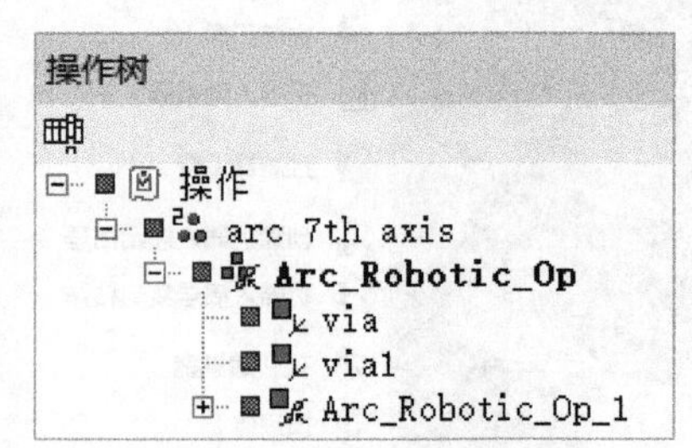

图 8-225

在“操作树”查看器中再次选择“Arc_Robotic_Op_1”，单击“操作”菜单下的“添加当前位置”按钮，结果如图 8-226 所示。

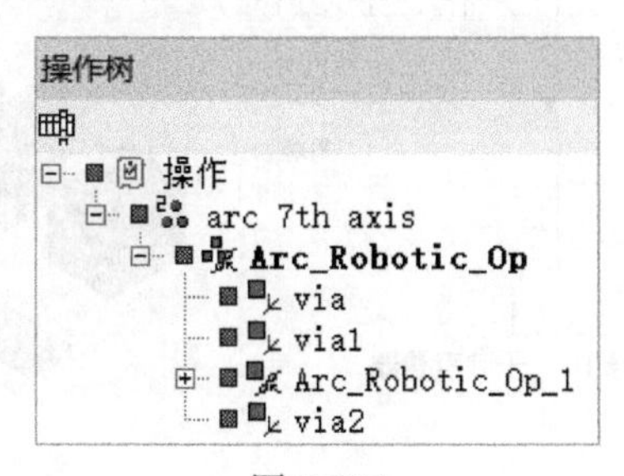

图 8-226

在“操作树”查看器中选择“Arc_Robotic_Op_1”，单击“操作”菜单下的“在后面添加位置”按钮，弹出“机器人调整：motoman_k10”对话框（如图 8-227 所示）。在“机器人调整：motoman_k10”对话框中单击“平移”栏中的“Z”按钮，在右边的文本框中输入“85.00”，按回车键，单击右上角的关闭按钮，结果如图 8-228 所示。

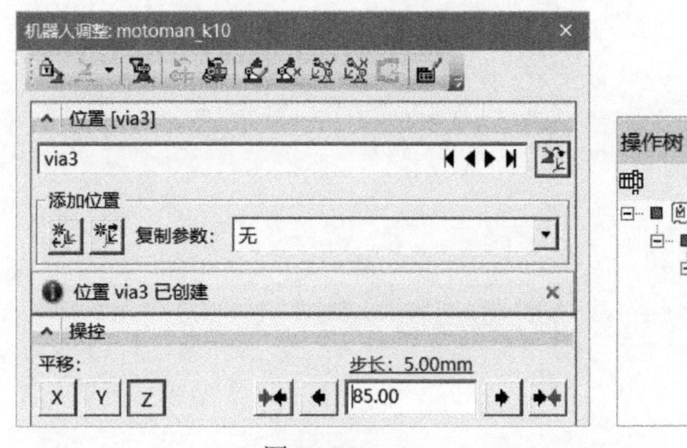

图 8-227

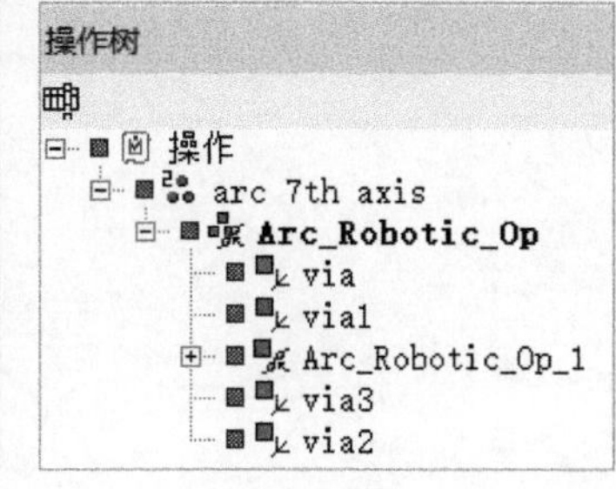

图 8-228

在“操作树”查看器中选择“Arc_Robotic_Op_1”，单击“机器人”菜单下的“设置外部轴值”按钮，弹出“设置外部轴值”对话框。在“设置外部轴值”对话框中单击“最前位置”按钮（注意还需要单击“跟随模式”按钮），最后关闭并退出“设置外部轴值”对话框。

至此，操作位置添加完成。在“序列编辑器”查看器中（如图 8-229（a）所示）单击“正向播放仿真”按钮，可以在图形区中（如图 8-229（b）所示）看到机器人连续焊接仿真操作整个过程。

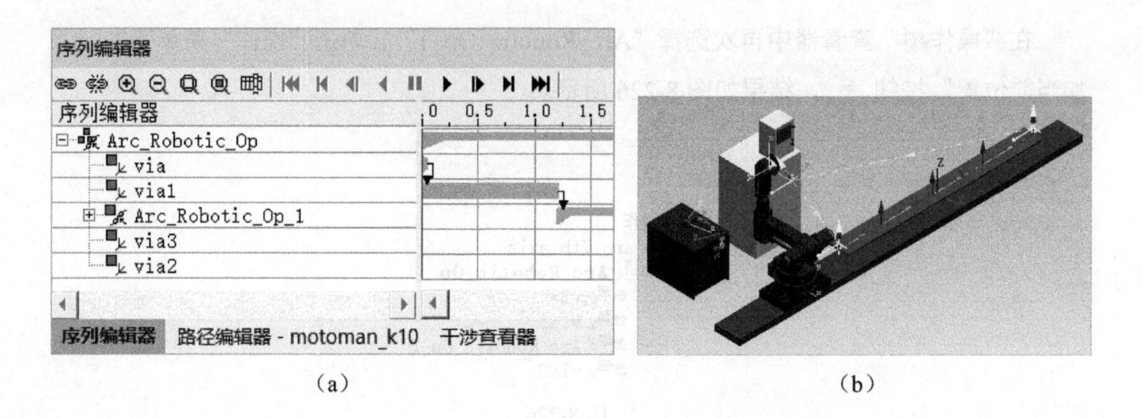

（a） （b）

图 8-229

至此，创建七轴机器人弧焊操作就创建完成了。

第9章

Process Simulate 应用快捷键

Process Simulate 对许多命令或操作都设置了快捷键，我们可以通过快捷键快速启动它们，从而进一步提高工作效率。当然，我们也可以在“定制功能区”自定义快捷键。表 9-1 至表 9-3 所示是 Process Simulate 中一些常用命令或操作的快捷键汇总，需要说明的是，表中 MB1 代表鼠标左键，MB2 代表鼠标中键（滚轮），MB3 代表鼠标右键。

表 9-1

类别	命令或操作	快捷键	类别	命令或操作	快捷键
文件	选项	F6	视图	显示地板开 / 关	Alt+F
	退出	Alt+F4		缩放至选择	Alt+S
	打开研究	Ctrl+O		组件 / 实体选取级别切换	F12
	保存研究	Ctrl+S		缩放至合适尺寸	Alt+Z
主页	粘贴	Ctrl+V		视图中心	Alt+C
	剪切	Ctrl+X		隐藏选择	Alt+B
	复制	Ctrl+C		显示选择	Alt+D
	删除	Delete		放置操控器	Alt+P
	撤销	Ctrl+Z		重定位	Alt+R
	重做	Ctrl+Y			
	设置当前操作	Shift+S	帮助	帮助	F1
	附加	Alt+A			

表 9-2

类别	命令或操作	快捷键	类别	命令或操作	快捷键
机器人	初始位置	Home	鼠标操作（默认）	旋转	MB2
	机器人调整	Alt+G		缩放	MB1+MB2
	跳转指派的机器人	Alt+J		平移	MB2+MB3
	移至位置	Alt+M		缩放	滚轮上下滚动
	示教器	Alt+T			

表 9-3

类别	命令或操作	快捷键	类别	命令或操作	快捷键
建模	设置工作坐标系	Alt+O	键盘 + 鼠标操作（默认）	连续选择	Shift+MB1
操作	编辑事件	Ctrl+E		平移	Shift+MB2
其他	更改对象及操作名	F2		跳选	Ctrl+MB1
				缩放	Ctrl+MB2
				旋转	Alt+MB2